国家出版基金项目
NATIONAL PUBLICATION FOUNDATION
国家出版基金资助项目
“十四五”时期国家重点出版物出版专项规划项目
网络协同高精度定位技术丛书

感知信息论

徐大专　张小飞　著

電子工業出版社
Publishing House of Electronics Industry
北京·BEIJING

内容简介

感知信息论是关于信息获取一般规律的基本理论。本书系统地论述了感知信息论的理论体系，包括香农信息论基础、感知信息论的理论框架、单目标和多目标的距离信息和散射信息、天线阵列的方向信息和散射信息、相控阵雷达和 MIMO 雷达的距离信息和方向信息、有源和无源目标检测的信息理论、信息融合、参数估计的理论极限、目标检测的理论极限、联合目标检测-参数估计的理论极限，以及感知信息论与雷达信号处理和通信理论的关系等，对雷达通信系统设计有重要的参考价值。

本书概念清晰、结构严谨，论述的内容属于前沿基础研究领域，可作为高等院校信息工程、计算机科学与控制工程等专业本科生、研究生的教材，也可供雷达、通信、声学、光学和计算机等领域的相关科研人员参考。

图书在版编目（CIP）数据

感知信息论 / 徐大专，张小飞著. -- 北京 : 电子工业出版社，2024. 9.（2025. 9重印）. --（网络协同高精度定位技术丛书）. -- ISBN 978-7-121-48499-5

Ⅰ. P208

中国国家版本馆 CIP 数据核字第 2024G6P281 号

责任编辑：张　楠　　特约编辑：刘汉斌
印　　刷：北京捷迅佳彩印刷有限公司
装　　订：北京捷迅佳彩印刷有限公司
出版发行：电子工业出版社
　　　　　北京市海淀区万寿路 173 信箱　邮编 100036
开　　本：720×1 000　1/16　印张：25　字数：560 千字
版　　次：2024 年 9 月第 1 版
印　　次：2025 年 9 月第 3 次印刷
定　　价：128.00 元

凡所购买电子工业出版社图书有缺损问题，请向购买书店调换。若书店售缺，请与本社发行部联系，联系及邮购电话：(010)88254888，88258888。

质量投诉请发邮件至 zlts@phei.com.cn，盗版侵权举报请发邮件至 dbqq@phei.com.cn。

本书咨询联系方式：(010)88254579。

丛书编委会

丛书主编： 贲　德（中国工程院院士）

朱中梁（中国科学院院士）

丛书编委： 张小飞　郭福成　徐大专　沈　渊

严俊坤　王　鼎　尹洁昕

前 言

1948年，香农发表了《通信的数学理论》，奠定了信息传输的理论基础。从此，感知的数学理论成为学术界不懈的追求和梦想。感知信息论是关于信息获取一般规律的基本理论，在雷达、通信、控制和计算机等领域具有广阔的应用前景。

雷达、声呐和医学成像等目标探测系统可以从反射信号中感知目标的距离、方向和散射等空间信息。是否能够依据香农信息论，在数学上对目标的空间信息获取过程进行系统的描述和刻画，是学术界长期关注而又未能解决的基础理论问题。感知的基本问题可以概括为感知信息的定量问题、感知信息的意义问题、最优目标检测问题和最优参数估计问题。这些基本问题是感知信息论研究的主题。

感知信息论的创立过程大体分为三个阶段。

第一个阶段解决的是感知信息的定量问题。我们提出空间信息的概念，把目标在观测空间的信息解释为位置和散射的联合信息，其中位置信息又包括距离信息和方向信息。空间信息的概念使感知系统与通信系统一样可用比特（bit）作为单位进行定量，统一了感知与通信的信息论基础，并将 Woodward 的雷达距离信息和 Bell 的信息论测度统一在同一个概念框架之内。

第二个阶段解决的是感知信息的意义问题。我们知道，香农信息论透过各种信息的华丽外衣，抽象出不确定性的本质特征，提出熵与互信息的概念，从而创立了通信的数学理论。然而，信息毕竟是有意义的！为什么“信息的意义”这一问题一直困扰学术界，主要原因是普遍存在的两个谬误！

谬误之一是微分熵没有单位。遍览国内外有关信息论方面的教科书和专著，都认为微分熵的单位是比特（bit）或奈特（nat）。这实际上是认为微分熵没有单位。据我们所知，只有英国著名的信息论学者 David J. C. Mackay 认为微分熵是有单位的，但他对此并未进行深入阐述。

我们认为，微分熵是有单位的，单位为 bit · X。这里 X 是 m、s、V、A 等。微分熵可以作为感知偏差的度量指标。微分熵越大，不确定性越大，感知性能越差。

谬误之二是均方误差的使用不当。在工程技术领域，误差是广泛使用的度量指标，目前普遍采用均方误差（MSE）作为误差的评价指标。这种做法是不符合科学的，因为只有在误差统计量服从正态分布时，采用二阶统计量才是合理的，当误差统计量不服从正态分布时，如果仍然采用 MSE 作为评价指标，则是不充分的。这种谬误从统计学蔓延至所有科学与工程领域。

我们将后验微分熵的熵功率定义为熵误差，熵误差的平方根定义为熵偏差。当误差统计量服从正态分布时，熵误差就退化为 MSE。熵误差是 MSE 的推广。由此可以证明：1bit 空间信息等价于熵偏差减小了一半。

由上述结论建立的空间信息与感知精度之间的内在关系，揭示了感知信息的物理意义。目前，均方误差作为工程技术领域的误差评价指标，已经成为观念范式而广为流行。我们依据香农信息论提出的熵误差概念是比均方误差更普适的误差测度。熵误差的应用不限于感知领域。相信这一概念将会被越来越多的学者所接受。

第三个阶段解决的是最优目标检测问题和最优参数估计问题。我们采用的方法有两种：其一是香农提出的渐近等分特性；其二是我们提出的抽样后验概率估计和抽样后验概率检测。如果将参数估计和目标检测统称为感知，则我们可以证明感知定理：空间信息是感知系统可达的理论上界；熵误差是感知系统可达的理论下界。

本书围绕雷达感知的基本问题展开论述，具体内容安排如下：第 2 章介绍了香农信息论基础；第 3 章概述了雷达信号处理基础、贝叶斯估计和感知信息论的思想方法；第 4 章论述了单目标参数估计与空间信息，涉及雷达感知系统模型及其等效通信系统模型、空间信息的严格定义、距离信息和散射信息的理论表达式和闭合表达式及其上界。为了评价雷达系统的性能，定义了熵误差这一新的评价指标，推导出熵误差闭合表达式，指出著名的克拉美罗界是熵误差在高信噪比条件下的特例；第 5 章论述了多目标参数估计与空间分辨率，推导出距离信息和散射信息的理论表达式及几种特定场景下的闭合表达式，从信息论角度提出了空间分辨率的概念，在理论上指出超分辨的可能性，进一步推导出了多目标最大似然参数估计和最大后验概率估计的数学表达式，指出在多目标条件下传统的匹配滤波器不是最优的；第 6 章证明了参数估计定理，指出熵误差是参数估计的理论极限，即熵误差是可达的，反之不存在经验熵误差小于熵误差的任何估计器；第 7 章论述了天线阵列的方向信息和散射信息，推导出方向信息和散射信息的理论表达式、闭合表达式及阵列的角度分辨率；第 8 章和第 10 章分别论述了相控阵雷达和 MIMO 雷达的空间信息理论，将一维距离信息推广到距离-方向二维信息，推导出距离-方向信息表达式和距离-方向分辨率方程；第 9 章论述了脉冲多普勒雷达的空间信息理论，将一维距离信息推广到距离-多普勒二维信息，并分别推导出距离-多普勒信息闭合表达式和距离-多普勒分辨率方程；第 11 章论述了目标检测的空间信息理论，建立了目标检测系统模型，给出了目标检测信息的严格定义，从理论上解决了目标检测信息的定量问题。推导出目标在匹配和非匹配条件下检测信息的理论表达式，以及虚警概率和检测概率的理论表达式。证明了虚警定理，揭示了虚警概率与目标存在的先验概率之间的联系，为最大后验概率检测方法在雷达目标检测中的应用奠定了理论基础；第 12 章证明了目标检测定理，指出检测信息是目标检测的理论极限，即检测信息是可达的，反之不存在经验检测信息大于检测信息的任何检测器；第 13 章证明了联合目标检测与参数估计定理，指出感知信息是联合目标检测与参数估计的理论极限；第 14 章论述了非合作目标检测的信息理论，提出了非合作目标感知的 MAP 检测器和 NP 检测器，给出了检测信息、虚警概率和检测概率的计算方法；第 15 章论述了信息融合，以测距雷达为例，提出了数据融合、概率融合、参数融合和判决融合等四种信息融合方法。

经过我们多年的努力，感知信息论已经成为较为系统的理论体系，对信息与通信工程学科具有基础性作用，相关研究成果对声学、光学和人工智能等学科也具有重要的参考价值。本书适合信息、通信和雷达信号处理领域的专业人员及相关院校的师生阅读。本书论述的内容力求严谨。读者在初步阅读时，建议忽略复杂的证明过程，只关注结论，不影响对内容的理解。

本书的主要内容来自我们在感知信息论领域研究工作的阶段性总结，在编写过程中，同行学者提出了很多有益的建议，许多博士和硕士研究生也做了很多工作，在此一并致谢！最后衷心感谢我们的家人为本书的编写给予的鼓励和支持。

世界正在跨入智能化时代。感知是智能的前提。人们的日常生活与各种感知行为密切相关。感知信息论仍在不断发展和完善之中，限于我们的知识水平，本书存在的缺点和错误在所难免，殷切期望广大读者批评指正。

著　者

符号含义

符　号	含　义	符　号	含　义
$\otimes$	Kronecker 积	$I_0(\cdot)$	第一类零阶修正贝塞尔函数
$*$	Hadamard 积	$\log(\cdot)$	取对数，默认以 2 为底
$(\cdot)^*$	复共轭	$\ln(\cdot)$	以自然数 e 为底的对数
$(\cdot)^{-1}$	矩阵求逆	$(\cdot)^{(m)}$	m 次扩展序列
$(\cdot)^{\mathrm{T}}$	矩阵转置	$\|\boldsymbol{A}\|, \det(\boldsymbol{A})$	矩阵 $\boldsymbol{A}$ 的行列式
$(\cdot)^{\mathrm{H}}$	共轭转置	$\mathcal{A}$	集合
$\mathrm{Re}(\cdot)$	取实部	$\\|\mathcal{A}\\|$	集合$\mathcal{A}$ 的基数或体积
$E[\cdot]$	求数学期望	$\mathcal{F}(\cdot)$	快速傅里叶变换
$\min\{\cdot\}$	取最小值	$\mathcal{F}^{-1}(\cdot)$	快速傅里叶逆变换
$\max\{\cdot\}$	取最大值	$N(\mu,\sigma^2)$	均值为μ、方差为 σ^2 的高斯分布
$\mathrm{smp}\{\cdot\}$	取抽样值	$d(\cdot)$	检测函数
$\mathrm{sinc}(a)$	$\sin(\pi a)/\pi a$	$f(\cdot)$	估计函数
$\mathrm{tr}(\cdot)$	矩阵的迹	$s(\cdot)$	感知函数
$\mathrm{diag}(\cdot)$	向量的对角化矩阵	$O(\cdot)$	高阶无穷小
$\\|\cdot\\|_{\mathrm{F}}$	Frobenius 范数	$\partial y/\partial x$	求偏导
$(\cdot)!$	阶乘	$\pi(\cdot)$	先验概率
$\sum$	求和	$\lim$	取极限
$\prod$	求积	$\hat{x}$	x 的估计值
$Q_{\mathrm{M}}(\cdot)$	Marcum 函数	$\propto$	正比于
$\exp(a)$	e^a	${}_0F_1(;\cdot;\cdot)$	超几何函数
$\boldsymbol{I}$	单位矩阵		

缩略词及其全称

缩　略　词	英 文 全 称	中 文 全 称
AEP	Asymptotic Equipartition Property	渐近等分特性
AWGN	Additive White Gaussian Noise	加性高斯白噪声
Card	Cardinal	基数
CAWGN	Complex Additive White Gaussian Noise	复加性高斯白噪声
CFAR	Constant False Alarm Rate	恒虚警率
CP	Cyclic Prefix	前缀
CRB	Cramér-Rao Bound	克拉美罗界
CSS	Chirp Spread Spectrum	Chirp 扩展频谱
DEF	Decision Fusion	判决融合
DF	Data Fusion	数据融合
DFT	Discrete Fourier Transform	离散傅里叶变换
DOA	Direction Of Arrival	波达方向
EE	Entropy Error	熵误差
FFT	Fast Fourier Transform	快速傅里叶变换
GLRT	Generalized Likelihood Ratio Test	广义似然比检验
IFFT	Inverse Fast Fourier Transform	快速傅里叶逆变换
IID	Independent and Identically Distributed	独立同分布
ISI	Inter Symbol Interference	符号间干扰
JDE	Joint Detection and Estimation	联合检测与估计
JDEF	Joint Detection/Estimation Filter	联合检测/估计滤波器
LFM	Linear Frequency Modulation	线性调频
MAP	Maximum A Posteriori	最大后验估计
MD	Minimum Divergence	最小散度
MI	Mutual Information	互信息
MIMO	Multiple-Input Multiple-Output	多输入多输出
ML	Maximum Likelihood	最大似然
MLE	Maximum Likelihood Estimation	最大似然估计

续表

缩 略 词	英 文 全 称	中 文 全 称
MSE	Mean Square Error	均方误差
NP	Neyman-Pearson	奈曼-皮尔逊
OFDM	Orthogonal Frequency Division Multiplexing	正交频分复用
PAF	Parameter Fusion	参数融合
PDF	Probability Density Function	概率密度函数
PF	Probability Fusion	概率融合
RCS	Radar Cross Section	雷达截面积
RDEE	Range DOA Entropy Error	距离 DOA 熵误差
OCC	Operating Characteristic Curve	工作特性曲线
SAP	Sampling A Posteriori	抽样后验估计
SAR	Synthetic Aperture Radar	合成孔径雷达
SGA	Single Gaussian	单高斯
SL	Shannon Limit	香农限
SNR	Signal to Noise Ratio	信噪比
TBP	Time Bandwidth Product	时间带宽积
WMMSE	Weighted Minimum Mean Square Error	加权最小均方误差
ZZB	Ziv-Zakai Bound	齐夫-扎凯界

目录

第 1 章 绪论

本章主要阐述感知信息论的研究背景和研究问题，介绍信息论在雷达感知领域的前期研究工作，着重论述感知信息论的原创性贡献。

1.1 感知信息论的研究背景

雷达、声呐和医学成像等目标感知系统可以从反射信号中感知目标的距离、方向和散射等空间信息。雷达感知的主要任务是目标检测、参数估计和成像。除可感知目标的距离信息和散射信息之外，相控阵雷达和合成孔径雷达还可感知目标的方向信息或对检测区域进行成像，干涉合成孔径雷达甚至可以感知检测区域的三维空间信息。随着 MIMO 多天线技术在雷达和通信系统中的广泛应用[1-6]，雷达通信一体化技术[7-15]迅速发展，从共用天线到共用射频、共用波形，融合程度不断加深。

雷达是信息感知系统，通信是信息传输系统，能否将雷达和通信在信息论基础上进行统一描述和刻画呢?

感知信息论是以香农信息论为基础，研究信息获取一般规律的基本理论。感知信息也被称为空间信息，是指目标在检测区域中相对于雷达的距离、方向和散射等信息。

1.2 感知信息论的研究问题

虽然雷达感知系统的相关理论和方法已趋于成熟，但仍存在一些基本问题没有解决。感知系统研究的基本问题包括：

感知信息的定量：如何对目标的距离信息、方向信息和散射信息进行统一定量。

感知信息的意义：感知信息对描述雷达感知系统性能有什么作用，感知信息与感知偏差或感知精度有什么关系。

目标检测：如何根据接收信号和统计信息检测目标的存在性和目标的数量。

参数估计：如何根据接收信号和统计信息估计目标的距离、方向和大小等参数。

针对上述基本问题，目前仍存在的重要理论问题包括：

- 虽然雷达是信息感知系统，但其感知信息的定量问题一直没有得到解决，无法用感知信息对雷达探测的结论提供更好的解释。
- 自香农信息论诞生以来，信息的意义一直没有得到确认，描述通信系统采用信息量是多少比特，描述感知信息系统需要确认感知信息的意义。
- 目标检测是统计学中假设检验问题在雷达领域的具体应用。因为最大后验假设检验的最优性问题在理论上一直没有得到证明，所以最大后验准则只能作为一种性能非常好的经验性方法进行广泛应用。雷达在目标检测过程中，由于先验概率难以获得，因此奈曼-皮尔逊（Neyman-Pearson，NP）准则作为最大后验准则的替代方法一直占据统治地位。最优目标检测涉及检测器的最优性能如何评价、最优估计器是否存在、最优性能是否可达等问题。
- 在雷达信号处理领域，虽然在相关的参数估计方面已获得了大量的研究成果，但最优参数估计问题一直没有得到解决。该问题还涉及估计器的最优性能如何评价、最优估计器是否存在、最优性能是否可达等问题。

对于参数估计的性能评价，在雷达信号处理领域，普遍采用均方误差作为估计器的评价指标。这也是在一般的测量问题中普遍采用的方法。在中低信噪比（SNR）的条件下，判决统计量一般不是二阶统计量，若仍然采用均方误差作为评价指标是不全面的，也是欠合理的。

同理，最大后验估计或最大似然估计的最优性问题在理论上也没有得到证明，只能作为一种次优估计方法广泛应用。

分辨率是雷达的重要性能指标，在雷达信号处理领域，认为距离分辨率是信号带宽的倒数，方向分辨率是天线孔径的倒数。然而，分辨率这一重要性能指标与信噪比无关显然是极不合理的。

我们认为，在雷达信号处理领域之所以存在上述问题，是因为研究的主要是信号层面问题，针对的是具体的系统和特定的方法，所以难以回答最优目标检测和最优参数估计这种抽象问题。

感知信息论与雷达信号处理有什么区别和联系呢？感知信息论研究的主要是基础的信息层面问题，与雷达的具体组成和信号处理方法无关。这就为回答最优目标检测和最优参数估计这种抽象问题提供了条件。

感知信息论研究目标检测、参数估计和分辨率的角度和方法与雷达信号处理不同。以参数估计为例，在感知信息论中，后验概率分布的微分熵代表参数的不确定性，后验概率分布的熵幂被定义为熵误差，并采用熵误差作为参数估计的评价指标。在理论上，熵误差是均方误差的推广，在高信噪比条件下退化为均方误差，避免了均方误差在中低信噪比条件下面临的尴尬局面。

近年来，我们对上述基本问题进行了研究，取得的主要研究成果包括一系列原创性的概念、方法和定理，创立了感知信息论的理论体系。感知信息论的研究成果尚未引起学术界的广泛重视。希望本书能够推动感知信息论的发展和应用。

1.3 信息论在雷达感知领域的前期研究工作

信息论与雷达的关系是学术界长期关注而未能解决的基础理论问题。2017年，在国际信息论期刊 *Entropy* 的 *Radar and Information Theory* 特刊的征稿启事中写道：“自 Woodward 和 Davies 开创性地研究雷达信息理论以来，信息理论已广泛应用于雷达信号处理领域，由于雷达和通信系统中的信息概念存在内在差异，因此对雷达信息理论的研究不如对通信系统的研究。雷达用于寻找目标信息，在通常意义上是非合作的。通信系统用于提取发射信号的信息。随后，Bell 的开创性论文，即以信息论测度自适应地设计发射波形，进而从接收的测量信号中提取更多的目标信息，使信息论在雷达信号处理领域重新站稳了脚跟。自此，信息论准则，特别是互信息和相对熵（又称为 Kullback-Leibler 散度）成为自适应雷达波形设计算法的核心”。该征稿启事充分表达了学术界对开展“雷达与信息论”主题研究的迫切愿望！下面将综述信息论在雷达感知领域的主要研究工作及最新进展。

从 Woodward 和 Davies 开始研究距离信息[16-18]至今已近 70 年了，特别是在 Bell 将研究工作发表后，以互信息和相对熵为测度进行雷达波形设计便引起了国内外学者的广泛关注。

1.3.1 距离互信息

对距离互信息的研究可追溯至 20 世纪 50 年代，Woodward 和 Davies 采用逆概率原理研究距离信息，针对单个恒模散射目标，得到了距离互信息与时间带宽积（Time Bandwidth Product，TBP）、SNR 的近似关系。然而，Woodward 和 Davies 只研究了雷达的目标距离互信息，没有研究散射信息及更复杂的多目标感知问题。由于没有认识到均方误差的局限性，因此距离互信息仅作为一项新的性能指标，没有引起学术界的重视。截至目前，在长达 70 年的时间里，除我们的研究成果外，在该研究方向上没有其他任何进展。

1.3.2 以互信息和相对熵为测度的雷达波形设计

1988 年，Bell 首先将互信息测度用于雷达波形设计[19]，证明了最佳雷达波形设计对应信道容量的最优功率注水解[20]，正好与通信系统的最优功率分配问题吻合。

在 Bell 的系统模型中，目标的距离信息隐含在冲激响应中，由于在实际环境下，目标位置是不断变化的，因此必须采用自适应的雷达波形设计方法。Bell 的研究工作由于是针对目标检测提出的，系统模型不区分目标，因此从本质上说，只研究了空间信息中的散射信息，没有研究更重要的距离信息。

Bell 的研究工作虽然被进一步推广到了不同雷达波形设计优化，但在本质上都没有考虑距离信息。Leshem 等人[21-22]首先提出了一种针对单目标频域波形设计方法，并将其进一步推广到了多目标系统中。同样，Setlur 等人[23]利用最大化幅度互信息测度，使雷达可以从预先确定的波形集合中进行自适应选择。Wang 等人[24]针对散射系数模型，建立了认知雷达的幅度互信息表达式，并将其用于波形自适应设计。根据 NP 准则，由于相对熵（Kullback-Leibler 散度）越大，目标检测器的性能越好，因此相对熵及相关的互信息准则被应用于雷达波形设计。针对多基地雷达的目标检测问题，Kay[25]建立了假设检验的相对熵表达式，并在能量约束条件下，通过最大化相对熵对多基地雷达的发射信号进行了优化设计。Sowelam 等人[26]通过最大化 Kullback-Leibler 散度，研究了在固定和变化两种不同目标环境下雷达目标分类的波形选择问题。Zhu 等人[27]在有色噪声环境下，研究了扩展目标检测时的最佳雷达波形问题，比较了输出 SNR、Kullback-Leibler 散度和互信息等三种现有波形设计度量之间的关系。针对基于假设检验的扩展目标识别问题，Xin 等人[28]利用相对熵准则研究了在信号相关干扰下的波形设计问题。

目前，互信息准则广泛应用于多载波和 MIMO 雷达等系统中。Sen 等人[29-30]研究了基于互信息准则的 OFDM 雷达波形设计问题，通过优化当前的 OFDM 信号波形，使下一个脉冲状态矢量和测量矢量之间的互信息最大。针对 MIMO 雷达，Yang 和 Blum[31-32]研究了与雷达波形设计相关的目标识别和分类问题。Yang 在传输功率约束条件下，以最大化随机目标冲激响应与反射波形之间的条件互信息作为波形设计准则，根据注水原理进行功率分配。他们发现，在相同功率约束条件下，采用最大化互信息设计方法与最小化均方误差所得到的优化波形相同。Tang 等人[33-35]进一步研究了 MIMO 雷达在有色噪声中的波形设计问题。他们分别采用互信息测度和相对熵测度作为最优波形设计准则，尽管两种最优解导致了不同的功率分配策略，但都要求传输波形与目标/噪声特性匹配。Liu 等人研究了自适应 OFDM 雷达通信一体化系统的波形设计，提高了频谱效率，解决了雷达条件互信息和通信信息速率的优化问题。Chen 等人[36]利用互信息准则研究了自适应分布式 MIMO 雷达波形优化问题，可以有效改善目标检测和特征提取性能。

1.3.3 信息论在雷达信号处理领域的应用

Paul 等人[37]建立了恒定信息雷达的模型和概念，提出了基于互信息准则的雷达目标调度算法。Talantzis 等人[38]利用互信息测度进行了声学波达方向（DOA）估计，以两个接收传感器信号之间的互信息作为统计量，提出了一种声学传感器中的 DOA 估计算法。此外，信息论还被用于异常信号的检测[39-41]。

1.4 感知信息论的原创性贡献

我们已出版的专著《空间信息论》[42]对感知信息论的研究工作进行了阶段性总结，随着研究工作的进展和理解的深入，有必要对理论体系进行新的总结。

感知信息论的原创性贡献可概括为：提出了空间信息的概念，解决了感知信息的定量问题，统一了雷达与通信系统的信息论基础，给出了熵误差的概念，建立了空间信息与感知偏差之间的关系，揭示了感知信息的物理意义；提出并证明了空间信息和熵误差是雷达感知的理论极限，解决了最优参数估计问题和最优目标检测问题；进一步提出了空间分辨率的概念，从理论上提出了超分辨的可能性。

感知信息论的理论体系由原创性概念（C）、原创方法（M）和主要定理（T）等三大要素构成，现分述如下。

1.4.1 感知信息论的原创性概念

C1：空间信息

我们将空间信息定义为接收信号与目标距离和目标散射的联合互信息，从而将距离信息和幅度信息纳入统一定义的框架[43]。Xu 等人[44]将空间信息的概念推广到天线阵列，给出了 DOA 信息和散射信息的统一定义。Xu 等人[45]将空间信息推广到相控阵雷达，给出了联合距离-方向-散射信息的概念。我们还进一步推导出距离信息和方向信息公式[46-47]，最近又进一步研究了更复杂的相控阵雷达和 MIMO 雷达的联合距离-方向信息，推导出联合距离-方向信息公式。

C2：熵误差

我们提出用熵误差评价雷达的性能[44]，将熵误差定义为后验微分熵的熵功率。熵误差优于均方误差的原因是，在中低 SNR 条件下，判决统计量不是二阶统计量，均方误差不能完全反映系统性能。我们进一步研究了空间信息与克拉美罗界（CRB）的关系，证明了在高 SNR 条件下，CRB 等价于距离信息的渐近上界。熵误差作为雷达性能的理论极限，不依赖特定的估计方法，适于各种 SNR 的工作条件，为雷达波形设计提供了理论依据。最近，我们还推导出联合距离-方向熵误差公式[46-48]。

C3：空间分辨率

在我们近期用感知信息论解释雷达分辨率的研究工作中发现[49]，可以通过特征信道的散射信息定义空间分辨率 $\Delta=\sqrt{2}/\rho\beta$。其中，$\rho$ 为 SNR 的平方根；β 为信号的均方根带宽。空间分辨率不仅与信号带宽有关，还与 SNR 有关。空间分辨率在理论上具有超分辨的可能性，并已获得多维最大似然估计方法的验证。传统分辨率是指一维最大似然估计方法的分辨能力。由于分辨率在本质上是多维问题，因此多维最大似然估计方法的超分辨率与传统分辨率并不矛盾。

空间分辨率可进一步被推广到二维联合分辨率，包括距离-多普勒分辨率和距离-方向分辨率[50-53]。

C4：检测信息

通过引入目标存在状态变量，我们建立了目标检测与参数估计的系统模型，给出了感知信息的严格定义，证明了感知信息是目标检测信息与已知目标存在状态的空间信息之和，在理论上解决了感知信息的定量问题。检测信息被定义为接收信号与目标存在状态之间的互信息，可作为目标检测器性能的评价指标[42,54-55]。

1.4.2 感知信息论的原创方法

M1：抽样后验估计

常见的最大似然估计和最大后验概率估计是确定性估计，对给定接收信号的估计值是唯一确定的。由于抽样后验估计（SAP）[42,54]是一种随机估计，是通过对后验概率分布 $p(x|y)$ 的抽样进行的估计，因此对给定接收信号的估计值是不确定的。我们提出了抽样后验估计的目的是证明感知定理，因为其性能取决于后验概率分布。这种思想与香农编码定理采用的随机编码方法一脉相承。抽样后验

估计方法具有重要的实际应用价值，避免了确定性估计方法遇到的谱峰搜索问题，在多维参数估计应用场景下具有低复杂度的优势。

M2：最小散度估计

我们在本书中首次提出了最小散度估计。最大后验估计（MAP）根据后验概率分布的峰值确定目标的位置，没有充分利用测距分布的形态信息。通过构造测距分布，最小散度估计根据匹配滤波器和测距分布之间散度（相对熵）的最小值确定目标位置。研究表明，最小散度估计的性能优于 MAP。最小散度估计可能是第一个在性能上优于 MAP 的方法。从而在事实上证明，MAP 方法不是最优的。

M3：多目标匹配滤波

我们提出了多目标匹配滤波方法[42,44]，介绍了现有的匹配滤波器是多目标匹配滤波在单目标条件下的特例。理论分析和仿真结果表明，多目标匹配滤波具有超过瑞利分辨率的超分辨能力。

M4：抽样后验检测

常见的目标检测方法采用的是 NP 准则，对给定接收信号的检测结果是唯一确定的。抽样后验检测[42,54]是一种随机检测，对给定接收信号的检测结果是不确定的。我们给出了抽样后验检测的目的是证明目标检测定理，因为其性能取决于后验概率分布。

1.4.3 感知信息论证明的主要定理

T1：距离信息与熵偏差关系定理

该定理指出，每获得 1bit 的距离信息等价于熵偏差缩小一半。该定理揭示了距离信息的本质是来源于测距精度的提高。事实上，距离信息和熵偏差就像一枚硬币的两面：距离信息是测距精度的正向指标，距离信息越大，测距精度越高；熵偏差是测距精度的反向指标，熵偏差越小，测距精度越高，从而在信息和误差之间建立了联系的桥梁。

该定理还可以被进一步推广到多参数估计和更复杂的多目标估计场景。

T2：参数估计定理

参数估计定理[42,54]给出了空间信息是参数估计的理论极限。具体来说，空间信息是可达的，不存在经验信息大于空间信息的任何估计器。如果采用熵误差指标，则参数估计定理表述为，熵误差是参数估计的理论极限，具体来说，熵误差是可达的，不存在经验熵误差小于熵误差的任何估计器。

不同于香农编码定理，参数估计定理的证明也是构造性的，指出了抽样后验估计是渐近最优方法，解决了最优参数估计问题。

由于参数估计不仅是雷达信号处理领域的基本问题，也是统计学中的基本问题，因此该定理在统计学中也具有十分重要的意义。

T3：目标检测定理

目标检测定理[42,54]给出了检测信息是目标检测的理论极限。具体来说，检测信息是可达的，不存在经验检测信息大于检测信息的任何检测器。

目标检测定理的证明也是构造性的，给出了抽样后验估计是渐近最优方法，解决了最优目标检测问题。

由于目标检测不仅是雷达信号处理领域的基本问题，也是统计学中的基本问题，因此该定理在统计学中也具有十分重要的意义。

T4：联合目标检测-参数估计定理

目标检测和参数估计的评价指标不同，长期以来，一直是雷达信号处理领域相对独立的两个研究方向。感知信息论将目标检测和参数估计统一起来，为目标检测和参数估计的联合提供了先决条件。联合目标检测-参数估计定理[42,56]提出，感知信息是联合目标检测-参数估计的理论极限，解决了最优联合目标检测和参数估计问题。

T5：虚警定理

在加性高斯白噪声信道上，如果观测时间足够长，则虚警概率 P_{FA} 等于目标存在的先验概率 $\pi(1)$。

关于检测器的性能，信息论只给出检测信息一个性能指标。检测信息依赖于先验概率分布。NP 检测器的性能指标有虚警概率和检测概率。虚警定理[42]是信息论和 NP 检测器之间的桥梁。只要令 $P_{\mathrm{FA}}=P(1)$，则信息论和 NP 检测器的前提条件就完全一致了，并可以对性能指标分别进行客观评价。

虚警定理不仅在形式上非常优美，而且具有认识论的意义。我们知道，先验概率代表的是历史和经验，由于人类认识的局限性，因此对先验概率的了解总是不充分的。虚警意味着根据已知数据和事实做出的错误决策。虚警定理揭示了错误决策在本质上来源于人类认识的局限性。

1.4.4 感知信息论的应用价值

感知系统性能的理论极限一直是学术界关注的重点。CRB 给出了各种参数估计方法所能达到的理论极限，长期以来，一直用于各种信号处理方法的比较。然而，CRB 只适用于高 SNR 条件，不适用于中低 SNR 条件。在实际应用中，中低 SNR 条件更为常见，相关的理论极限处于空白状态。感知信息论提出的熵误差和空间分辨率不依赖具体的感知方法，正好填补这一空白，可以在各种 SNR 条件下为实际系统设计提供比较的依据。

感知信息论提出的抽样后验估计和抽样后验检测是渐近最优方法，最小散度估计的性能优于 MAP，多目标匹配滤波具有超分辨能力。这些参数估计和目标检测方法在雷达信号处理领域具有重要的应用价值。

第 2 章 香农信息论基础

本章所讲述的内容为后续章节的基础，分为两个部分：第一个部分是香农信息论涉及的与矩阵代数相关的知识；第二个部分是离散与连续随机变量的熵、互信息、性质，以及信息散度、条件熵、多维高斯分布的平均互信息等概念和相关特性。

2.1 矩阵代数基础

2.1.1 特征与特征矢量

令 $\boldsymbol{A}\in\mathbb{C}^{n\times n}$，$\boldsymbol{e}\in\mathbb{C}^{n}$，若标量 λ 和非 0 矢量 $\boldsymbol{e}$ 满足方程

$$\boldsymbol{Ae}=\lambda\boldsymbol{e},\ \boldsymbol{e}\neq 0 \tag{2.1}$$

则称 λ 是矩阵 $\boldsymbol{A}$ 的特征值，$\boldsymbol{e}$ 是与之对应的特征矢量。由于特征值与特征矢量总是成对出现的，因此$(\lambda,\boldsymbol{e})$被称为矩阵的特征对，特征值可能为 0，特征矢量一定非 0。

2.1.2 矩阵的奇异值分解

对于复矩阵 $\boldsymbol{A}$，称 n 个特征值 λ_i 的平方根 $\sigma_i=\sqrt{\lambda_i}\,(i=1,2,3,\cdots,n)$ 为 $\boldsymbol{A}$ 的奇异值，若记 $\boldsymbol{\Sigma}=\mathrm{diag}(\sigma_1,\sigma_2,\cdots,\sigma_r)$，其中 $\sigma_1,\sigma_2,\cdots,\sigma_r$ 是 $\boldsymbol{A}$ 的全部非 0 奇异值，则称 $m\times n$ 阶矩阵为 $\boldsymbol{A}$ 的奇异值矩阵，即

$$\boldsymbol{S}=\begin{bmatrix}\boldsymbol{\Sigma} & \boldsymbol{O}\\ \boldsymbol{O} & \boldsymbol{O}\end{bmatrix}=\begin{bmatrix}\sigma_1 & & & & & \\ & \ddots & & & & \\ & & \sigma_r & & & \\ & & & 0 & & \\ & & & & \ddots & \\ & & & & & 0\end{bmatrix} \tag{2.2}$$

奇异值分解定理：对于 $m\times n$ 阶矩阵，分别存在一个 $m\times n$ 阶酉矩阵 $\boldsymbol{U}$ 和一个 $n\times m$ 阶酉矩阵 $\boldsymbol{V}$，使得

$$\boldsymbol{A}=\boldsymbol{U}\boldsymbol{\Sigma}\boldsymbol{V}^{\mathrm{H}} \tag{2.3}$$

2.1.3 Hermitian 矩阵

如果矩阵 $\boldsymbol{A}$ 满足

$$\boldsymbol{A}=\boldsymbol{A}^{\mathrm{H}} \tag{2.4}$$

则称 $\boldsymbol{A}$ 为 Hermitian 矩阵。Hermitian 矩阵具有以下主要性质：

- 所有的特征值都是实数；
- 对应不同特征值的特征矢量相互正交；
- 可分解为 $\boldsymbol{A}=\boldsymbol{E}\boldsymbol{\Lambda}\boldsymbol{E}^{\mathrm{H}}=\sum_{i=1}^{n}\xi_i\boldsymbol{e}_i\boldsymbol{e}_i^{\mathrm{H}}$ 的形式，被称为谱定理，也就是矩阵 $\boldsymbol{A}$ 的特征值分解定理。其中，$\boldsymbol{\Lambda}=\mathrm{diag}(\xi_1,\xi_2,\cdots,\xi_n)$，$\boldsymbol{E}=[\boldsymbol{e}_1,\boldsymbol{e}_2,\cdots,\boldsymbol{e}_n]$ 是由特征矢量构成的酉矩阵。

2.1.4 Kronecker 积

定义：$p\times q$ 阶矩阵 $\boldsymbol{A}$ 和 $m\times n$ 阶矩阵 $\boldsymbol{B}$ 的 Kronecker 积记作 $\boldsymbol{A}\otimes\boldsymbol{B}$，是一个 $pm\times qn$ 阶矩阵，即

$$\boldsymbol{A}\otimes\boldsymbol{B}==\begin{bmatrix} a_{11}\boldsymbol{B} & a_{12}\boldsymbol{B} & \cdots & a_{1q}\boldsymbol{B} \\ a_{21}\boldsymbol{B} & a_{22}\boldsymbol{B} & \cdots & a_{2q}\boldsymbol{B} \\ \vdots & \vdots & \ddots & \vdots \\ a_{p1}\boldsymbol{B} & a_{p2}\boldsymbol{B} & \cdots & a_{pq}\boldsymbol{B} \end{bmatrix} \tag{2.5}$$

Kronecker 积有一个重要的性质，即 $\boldsymbol{U}\in\mathbb{C}^{m\times n}$，$\boldsymbol{V}\in\mathbb{C}^{n\times p}$，以下等式成立，即

$$\mathrm{vec}(\boldsymbol{U}\boldsymbol{V}\boldsymbol{W})=(\boldsymbol{W}^{\mathrm{T}}\otimes\boldsymbol{U})\,\mathrm{vec}(\boldsymbol{V}) \tag{2.6}$$

式中，$\mathrm{vec}(\cdot)$ 为矢量化算子；$\boldsymbol{A}\in\mathbb{C}^{p\times q}$，且 $\mathrm{vec}(\boldsymbol{A})$ 具有下面形式，即

$$\mathrm{vec}(\boldsymbol{A})=\begin{bmatrix} a_{11} \\ a_{21} \\ \vdots \\ a_{p1} \\ \vdots \\ a_{1q} \\ a_{2q} \\ \vdots \\ a_{pq} \end{bmatrix}\in\mathbb{C}^{pq\times 1} \tag{2.7}$$

Kronecker 积具有如下性质，即

$$\boldsymbol{A}\otimes(a\boldsymbol{B})=a(\boldsymbol{A}\otimes\boldsymbol{B})$$
$$(\boldsymbol{A}\otimes\boldsymbol{B})^{\mathrm{T}}=\boldsymbol{A}^{\mathrm{T}}\otimes\boldsymbol{B}^{\mathrm{T}}$$
$$(\boldsymbol{A}+\boldsymbol{B})\otimes\boldsymbol{C}=\boldsymbol{A}\otimes\boldsymbol{C}+\boldsymbol{B}\otimes\boldsymbol{C}$$
$$\boldsymbol{A}\otimes(\boldsymbol{B}+\boldsymbol{C})=\boldsymbol{A}\otimes\boldsymbol{B}+\boldsymbol{A}\otimes\boldsymbol{C}$$
$$\boldsymbol{A}\otimes(\boldsymbol{B}\otimes\boldsymbol{C})=(\boldsymbol{A}\otimes\boldsymbol{B})\otimes\boldsymbol{C}$$
$$(\boldsymbol{A}\otimes\boldsymbol{B})(\boldsymbol{C}\otimes\boldsymbol{D})=\boldsymbol{AC}\otimes\boldsymbol{BD}$$
$$(\boldsymbol{A}\otimes\boldsymbol{B})^{+}=\boldsymbol{A}^{+}\otimes\boldsymbol{B}^{+}$$
$$\mathrm{vec}(\boldsymbol{AYB})=(\boldsymbol{B}^{\mathrm{T}}\otimes\boldsymbol{A})\,\mathrm{vec}(\boldsymbol{Y})$$
$$\mathrm{tr}(\boldsymbol{A}\otimes\boldsymbol{B})=\mathrm{tr}(\boldsymbol{A})\,\mathrm{tr}(\boldsymbol{B})$$

2.1.5 矩阵求逆

对于矩阵 $\boldsymbol{A}$，如果存在 $\boldsymbol{B}$，有

$$\boldsymbol{AB}=\boldsymbol{BA}=\boldsymbol{I} \tag{2.8}$$

式中，$\boldsymbol{I}$ 为单位矩阵，则称 $\boldsymbol{A}$ 可逆，$\boldsymbol{B}$ 为 $\boldsymbol{A}$ 的逆矩阵，且逆矩阵具有唯一性。在一般情况下，将 $\boldsymbol{A}$ 的逆矩阵记为 $\boldsymbol{A}^{-1}$。下面引入两个实用的矩阵求逆公式。

对于 $\boldsymbol{I}+\boldsymbol{UV}$ 形式的 $n\times n$ 阶方阵，有

$$(\boldsymbol{I}+\boldsymbol{UV})^{-1}=\boldsymbol{I}-\boldsymbol{U}\,(\boldsymbol{I}+\boldsymbol{VU})^{-1}\boldsymbol{V} \tag{2.9}$$

对于 $\boldsymbol{A}+\boldsymbol{xy}^{\mathrm{H}}$ 形式的 $n\times n$ 阶方阵，$\boldsymbol{xy}$ 为 $n\times 1$ 矢量，有

$$(\boldsymbol{A}+\boldsymbol{xy}^{\mathrm{H}})^{-1}=\boldsymbol{A}^{-1}-\frac{\boldsymbol{A}^{-1}\boldsymbol{xy}^{\mathrm{H}}\boldsymbol{A}^{-1}}{1+\boldsymbol{y}^{\mathrm{H}}\boldsymbol{A}^{-1}\boldsymbol{x}} \tag{2.10}$$

2.2　离散信源的熵

离散信源的熵，即离散集合的平均信息熵[57-58]。熵的单位为比特。

离散信源 X 的熵被定义为自信息的平均值，记为 $H(X)$，有

$$H(X)=\underset{p(x)}{E}[I(x)]=\underset{p(x)}{E}[-\log p(x)]=-\sum_{x}p(x)\log p(x) \tag{2.11}$$

式中，$I(x)$表示事件 x 的自信息；$\underset{p(x)}{E}$ 表示对随机变量用 $p(x)$取平均。

平均信息熵 $H(X)$可在平均意义上表征信源的总体特性，含义体现在如下几个方面：

- 在输出离散信源前，表示离散信源的平均不确定性；
- 在输出离散信源后，表示一个离散信源所提供的平均信息量；
- 表示离散信源随机性的大小，$H(X)$大，随机性大；
- 当输出离散信源后，不确定性被解除，熵可以看作解除离散信源不确定性所需要的信息量。

推论 2.1　考虑如下分布的随机变量，即

$$\begin{bmatrix} X \\ p(x) \end{bmatrix}=\begin{bmatrix} 0 & 1 \\ p & 1-p \end{bmatrix}$$

它的熵简记为 $H(p)$，有

$$H(X)=-p\log p-(1-p)\log(1-p) @ H(p)$$

2.3　条件熵与联合熵

2.3.1　条件熵

将联合集 X,Y 上条件自信息 $I(y|x)$的平均值定义为条件熵，即

$$H(Y|X)=\underset{p(x,y)}{E}[I(y|x)] \tag{2.12}$$

$$=-\sum_{x}\sum_{y}p(x,y)\log p(y|x) \tag{2.13}$$

$$=\sum_{x}p(x)\left[-\sum_{y}p(y|x)\log p(y|x)\right] \tag{2.14}$$

$$= \sum_{x} p(x) H(Y|x) \tag{2.15}$$

式中，$H(Y|x)=-\sum_{y} p(y|x)\log p(y|x)$ 为 x 取某一特定值时 Y 的熵。

2.3.2 联合熵

将联合集 X,Y 上联合自信息 $I(x,y)$ 的平均值定义为联合熵，即

$$\begin{aligned} H(X,Y) &= \underset{p(x,y)}{E}[I(x,y)] \\ &= -\sum_{x}\sum_{y} p(x,y)\log p(x,y) \end{aligned} \tag{2.16}$$

联合熵还可表示为

$$H(X,Y)=H(X)+H(Y|X) \tag{2.17}$$

证明：

$$\begin{aligned} H(X,Y) &= \sum_{x}\sum_{y} p(x,y)\log\frac{1}{p(x,y)} \\ &= \sum_{x}\sum_{y} p(x,y)\log\frac{1}{p(x)p(y|x)} \\ &= \sum_{x}\sum_{y} p(x,y)\log\frac{1}{p(x)} + \sum_{x}\sum_{y} p(x,y)\log\frac{1}{p(y|x)} \\ &= \sum_{x} p(x)\log\frac{1}{p(x)}\sum_{y} p(y|x) + \sum_{x}\sum_{y} p(x,y)\log\frac{1}{p(y|x)} \\ &= \sum_{x} p(x)\log\frac{1}{p(x)} + \sum_{x}\sum_{y} p(x,y)\log\frac{1}{p(y|x)} \\ &= H(X) + H(Y|X) \end{aligned}$$

通过类似方法也可证明

$$H(X,Y)=H(Y)+H(X|Y) \tag{2.18}$$

2.3.3 各类熵的关系

下面给出信息熵、条件熵和联合熵之间的关系。

1. 联合熵与条件熵之间的关系

$$H(X,Y)=H(X)+H(Y|X) \tag{2.19}$$
$$H(X,Y)=H(Y)+H(X|Y) \tag{2.20}$$

2. 条件熵不大于信息熵

定理 2.1(熵的不增原理)

$$H(Y|X) \leqslant H(Y) \tag{2.21}$$

或

$$H(X|Y) \leqslant H(X) \tag{2.22}$$

在信息处理过程中，条件越多，熵越小，仅当 X、Y 相互独立时，可以取等号。

3. 联合熵不大于各信息熵的和

$$H(X_1, X_2, \cdots, X_N) \leqslant \sum_{i=1}^{N} H(X_i) \tag{2.23}$$

仅当各 X_i 相互独立时，等号成立。

4. 联合熵、条件熵和熵之间的不等式

性质 2.1　联合熵、条件熵和熵之间有如下不等式，即

$$\max(H(X), H(Y)) \leqslant H(X,Y) \leqslant H(X) + H(Y) \tag{2.24}$$

根据条件熵的定义，因为 $0 \leqslant p(y|x) \leqslant 1$，所以有

$$H(Y|X) \geqslant 0$$

同理有

$$H(X|Y) \geqslant 0$$

则有

$$H(X,Y) \geqslant H(X)$$
$$H(X,Y) \geqslant H(Y)$$

即联合熵不小于各随机变量的独立熵，有

$$H(X,Y) \geqslant \max(H(X), H(Y))$$

$$\begin{aligned}
& H(X,Y) - H(X) - H(Y) \\
&= \sum_x \sum_y p(x,y) \log \frac{1}{p(x,y)} - \sum_x p(x) \log \frac{1}{p(x)} - \sum_y p(y) \log \frac{1}{p(y)} \\
&= \sum_x \sum_y p(x,y) \log \frac{p(x)p(y)}{p(x,y)} \\
&\leqslant \log \sum_x \sum_y p(x)p(y) \\
&= 0
\end{aligned}$$

下面讨论两种极端情况。

- 当 X 和 Y 相互独立时，容易证明

$$H(X|Y)=H(X)$$
$$H(Y|X)=H(Y)$$
$$H(X,Y)=H(X)+H(Y)$$

- 当 X 和 Y 之间有一一对应关系时，容易证明

$$H(X,Y)=H(X)=H(Y)$$
$$H(Y|X)=H(X|Y)=0$$

2.4 互信息

互信息（Mutual Information）是信息论中的信息度量[57-58]，可以看作一个随机变量中包含另一个随机变量的信息量，或者一个随机变量由于已知另一个随机变量而减少的不确定性。

2.4.1 互信息的定义

离散随机事件 $x=a_i$ 和 $y=b_j$ 之间的互信息（$x\in X,y\in Y$）被定义为

$$I(x;y)=\log\frac{p(x|y)}{p(x)} \tag{2.25}$$

互信息还可表示为

$$I(x;y)=\log\frac{p(x|y)p(y)}{p(x)p(y)}=\log\frac{p(x,y)}{p(x)p(y)} \tag{2.26}$$

通过计算可得

$$I(x;y)=\log\frac{p(x|y)}{p(x)}=I(x)-I(x|y) \tag{2.27}$$

$$\begin{aligned}I(x;y)&=\log\frac{p(x|y)p(y)}{p(x)p(y)}\\&=\log\frac{p(x,y)}{p(x)p(y)}\\&=I(x)+I(y)-I(x,y)\end{aligned} \tag{2.28}$$

$$
\begin{aligned}
I(x;y) &= \log \frac{p(x|y)p(y)}{p(x)p(y)} \\
&= \log \frac{p(x,y)}{p(x)p(y)} \\
&= \log \frac{p(x,y)/p(x)}{p(x)p(y)/p(x)} \\
&= \log \frac{p(y|x)}{p(y)} \\
&= I(y)-I(y|x)
\end{aligned} \tag{2.29}
$$

x 与 y 的互信息等于 x 的自信息减去在 y 条件下 x 的自信息。$I(x;y)$表示当 y 发生后，x 不确定性的变化。这种变化可反映 y 发生时得到的关于 x 的信息量。互信息的单位与自信息的单位相同。

2.4.2　互信息的性质

（1）互易性：$I(x;y)=I(y;x)$，通过式（2.26）可以很容易证明。

（2）当 x 与 y 统计独立时，互信息为0，即 $I(x;y)=0$。

当 x 与 y 统计独立时，$p(x,y)=p(x)p(y)$，有

$$
I(x;y)=\log \frac{p(x,y)}{p(x)p(y)}=\log 1=0
$$

（3）互信息可正可负。根据定义，有

$$
I(x;y)=\log \frac{p(x|y)}{p(x)}
$$

当 $p(x|y)>p(x)$时，$I(x;y)>0$。

当 $p(x|y)<p(x)$时，$I(x;y)<0$。

（4）任意两个事件之间的互信息小于等于其中一个事件的自信息。根据定义，有

$$
I(x;y)=\log \frac{p(x|y)}{p(x)}=I(x)-I(x|y)
$$

因为

$$
I(x|y)\geqslant 0
$$

所以

$$I(x;y) \leqslant I(x)$$

同时

$$I(x;y) = I(y) - I(y|x)$$

而且 $I(y|x) \geqslant 0$，则

$$I(x;y) \leqslant I(y)$$

即任意两个事件之间的互信息不可能大于其中一个事件的自信息。

2.4.3 条件互信息

设联合集 X,Y,Z 在给定 $z \in Z$ 条件下，将 $x(\in X)$ 和 $y(\in Y)$ 之间的互信息定义为

$$I(x;y|z) = \log \frac{p(x|y,z)}{p(x|z)} \tag{2.30}$$

除条件外，条件互信息的定义与互信息的定义和性质都相同。

2.4.4 信息散度

若 P 和 Q 为定义在同一概率空间的两个概率测度，则定义 P 相对于 Q 的散度为

$$D(P\|Q) = \sum_{x} P(x) \log \frac{P(x)}{Q(x)} = \underset{P(x)}{E}\left[\log \frac{P(x)}{Q(x)}\right] \tag{2.31}$$

散度又称为相对熵、方向散度、交叉熵、Kullback-Leibler 距离等。注意，在式（2.31）中，概率分布的维数不限，可以是一维的，也可以是多维的。

定理 2.2 如果同一概率空间的两个概率测度分别为 $P(x)$ 和 $Q(x)$，那么

$$D(P\|Q) \geqslant 0 \tag{2.32}$$

当且仅当对所有 x，$P(x)=Q(x)$ 时，等号成立。

式（2.32）被称为散度不等式，说明一个概率测度相对另一个概率测度的散度是非负的，仅当两个概率测度相等时，散度才为 0。散度可以解释为两个概率测度之间的“距离”，即两个概率测度不同程度的度量。这个“距离”不是通常意义下的距离，因为散度不满足对称性，所以不满足三角不等式。

推论 2.2 $X=\{0,1\}$，考虑定义在 X 上两个分别为 P 和 Q 的分布律。令 $P(0)=$

$1-r, P(1)=r$，$Q(0)=1-s$，$Q(1)=s$，分别计算 $D(P\|Q)$ 和 $D(Q\|P)$；当 $r=1/2$、$s=1/4$ 时，分别计算 $D(P\|Q)$ 和 $D(Q\|P)$。

解：根据定义

$$D(P\|Q)=(1-r)\log\frac{1-r}{1-s}+r\log\frac{r}{s}$$

$$D(Q\|P)=(1-s)\log\frac{1-s}{1-r}+s\log\frac{s}{r}$$

如果 $r=s$，则 $D(P\|Q)=D(Q\|P)=0$。

如果 $r=1/2$，$s=1/4$，则

$$D(P\|Q)=\frac{1}{2}\log\frac{\frac{1}{2}}{\frac{3}{4}}+\frac{1}{2}\log\frac{\frac{1}{2}}{\frac{1}{4}}=1-\frac{1}{2}\log 3=0.2075\text{bit}$$

$$D(Q\|P)=\frac{3}{4}\log\frac{\frac{3}{4}}{\frac{1}{2}}+\frac{1}{4}\log\frac{\frac{1}{4}}{\frac{1}{2}}=\frac{3}{4}\log 3-1=0.1887\text{bit}$$

注意：在一般情况下，$D(P\|Q)$ 和 $D(Q\|P)$ 并不相等，不满足对称性。

2.4.5　平均互信息

平均互信息是联合概率空间互信息的统计平均值。下面将介绍平均互信息的定义和性质。

可将集合 X、Y 之间的平均互信息看作 x、y 之间互信息的平均值，表示从 X 得到的关于 Y 的平均信息量，单位与熵的单位相同。

集合 X、Y 之间的平均互信息被定义为

$$\begin{aligned}I(X;Y)&=\underset{p(x,y)}{E}[I(x;y)]\\&=\sum_{x,y}p(x,y)\log\frac{p(x|y)}{p(x)}\\&=D(p(x,y)\|p(x)p(y))\end{aligned}\tag{2.33}$$

$I(X;Y)$ 还可以表示为

$$I(X;Y)=\sum_{y}p(y)I(X;y)\tag{2.34}$$

式中，$I(X;y)$为集合 X 与事件 $y\in Y$之间的互信息，即

$$I(X;y)=\sum_{x}p(x|y)\log\frac{p(x|y)}{p(x)} \tag{2.35}$$

式（2.35）表示由事件 y 提供的关于集合 X 的平均条件互信息（注意：用条件概率平均），有

$$I(X;y)\geqslant 0$$

仅当y与所有 x 独立时，等号成立。

容易证明下面的关系式，即

$$I(X;Y)=H(X)-H(X|Y) \tag{2.36}$$

$$I(X;Y)=H(Y)-H(Y|X) \tag{2.37}$$

$$I(X;Y)=H(X)+H(Y)-H(X,Y) \tag{2.38}$$

$$I(X;X)=H(X) \tag{2.39}$$

此外，平均互信息可以被证明具有如下重要性质。

定理 2.3 平均互信息具有非负性，即

$$I(X;Y)\geqslant 0$$

仅当 X、Y 独立时，等号成立。

平均互信息具有对称性，即

$$I(X;Y)=I(Y;X)$$

根据定义很容易得到

$$\begin{aligned}I(Y;X)&=H(Y)-H(Y|X)\\&=H(Y)-[H(X,Y)-H(X)]\\&=H(X)+H(Y)-H(X,Y)\\&=H(X)-[H(X,Y)-H(Y)]\\&=H(X)-H(X|Y)\\&=I(X;Y)\end{aligned}$$

定理 2.4 $I(X;Y)$为概率分布 $p(x)$的上凸函数。

已经知道，平均互信息 $I(X;Y)$是联合概率分布 $p(x,y)$的函数，或者说，是概率矢量 $\boldsymbol{p}=(p(1),p(2),\cdots,p(n))$和条件概率矩阵 $\boldsymbol{Q}=(p(y|x))_{nm}$的函数，记作 $I(\boldsymbol{p},\boldsymbol{Q})$。当条件概率矩阵 $\boldsymbol{Q}$ 一定时，平均互信息 $I(\boldsymbol{p},\boldsymbol{Q})$是 $\overline{\boldsymbol{p}}$ 的上凸函数。

证明略。

定理 2.5　对于固定概率分布 $p(x)$，$I(X;Y)$ 为条件概率分布 $p(y|x)$ 的下凸函数。当概率矢量 $\boldsymbol{p}$ 一定时，平均互信息 $I(\boldsymbol{p},\boldsymbol{Q})$ 是条件概率矩阵 $\boldsymbol{Q}$ 的下凸函数。

证明略。

2.4.6　多变量的互信息

考虑三个随机变量

$$\begin{bmatrix} X \\ p(x) \end{bmatrix} = \begin{bmatrix} 1 & 2 & \cdots & n \\ p_X(1) & p_X(2) & \cdots & p_X(n) \end{bmatrix}$$

$$\begin{bmatrix} Y \\ p(y) \end{bmatrix} = \begin{bmatrix} 1 & 2 & \cdots & m \\ p_Y(1) & p_Y(2) & \cdots & p_Y(m) \end{bmatrix}$$

$$\begin{bmatrix} Z \\ p(z) \end{bmatrix} = \begin{bmatrix} 1 & 2 & \cdots & l \\ p_Z(1) & p_Z(2) & \cdots & p_Z(l) \end{bmatrix}$$

它们的联合概率分布为

$$p_{XYZ}(x,y,z),\quad x=1,2,\cdots,n,\quad y=1,2,\cdots,m,\quad z=1,2,\cdots,l$$

根据互信息的定义，定义随机变量 X 和二元随机变量（Y,Z）之间的联合互信息 $I(X;Y,Z)$ 为

$$\begin{aligned} I(X;Y,Z) &= \underset{p(x,y,z)}{E}\left[\log\frac{p(x|y,z)}{p(x)}\right] \\ &= \sum_x\sum_y\sum_z p(x,y,z)\log\frac{p(x|y,z)}{p(x)} \end{aligned} \tag{2.40}$$

联合互信息还可表示为

$$\begin{aligned} I(X;Y,Z) &= H(X)-H(X|Y,Z) \\ &= H(Y,Z)-H(Y,Z|X) \\ &= H(X)+H(Y,Z)-H(X,Y,Z) \end{aligned}$$

联合互信息表示随机变量 X 和随机变量 Y、Z 之间可能提供的互信息。

若 X、Y、Z 为三个概率空间，则有 $H(Y,Z|X)=H(Y|X)+H(Z|X,Y)$ 成立。

证明：根据熵的表达式，有

$$\begin{aligned} H(Y,Z|X) &= -\sum_x\sum_y\sum_z p(x,y,z)\log p(y,z|x) \\ &= -\sum_x\sum_y\sum_z p(x,y,z)\log p(y|x)p(z|x,y) \end{aligned}$$

$$= -\sum_x \sum_y \sum_z p(x,y,z)\log p(y|x) - \sum_x \sum_y \sum_z p(x,y,z)\log p(z|x,y)$$
$$= H(Y|X) + H(Z|X,Y)$$

证毕。

若 X、Y、Z 为三个随机变量，则根据平均互信息的定义可以证明，有

$$\begin{aligned} I(X;Y,Z) &= I(X;Y)+I(X;Z|Y) \\ &= I(X;Z)+I(X;Y|Z) \end{aligned}$$

同理，有

$$I(X;Y,Z)=I(X;Z)+I(X;Y|Z)$$

即

$$\begin{aligned} I(X;Y,Z) &= I(X;Y)+I(X;Z|Y) \\ &= I(X;Z)+I(X;Y|Z) \end{aligned}$$

定理 2.6 若 X、Y、Z 为三个随机变量，则有

$$I(X,Y;Z) \geqslant I(Y;Z) \tag{2.41}$$

当且仅当 $p(z|x,y)=p(z|y)$，$\forall x,y,z$ 时，式（2.41）的等号成立，即 X、Y、Z 组成一个马尔可夫链，有

$$I(X,Y;Z) \geqslant I(X;Z) \tag{2.42}$$

当且仅当 $p(z|x,y)=p(z|x)$，$\forall x,y,z$ 时，式（2.42）的等号成立。

证明：考虑

$$\begin{aligned} I(Y;Z) - I(X,Y;Z) &= E\left[\log\frac{p(z|y)}{p(z)}\right] - E\left[\log\frac{p(z|x,y)}{p(z)}\right] \\ &= E\left[\log\frac{p(z|y)}{p(z|x,y)}\right] \\ &\leqslant \log E\left[\frac{p(z|y)}{p(z|x,y)}\right] \\ &= \log\sum_x \sum_y \sum_z p(x,y,z)\frac{p(z|y)}{p(z|x,y)} \\ &= \log\sum_x \sum_y \sum_z p(x,y)p(z|y) \\ &= \log\sum_x \sum_y p(x,y)\sum_z p(z|y) \end{aligned}$$

$$= \log \sum_{x} \sum_{y} p(x,y) = 0$$

由对数函数的严格上凸性，当且仅当

$$p(z|x,y)=p(z|y),\quad \forall x,y,z$$

时，等号成立。当 X 被确定后，Z 的概率分布只与 Y 有关，与 X 无关，即 X、Y、Z 组成一个马尔可夫链。同理可证式（2.42）。

令 Z 是一个待测随机变量，X 是第一次测量结果，Y 是第二次测量结果，上述定理表明，从两次测量结果中获得的待测随机变量的信息不小于从一次测量结果中获得的信息。

定理 2.7（多次测量原理）　通过进行多次测量可以获得更多待测随机变量的信息，测量的次数越多，获得的信息就越多。

2.4.7　平均条件互信息

假设联合集 X,Y,Z，在 Z 条件下，X 与 Y 之间的平均条件互信息被定义为条件互信息 $I(x;y|z)$ 的平均值，即

$$I(X;Y|Z) = \underset{p(x,y,z)}{E}[I(x;y|z)] = \sum_{x,y,z} p(x,y,z)\log\frac{p(x|y,z)}{p(x|z)} \tag{2.43}$$

$I(X;Y|Z)$ 还可以表示为

$$\begin{aligned} I(X;Y|Z) &= H(X|Z)-H(X|Y,Z) \\ I(X;Y|Z) &= H(Y|Z)-H(Y|X,Z) \\ I(X;Y|Z) &= H(X|Z)+H(Y|Z)-H(X,Y|Z) \end{aligned} \tag{2.44}$$

同理可以证明，平均条件互信息是非负的，即

$$I(X;Y|Z) \geqslant 0 \tag{2.45}$$

定理 2.8（数据处理定理或信息不增原理）　设 X 是发送信号（待测量），Y 是接收信号（测量结果），由于干扰（测量误差）存在，因此需要对 Y 进行处理，获得 Z。上述定理表明，从 Z 中获得的关于 X 的信息不可能超过从 Y 中获得的 X 的信息，即

$$I(X;Z) \leqslant I(X;Y) \tag{2.46}$$

平均条件互信息为研究马尔可夫链提供了一个新的观点，为研究马尔可夫链中变量之间联系的紧密程度提供了一种新的定量手段。

数据处理定理表明，数字通信系统在经过编译码器、信道的处理后，从信宿得到的关于信源的信息会减少，处理的次数越多，减少得越多，在实际应用中，总是需要对数据进行处理，因为只有进行处理，才能保留对信宿有用的信息，去掉无用的信息或干扰。例如，为了使图像清晰，要尽量去除杂波，虽然信息的总量减少了，但有用的信息突出了。

2.5 连续随机变量

2.5.1 连续信源的熵与平均互信息

1. 微分熵

连续信源可以用连续随机变量来刻画。设连续随机变量 X 的概率密度函数为 $p(x)$，$x\in(-\infty,+\infty)$，那么 $\int_{-\infty}^{+\infty}p(x)\mathrm{d}x=1$。现将 X 的值域分成间隔为 Δx 的小区间，只要区间足够小，那么 X 落入区间 $(x_i,x_i+\Delta x)$ 的概率近似为 $p(x_i)\Delta x$。仿照离散熵的定义，连续信源的熵为

$$H(X)=\sum_{i=-\infty}^{+\infty}p(x_i)\Delta x\log\frac{1}{p(x_i)\Delta x}$$

当 $\Delta x\to 0$ 时，有

$$\begin{aligned}\lim_{\Delta x\to 0}H(X)&=\lim_{\Delta x\to 0}\sum_{i=-\infty}^{+\infty}p(x_i)\Delta x\log\frac{1}{p(x_i)\Delta x}\\&=\lim_{\Delta x\to 0}\sum_{i=-\infty}^{+\infty}p(x_i)\log\frac{1}{p(x_i)}\Delta x+\lim_{\Delta x\to 0}\sum_{i=-\infty}^{+\infty}p(x_i)\log\frac{1}{\Delta x}\Delta x\\&=\int_{-\infty}^{+\infty}p(x)\log\frac{1}{p(x)}\mathrm{d}x+\lim_{\Delta x\to 0}\log\frac{1}{\Delta x}\int_{-\infty}^{+\infty}p(x)\mathrm{d}x\\&=\int_{-\infty}^{+\infty}p(x)\log\frac{1}{p(x)}\mathrm{d}x+\lim_{\Delta x\to 0}\log\frac{1}{\Delta x}\end{aligned}$$

式中，第二项当 $\Delta x\to 0$ 时为无穷大，按照离散熵的定义，连续信源的熵为无穷大。注意，第二项的取值与随机变量的概率分布无关，也就是说，对不同的随机变量，可以认为第二项是“相同的”。事实上，第一项也有一些与离散熵相同的性质，为此定义连续随机变量的微分熵（或差熵）$h(X)$为

$$h(X)=\int_{-\infty}^{+\infty}p(x)\log\frac{1}{p(x)}\mathrm{d}x$$

$$= \underset{p(x)}{E}\left[-\log p(x)\right] \tag{2.47}$$

微分熵虽然具有与离散熵类似的性质，如对称性和上凸性，但不满足非负性。

推论 2.3 令 X 是在区间 (a,b) 内服从均匀分布的随机变量，求 X 的微分熵。

解： X 的概率密度函数为

$$p_X(x)=\begin{cases}\dfrac{1}{b-a},\ x\in(a,b)\\ 0,\ x\notin(a,b)\end{cases}$$

$$h(X)=\int_a^b \frac{1}{b-a}\log(b-a)\mathrm{d}x$$

$$=\log(b-a)\ \text{比特/符号}$$

当 $b-a<1$ 时，$h(X)<0$。微分熵小于0，不能表明连续随机变量的不确定性可以为负数，只是因为在微分熵的定义中忽略了一个无穷大项，所以连续随机变量的微分熵具有相对性，也就是说，当两个或多个随机变量进行相互比较时，微分熵反映的是它们的相对不确定性。

推论 2.4 正态分布随机变量的微分熵。

设随机变量 X 的概率密度函数 $g(x)$ 为正态分布，即

$$g(x)=\frac{1}{\sqrt{2\pi\sigma^2}}\exp\left\{-\frac{(x-m)^2}{2\sigma^2}\right\} \tag{2.48}$$

式中，m 和 σ^2 分别是 X 的均值和方差。

微分熵 $h(X)$ 为

$$h(X)=\int_{-\infty}^{+\infty} g(x)\log\frac{1}{g(x)}\mathrm{d}x$$

$$=-\int_{-\infty}^{+\infty} g(x)\log\left\{\frac{1}{\sqrt{2\pi\sigma^2}}\exp\left[-\frac{(x-m)^2}{2\sigma^2}\right]\right\}\mathrm{d}x$$

$$=\int_{-\infty}^{+\infty} g(x)\log\sqrt{2\pi\sigma^2}\,\mathrm{d}x+\int_{-\infty}^{+\infty} g(x)\frac{(x-m)^2}{2\sigma^2}\mathrm{d}x\log \mathrm{e}$$

$$=\log\sqrt{2\pi\sigma^2}+\frac{\log \mathrm{e}}{2\sigma^2}\int_{-\infty}^{+\infty}(x-m)^2 g(x)\mathrm{d}x$$

$$=\frac{1}{2}\log(2\pi\sigma^2)+\frac{1}{2}\log \mathrm{e}$$

$$= \frac{1}{2}\log(2\pi e\sigma^2) \tag{2.49}$$

在推导中用到了条件 $\int_{-\infty}^{+\infty} g(x)\mathrm{d}x = 1$ 和 $\int_{-\infty}^{+\infty} (x-m)^2 g(x)\mathrm{d}x = \sigma^2$，服从高斯分布随机变量的微分熵与均值无关，仅取决于方差。当 $m=0$ 时，方差等于 X 的平均功率 P。

微分熵与离散熵的差别如下。

- 微分熵只是连续信源熵的一部分，代表信源的相对不确定性。由于每个信源的绝对熵都包含 $\lim\limits_{\Delta x\to 0} -\log\Delta x$，且与信源的概率分布无关，因此微分熵仍然可以作为信源平均不确定性的相对量度。
- 微分熵不具有非负性。若概率分布大于1，则微分熵小于0。
- 在一一对应变换的条件下，微分熵可能发生变化。

2. 联合微分熵和条件微分熵

可以将微分熵的定义推广到两个和多个随机变量的情形。

设有两个随机变量 X 和 Y，联合概率密度函数为 $p(x,y)$，边缘概率密度函数 $p(x)$ 和 $p(y)$ 分别为

$$p(x) = \int_{-\infty}^{+\infty} p(x,y)\mathrm{d}y$$

$$p(y) = \int_{-\infty}^{+\infty} p(x,y)\mathrm{d}x$$

条件概率密度函数为

$$p(x|y) = p(x,y)/p(y)$$

$$p(y|x) = p(x,y)/p(x)$$

则 X 和 Y 的联合微分熵 $h(X,Y)$ 被定义为

$$h(X,Y) = \iint p(x,y)\log\frac{1}{p(x,y)}\mathrm{d}x\mathrm{d}y \tag{2.50}$$

在给定 X 的条件下，X 和 Y 的条件微分熵 $h(Y|X)$ 被定义为

$$h(Y|X) = \iint p(x,y)\log\frac{1}{p(y|x)}\mathrm{d}x\mathrm{d}y \tag{2.51}$$

联合微分熵和条件微分熵之间具有和离散熵类似的性质，如

$$h(X,Y) = h(X) + h(Y|X) = h(Y) + h(X|Y) \tag{2.52}$$

$$h(X|Y) \leqslant h(X) \tag{2.52a}$$

$$h(Y|X) \leqslant h(Y) \tag{2.52b}$$

$$h(X,Y) \leqslant h(X)+h(Y) \tag{2.53}$$

设 $\boldsymbol{X}=(X_1,X_2,\cdots,X_n)$ 是一个 n 维随机矢量，联合概率密度函数 $p(\boldsymbol{x})=p(x_1,x_2,\cdots,x_n)$，则 n 维随机矢量的微分熵被定义为

$$h(\boldsymbol{X}) = \oint_{R^n} p(\boldsymbol{x})\log\frac{1}{p(\boldsymbol{x})}\mathrm{d}\boldsymbol{x} = \int\cdots\int p(x_1,x_2,\cdots,x_n)\log\frac{1}{p(x_1,x_2,\cdots,x_n)}\mathrm{d}x_1\mathrm{d}x_2\cdots\mathrm{d}x_n \tag{2.54}$$

3. 连续信源的平均互信息

两个随机变量之间的平均互信息[59]被定义为

$$I(X;Y) = \iint p(x,y)\log\frac{p(x,y)}{p(x)p(y)}\mathrm{d}x\mathrm{d}y = E\left[\log\frac{p(x,y)}{p(x)p(y)}\right] \tag{2.55}$$

与离散互信息类似，可以证明

$$\begin{aligned} I(X;Y) &= h(X)-h(X|Y) \\ &= h(Y)-h(Y|X) \\ &= h(X)+h(Y)-h(X,Y) \end{aligned} \tag{2.56}$$

连续随机变量的平均互信息具有与离散平均互信息完全类似的性质，如对称性和非负性：当给定条件概率密度函数 $p(y|x)$ 时，平均互信息是信源概率密度函数 $p(x)$ 的上凸函数；当给定 $p(x)$ 时，平均互信息是信源条件概率密度函数的下凸函数。

由于平均互信息反映的是两个连续随机变量之间的联系程度，等于微分熵与条件微分熵之差，因此不涉及在微分熵定义中的无穷大项，在实际应用中也比微分熵更重要。

同样可以将平均互信息推广到多个随机变量的情形，只需要将离散情况下的求和改为积分即可。

微分熵与离散熵的类似性如下。

- 计算表达式类似。通过比较可知，由计算离散熵到计算微分熵，只是将离散概率密度函数变为概率密度函数，将离散求和变成积分。
- 熵的不增性，即

$$h(X) \geqslant h(X|Y) \tag{2.57}$$

由于 $h(X)-h(X|Y)=\iint p(x,y)\log\frac{p(x|y)}{p(x)}\mathrm{d}x\mathrm{d}y=I(X;Y)\geqslant 0$，因此式（2.57）成立，且仅当 X、Y 相互独立时，等号成立。

- 可加性，设 N 维随机变量集合 $\boldsymbol{X}=(X_1,X_2,\cdots,X_N)$，可以证明

$$\begin{aligned}h(\boldsymbol{X})&=h(X_1)+h(X_2|X_1)+\cdots+h(X_N|X_1,\cdots,X_{N-1})\\&\leqslant h(X_1)+h(X_2)+\cdots+h(X_N)\end{aligned}\tag{2.58}$$

且仅当 $X_1,X_2,\cdots,X_N$ 相互独立时，等号成立。

2.5.2 几种特殊分布信源的熵

推论 2.5 由一信源发出恒定宽度、不同幅度的脉冲，幅度 x 在 $a_1\sim a_2$ 之间。该信源连至信道，在信道接收端接收脉冲的幅度 y 在 $b_1\sim b_2$ 之间。已知随机变量 X 和 Y 的联合概率密度函数为

$$p(x,y)=\frac{1}{(a_2-a_1)(b_2-b_1)}$$

试计算 $h(x)$、$h(y)$、$h(x,y)$ 和 $I(x;y)$。

由 $p(x,y)$ 得

$$p(x)=\begin{cases}\dfrac{1}{a_2-a_1}, & a_1\leqslant x\leqslant a_2\\ 0, & \text{其他}\end{cases}$$

$$p(y)=\begin{cases}\dfrac{1}{b_2-b_1}, & b_1\leqslant y\leqslant b_2\\ 0, & \text{其他}\end{cases}$$

可见，$p(x,y)=p(x)p(y)$，x 和 y 相互独立，且均服从均匀分布，有

$$\begin{aligned}h(x)&=\log(a_2-a_1)\\h(y)&=\log(b_2-b_1)\\h(x,y)&=h(x)+h(y)\\&=\log(a_2-a_1)(b_2-b_1)\\I(x;y)&=0\end{aligned}$$

推论 2.6 n 维实高斯分布随机矢量的熵。设 n 维实高斯分布随机矢量 $\boldsymbol{X}=(X_1,X_2,\cdots,X_n)$，一阶矩和二阶矩分别为

$$m_i = \int_{-\infty}^{+\infty} x_i p(x_i)\,\mathrm{d}x_i,\quad i=1,2,\cdots,n$$

$$R_{ij}=E[(x_i-m_i)(x_j-m_j)],\quad i=1,2,\cdots,n,\quad j=1,2,\cdots,n$$

令协方差矩阵

$$\boldsymbol{R}=\begin{bmatrix} R_{11} & R_{12} & \cdots & R_{1n} \\ R_{21} & R_{22} & \cdots & R_{2n} \\ \vdots & \vdots & \ddots & \vdots \\ R_{n1} & R_{n2} & \cdots & R_{nn} \end{bmatrix}$$

是可逆的，逆矩阵为

$$\boldsymbol{R}^{-1}=\begin{bmatrix} r_{11} & r_{12} & \cdots & r_{1n} \\ r_{21} & r_{22} & \cdots & r_{2n} \\ \vdots & \vdots & \ddots & \vdots \\ r_{n1} & r_{n2} & \cdots & r_{nn} \end{bmatrix}$$

定义 $\boldsymbol{x}=[x_1,x_1,\cdots,x_n]$，$\boldsymbol{m}=[m_1,m_1,\cdots,m_n]$，则 X 的 n 维正态分布为

$$\begin{aligned} g(\boldsymbol{x}) &= \frac{1}{\sqrt{(2\pi)^n|\boldsymbol{R}|}}\exp\left[-\frac{1}{2}(\boldsymbol{x}-\boldsymbol{m})\boldsymbol{R}^{-1}(\boldsymbol{x}-\boldsymbol{m})^{\mathrm{T}}\right] \\ &= \frac{1}{\sqrt{(2\pi)^n|\boldsymbol{R}|}}\exp\left[-\frac{1}{2}\sum_{i=1}^{n}\sum_{j=1}^{n} r_{ij}(x_i-m_i)(x_j-m_j)\right] \end{aligned} \tag{2.59}$$

可得 n 维实高斯分布随机矢量 $\boldsymbol{X}$ 的联合微分熵为

$$h(\boldsymbol{X},g(\boldsymbol{x}))=\oint_{R^n} g(\boldsymbol{x})\log\frac{1}{g(\boldsymbol{x})}\mathrm{d}\boldsymbol{x}=\frac{1}{2}\log|\boldsymbol{R}|+\frac{n}{2}\log(2\pi\mathrm{e})$$

如果各随机变量之间相互独立，则协方差矩阵为对角矩阵，即

$$|\boldsymbol{R}|=\prod_{i=1}^{n} R_{ii}=\prod_{i=1}^{n}\sigma_i^2$$

这里 σ_i^2 是第 i 个分量的方差，有

$$h(\boldsymbol{X})=\frac{1}{2}\sum_{i=1}^{n}\log\sigma_i^2+\frac{n}{2}\log(2\pi\mathrm{e})=\frac{1}{2}\sum_{i=1}^{n}\log(2\pi\mathrm{e}\sigma_i^2)=\sum_{i=1}^{n}h(X_i)$$

当各分量之间相互独立时，随机矢量的熵等于各分量的微分熵之和。

当 $n=2$ 时，设协方差矩阵为

$$\boldsymbol{R}=\begin{bmatrix}\sigma_1^2 & \sigma_1\sigma_2\rho \\ \sigma_1\sigma_2\rho & \sigma_2^2\end{bmatrix}$$

这里 $0\leqslant\rho\leqslant 1$ 是相关系数，则

$$\begin{aligned}h(X_1,X_2)&=\frac{1}{2}\log\sigma_1^2\sigma_2^2(1-\rho^2)+\log(2\pi\mathrm{e})\\&=\frac{1}{2}\log(2\pi\mathrm{e}\sigma_1^2)+\frac{1}{2}\log(2\pi\mathrm{e}\sigma_2^2)+\log\sqrt{1-\rho^2}\\&=h(X_1)+h(X_2)+\log\sqrt{1-\rho^2}\end{aligned}\tag{2.60}$$

事实上，有

$$I(X_1;X_2)=h(X_1)+h(X_2)-h(X_1,X_2)=-\log\sqrt{1-\rho^2}\tag{2.61}$$

当 $\rho=0$ 时，$I(X_1;X_2)=0$，表示两个随机变量相互独立，互信息为 0；当 $\rho=1$ 时，$I(X_1;X_2)$ 为无穷大。这是因为，当 $\rho=1$ 时，两个随机变量之间具有确定的线性关系，平均互信息等于其中一个随机变量的熵，连续随机变量的绝对熵为无穷大。

在多维随机矢量中也有这种情况。如果在 n 维随机矢量中的一个随机矢量是其他随机矢量的线性组合，那么协方差矩阵的行列式等于 0，计算熵的公式不成立。这就是规定 $|\boldsymbol{R}|\neq 0$ 的原因。

推论 2.7 n 维复高斯分布随机矢量的熵。设 n 维复高斯分布随机矢量 $\boldsymbol{X}=(X_1,X_2,\cdots,X_n)$，$X_i=a_i+\mathrm{j}b_i$，$a_i$、$b_i$ 相互独立，且都服从具有相同方差的高斯分布，一阶矩和二阶矩分别为

$$m_i=\int_{-\infty}^{+\infty}a_i p(a_i)\,\mathrm{d}a_i+\mathrm{j}\int_{-\infty}^{+\infty}b_i p(b_i)\,\mathrm{d}b_i,\quad i=1,2,\cdots,n$$

$$C_{ij}=E[(X_i-m_i)(X_j-m_j)^*],\quad i=1,2,\cdots,n,\quad j=1,2,\cdots,n$$

令协方差矩阵

$$\boldsymbol{C}=\begin{bmatrix}C_{11} & C_{12} & \cdots & C_{1n}\\ C_{21} & C_{22} & \cdots & C_{2n}\\ \vdots & \vdots & \ddots & \vdots\\ C_{n1} & C_{n2} & \cdots & C_{nn}\end{bmatrix}$$

是可逆的，逆矩阵为

$$
\boldsymbol{C}^{-1} = \begin{bmatrix} c_{11} & c_{12} & \cdots & c_{1n} \\ c_{21} & c_{22} & \cdots & c_{2n} \\ \vdots & \vdots & \ddots & \vdots \\ c_{n1} & c_{n2} & \cdots & c_{nn} \end{bmatrix}
$$

定义 $\boldsymbol{x}=[x_1,x_1,\cdots,x_n]$，$\boldsymbol{m}=[m_1,m_1,\cdots,m_n]$，则 X 的 n 维复高斯分布为

$$
\begin{aligned}
g(\boldsymbol{x}) &= \frac{1}{\pi^n|\boldsymbol{C}|}\exp[-(\boldsymbol{x}-\boldsymbol{m})\boldsymbol{C}^{-1}(\boldsymbol{x}-\boldsymbol{m})^{\mathrm{H}}] \\
&= \frac{1}{\pi^n|\boldsymbol{C}|}\exp\left[-\sum_{i=1}^{n}\sum_{j=1}^{n}c_{ij}(x_i-m_i)(x_j-m_j)^*\right]
\end{aligned} \tag{2.62}
$$

类似推论 2.6 中的推导，n 维复高斯分布随机矢量的联合微分熵为

$$
\begin{aligned}
h(\boldsymbol{X},g(\boldsymbol{x})) &= \oint_C g(\boldsymbol{x})\log\frac{1}{g(\boldsymbol{x})}\mathrm{d}\boldsymbol{x} \\
&= \oint_C g(\boldsymbol{x})\log\pi^n|\boldsymbol{C}|\mathrm{d}\boldsymbol{x} + \oint_C g(\boldsymbol{x}) \\
&\quad \log\left\{\exp\left[\sum_{i=1}^{n}\sum_{j=1}^{n}c_{ij}(x_i-m_i)(x_j-m_j)^*\right]\right\}\mathrm{d}\boldsymbol{x} \\
&= \log\pi^n|\boldsymbol{C}| + \log\mathrm{e}\oint_C g(\boldsymbol{x})\sum_{i=1}^{n}\sum_{j=1}^{n}c_{ij}(x_i-m_i)(x_j-m_j)^*\mathrm{d}\boldsymbol{x} \\
&= \log\pi^n|\boldsymbol{C}| + \log\mathrm{e}\sum_{i=1}^{n}\sum_{j=1}^{n}\oint_C g(\boldsymbol{x})c_{ij}(x_i-m_i)(x_j-m_j)^*\mathrm{d}\boldsymbol{x} \\
&= \log\pi^n|\boldsymbol{C}| + \log\mathrm{e}\sum_{i=1}^{n}\sum_{j=1}^{n}c_{ij}C_{ij} \\
&= \log\pi^n|\boldsymbol{C}| + \log\mathrm{e}\sum_{i=1}^{n}\sum_{j=1}^{n}c_{ij}C_{ji} \\
&= \log\pi^n|\boldsymbol{C}| + n\log\mathrm{e} \\
&= \log(\pi\mathrm{e})^n|\boldsymbol{C}| \\
&= \log|\boldsymbol{C}| + n\log(\pi\mathrm{e}) \\
&= \log|\pi\mathrm{e}\boldsymbol{C}|
\end{aligned}
$$

多维复高斯分布随机矢量与多维实高斯分布随机矢量的微分熵有许多类似的性质，读者可以参照推论 2.6 自行证明。

2.5.3　限平均功率最大熵定理

如果 n 维随机矢量 $\boldsymbol{X}$ 的协方差矩阵 $\boldsymbol{R}$ 是确定的，那么当 $\boldsymbol{X}$ 服从正态分布时，

熵$\frac{1}{2}\log|\boldsymbol{R}|+\frac{n}{2}\log(2\pi e)$达到最大。

证明：令$h(\boldsymbol{X},p(\boldsymbol{x}))$表示协方差矩阵为$\boldsymbol{R}$的随机矢量的熵，$h(\boldsymbol{X},g(\boldsymbol{x}))$表示协方差矩阵为$\boldsymbol{R}$且服从正态分布时的熵，有

$$\oint_{\boldsymbol{R}}p(\boldsymbol{x})\log\frac{1}{g(\boldsymbol{x})}\mathrm{d}\boldsymbol{x}=\oint_{\boldsymbol{R}}p(\boldsymbol{x})\log\sqrt{(2\pi)^n|\boldsymbol{R}|}\,\mathrm{d}\boldsymbol{x}+$$

$$\oint_{\boldsymbol{R}}p(\boldsymbol{x})\log\left\{\exp\left[\frac{1}{2}\sum_{i=1}^{n}\sum_{j=1}^{n}r_{ij}(x_i-m_i)(x_j-m_j)\right]\right\}\mathrm{d}\boldsymbol{x}$$

$$=\log\sqrt{(2\pi)^n|\boldsymbol{R}|}+\frac{\log e}{2}\int_{\boldsymbol{R}}p(\boldsymbol{x})\sum_{i=1}^{n}\sum_{j=1}^{n}$$

$$r_{ij}(x_i-m_i)(x_j-m_j)\mathrm{d}\boldsymbol{x}$$

$$=\log\sqrt{(2\pi)^n|\boldsymbol{R}|}+\frac{\log e}{2}\sum_{i=1}^{n}\sum_{j=1}^{n}$$

$$r_{ij}\int_{\boldsymbol{R}}p(\boldsymbol{x})(x_i-m_i)(x_j-m_j)\mathrm{d}\boldsymbol{x}$$

由于随机矢量概率密度函数也有相同的协方差矩阵$\boldsymbol{R}$，因此有

$$\begin{aligned}\oint_{\boldsymbol{R}}p(\boldsymbol{x})\log\frac{1}{g(\boldsymbol{x})}\mathrm{d}\boldsymbol{x}&=\log\sqrt{(2\pi)^n|\boldsymbol{R}|}+\frac{\log e}{2}\sum_{i=1}^{n}\sum_{j=1}^{n}r_{ij}R_{ij}\\&=\frac{1}{2}\log|\boldsymbol{R}|+\frac{n}{2}\log(2\pi e)\\&=h(\boldsymbol{X},g(\boldsymbol{x}))\end{aligned}$$

由 Jenson 不等式，有

$$\begin{aligned}h(\boldsymbol{X},p(\boldsymbol{x}))-h(\boldsymbol{X},g(\boldsymbol{x}))&=\oint_{\boldsymbol{R}}p(\boldsymbol{x})\log\frac{1}{p(\boldsymbol{x})}\mathrm{d}\boldsymbol{x}-\oint_{\boldsymbol{R}}g(\boldsymbol{x})\log\frac{1}{g(\boldsymbol{x})}\mathrm{d}\boldsymbol{x}\\&=\oint_{\boldsymbol{R}}p(\boldsymbol{x})\log\frac{1}{p(\boldsymbol{x})}\mathrm{d}\boldsymbol{x}-\oint_{\boldsymbol{R}}p(\boldsymbol{x})\log\frac{1}{g(\boldsymbol{x})}\mathrm{d}\boldsymbol{x}\\&=\oint_{\boldsymbol{R}}p(\boldsymbol{x})\log\frac{g(\boldsymbol{x})}{p(\boldsymbol{x})}\mathrm{d}\boldsymbol{x}\\&\leqslant\log\oint_{\boldsymbol{R}}p(\boldsymbol{x})\frac{g(\boldsymbol{x})}{p(\boldsymbol{x})}\mathrm{d}\boldsymbol{x}\\&=0\end{aligned}$$

当且仅当$p(\boldsymbol{x})=g(\boldsymbol{x})$时，等号成立。

2.5.4 熵功率

设连续随机变量 X 的微分熵为 $h(X)$，则定义 X 的熵功率[60]为

$$\sigma^2=\frac{1}{2\pi e}e^{2h(X)} \tag{2.63}$$

由式（2.49），有

$$h(X)=\frac{1}{2}\log(2\pi e\sigma^2) \tag{2.64}$$

设一维信源 X 的功率为 σ_x^2，则根据限平均功率最大熵定理，有

$$h(X)\leqslant\frac{1}{2}\log(2\pi e\sigma_x^2)$$

根据式（2.64），有

$$\sigma^2\leqslant\sigma_x^2$$

可有以下结论：

- 任何一个信源的熵功率均不大于平均功率（方差）；
- 当信源为高斯分布时，熵功率等于平均功率；
- 连续信源的熵功率就是具有相同差熵的高斯分布信源的平均功率。

如果给定高斯分布连续信源 $X(t)$ 的功率谱 $S_x(f)$，那么 $X(t)$ 的熵功率为

$$\sigma^2=\exp\left\{\frac{1}{B}\int_0^B\log[S_x(f)]\mathrm{d}f\right\} \tag{2.65}$$

式中，B 为信号所占的带宽。

2.6 信道及其容量

2.6.1 信道模型

考虑一个单符号信道，令输入符号集 $A=\{a_1,a_2,\cdots,a_n\}$ 和输出符号集 $B=\{b_1,b_2,\cdots,b_m\}$。在输入随机变量 X 时，输出随机变量 Y 的信道条件概率函数为 $p(y|x)$，平均互信息 $I(X;Y)$ 是输入概率分布 $\boldsymbol{p}=[p(1),p(2),\cdots,p(n)]$ 和条件概

率矩阵$\boldsymbol{P}=[p(y|x)]_{nm}$的函数，记作$I(\boldsymbol{p},\boldsymbol{P})$：条件概率矩阵刻画了信道的特性；输入概率分布刻画了信源的特性。

当信道有多个输入和多个输出的情况下，令$\boldsymbol{X}=(X_1,X_2,\cdots,X_L)$表示输入符号集$\boldsymbol{A}=\{a_1,a_2,\cdots,a_n\}$上的$L$维输入随机矢量，$\boldsymbol{Y}=(Y_1,Y_2,\cdots,Y_L)$表示输出符号集$\boldsymbol{B}=\{b_1,b_2,\cdots,b_m\}$上的$L$维输出随机矢量，$p(\boldsymbol{y}|\boldsymbol{x})=p(y_1,y_2,\cdots,y_L|x_1,x_2,\cdots,x_L)$表示当输入为$x_1,x_2,\cdots,x_L$时，输出$y_1,y_2,\cdots,y_L$的条件概率，也称为信道转移概率。信道由转移概率、输入符号集和输出符号集唯一确定。信道模型如图2.1所示。

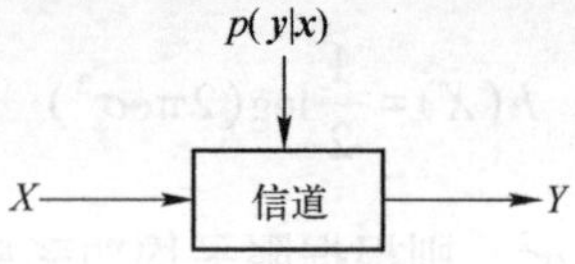

图2.1　信道模型

在一般情况下，信道的输入和输出都是时间的函数，为随机过程。在实际应用过程中，随机过程大都满足一些限制条件，如限时或限频。如果随机过程可以转化为在时间上离散的随机序列，那么也可以用信道模型来描述。

2.6.2　信道分类

信道根据输入波形和输出波形可以分为以下几类。

- 离散信道：输入信号和输出信号在时间和幅度上都是离散的。
- 连续信道：输入信号和输出信号在时间上是离散的，在幅度上是连续的。
- 波形信道：输入信号和输出信号在时间和幅度上都是连续的。
- 半离散半连续信道：输入信号是离散的，输出信号是连续的，或者输入信号是连续的，输出信号是离散的。

信道根据转移概率的性质可以分为以下几类。

- 无记忆信道：信道的输出只取决于当时的输入，与以前的输入无关。
- 有记忆信道：信道的输出不仅与当时的输入有关，还与以前的输入有关。

信道根据统计特性可以分为以下几类。

- 恒参量信道：信道的特性不随时间变化。
- 变参量信道：信道的特性随时间变化。

信道根据输入集和输出集的个数可以分为以下几类。

- 单用户信道：输入和输出各有一个事件集，也称为单路或单端信道。
- 多用户信道：输入和输出至少有一端是多个事件集，也称为多端信道。

信道的分类见表 2.1。

表 2.1　信道的分类

分类条件	类　型
输入波形和输出波形	离散信道
	连续信道
	波形信道
	半离散半连续信道
转移概率的性质	无记忆信道
	有记忆信道
统计特性	恒参量信道
	变参量信道
输入集和输出集的个数	单用户信道
	多用户信道

2.6.3　连续信道分类

根据噪声的性质，连续信道可以分为如下几类。

高斯信道：噪声的概率密度函数服从高斯分布（正态分布）。

白噪声信道：信道上的噪声是白噪声。白噪声是平稳遍历的随机过程，功率谱密度在整个频率轴上为常数，即

$$P(f)=\frac{N_0}{2},\quad -\infty<f<+\infty \tag{2.66}$$

式中，f 为频率；N_0 为单边谱密度。白噪声瞬时值的概率密度函数可以是任意的。

高斯白噪声信道：信道上的噪声是高斯白噪声，即白噪声瞬时值的概率密度函数服从高斯分布，功率谱在整个频率轴上为常数。

有色噪声信道：白噪声以外的噪声被称为有色噪声。若信道上的噪声为有色噪声，则此信道为有色噪声信道。

加性信道：信道上的噪声对信号的干扰作用表现为相加关系，信道的输出等于信道的输入与噪声之和。

乘性信道：信道上的噪声对信号的干扰不仅表现为相加关系，还表现为相乘关系。乘性干扰主要是由信道的多径传播引起的。这时信道可以作为线性时变系统进行处理。

连续信道的输入和输出都是连续随机变量。设信道的输入随机变量为 X，输出随机变量为 Y，则信道的特性可由转移概率密度函数 $p(y|x)$ 来描述。在一般情况下，信道的转移概率密度函数取决于信道的噪声特性。

连续信道分类见表 2.2。

表 2.2　连续信道分类

分类条件	类　型
噪声的性质	高斯信道
	白噪声信道
	高斯白噪声信道
	有色噪声信道
噪声对信号的干扰作用	加性信道
	乘性信道

2.6.4　加性噪声信道及其容量

如果信道的输入和独立于输入的噪声均为随机变量，信道的输出是输入与噪声的和，那么这种信道被称为加性噪声信道。对于这种信道，假设信道的输入 X 是均值为 0 的连续随机变量，概率密度函数为 $p(x)$，噪声 Z 是均值为 0 的独立于 X 的随机变量集，概率密度函数为 $p(z)$，则输出为

$$Y=X+Z$$

条件概率密度函数为 $p(y|x)$。加性噪声信道模型如图 2.2 所示。

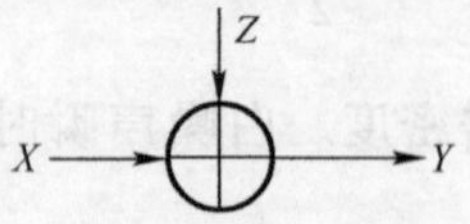

图 2.2　加性噪声信道模型

定理 2.9　设加性噪声信道的噪声 Z 独立于输入且微分熵为 $h(Z)$，则输入与输出的平均互信息为

$$I(X;Y)=h(Y)-h(Z) \tag{2.67}$$

式中，$h(Y)$ 为信道输出的微分熵。

证明：由于 x、z 相互独立，因此有

$$p(y|x)=p_Z(y-x)$$

$$I(X;Y)=h(Y)-h(Y|X)$$

因

$$\begin{aligned}h(Y|X)&=-\int p(x)\int p(y|x)\log p(y|x)\,\mathrm{d}x\mathrm{d}y\\&=-\int p(x)\left(\int p_Z(y-x)\log p_Z(y-x)\,\mathrm{d}y\right)\mathrm{d}x\\&=h(Z)\end{aligned}$$

有

$$I(X;Y)=h(Y)-h(Z)$$

证毕。

由于 $h(Y)$ 依赖于输入 X，$h(Z)$ 独立于输入 X，因此求 $\max\limits_{p(x)}I(X;Y)$ 相当于求 $h(Y)$ 的最大值。

对单符号连续信道，信道容量被定义为

$$\begin{aligned}C&=\max_{p(x)}I(X;Y)\\&=\max_{p(x)}I[p(x),p(y|x)]\\&=\max_{p(x)}\iint_{\boldsymbol{R}^2}p(x,y)\log\frac{p(y|x)}{p(y)}\mathrm{d}x\mathrm{d}y\end{aligned}\tag{2.68}$$

是约束条件为

$$\begin{cases}\int_{\boldsymbol{R}}p(x)\,\mathrm{d}x=1\\p(x)\geqslant 0\end{cases}\tag{2.69}$$

下的极值问题。式中，$p(x)$ 为信道的输入概率密度函数；$p(y|x)$ 为信道的转移概率密度函数。在给定转移概率密度函数时，平均互信息是输入概率密度函数的上凸函数，由式（2.68）得到的极值为最大值。

2.6.5　加性高斯信道及其容量

给定高斯分布信道输入 X 的方差为 σ_x^2，噪声 Z 的均值为 0、方差为 σ_z^2，则加性高斯信道的输出为

$$Y=X+Z\tag{2.70}$$

信道的转移概率密度函数为

$$p(y|x)=\frac{1}{\sqrt{2\pi\sigma^2}}\exp\left[-\frac{(y-x)^2}{2\sigma_z^2}\right] \tag{2.71}$$

平均互信息为

$$\begin{aligned}I(X;Y)&=h(Y)-h(Y|X)\\&=h(Y)-h(Z)\\&=h(Y)-\log\sqrt{2\pi e\sigma_z^2}\end{aligned} \tag{2.72}$$

输出 Y 的方差为 $\sigma_x^2+\sigma_z^2$。根据限功率最大熵定理，当 Y 为高斯分布时，$h(Y)$ 达到最大，此时 X 服从高斯分布，有

$$h(Z)=\frac{1}{2}\log(2\pi e\sigma_z^2) \tag{2.73}$$

$$h(Y)=\frac{1}{2}\log[2\pi e(\sigma_x^2+\sigma_z^2)] \tag{2.74}$$

平均互信息达到最大值，即

$$\begin{aligned}C&=\log\sqrt{2\pi e(\sigma_x^2+\sigma_z^2)}-\log\sqrt{2\pi e\sigma_z^2}\\&=\frac{1}{2}\log(1+\sigma_x^2/\sigma_z^2)\end{aligned} \tag{2.75}$$

对于加性高斯噪声信道，当 $I(X;Y)$ 达到最大值时，输入与输出均为高斯分布，最大值仅与输入信噪比 σ_x^2/σ_z^2 有关。

当 $\sigma_x^2/\sigma_z^2\to\infty$ 时，$\max\limits_{p(x)}I(X;Y)\to\infty$，必须对 σ_x^2/σ_z^2 进行限制才能得到有限 $I(X;Y)$ 的最大值。

一般而言，由于输入功率或峰值是有限的，数值的增大会使通信系统的成本或代价增加，因此对连续信道，需要在输入增加某些约束条件，才能计算平均互信息的最大值。这就引出了容量代价函数。

首先定义一个与输入有关的代价函数 $f(x)$ 和一个约束量 β（可以对功率进行约束），则一个离散无记忆单符号信道容量代价函数被定义为

$$C(\beta)=\max_{p(x)}\{I(X;Y);\ \underset{p(x)}{E}[f(x)]\leqslant\beta\} \tag{2.76}$$

即容量代价函数就是在满足约束 $\underset{p(x)}{E}[f(x)]\leqslant\beta$ 下 $I(X;Y)$ 的最大值。

定理 2.10 设一个离散时间平稳无记忆加性高斯噪声信道，当噪声方差为 σ_z^2，平均输入功率 $\sigma_x^2\leqslant P$ 时，信道容量为

$$C=\frac{1}{2}\log\left(1+\frac{P}{\sigma_z^2}\right) \tag{2.77}$$

由式（2.77）可知，对功率受限平稳无记忆加性高斯噪声信道，其容量仅与输入信噪比有关。

2.6.6 多维无记忆加性高斯信道

设 L 维输入随机矢量和输出随机矢量分别为 $\boldsymbol{X}=(X_1,X_2,\cdots,X_L)$ 和 $\boldsymbol{Y}=(Y_1,Y_2,\cdots,Y_L)$，有

$$Y_l=X_l+Z_l,\quad l=1,2,\cdots,L \tag{2.78}$$

$\boldsymbol{Z}=(Z_1,Z_2,\cdots,Z_L)$ 为 L 维噪声矢量，每个分量分别是均值为 0、方差为 σ_l^2 的高斯随机变量。并联加性高斯噪声信道模型如图 2.3 所示。

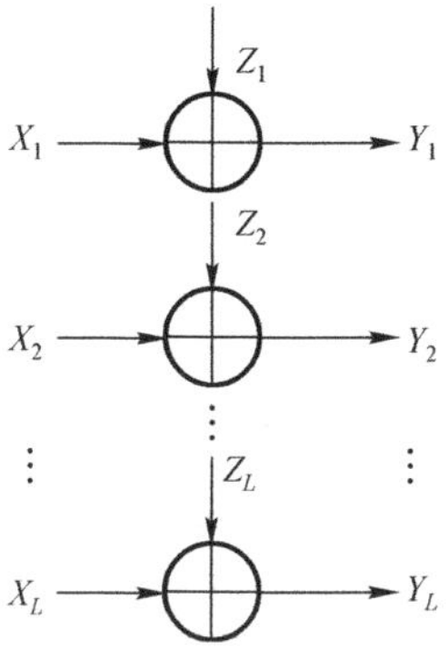

图 2.3 并联加性高斯噪声信道模型

假设信道是加性的和无记忆的，那么

$$C=\frac{1}{2}\sum_{l=1}^{L}\log\left(1+\frac{P_l}{\sigma_l^2}\right) \tag{2.79}$$

式中，P_l 是第 l 个分量的输入功率。

如果各输入分量和噪声分量均是相互独立且同分布的，总的输入功率为 P，噪声功率为 σ^2，那么

$$C=\frac{L}{2}\log\left(1+\frac{P}{\sigma^2}\right) \tag{2.80}$$

假设总的输入功率是受限的，即

$$\sum_{l=1}^{L}P_l=P \tag{2.81}$$

则信道容量问题是式（2.80）在式（2.81）约束条件下的极值问题。很多实际情况均可以等效为这种信道模型。

使用拉格朗日乘子法构建代价函数

$$f=\frac{1}{2}\sum_{l=1}^{L}\log\left(1+\frac{P_l}{\sigma_l^2}\right)+\mu\sum_{l=1}^{L}P_l \tag{2.82}$$

求式（2.82）的偏导数，并令其为0，有

$$\frac{1}{2}\frac{1}{P_l+\sigma_l^2}+\mu=0,\quad l=1,2,\cdots,L \tag{2.83}$$

或

$$P_l+\sigma_l^2=K,\quad l=1,2,\cdots,L \tag{2.84}$$

这就是说，只有各信道的输出功率相等，才能使并联信道的容量最大，将 L 个式（2.84）相加，有

$$\sum_{l=1}^{L}(P_l+\sigma_l^2)=LK$$

$$P+\sum_{l=1}^{L}\sigma_l^2=LK$$

$$K=\left(P+\sum_{l=1}^{L}\sigma_l^2\right)/L$$

由式（2.84），可得

$$P_l=K-\sigma_l^2=\frac{P+\sum_{l=1}^{L}\sigma_l^2}{L}-\sigma_l^2,\quad l=1,2,\cdots,L \tag{2.85}$$

如果由式（2.85）得到的所有 P_l 都大于0，则并联信道的容量就是

$$\begin{aligned}C&=\frac{1}{2}\sum_{l=1}^{L}\log\left(1+\frac{P_l}{\sigma_l^2}\right)\\&=\frac{1}{2}\sum_{l=1}^{L}\log\frac{K}{\sigma_l^2}\\&=\frac{1}{2}\log\frac{K^L}{\prod_{l=1}^{L}\sigma_l^2}\end{aligned} \tag{2.86}$$

如果由式（2.85）得到的 P_l 小于0，即噪声功率大于平均输出功率，则表明该信道不值得使用，必须用$P_l=0$ 代替负值功率。为了保证总功率不变，必须在剩下的信道中对功率进行重新分配，直到每个信道的功率都为正值。

在一般情况下，子信道的功率分配原则可以用蓄水池注水来解释，如图2.4所示。在垂直截面上，蓄水池被分成宽度相同的 L 个部分，对应 L 个并联子信道，各部分底面的高度对应噪声方差 σ_l^2，总注水量等于总输入功率 P，在将水完全注满后，水面高度为 K。可以看出，底面高度低的部分注水多，底面高度高的部分注水少，底面高度特别高的部分根本没有水。

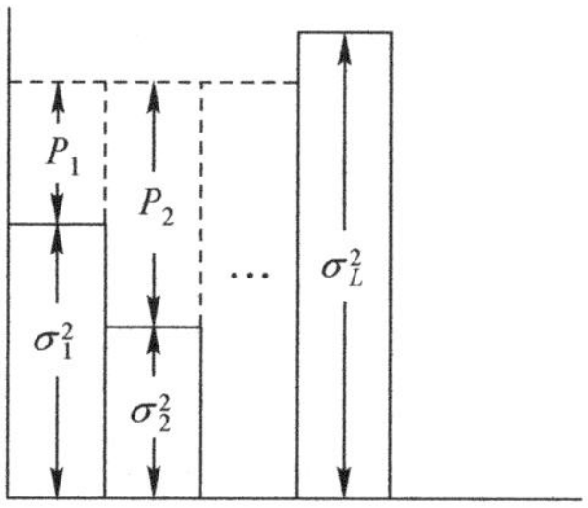

图2.4　蓄水池垂直截面示意图

2.6.7　限频限功率高斯信道容量与香农信道容量公式

限带加性高斯白噪声（AWGN）信道简称AWGN信道，是通信系统中最基本的信道。限带是指通信系统或传输信号被限制在某个频带范围内，噪声在这一频带范围内的谱密度为常数 N_0（单边），不考虑噪声在频带范围外的情况。假设信道的输入、输出和噪声都是限带信号。

下面将研究波形信道的容量问题[60]。假设信道的输入 $x(t)$ 和输出 $y(t)$ 都是随机过程，且

$$y(t)=x(t)+z(t) \tag{2.87}$$

式中，噪声 $z(t)$ 是高斯白噪声过程，功率谱密度为 $N_0/2$。

假设信道的最高频率为 W，选择抽样函数，在时间$(-T/2,\ T/2)$范围内，将信道的输出、输入和噪声进行正交展开，即 $x(t)=\sum\limits_j X_j\varphi_j(t)$，$y(t)=\sum\limits_j Y_j\varphi_j(t)$，$z(t)=\sum\limits_j Z_j\varphi_j(t)$。其中，$\varphi_j(t)$ 为正交基，可得到 $N=2WT$ 个等价的离散时间信道，有

$$Y_j=X_j+Z_j,\quad j=1,2,\cdots,N$$

可构成

$$X=(X_1,X_2,\cdots,X_N)$$
$$Y=(Y_1,Y_2,\cdots,Y_N)$$
$$Z=(Z_1,Z_2,\cdots,Z_N)$$

如果 $z(t)$ 是功率谱密度为 $N_0/2$ 的白噪声，则限带白噪声的自相关函数为

$$R_z(\tau)=N_0 W\frac{\sin 2\pi W\tau}{2\pi W\tau} \tag{2.88}$$

当 $\tau=\frac{k}{2W}$ 时，$R_z(\tau)=0$，以 $1/(2W)$ 为时间间隔的采样点相互独立。在时间 T 内，$2WT$ 个采样值组成 $N=2WT$ 维矢量，各分量都是均值为 0、方差为 $\sigma^2=WN_0$ 的高斯随机变量，相互独立。将输入信号分解为 N 个连续随机变量 $X_1,X_2,\cdots,X_N$，即可把一个波形信道转换为一个 N 维并联信道，时间 T 内的容量为

$$I_T[x(t);y(t)]=I(X;Y) \tag{2.89}$$

$$I(X;Y)\leqslant\sum_{i=1}^{N}I(X_i;Y_i)\leqslant\sum_{i=1}^{N}\frac{1}{2}\log\left(1+\frac{\sigma_x^2}{N_0/2}\right) \tag{2.90}$$

输入约束为 $\sum_{i=1}^{N}\sigma_x^2\leqslant PT$，仅当 x_i 独立时，等号成立。

这又是功率分配问题。由于各子信道噪声的方差相同（都为 $N_0/2$），因此功率均匀分配，即取 $\sigma_x^2=\frac{PT}{N}$ 可使 $I(X;Y)$ 最大，有

$$C_T=\max I(X;Y)=\frac{N}{2}\log\left(1+\frac{PT}{NN_0/2}\right) \tag{2.91}$$

由 $N=2WT$ 和 $C=\lim\limits_{T\to\infty}\frac{C_T}{T}$，有下面的定理存在。

定理 2.11 一个加性高斯白噪声（AWGN）信道的噪声功率谱密度为 $N_0/2$，输入信号平均功率限制为 P，信道的带宽为 W，则信道每单位时间内的容量为

$$C=W\log\left(1+\frac{P}{N_0 W}\right) \tag{2.91a}$$

式（2.91a）就是著名的香农限带高斯白噪声信道的容量公式。加性高斯白噪声信道容量曲线如图 2.5 所示。

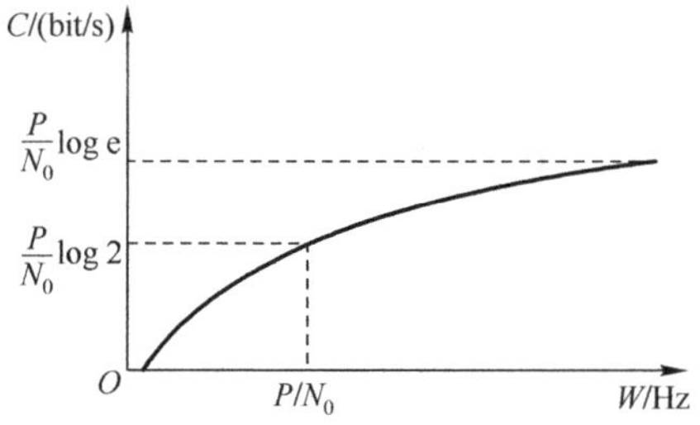

图 2.5　加性高斯白噪声信道容量曲线

式（2.91a）的注释如下。

- 带宽 W 是指正频率范围，不包括负频率范围。
- 达到最大容量时，输入应为高斯分布，如果事先已经限制了输入的概率分布，就未必能达到最大容量。噪声为非高斯过程时，式（2.80）不适用，用式（2.91a）计算的容量比实际容量低。
- 当噪声不是加性或不独立于信号时，式（2.91a）不适用。
- 只要求噪声谱密度在信号带宽内为常数，不考虑信号带宽外的噪声特性。
- 式（2.91a）是在功率为唯一受约束条件下得到的，如果是别的量（如峰值功率受限或峰值功率和平均功率都受限），则不适用。
- 不要求 W 是一个连续的频段，可以由多个不相邻的频段组成。

对式（2-91a）的讨论如下。

（1）信道容量与信号功率的关系。

由式（2.91a）可知

$$\frac{\mathrm{d}C}{\mathrm{d}P}=W\frac{\log e}{1+\frac{P}{N_0W}}\frac{1}{N_0W}=\frac{\log e}{N_0+P/W} \tag{2.92}$$

当 P 增加时，C 也增加；当 P 无限增加时，C 增加的速度会降低。

（2）信道容量与带宽的关系。

由式（2.91a）可知，当 W 增加时，C 也增加；当 W 无限增加时，C 与 W 无关，因为

$$\lim_{W\to\infty}C=\lim W\frac{P}{N_0W}\log e=1.44\frac{P}{N_0} \tag{2.93}$$

（3）带宽与信噪比的互换关系。

设两个通信系统的容量表达式为

$$C_i = W_i \log\left(1+\frac{P_i}{N_0 W_i}\right), \quad i=1,2$$

当 $C_1 = C_2$ 时，有

$$W_1 \log\left(1+\frac{P_1}{N_0 W_1}\right) = W_2 \log\left(1+\frac{P_2}{N_0 W_2}\right)$$

$$1+\frac{P_1}{N_0 W_1} = \left(1+\frac{P_2}{N_0 W_2}\right)^{W_2/W_1}$$

或

$$\frac{P_1}{N_0 W_1} = \left(1+\frac{P_2}{N_0 W_2}\right)^{W_2/W_1} - 1 \tag{2.94}$$

式（2.94）说明了在信道容量不变的条件下，信噪比和带宽的互换关系。如果$\frac{P_1}{N_0 W_1} \gg \frac{P_2}{N_0 W_2}$，则有 $W_2 \gg W_1$，以保证式（2.94）成立。如果带宽很大，则降低信噪比也能保证信道容量，如扩频通信系统。如果带宽较小，则可以通过增大信噪比来提高信道容量，如窄带通信系统。

注意，在后面将要分析的复高斯信号模型，噪声为圆对称复高斯随机过程，此时信道的带宽、噪声功率谱密度都与 AWGN 信道不同。

2.6.8 香农信道编码定理

定理 2.12 设离散无记忆信道容量为 C，当信号的传输速率 $R<C$ 时，只要码长 n 足够长，就总存在一种编码方式和相应的译码方式，使译码错误概率满足

$$P_e \leqslant \exp[-nE_r(R)]$$

式中，$E_r(R)$为可靠性指数，是非负的；当 $n\to\infty$ 时，$P_e\to 0$；当 $R>C$ 时，无论 n 为何值，都不存在使 $P_e\to 0$ 的编码方式。定理 2.12 也适用于连续信道和有记忆信道。

根据编码定理，在限带高斯白噪声信道条件下，欲达到信号能够可靠传输，必须使信号的传输速率 R(bit/s)不大于 C，有

$$R \leqslant C = W\log\left(1+\frac{P}{N_0 W}\right) \tag{2.95}$$

$P=E_b R$，其中 E_b 为比特能量，可得

$$\frac{R}{W}\leqslant\log\left(1+\frac{E_bR}{N_0W}\right)$$

或

$$\frac{E_b}{N_0}\geqslant\frac{2^{R/W}-1}{R/W} \tag{2.96}$$

E_b/N_0（比特能量 E_b 与白噪声单边功率谱密度 N_0 之比）可用来衡量功率的利用率。该值越小，说明系统的功率利用率越高。R/W［单位为 bit/(s · Hz)］为信号的传输速率 R 与带宽 W 的比。该值越高，说明系统的频谱利用率越高。

由于$\frac{E_b}{N_0}$和$\frac{R}{W}$均不为负值，因此在以$\frac{E_b}{N_0}$和$\frac{R}{W}$为坐标轴的第一象限画曲线，如图 2.6 所示。该曲线将第一象限划分为两个部分，即可靠通信可能区域和可靠通信不可能区域。当$\frac{E_b}{N_0}$和$\frac{R}{W}$的关系处于可靠通信可能区域时，总会找到一种编码方式使传输差错率任意小。

当 $R/W\to0$ 时，可求得式（2.96）右边的极限值，这个极限值是 E_b/N_0 的最小值，即

$$\frac{E_b}{N_0}\geqslant\lim_{R/W\to0}\frac{2^{R/W}-1}{R/W}=\ln2=0.693=-1.59\text{dB}$$

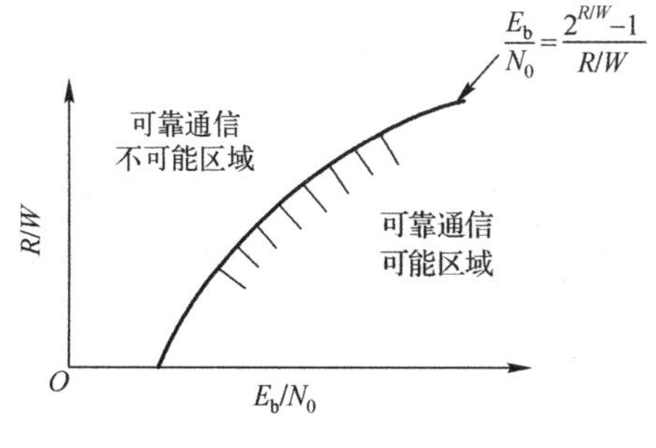

图 2.6　$\frac{E_b}{N_0}$和$\frac{R}{W}$的关系

这就是加性高斯白噪声信道实现可靠通信的信噪比的下界。这个下界被称为香农限（Shannon limit），对应带宽无限大。

2.6.9 MIMO 信道及其容量

MIMO 系统即为多输入多输出无线通信系统[61]，其特征在于发射端与接收端分别使用多个天线进行信号的发/收。MIMO 系统对应的空间信道被称为 MIMO 信道。

下面对 MIMO 系统的信道模型进行描述。假设发射端的天线数目为 N_T，接收端的天线数目为 N_R，在频率非选择性信道的假设下，第 j 个发射天线与第 i 个接收天线之间存在的子信道的等效低通脉冲响应为 $h_{ij}(t)$，则可以定义系统的信道随机矩阵为 $\boldsymbol{H}(t)$，即

$$\boldsymbol{H}(t)=\begin{bmatrix} h_{11}(t) & h_{12}(t) & \cdots & h_{1N_T}(t) \\ h_{21}(t) & h_{22}(t) & \cdots & h_{2N_T}(t) \\ \vdots & \vdots & \ddots & \vdots \\ h_{N_R1}(t) & h_{N_R2}(t) & \cdots & h_{N_RN_T}(t) \end{bmatrix} \tag{2.97}$$

假设第 j 个发射天线的发送信号为 $s_j(t)$，$j=1,2,\cdots,N_T$，则第 i 个接收天线的接收信号为

$$r_i(t)=\sum_{j=1}^{N_T} h_{ij}(t)s_j(t),\quad i=1,2,\cdots,N_R \tag{2.98}$$

假设在接收时间区间 $0\leqslant t\leqslant T$ 内，脉冲响应的变化十分缓慢，接收时间区间长度大于符号长度，则接收信号可以给出矢量形式，即

$$\boldsymbol{r}(t)=\boldsymbol{H}\boldsymbol{s}(t),\quad 0\leqslant t\leqslant T \tag{2.99}$$

式中，$\boldsymbol{H}$ 为常数矩阵；$\boldsymbol{r}=[r_1,r_2,\cdots,r_{N_R}]^T$ 为接收信号矢量。

第 i 个接收天线的接收信号经过匹配滤波器和采样处理后，输出信号可以表示为

$$y_i=\sum_{j=1}^{N_T} h_{ij}s_j+w_i,\quad i=1,2,\cdots,N_R \tag{2.100}$$

式中，w_i 为加性高斯白噪声信号。

输出信号的矩阵表示形式为

$$\boldsymbol{y}=\boldsymbol{H}\boldsymbol{s}+\boldsymbol{w} \tag{2.101}$$

式中，$\boldsymbol{y}=[y_1,y_2,\cdots,y_{N_R}]^T$；$\boldsymbol{s}=[s_1,s_2,\cdots,s_{N_T}]^T$；$\boldsymbol{w}=[w_1,w_2,\cdots,w_{N_R}]^T$。

MIMO 系统模型如图 2.7 所示。

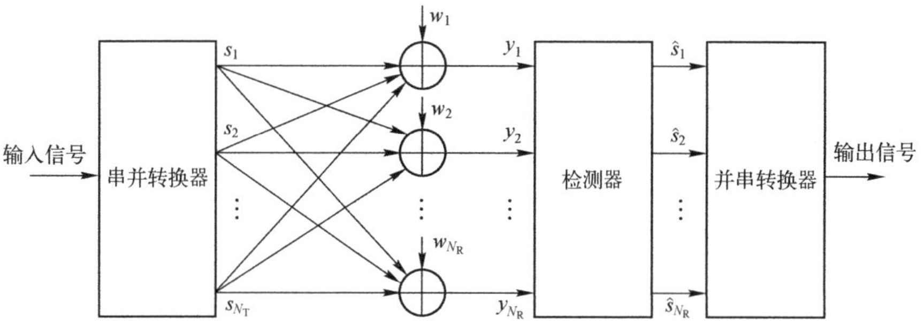

图 2.7　MIMO 系统模型

通过 MIMO 系统模型可以计算信道容量。根据信道容量的定义，MIMO 系统的容量为在输入信号矢量概率密度函数约束条件下的输入/输出矢量互信息，即

$$C=\max_{p(s)} I(\boldsymbol{s};\boldsymbol{y}) \tag{2.102}$$

可以证明，当 $\boldsymbol{s}$ 为 0 均值的圆对称复高斯矢量时，$I(\boldsymbol{s};\boldsymbol{y})$ 为最大值，MIMO 系统的容量表达式为

$$C=\max_{\mathrm{tr}(\boldsymbol{R}_{ss})=\varepsilon_s} \log\left|\boldsymbol{I}_{N_\mathrm{R}}+\frac{1}{N_0}\boldsymbol{H}\boldsymbol{R}_{ss}\boldsymbol{H}^\mathrm{H}\right| \tag{2.103}$$

式中，$\mathrm{tr}(\boldsymbol{R}_{ss})$ 为 $\boldsymbol{s}$ 的协方差矩阵 $\boldsymbol{R}_{ss}=E(\boldsymbol{s}\boldsymbol{s}^\mathrm{H})$ 的迹；N_0 为高斯白噪声的功率谱密度。在实际情况下，每个天线传输的信号相互独立，并且具有相等的功率 $\varepsilon_s/N_\mathrm{T}$，此时式（2.103）可简化为

$$\begin{aligned} C&=\log\left|\boldsymbol{I}_{N_\mathrm{R}}+\frac{\varepsilon_s}{N_\mathrm{T}N_0}\boldsymbol{H}\boldsymbol{H}^\mathrm{H}\right| \\ &=\sum_{i=1}^{r}\log\left(1+\frac{\varepsilon_s}{N_\mathrm{T}N_0}\lambda_i\right) \end{aligned} \tag{2.104}$$

式中，λ_i 为酉对称矩阵 $\boldsymbol{H}\boldsymbol{H}^\mathrm{H}$ 的非 0 特征值；r 为 $\boldsymbol{H}$ 的秩。

第3章 感知信息论的理论框架

本章首先论述雷达信号处理基础，然后介绍贝叶斯估计理论，着重讨论贝叶斯的估计方法、先验分布的确定、似然原理及无信息先验分布的选择等；以感知信息的定量、感知信息的意义和最优感知问题为导向阐述感知信息论的理论框架；从感知系统的信源和信道模型入手，提出空间信息的定义，解决感知信息的定量问题，讨论位置信息和散射信息之间的关系；从均方误差的泛滥和微分熵没有单位两个流行的谬误入手，提出熵误差的定义，建立感知信息与感知偏差之间的关系，揭示感知信息的物理意义；讨论熵误差和均方误差之间的关系，认为熵误差是更普适的误差测度，均方误差是熵误差在高 SNR 条件下的特例。

最优感知问题涉及两种类型的性能测度：一种是与感知方法相关的经验指标；另一种是不依赖感知方法的理论指标。空间信息和熵误差是不依赖感知方法的理论指标，也是目前贝叶斯估计理论所欠缺的。我们首先用经验熵误差和经验信息评价特定感知方法的性能，然后未加证明地给出了感知定理。感知定理可以证明空间信息和熵误差是感知的理论极限，解决了最优感知问题。

3.1 雷达信号处理基础

感知系统可以从目标的反射信号中获取目标的空间信息，包括距离信息、方向信息和散射信息[62-64]。

3.1.1 雷达感知系统的基本功能

1. 目标检测

雷达感知系统的基本功能是检测感兴趣的目标是否存在。感知目标是否存在的信息包含在雷达回波信号中。在雷达回波信号中不仅包含接收机前端的热噪声和杂波信号，还包含敌对或无意的干扰信号，必须采用某些方法对雷达回波信号进行分析，确定其中是否包含感兴趣的目标回波信号。如果包含目标回波信号，则需要确定目标的距离、角度和速度等。

雷达回波信号的复杂性迫使我们必须采用统计模型，在噪声和干扰中检测目标回波信号实际上是统计判决问题，在大多数情况下，采用阈值检测技术能够获得良好的检测性能。阈值检测技术需要雷达回波信号每个复样本的幅度都要与一个预先计算好的阈值进行比较。如果幅度低于阈值，则认为在雷达回波信号中只包含噪声和干扰。如果幅度高于阈值，则认为目标回波信号叠加产生了一个强信号，阈值检测系统会检测到一个目标。

阈值检测存在一定的错误概率。例如，在噪声中，尖峰脉冲信号的幅度有可能超过阈值，导致阈值检测系统检测到虚假目标，通常被称为虚警。如果尖峰脉冲信号比噪声、干扰等背景信号突出很多，即信噪比非常大，就可以将阈值设置得相对高一些，在保证较少虚警的同时，仍能检测到大多数的目标。这一现象还解释了匹配滤波在雷达中的重要性，因为匹配滤波能够最大化信噪比，提供最佳的检测性能，获得的信噪比会随着发射脉冲能量的增加而单调地增大，可采用更长的脉冲来获得更高的目标能量。

检测器需要对回波信号进行适当处理，包括复样本的幅度、幅度的平方、幅度的对数等。阈值是按照噪声和干扰的统计特性通过计算得到的，可将虚警率控制在一个可接受的范围。在实际应用过程中，由于噪声和干扰的统计特性很难精确地预先得到，不能预先计算一个固定的阈值，因此阈值通常根据对估计数据的统计进行设置。该过程被称为恒虚警率（Constant False Alarm Rate，CFAR）检测。

2. 目标跟踪

目标跟踪是雷达对目标检测的后处理步骤之一。目标跟踪包括对目标位置（通常为多个）的测量和轨迹的滤波。

雷达信号处理利用的是阈值检测法，被检测目标的距离、角度和多普勒分辨单元提供了目标位置的粗略估计。检测完成后，雷达系统会利用信号处理方法精确估计超过阈值时刻相对于脉冲发射时刻的时间延迟，以提高对目标距离的估计精度，同时也会精确估计目标相对于天线波束中心方向的角度，在有些情况下，还要精确估计目标的径向速度。

轨迹的滤波代表了一种高层次长时间尺度的处理，可获得目标随时间变化的完整轨迹，并对一系列的测量进行积累。通常将跟踪滤波称为数据处理而不是信号处理。由于可能存在多目标轨迹交叉或非常接近的情况，因此跟踪滤波还需要解决测量与已被跟踪目标的关联问题，以便正确地分辨接近的或交叉的轨迹。目前已有多种实现目标跟踪的最优估计技术。

3. 雷达成像

雷达能够获得高分辨率的场景图像，与可见光图像相比，有很多相似之处和明显差别。可见光图像的成像波长与人眼的可见光波长是相同的。雷达获得的场景图像是单色的，不精细，并呈现出斑斑点点的纹理和不自然的明暗颠倒。

雷达虽然不能获得与可见光图像一样分辨率和质量的场景图像，但是有两个非常重要的优点：射频波长具有超强的穿透性，可以穿透云层和恶劣气象对场景进行成像；利用发射脉冲提供回波信号，不依赖太阳光照射单元，可全天候工作。

为了能够获得高分辨率的场景图像，雷达采用大带宽的波形获得距离维的高分辨率，同时采用合成孔径雷达技术获得角度维的高分辨率，采用的脉冲压缩波形通常是线性调频波形，可以在保证信号能量的同时获得需要的距离分辨率。雷达通过发射脉冲在足够宽的频率带宽上进行扫描，利用匹配滤波进行脉冲压缩，可以得到非常好的距离分辨率。

传统的非成像雷达被称为真实孔径雷达。其角度分辨率是由目标距离和天线波束宽度决定的。对于窄波束天线，天线波束宽度通常为 1°~3°，即使在相当近的距离内，垂直距离分辨率也相当差，远低于典型的距离分辨率。克服这种问题的方法是采用合成孔径雷达（Synthetic Aperture Radar，SAR）技术。

合成孔径雷达技术指的是相对于要成像的场景移动天线，以综合出一个等效的非常大的天线。SAR 通常与运动的机载雷达或星载雷达相联系。地面固定雷达通常无法直接采用 SAR 技术。SAR 通过在每一个特定的位置发射脉冲，并将采集的所有回波数据进行适当的综合处理，可以得到类似巨大的相控阵列天线的效果，具有非常好的角度分辨率。

3.1.2 多天线脉冲雷达与常规波束形成

对于拥有多天线输出能力的雷达，如典型的相控阵列雷达，其每一个子阵甚至每一个阵元都拥有对应的接收机。所有的接收机在脉冲串期间由回波信号获得的数据应是三个维度的数据立方体，包括快时间（距离采样）、慢时间（脉冲）和天线相位中心。不同的信号处理是基于数据立方体的一维数据矢量或二维数据矩阵。例如，通过对快时间数据的相干卷积处理可以得到距离向脉冲压缩；慢时间数据的一维滤波对应多普勒处理；天线相位中心维度的加权处理是波束形成。

多天线脉冲雷达三维数据块如图 3.1 所示。在图 3.1 中，快时间维度的 L 个采样值，通过波形匹配滤波可以获取目标的距离信息。沿慢时间维度的 M 个脉冲获得 M 个数据块，对固定距离单元范围内的散射信号进行处理，可以获取目标的多普勒信息，脉冲数目决定多普勒分辨率。空间维度 N 个天线的采样数据可以反映目标的波达方向。波束形成技术就是对多天线接收的给定距离单元数据的联合相干处理，使雷达指向特定方向，在此方向上能够获得处理增益，实现对波达方向的选择性接收。空-时自适应处理还可以通过对运动平台的空-时域二维数据进行联合滤波，高效地将回波信号中的目标信息从干扰和杂波中分离出来。

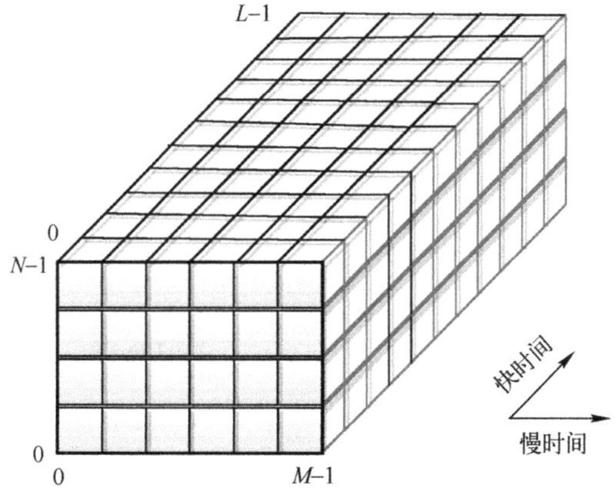

图 3.1　多天线脉冲雷达三维数据块

假设用一维均匀线阵列天线接收单频波 $\alpha\exp(\mathrm{j}\Omega t)$，若远场目标与天线法线方向的夹角为 θ，则第 n 个天线通道的输出为

$$y_n(t)=\alpha \mathrm{e}^{\mathrm{j}[\Omega(t-nd\sin\theta/c)+\varphi_0]} \tag{3.1}$$

式中，Ω 为角频率；d 为阵列天线之间的间隔；相位偏移 φ_0 为第 0 个天线的初始相位。

第 n 个天线在给定时刻 t_0 时的采样值 $y(n)$ 为

$$\begin{aligned} y(n)&=\alpha \mathrm{e}^{\mathrm{j}[\Omega(t_0-nd\sin\theta/c)+\varphi_0]} \\ &=\hat{\alpha}\mathrm{e}^{-\mathrm{j}2\pi nd\sin\theta/\lambda} \end{aligned} \tag{3.2}$$

式中，$\hat{\alpha}=\alpha \mathrm{e}^{\mathrm{j}\Omega t_0+\varphi_0}$。

N 个相位中心在一次快拍时刻 t_0 时得到的采样序列矢量为

$$\begin{aligned} \boldsymbol{y}&=[y(0),\cdots,y(N-1)]^{\mathrm{T}} \\ &=\hat{\alpha}[1,\cdots,\mathrm{e}^{-\mathrm{j}2\pi(N-1)d\sin\theta/\lambda}]^{\mathrm{T}} \\ &=\hat{\alpha}[1,\cdots,\mathrm{e}^{-\mathrm{j}(N-1)\beta_\theta}]^{\mathrm{T}} \\ &=\hat{\alpha}\boldsymbol{a}_{\mathrm{s}}(\theta) \end{aligned} \tag{3.3}$$

式中，$\boldsymbol{a}_{\mathrm{s}}(\theta)$ 为天线接收方向矢量；$\beta_\theta=2\pi d\sin\theta/\lambda$ 为空间频率在天线方向上的投

影，与 θ 一一对应。考虑到 θ 在参考坐标系内的取值范围为 $[-\pi, \pi]$，因此对应的空间频率为 $[-2\pi d/\lambda, 2\pi d/\lambda]$。当天线间距设定为 $d=\lambda/2$，即波长的一半时，β_θ 的取值范围将变为 $[-\pi, \pi]$。

常规波束形成算法是对多通道输出采样序列加权矢量进行处理并求和，有

$$\gamma=\boldsymbol{\omega}^{\mathrm{T}}\boldsymbol{y} \tag{3.4}$$

式中，$\boldsymbol{\omega}$ 为 N 维加权矢量，即

$$\boldsymbol{\omega}=[\omega_0,\omega_1,\cdots,\omega_{N-1}]^{\mathrm{T}} \tag{3.5}$$

进一步可以写为

$$\begin{aligned}\boldsymbol{\omega}&=[h_0,h_1\mathrm{e}^{\mathrm{j}\beta_\theta},\cdots,h_{N-1}\mathrm{e}^{\mathrm{j}(N-1)\beta_\theta}]^{\mathrm{T}}\\&=[h_0,h_1,\cdots,h_{N-1}]^{\mathrm{T}}*\boldsymbol{a}_{\mathrm{s}}^*(\theta)\\&=\boldsymbol{h}\|\boldsymbol{a}_{\mathrm{s}}^*(\theta)\end{aligned} \tag{3.6}$$

式中，符号 $*$ 代表 Hadamard 积。两个矢量 $\boldsymbol{a}$ 和 $\boldsymbol{b}$ 的 Hadamard 积被定义为矢量对应元素相乘后组成的矢量，即

$$\boldsymbol{a}*\boldsymbol{b}=[a_0b_0,a_1b_1,\cdots,a_{N-1}b_{N-1}]^{\mathrm{T}} \tag{3.7}$$

由式（3.6）可知，常规波束形成中的加权矢量由两个部分构成：矢量 $\boldsymbol{h}$ 可视为对数据的加窗处理，选择合适的窗函数能够起到降低旁瓣的作用；方向矢量的共轭 $\boldsymbol{a}_{\mathrm{s}}^*(\theta)$ 可提供 θ 方向的相干处理增益。

假设 DOA 真实值为 θ_0，设置加权矢量 $\boldsymbol{\omega}$ 与 θ_0 匹配，即 $\boldsymbol{\omega}=\boldsymbol{h}*\boldsymbol{a}_{\mathrm{s}}^*(\theta_0)$，此时可认为波束指向 θ_0 方向，波束形成输出结果为

$$\gamma(\theta)=\boldsymbol{\omega}^{\mathrm{T}}\boldsymbol{y}=\hat{\alpha}\sum_{n=0}^{N-1}h_n\mathrm{e}^{-\mathrm{j}n(\beta_\theta-\beta_{\theta_0})} \tag{3.8}$$

由式（3.8）可知，波束形成输出结果就是加窗序列 $\{h_n\}$ 的离散傅里叶变换。进一步考虑所有 $\{h_n\}$ 取值为 1 的情况，则未加窗的天线方向图为关于 $\sin\theta$ 的 asinc 函数，即

$$\gamma(\theta)=\mathrm{e}^{\mathrm{j}(N-1)(\pi d/\lambda)(\sin\theta-\sin\theta_0)}\left\{\frac{\sin[N(\pi d/\lambda)(\sin\theta-\sin\theta_0)]}{\sin[(\pi d/\lambda)(\sin\theta-\sin\theta_0)]}\right\} \tag{3.9}$$

虽然利用合适的窗函数矢量 $\boldsymbol{h}$ 可有效降低天线方向图的旁瓣，但会使主瓣变宽，导致角度分辨率降低。式（3.9）是关于 $\sin\theta$ 的函数。

波束形成算法为多天线雷达提供了便利，对于相同的回波接收信号 $\boldsymbol{y}$，可以使用不同的加权矢量 $\boldsymbol{\omega}$ 进行空域滤波处理，实现同时对多个不同波束到达角的选择性接收，通过选择合适的权值能够降低方向图旁瓣，减少杂波和干扰的影响。

3.1.3　多普勒频移

1. 模型

当目标相对雷达运动时，多普勒效应会使接收信号的频率与发射信号的频率产生差异。多普勒频移被定义为两者之间的差值。利用多普勒频移可以获得目标的运动状态信息，有利于在杂波和干扰条件下检测目标，大幅提高合成孔径雷达的横向分辨率。

在单基地雷达模型中，假设发射机与接收机相对静止且处在同一位置，若单一点散射体沿雷达视线方向以速度 v 接近雷达，则接收回波信号的频率 F_{r} 为

$$F_{\mathrm{r}}=\left(\frac{1+v/c}{1-v/c}\right)F_{\mathrm{t}} \tag{3.10}$$

式中，c 为光速；F_{t} 为发射信号的频率。由于 c 的取值接近 $3\times10^{8}\mathrm{m/s}$，因此 v/c 是非常小的，意味着可以对式（3.10）进行近似展开，有

$$\begin{aligned}F_{\mathrm{r}}&=(1+v/c)(1-v/c)^{-1}F_{\mathrm{t}}\\&=(1+v/c)[1+(v/c)+(v/c)^{2}+\cdots]F_{\mathrm{t}}\\&=[1+2(v/c)+2(v/c)^{2}+\cdots]F_{\mathrm{t}}\end{aligned} \tag{3.11}$$

考虑到 v/c 二次项及更高次项的数值是非常小的，将其忽略并不会产生大的误差，于是有

$$F_{\mathrm{r}}=[1+2(v/c)]F_{\mathrm{t}} \tag{3.12}$$

得到多普勒频移的近似表达式为

$$F_{\mathrm{D}}=F_{\mathrm{r}}-F_{\mathrm{t}}=\frac{2v}{\lambda_{\mathrm{t}}} \tag{3.13}$$

式中，λ_{t} 为发射信号的波长。注意，F_{D} 的正负是由速度 v 的方向决定的。

相比雷达载频，多普勒频移是非常小的。表 3.1 为不同波段的多普勒频移。

表 3.1 不同波段的多普勒频移

波　段	频率/GHz	$v=1\text{m/s}$ 时的多普勒频移/GHz
L	1	6.67
C	6	40.0
X	10	66.7
Ka	35	233
W	95	633

当目标的速度矢量与雷达-目标形成的连线存在夹角 Ψ 时，只有投影在雷达视线方向上的速度矢量才会产生多普勒频移，如图 3.2 所示：当目标沿着雷达视线方向运动时，会产生最大的多普勒频移；当目标沿着垂直于雷达视线方向运动时，多普勒频移为 0。

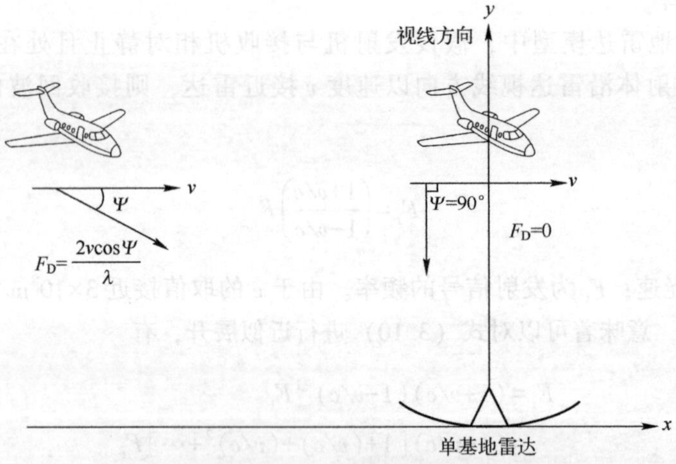

图 3.2　目标的速度矢量对多普勒频移的影响

考虑到雷达发射信号本身存在的带宽 β_t，将式（3.13）应用于带宽的最高频率和最低频率，可得接收回波信号的带宽为

$$\beta_r=[1+2(v/c)]\beta_t \tag{3.14}$$

与发射信号的带宽相比有所变化，一般可以忽略。

2. 分析方法

在利用经典的物理分析方法考虑多普勒频移时，假设目标与雷达之间的距离用函数 $R(t)$ 表示，忽略在传播过程中的幅度衰减，则发射信号 $s(t)$ 的回波信号可写为时延形式，即

$$y(t)=s(t)\left(t-\frac{2R(t)}{c}\right) \tag{3.15}$$

进一步假设单脉冲 $s(t)$ 具有如下形式，即

$$s(t)=a(t)\exp(\mathrm{j}2\pi F_{\mathrm{t}}t) \tag{3.16}$$

式中，$a(t)$ 为包络变化；F_{t} 为发射载频。当目标以恒定速度沿雷达视线方向运动时，有

$$R(t)=R_0-vt \tag{3.17}$$

代入式（3.15）可得

$$\begin{aligned}y(t)&=a\left(t-\frac{2(R_0-vt)}{c}\right)\exp\left[\mathrm{j}2\pi F_{\mathrm{t}}\left(t-\frac{2(R_0-vt)}{c}\right)\right]\\&\approx a\left(t-\frac{2R_0}{c}\right)\exp\left(-\mathrm{j}\frac{4\pi R_0}{\lambda_{\mathrm{t}}}\right)\exp\left[\mathrm{j}2\pi\left(\frac{2v}{\lambda_{\mathrm{t}}}\right)t\right]\exp(\mathrm{j}2\pi F_{\mathrm{t}}t)\end{aligned} \tag{3.18}$$

式中，忽略了目标运动造成的包络变化，$\exp[\mathrm{j}2\pi(2v/\lambda_{\mathrm{t}})t]$ 为目标运动产生的多普勒频移。

上述分析方法与式（3.13）得到的结果完全一致。

重新考虑图3.2中的运动场景，在坐标系内，假设雷达坐标为(0,0)，目标在时刻 t 时的坐标为 (vt,R_0)，在 $t=0$ 时刻沿着垂直于雷达视线方向运动，则目标与雷达之间的距离为

$$\begin{aligned}R(t)&=\sqrt{R_0^2+(vt)^2}\\&=R_0\sqrt{1+\left(\frac{vt}{R_0}\right)^2}\end{aligned} \tag{3.19}$$

将式（3.19）展开为幂级数，可得

$$R(t)=R_0\left[1+\frac{1}{2}\left(\frac{vt}{R_0}\right)^2-\frac{3}{8}\left(\frac{vt}{R_0}\right)^4-\cdots\right] \tag{3.20}$$

考虑到目标处于远场，在相干处理时间内，vt/R_0 的高次项可以忽略，不会引起过多影响，于是有

$$R(t)=R_0+\left(\frac{v^2}{2R_0}\right)t^2 \tag{3.21}$$

将式（3.21）代入式（3.18），得

$$y(t)\approx a\left(t-\frac{2R_0}{c}\right)\exp\left(-\mathrm{j}\frac{4\pi R_0}{\lambda_t}\right)\exp\left[\mathrm{j}2\pi\left(\frac{v^2}{R_0\lambda_t}\right)t^2\right]\exp(\mathrm{j}2\pi F_t t) \tag{3.22}$$

若代表多普勒频移的相位成为时间的二次项，则根据频率是相位的导数，可以求得多普勒频移为

$$F_{\mathrm{D}}(t)=-\frac{2v^2}{R_0\lambda_t}t \tag{3.23}$$

上式是随时间变化的多普勒频移，在合成孔径雷达中非常重要。

3. 停-跳近似和多普勒频移的测量

在前面的分析过程中，未考虑从雷达至目标方向的单程时延，事实上，在脉冲传播过程中，目标处于运动状态，假设目标以恒定速度沿着雷达视线方向进行直线运动，即 $R(t)=R_0-vt$，单脉冲在 t_1 时刻传播到目标，有

$$ct_1=R_0-vt_1\Rightarrow t_1=\frac{R_0}{c+v} \tag{3.24}$$

进一步考虑发射 M 个脉冲的情况，若第 m 个脉冲的发出时刻 $t=mT$，其中 T 为脉冲重复间隔，则第 m 个脉冲所历经的单程时延为

$$t_1=\frac{R_0-vmT}{c+v} \tag{3.25}$$

因此发射信号历经的双程时延为

$$\begin{aligned}t_{\mathrm{d}}&=\frac{2(R_0-vmT)}{c+v}\\&=\frac{2(R_0-vmT)}{c\left(1+\dfrac{v}{c}\right)}\\&=\frac{2(R_0-vmT)}{c}\left[1-\frac{v}{c}+\left(\frac{v}{c}\right)^2-\cdots\right]\\&\approx\frac{2(R_0-vmT)}{c}\left(1-\frac{v}{c}\right)\end{aligned} \tag{3.26}$$

同理，在推导过程中忽略了 v/c 的高次项。假设第 m 个脉冲信号为

$$s_m(t)=a(t-mT)\exp[\mathrm{j}2\pi F_t(t-mT)] \tag{3.27}$$

接收信号为

$$y_m(t)\approx a\left(t-mT-\frac{2(R_0-vmT)}{c}\right)\cdot\exp\left(\mathrm{j}2\pi F_{\mathrm{t}}\left(t-mT-\frac{2(R_0-vmT)}{c}\left(1-\frac{v}{c}\right)\right)\right)\tag{3.28}$$

在给定的距离门处进行采样，$t=mT+2R_0/c$，采样值为

$$\begin{aligned}y_m\left(mT-\frac{2R_0}{c}\right)&=a\left(\frac{vmT}{c}\right)\exp\left(\mathrm{j}2\pi F_{\mathrm{t}}\left(\frac{2vmT}{c}\right)\left(1-\frac{v}{c}\right)\right)\\&=a\left(\frac{vmT}{c}\right)\exp\left(\mathrm{j}2\pi\left(\frac{2vmT}{\lambda_{\mathrm{t}}}\right)\right)\exp\left(-\mathrm{j}4\pi\frac{v^2mT}{\lambda_{\mathrm{t}}c}\right)\end{aligned}\tag{3.29}$$

当 $vmT<c\tau$，即目标在相干处理时间内运动的距离小于脉冲的长度时，$a(vmT/c)$ 被认为是常数包络项；对于指数项 $\exp(-\mathrm{j}4\pi v^2mT/\lambda_{\mathrm{t}}c)$，只要 mT 满足

$$\frac{4\pi v^2mT}{\lambda_{\mathrm{t}}c}<\frac{\pi}{4}\Rightarrow mT<\frac{\lambda_{\mathrm{t}}c}{16v^2}\tag{3.30}$$

即可被忽略，则式（3.29）可简化为

$$y_m\left(mT-\frac{2R_0}{c}\right)=a\left(\frac{vmT}{c}\right)\exp\left(\mathrm{j}2\pi\left(\frac{2vmT}{\lambda_{\mathrm{t}}}\right)\right)\tag{3.31}$$

如果忽略雷达至目标方向在单程时延期间目标的运动距离，则上述推导过程中的 $c+v$ 可用 c 替代，进而 $1+v/c$ 变为 1，直接得到式（3.31）。这意味着，采用停-跳近似的方式是合理的，即雷达在某一慢时间采样处进行脉冲的收/发时，目标是不会产生任何移动的，待脉冲被接收完毕，目标再继续向前运动 vT 到下一个发射脉冲和接收脉冲的位置。采用这种假设可以轻易地得到 $2v/\lambda$ 的多普勒频移。这种假设带来的影响是指数项 $\exp(-\mathrm{j}4\pi v^2mT/\lambda_{\mathrm{t}}c)$ 被忽略，在大多数情况下是合理的。

由前面的分析可知，多普勒频移的数值很小，只靠单脉冲进行检测很难得到准确的数值，利用多个脉冲的重复周期组合更长的时间区间对波形相位的变化进行分析和处理，可得到更高的多普勒分辨率。由式（3.31）可知，忽略常数包络项，在同一距离单元的慢时间采样是一个离散正弦形式，通过对给定距离门的慢时间采样序列进行相位变化的测量可得到多普勒频移。值得注意的是，目标在相干处理时间内，必须位于给定的距离门单元内。

3.1.4　匹配滤波器

1. 匹配滤波器的构造

信噪比的增大能够提高雷达的检测和估计性能。如何设置接收机的频率响应 $H(\Omega)$ 得到最高的信噪比呢？考虑频谱为 $Y(\Omega)$ 的输出信号 $y(t)$，有

$$Y(\Omega)=H(\Omega)S(\Omega) \tag{3.32}$$

式中，$S(\Omega)$为发射信号$s(t)$的频谱。假设在T_M时刻采样数据的信噪比最大，则利用傅里叶逆变换，信号功率为

$$|Y(T_M)|^2=\left|\frac{1}{2\pi}\int_{-\infty}^{\infty}S(\Omega)H(\Omega)\mathrm{e}^{\mathrm{j}\Omega T_M}\mathrm{d}\Omega\right|^2 \tag{3.33}$$

考虑白噪声的功率谱密度为N_0，则滤波器对噪声项的相应输出功率为

$$P_{\mathrm{n}}=\frac{N_0}{2\pi}\int_{-\infty}^{\infty}|H(\Omega)|^2\mathrm{d}\Omega \tag{3.34}$$

输出信噪比为

$$\rho^2=\frac{|y(T_M)|^2}{P_{\mathrm{n}}}=\frac{\left|\frac{1}{2\pi}\int_{-\infty}^{\infty}S(\Omega)H(\Omega)\mathrm{e}^{\mathrm{j}\Omega T_M}\mathrm{d}\Omega\right|^2}{\frac{N_0}{2\pi}\int_{-\infty}^{\infty}|H(\Omega)|^2\mathrm{d}\Omega} \tag{3.35}$$

利用施瓦茨不等式可以得到

$$\begin{aligned}\rho^2 &\leqslant \frac{\left(\frac{1}{2\pi}\right)^2\int_{-\infty}^{\infty}|S(\Omega)\mathrm{e}^{\mathrm{j}\Omega T_M}|^2\mathrm{d}\Omega\int_{-\infty}^{\infty}|H(\Omega)|^2\mathrm{d}\Omega}{\frac{N_0}{2\pi}\int_{-\infty}^{\infty}H(\Omega)|^2\mathrm{d}\Omega} \\ &=\frac{1}{2\pi N_0}\int_{-\infty}^{\infty}|S(\Omega)|^2\mathrm{d}\Omega\end{aligned} \tag{3.36}$$

当且仅当

$$H(\Omega)=\alpha S^*(\Omega)\mathrm{e}^{-\mathrm{j}\Omega T_M} \tag{3.37}$$

或

$$h(t)=\alpha s^*(T_M-t) \tag{3.38}$$

时，等号成立，信噪比取最大值。由于发射信号的能量满足

$$E_{\mathrm{s}}=\frac{1}{2\pi}\int_{-\infty}^{\infty}|S(\Omega)|^2\mathrm{d}\Omega \tag{3.39}$$

因此信噪比的最大值为

$$\rho_{\max}^2=\frac{E_{\mathrm{s}}}{N_0} \tag{3.40}$$

对于单个脉冲的特殊情况，有

$$s(t)=\begin{cases}1, & 0\leqslant t\leqslant\tau\\0, & 其他\end{cases}\tag{3.41}$$

通过匹配滤波器

$$\begin{aligned}h(t)&=\alpha s^*(T_M-t)\\&=\begin{cases}\alpha, & T_M-\tau\leqslant t\leqslant T_M\\0, & 其他\end{cases}\end{aligned}\tag{3.42}$$

输出信号为

$$y(t)=\begin{cases}\alpha[t-(T_M-\tau)], & T_M-\tau\leqslant t\leqslant T_M\\\alpha[(T_M+\tau)-t], & T_M\leqslant t\leqslant T_M+\tau\\0, & 其他\end{cases}\tag{3.43}$$

单脉冲匹配滤波器的输出信号如图 3.3 所示，在 $t=T_M$ 时刻有最大峰值 $\alpha\tau$。

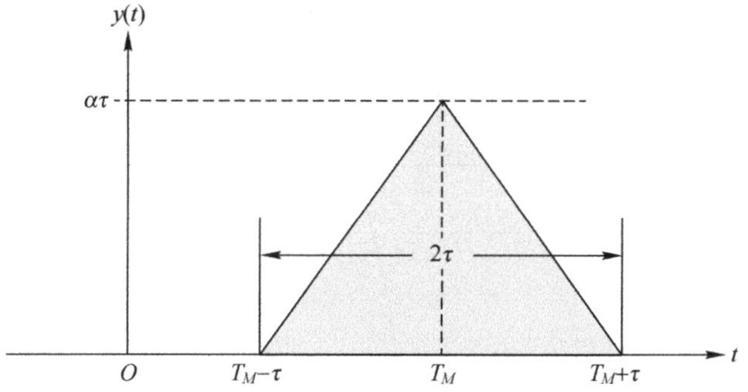

图 3.3　单脉冲匹配滤波器的输出信号

2. 运动目标匹配滤波器

下面考虑运动目标匹配滤波器。假设目标以速度 v 沿着雷达视线方向运动，发射机发射式（3.41）的单脉冲，则接收信号为

$$s'(t)=s(t)\exp(\mathrm{j}\Omega_{\mathrm{D}}t)\tag{3.44}$$

式中，$\Omega_{\mathrm{D}}=4\pi v/\lambda$ 为由目标速度矢量导致的多普勒频移，由式（3.44）构造的匹配滤波器为

$$h(t)=\alpha x^*(-t)\mathrm{e}^{\mathrm{j}\Omega_{\mathrm{D}}t}\tag{3.45}$$

频率响应为

$$H(\Omega)=\alpha X^{*}(\Omega-\Omega_{\mathrm{D}}) \tag{3.46}$$

式中，X^{*} 表示 X 的共轭。

当目标速度未知时，构造的匹配滤波器可能会出现失配现象，导致输出幅度衰减。例如，滤波器设定匹配 Ω_{i} 的多普勒频移，实际的多普勒频移为 Ω_{D}，假设 $T_M=0$，则输出为

$$y(t)=\alpha\int_{t}^{\tau}\exp(\mathrm{j}\Omega_{\mathrm{D}}x)\exp[-\mathrm{j}\Omega_{\mathrm{i}}(x-t)]\,\mathrm{d}x \tag{3.47}$$

当多普勒频移完全匹配，即 $\Omega_{\mathrm{i}}=\Omega_{\mathrm{D}}$ 时，输出 $|y(t)|$ 就是如图 3.3 所示的三角形，峰值在 $t=0$ 时取得。在失配条件下，$t=0$ 时的输出为

$$\begin{aligned}|y(0)|&=\left|\alpha\int_{0}^{\tau}\exp[\mathrm{j}(\Omega_{\mathrm{D}}-\Omega_{\mathrm{i}})s]\,\mathrm{d}s\right|\\&=\left|\frac{2\alpha\sin(\Omega_{\mathrm{diff}}\tau/2)}{\Omega_{\mathrm{diff}}}\right|\end{aligned} \tag{3.48}$$

多普勒失配对输出峰值的影响如图 3.4 所示。图中，横坐标 $F_{\mathrm{diff}}=\Omega_{\mathrm{diff}}/2\pi$，并假设脉冲宽度 $\tau=1$。式（3.48）的第一个零点在 $1/\tau$ 处取得：当多普勒失配较小时，输出幅度的下降并不大；当多普勒失配较大时，会使信噪比大幅下降，影响检测精度。

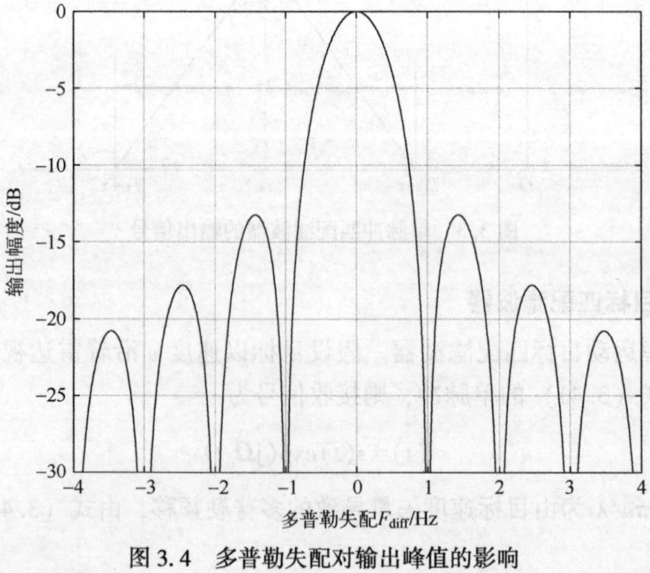

图 3.4　多普勒失配对输出峰值的影响

3. 脉冲串匹配滤波器

脉冲串可增加对运动目标的观测时间，是获得高多普勒分辨率的一种途径，

定义为

$$s(t)=\sum_{m=0}^{M-1}s_{\mathrm{p}}(t-mT) \tag{3.49}$$

式中，$s_{\mathrm{p}}(t)$是宽度为τ的单脉冲；M为脉冲数目；T为脉冲重复间隔；检测总时间mT也称为驻留时间。根据匹配滤波器的构造方法，当$\alpha=1$、$T_M=0$时，有

$$h(t)=s^*(-t)=\sum_{m=0}^{M-1}s_{\mathrm{p}}(-t-mT) \tag{3.50}$$

考虑目标时延为t_0的匹配滤波器，输出结果为

$$\begin{aligned}y(t)&=\int_{-\infty}^{\infty}\left\{\sum_{m=0}^{M-1}s_{\mathrm{p}}(x-t_0-mT)\right\}\left\{\sum_{n=0}^{M-1}s_{\mathrm{p}}^*(x-t-nT)\right\}\mathrm{d}x\\&=\sum_{m=0}^{M-1}\sum_{n=0}^{M-1}\int_{-\infty}^{\infty}s_{\mathrm{p}}(x-t_0-mT)s_{\mathrm{p}}^*(x-t-nT)\mathrm{d}x\end{aligned} \tag{3.51}$$

注意，积分项的本质是单脉冲的匹配滤波。为了简化，这里令$t_0=0$，记单脉冲匹配滤波输出为$y_{\mathrm{p}}(t)$，有

$$\begin{aligned}y(t)&=\sum_{m=0}^{M-1}\sum_{n=0}^{M-1}y_{\mathrm{p}}^*(t-(n-m)T)\\&=\sum_{m=-(M-1)}^{M-1}(M-|m|)y_{\mathrm{p}}^*(t-mT)\end{aligned} \tag{3.52}$$

式（3.52）表明，脉冲串匹配滤波器的输出是多个单脉冲匹配滤波器输出的加权及平移后的叠加。假设单脉冲的幅度为A，则$M=3$时的匹配滤波器输出如图3.5所示。

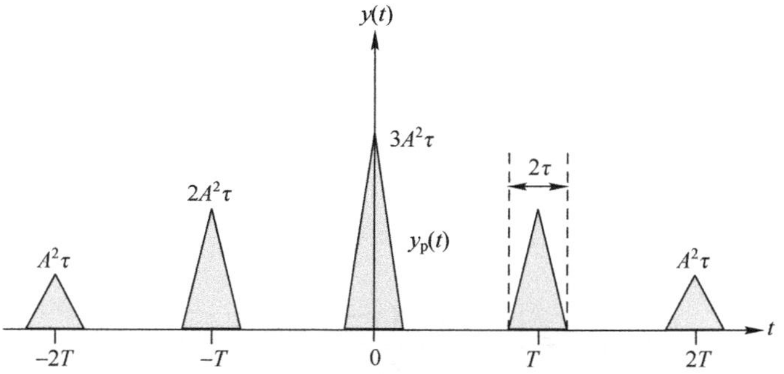

图3.5　$m=3$时的匹配滤波器输出

由于单脉冲的宽度为 τ，因此 $y_p(t)$ 的宽度为 2τ。对于 $T>2\tau$，即脉冲重复间隔大于单脉冲响应输出宽度时，各个输出波形就不会重叠。特别是当 $t=T_M=0$ 时，峰值输出为

$$\begin{aligned} y(0) &= \sum_{m=-(M-1)}^{M-1} (M-|m|)y_p(mT) \\ &= My_p(0) \\ &= ME_p \end{aligned} \tag{3.53}$$

即 M 个单脉冲的能量之和。

3.1.5 模糊函数

1. 模糊函数的定义

模糊函数用于分析波形、设计波形。当目标的距离与运动速度同时存在差异时，模糊函数可用来刻画雷达对杂波的抑制能力和目标参数的估计精度等，能够清晰地描述输入波形匹配滤波器的输出性能及距离-多普勒的耦合状态，可用时域和频域两个维度分析波形的特征，为分析分辨率的性能、主瓣及旁瓣的宽度、距离-多普勒的模糊带来便利。

模糊函数定义的本质是匹配滤波器的输出响应。假设发射信号为 $s(t)$，携带多普勒频移的滤波器输入响应为 $s(t)\exp(\mathrm{j}2\pi F_D t)$，在 $\alpha=1$、$T_M=1$ 的条件下，模糊函数被定义为匹配滤波器输出响应的幅值，即

$$A(t,F_D)=|\hat{A}(t,F_D)|=\left|\int_{-\infty}^{\infty} s(x)\exp(\mathrm{j}2\pi F_D x)s^*(x-t)\mathrm{d}x\right| \tag{3.54}$$

式（3.54）是关于时延和多普勒频移的二维函数。时延维度代表目标的距离信息。多普勒频移维度用于描述多普勒失配，表示频率参数与真实多普勒频率之间的频差。

对于能量为 1 的单脉冲

$$s(t)=\frac{1}{\sqrt{\tau}},\ \frac{-\tau}{2}\leqslant t\leqslant\frac{\tau}{2} \tag{3.55}$$

模糊函数为

$$A(t,F_D)=\left|\frac{\sin(\pi F_D(\tau-|t|))}{\pi F_D\tau}\right|,\ -\tau\leqslant t\leqslant\tau \tag{3.56}$$

下面给出模糊函数的三个特殊性质。

模糊函数的第一个性质是满足如下不等式，即

$$A(t,F_D)\leqslant A(0,0)=E \tag{3.57}$$

式中，E 为波形能量。

模糊函数的第二个性质是具有恒定的积分值，即

$$\int_{-\infty}^{\infty}\int_{-\infty}^{\infty}|A(t,F_D)|^2\mathrm{d}t\mathrm{d}F_D=E^2 \tag{3.58}$$

模糊函数的第三个性质是满足原点对称性，即

$$A(t,F_D)=A(-t,-F_D) \tag{3.59}$$

2. 脉冲串模糊函数

将式（3.49）代入式（3.54），可以得到复模糊函数为

$$\hat{A}(t,F_D)=\sum_{m=0}^{M-1}\sum_{n=0}^{M-1}\int_{-\infty}^{\infty}s_p(x-mT)s_p^*(x-t-nT)\mathrm{e}^{\mathrm{j}2\pi F_D x}\mathrm{d}x \tag{3.60}$$

式（3.60）中的积分结果本质上是单脉冲模糊函数，换元 $x'=x-mT$，令单脉冲复模糊函数为 $\hat{A}_p(t,F_D)$，有

$$\hat{A}(t,F_D)=\sum_{m=0}^{M-1}\mathrm{e}^{\mathrm{j}2\pi F_D mT}\sum_{n=0}^{M-1}\hat{A}_p(t-(m-n)T,F_D) \tag{3.61}$$

对式（3.61）中的求和项进行拆分和重组，并利用级数求和的结果可以得到

$$A(t,F_D)=\sum_{m=-(M-1)}^{M-1}A_p(t-mT,F_D)\left|\frac{\sin(\pi F_D(M-|m|)T)}{\sin(\pi F_D T)}\right|,\ \tau<\frac{T}{2} \tag{3.62}$$

由式（3.62）可知，多脉冲模糊函数是对多个单脉冲模糊函数进行平移并加权叠加的结果，仅当脉冲重复间隔满足 $T>2\tau$ 时，$A_p(t-mT,F_D)$ 才不会在叠加时发生混叠。令式（3.62）中的 $F_D=0$，可得到多普勒失配为0时关于时延的模糊函数，即

$$A(t,0)=\begin{cases}\displaystyle\sum_{m=-(M-1)}^{M-1}(M-|m|)\left(1-\frac{|t-mT|}{\tau}\right), & |t-mT|<\tau\\ 0, & \text{其他}\end{cases} \tag{3.63}$$

图3.6为 $M=5$、$T=4\tau$ 时式（3.63）的数值计算结果。图中的横纵坐标已分别用相干处理时间 MT 和波形总能量 E 进行了归一化。

由分析可知，图3.6是由多个单脉冲匹配滤波输出的三角函数组成的，每个三角函数均间隔 T，整体包络为 $M-|m|$ 三角形状，将 $t=0$ 代入式（3.62），可以得

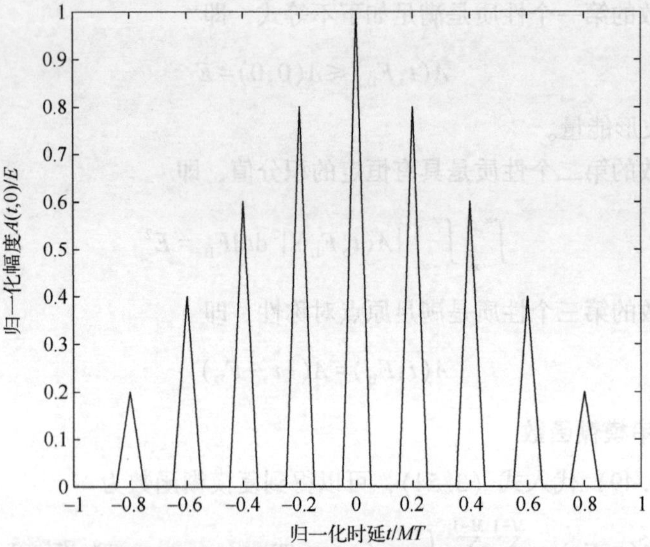

图 3.6　式（3.63）的数值计算仿真

到 0 时延条件下关于多普勒频移的模糊函数，即

$$A(0,F_{\mathrm{D}})=\left|\frac{\sin(\pi F_{\mathrm{D}}\tau)}{\pi F_{\mathrm{D}}\tau}\right|\left|\frac{\sin(\pi F_{\mathrm{D}}MT)}{\sin(\pi F_{\mathrm{D}}T)}\right| \tag{3.64}$$

式（3.64）的数值计算仿真如图 3.7 所示。

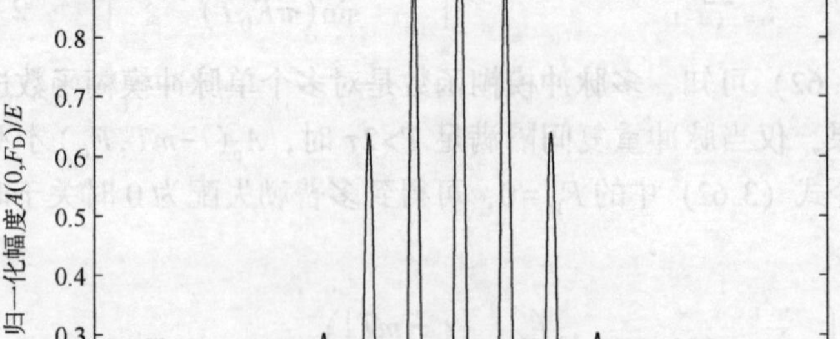

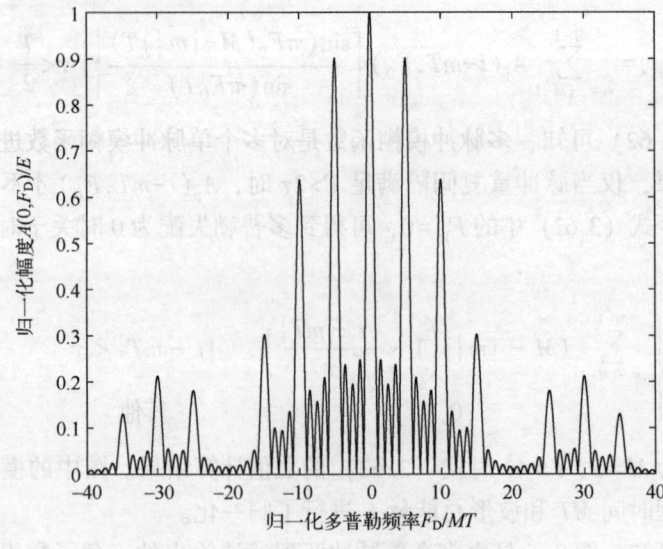

图 3.7　式（3.64）的数值计算仿真

在图 3.7 中，快速变化 asinc 函数的第一个零点为 $1/MT$，重复周期为 $1/T$。该结果表明，相比单脉冲情形，使用脉冲串可大幅提高多普勒分辨率，响应的包络是一个缓慢变化的 sinc 函数，第一个零点为 $1/\tau$。

3.1.6　雷达发射信号及主要参数

1. 理想低通信号

理想低通信号为

$$\psi(t)=\text{sinc}(Bt)=\frac{\sin(\pi Bt)}{\pi Bt},\quad -\frac{T_s}{2}\leqslant t\leqslant\frac{T_s}{2} \tag{3.65}$$

式中，T_s 表示信号的持续时间，通常假设信号能量几乎全部位于观测区间，则 $\psi(t)$ 的频谱为

$$B(f)=\begin{cases}\dfrac{1}{B}, & |f|\leqslant-\dfrac{B}{2}\\ 0, & 其他\end{cases} \tag{3.66}$$

我们经常用到 sinc 函数的均方根带宽 β，将其定义为

$$\beta=\sqrt{\frac{(2\pi)^2\int_{-B/2}^{B/2}f^2\ |s(f)|^2\mathrm{d}f}{\int_{-B/2}^{B/2}|s(f)|^2\mathrm{d}f}}=\frac{\pi}{\sqrt{3}}B \tag{3.67}$$

sinc 信号的自相关函数可以表示为

$$R_{\psi}(x)=\sum_{n=-N/2}^{N/2-1}\text{sinc}^*(n-x_0)\,\text{sinc}(n-x)=\text{sinc}(x-x_0) \tag{3.68}$$

式中，x_0 表示参考点。

2. 线性调频信号

线性调频（Linear Frequency Modulation，LFM）是一种不需要伪随机编码序列的扩展频谱调制技术。线性调频信号也被称为鸟声（Chirp）信号，在听觉范围内的信号像鸟鸣声。线性调频技术又称为 Chirp 扩展频谱技术。LFM 技术在雷达、声呐等系统中均有广泛的应用。例如，在雷达定位系统中，LFM 技术可用来增加射频脉冲宽度、增加通信距离、提高平均发射功率，保证足够的信号频谱宽度，不降低距离分辨率。

1962 年，M. R. Wiorkler 将 Chirp 扩展频谱技术用于通信系统，用同一码元周

期内不同的 Chirp 速率表达符号信息。研究表明，用 Chirp 速率调制的恒包络数字调制技术抗干扰能力强，能够显著降低多径干扰和移动通信快衰落的影响，非常适用于无线接入。

线性调频信号在 SAR 系统中非常重要，瞬时频率是时间的线性函数，用于发射可以得到均匀的信号带宽。在时域中，一个理想的线性调频信号或脉冲的持续时间为 T，振幅为常量，中心频率为 f_{cen}，相位 $\theta(t)$ 随时间按一定规律变化。物理感知系统经常发射这种形式的脉冲，由于频率是线性调制的，因此相位是时间的二次函数。脉冲的复数形式为

$$s(t)=\text{rect}\left(\frac{t}{T}\right)\exp(\text{j}\pi Kt^2) \tag{3.69}$$

式中，t 为时间变量，单位为 s；K 为线性调频率，单位为 Hz/s。

LFM 信号矢量 $\boldsymbol{U}=[\text{e}^{\text{j}\pi K(-N/2-x)^2},\cdots,\text{e}^{\text{j}\pi K(N/2-1-x)^2}]$ 的自相关为

$$\begin{aligned}\boldsymbol{U}^{\text{H}}\boldsymbol{U}&=\sum_{n=-N/2}^{N/2-1}\text{e}^{\text{j}\pi k(n-x_1)^2}\text{e}^{\text{j}\pi k(n-x_2)^2}\\&=s(t)^*s(-t)\big|_{t=x_2-x_1}\\&=\sum_{n=-N/2}^{N/2-1}s(n)s(n-(x_2-x_1))\end{aligned} \tag{3.70}$$

由傅里叶变换，有

$$\begin{aligned}s(t)&\leftrightarrow\text{rect}\left(\frac{f}{KT}\right)\text{e}^{-\text{j}\pi\frac{f^2}{K}}\text{e}^{-\text{j}2\pi fx_1}\\s^*(t)&\leftrightarrow\text{rect}\left(\frac{f}{KT}\right)\text{e}^{\text{j}\pi\frac{f^2}{K}}\text{e}^{\text{j}2\pi fx_1}\end{aligned} \tag{3.71}$$

可得

$$s(t)s^*(t)=\text{rect}\left(\frac{f}{KT}\right) \tag{3.72}$$

又因为 $\text{sinc}(t)\leftrightarrow G_{2\pi}(\omega)$，有 $\text{sinc}(Bt)\leftrightarrow G_B(f)/B$，综上所述，可以得到

$$s(t)s^*(t)=KT\text{sinc}(KTt) \tag{3.73}$$

即

$$\boldsymbol{U}^{\text{H}}\boldsymbol{U}=KT\text{sinc}(KT(x_2-x_1)) \tag{3.74}$$

3. 多载波信号

OFDM 信号是一种正交多载波调制信号，即先把高速串行数据转换成低速并行子数据流，再调制在多个正交的子载波上。OFDM 信号在通信系统中广泛应用。近年来，OFDM 信号也被用作雷达的发射信号，调制方式与 FFT 匹配，子载波的正交性可保证各子信道之间的干扰不会影响数据传输。OFDM 信号相邻子载波的频谱互相重叠，频谱利用率得到了有效提高。在相邻 OFDM 信号之间插入保护间隔，可以在很大程度上消除信号之间的干扰。对于子载波个数的选择，应该使每个子载波的带宽小于信道的相干带宽，保证每个子信道的衰落是平坦的。

OFDM 信号的产生过程如图 3.8 所示，一般采用前缀（CP）作为保护间隔，CP 指的是将 OFDM 信号的尾部复制到信号的前面形成前缀，带来的好处是将线性卷积转化为圆周卷积，不仅调制解调过程可以用快速 DFT 实现，还简化了信道估计和数据检测的复杂度。

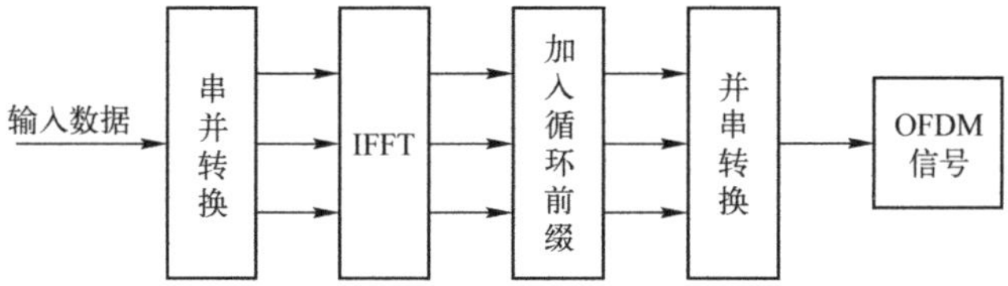

图 3.8　OFDM 信号的产生过程

Zadoff-Chu 序列具有非常好的自相关性、很低的互相关性及恒包络特性，在第四代移动通信系统中应用广泛。令 $\boldsymbol{s}=[s_0,s_1,\cdots,s_{N-1}]^{\mathrm{T}}$ 为通过子载波传输的复数序列，则 Zadoff-Chu 序列的表达式为

$$s_k=\begin{cases}\exp\left[-\mathrm{j}2\pi\dfrac{r}{N}\left(\dfrac{k(k+1)}{2}+qk\right)\right], & N\text{ 为奇数}\\ \exp\left[-\mathrm{j}2\pi\dfrac{r}{N}\left(\dfrac{k^2}{2}+qk\right)\right], & N\text{ 为偶数}\end{cases}\tag{3.75}$$

式中，q 为任意整数；r 为任何与 N 互质的整数，且 $|s_k|=1$。采用 Zadoff-Chu 序列产生的多载波时域发送信号为

$$s(t)=\frac{1}{\sqrt{N}}\sum_{k=-N/2}^{N/2-1}s_k\mathrm{e}^{\mathrm{j}2\pi k\Delta ft},\ t\in[-T/2-T_{\mathrm{CP}},T/2]\tag{3.76}$$

式中，$\Delta f=B/N=1/T$ 是子载波间隔；$[-T/2-T_{\mathrm{CP}},T/2]$ 是在离散时域中对应 CP 保护间隔的持续时间（为了方便表述，这里用负号），长度 T_{CP} 取 T，T 是不包括

CP 的多载波信号的长度，由于指数函数具有周期性，因此 $s(t)$ 在 $t\in[-T/2-T_{\mathrm{CP}}, T/2]$ 时是 $t\in[-T/2, T/2]$ 时的重复，如图 3.9 所示。

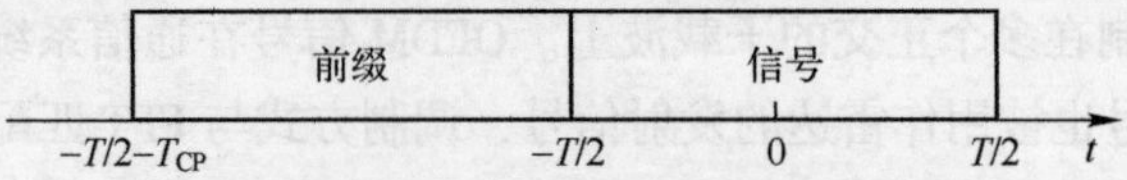

图 3.9　加循环前缀的多载波信号结构

在一个 OFDM 信号周期 T 内，各子载波之间有

$$\frac{1}{T}\int_0^T s_k \mathrm{e}^{\mathrm{j}2\pi k\Delta f t}\left(s_l \mathrm{e}^{\mathrm{j}2\pi l\Delta f t}\right)^* \mathrm{d}t=\delta(k-l)=\begin{cases}1, & k=l\\ 0, & k\neq l\end{cases} \tag{3.77}$$

也就是 OFDM 信号各子载波之间相互正交，自相关函数为

$$\begin{aligned}R_{\mathrm{s}}(\tau)&=\int_{-T/2}^{T/2} s(t)s^*(t-\tau)\mathrm{d}t\\ &=\frac{1}{N}\int_{-T/2}^{-T/2}\left(\sum_{k=-N/2}^{N/2-1} s_k \mathrm{e}^{\mathrm{j}2\pi k\Delta f t}\right)\left(\sum_{l=-N/2}^{N/2-1} s_l^* \mathrm{e}^{-\mathrm{j}2\pi l\Delta f(t-\tau)}\right)\mathrm{d}t\\ &=\frac{1}{N}\sum_{k=-N/2}^{N/2-1}\sum_{k=-N/2}^{N/2-1} s_k s_l^* \mathrm{e}^{\mathrm{j}2\pi l\Delta f\tau}\int_{-T/2}^{-T/2}\mathrm{e}^{\mathrm{j}2\pi(k-l)\Delta f t}\mathrm{d}t\end{aligned} \tag{3.78}$$

$$\begin{aligned}R_{\mathrm{s}}(\tau)&=\frac{T}{N}\sum_{k=-N/2}^{N/2-1}|s_k|^2\mathrm{e}^{\mathrm{j}2\pi k\Delta f\tau}\\ &=T\mathrm{e}^{\mathrm{j}\pi(N-1)\Delta f\tau}\frac{\sin\pi N\Delta f\tau}{N\sin\pi\Delta f\tau}\end{aligned} \tag{3.79}$$

3.1.7　雷达目标散射的统计模型

如果雷达发射一个确定的信号，则在接收机的输出端可测得该信号的响应。这个响应是几个主要分量的叠加，包括目标、杂波和噪声，在有些情况下还包括干扰。在所有这些分量中，没有任何一个是雷达设计者能够完全控制的。对这个复合信号进行处理的目的是提取其中的有用信息，判断目标是否存在，获得目标的特性，观测目标的图像。

传统脉冲雷达发射的是窄带的带通信号，在需要提高分辨率的时候，可以采用频率调制技术扩展信号带宽。接收机的输出信号包括目标和杂波的反射回波、噪声及可能存在的干扰信号。因为目标分量和杂波分量都是发射脉冲的时延回波，所以在通常情况下，虽然它们的幅度调制和相位调制都发生了改变，但仍然是窄带信号。在散射体反射的单脉冲回波中，重要参数包括时间延迟、回波分量的幅度及回波的相位等。这些参数可用于估计目标距离、散射强度和径向速度，还可以抑制干扰、抑制杂波及成像等。幅度和相位调制函数决定了测量的距离分辨率。

距离方程通过各种系统参数将接收信号的功率与发射信号的功率联系起来，是设计和分析雷达的基础。由于接收信号是窄带脉冲，因此根据距离方程估计的接收信号的功率可以直接与幅度联系起来。当电磁波照射到距离为 R 处的单个离散散射体或点目标时，有一部分入射功率会被散射体或点目标吸收，其余功率被散射到各个方向。假设散射截面积为 σ 的目标能够吸收全部的入射能量，并可以将这些能量无方向性地辐射出去，那么辐射给雷达的功率为

$$P_{\mathrm{b}}=\frac{P_{\mathrm{t}}G\sigma}{4\pi R^2} \tag{3.80}$$

式中，P_{t} 为发射功率；G 为天线增益；σ 为目标的雷达散射截面积（RCS）。RCS 是能将目标的吸收功率密度和接收机收到的反射功率密度联系起来的一个等效面积。

假设目标的入射功率密度为 Q_{t}，发射机的后向散射功率密度为 Q_{b}，如果后向散射功率密度源于目标的无方向性辐射，那么对于总的后向散射功率 P_{b}，需要满足 $Q_{\mathrm{b}}=P_{\mathrm{b}}/4\pi R^2$。RCS 是一个虚拟面积，表示在入射功率密度为 Q_{t} 的条件下产生总的后向散射功率 P_{b} 时所对应的面积。P_{b} 可以用来计算接收功率密度。σ 必须满足

$$\sigma=4\pi R^2\frac{Q_{\mathrm{b}}}{Q_{\mathrm{t}}} \tag{3.81}$$

在通常情况下，RCS 是视角、频率、极化的复杂函数，RCS 的统计特性又会随着几何关系、分辨率、波长等因素的改变而发生显著变化，因此采用雷达目标的概率密度函数（Probability Density Function，PDF）模型来描述雷达截面积的统计特性。表 3.2 给出了几种较为常用的 PDF 模型，能够有效反映在有强散射体和无强散射体的情况下，RCS 随着视角和雷达工作频率的变化，对于 PDF 不能写成 RCS 均值 $\bar{\sigma}$ 显式函数的情况，给出了 $\bar{\sigma}$ 的表达式和对应的方差 $\mathrm{var}(\sigma)$ 表达式。

在表 3.2 中，二自由度非中心 χ^2 分布公式中的 a^2 表示强散射体 RCS 与弱散射体 RCS 的比值，$I_0(\cdot)$ 表示第一类零阶修正贝塞尔函数；韦布尔分布公式中的 b 和 c 分别表示比例参数和形状参数，PDF 难以写成变量 $\bar{\sigma}$ 的表达式；对数正态分布公式中的参数为 σ_m 和 q，σ_m 是 σ 的中值，PDF 同样难以写成变量 $\bar{\sigma}$ 的表达式。

表 3.2　几种较为常用的 PDF 模型

单参数 PDF			双参数 PDF		
模型名称	RCS 值 σ 的 PDF	注　释	模型名称	RCS 值 σ 的 PDF	注　释
非起伏、Marcum、Swerling0 或者 Swerling5	$p_\sigma(\sigma)=\delta_D(\sigma-\overline{\sigma})$ $\mathrm{var}(\sigma)=0$	回波功率恒定，如校正球或者雷达和目标都不运动	$2m$ 自由度 χ^2 分布，Weinstock 分布	$p_\sigma(\sigma)=\frac{m}{\Gamma(m)\overline{\sigma}}\left[\frac{m\sigma}{\overline{\sigma}}\right]^{m-1}\exp\left[\frac{-m\sigma}{\overline{\sigma}}\right]$ $\mathrm{var}(\sigma)=\overline{\sigma}^2/m$	前两种单参数情况的推广。Weinstock 分布的适用范围为 $0.6\leqslant 2m\leqslant 4$
指数分布，二自由度 χ^2 分布	$p_\sigma(\sigma)=\frac{1}{\overline{\sigma}}\exp\left[\frac{-\sigma}{\overline{\sigma}}\right]$ $\mathrm{var}(\sigma)=\overline{\sigma}^2$	随机分布的很多散射体，没有占主导作用的强散射体，适用于 Swerling1 和 Swerling2 模型	二自由度的非中心 χ^2 分布	$p_\sigma(\sigma)=\frac{1}{\overline{\sigma}}(1+a^2)\exp\left[-a^2-\frac{\sigma}{\overline{\sigma}}(1+a^2)\right]$ $\times I_0\left[2a\sqrt{1+a^2(\sigma/\overline{\sigma})}\right]$ $\mathrm{var}(\sigma)=\frac{(1+2a^2)}{(1+a^2)^2}\overline{\sigma}^2$	一个强散射体与很多小散射体的精确解，对应幅度服从莱斯分布的情况
四自由度 χ^2 分布	$p_\sigma(\sigma)=\frac{4\sigma}{\overline{\sigma}}\exp\left[\frac{-2\sigma}{\overline{\sigma}}\right]$ $\mathrm{var}(\sigma)=\overline{\sigma}^2/2$	目标近似由一个强散射体和许多弱散射体构成，适用于 Swerling3 和 Swerling4 模型	韦布尔分布	$p_\sigma(\sigma)=\frac{c}{b}\left(\frac{\sigma}{b}\right)^{c-1}\exp\left[-\left(\frac{\sigma}{b}\right)^c\right]$ $\overline{\sigma}=b\Gamma(1+1/c)$ $\mathrm{var}(\sigma)=b^2\left[\Gamma(1+2/c)-\Gamma^2(1+1/c)\right]$	很多测量目标和杂波分布的经验拟合结果，有更长的拖尾
			对数正态分布	$p_\sigma(\sigma)=\frac{1}{\sqrt{2\pi}q\sigma}\exp\left[-\frac{\ln^2(\sigma/\sigma_m)}{2q^2}\right]$ $\overline{\sigma}=\sigma_m\exp(q^2/2)$ $\mathrm{var}(\sigma)=\overline{\sigma}^2\left[\exp(q^2)-1\right]$	很多目标和杂波分布测量的经验拟合结果，拖尾最长

3.1.8 雷达目标检测

雷达信号处理在目标检测领域就是采用某些方法对回波信号进行分析，确定是否包含感兴趣目标的回波信号。

1. 假设检验

雷达目标检测属于二元假设检验问题，在接收回波信号的任意时刻，以下假设必有一个成立：

(1) 在回波信号中只存在干扰（噪声和其他目标的影响）。

(2) 回波信号为感兴趣目标的回波信号和干扰之和。

假设（1）表示 0 假设 H_0，假设（2）表示非 0 假设 H_1。如果 H_0 成立，则表明在检测范围内不存在感兴趣的目标。如果 H_1 成立，则表明在检测时认为目标存在。

对上述回波信号两个假设的判定是从统计角度描述的，本质上属于统计决策范畴。若考虑用概率密度函数进行统计描述，则假设接收回波信号的样本数据为 y，需要以下两个 PDF：

(1) 目标不存在时数据 y 的 PDF：$p_y(y|H_0)$。

(2) 目标存在时数据 y 的 PDF：$p_y(y|H_1)$。

对目标检测进行分析，就要先对两个 PDF 建模。假设 n 个采样数据 y_n 可以组成列矢量 $\boldsymbol{y}$，即 $\boldsymbol{y}=[y_0,\cdots,y_{n-1}]^{\mathrm{T}}$，那么对应两个假设的 n 维 PDF 分别为 $p_y(\boldsymbol{y}|H_0)$ 和 $p_y(\boldsymbol{y}|H_1)$。

一般来说，雷达检测性能以虚警概率和检测概率为特征。虚警概率 P_{FA} 表示目标不存在时被检测的概率。检测概率 P_{D} 表示目标存在时被检测的概率。

2. 奈曼-皮尔逊准则

在雷达领域，往往采用贝叶斯准则的一种特殊情况，即奈曼-皮尔逊准则（NP 准则），在给定虚警概率 P_{FA} 的条件下，使检测概率 P_{D} 最大。研究人员通常根据场景的需求决定可容忍的虚警概率，否则若虚警概率太高，会带来一些不良的后果，如对不感兴趣的目标进行跟踪甚至攻击，可造成不必要的损失。

采用阈值检测技术，将回波信号每一个样本的幅度与预设的阈值进行比较，如果样本幅度低于阈值，则认为在回波信号中只存在干扰；反之，在回波信号中存在目标信号。阈值的大小由虚警概率决定，假设预设的阈值为 T_{h}，根据虚警概率和检测概率的定义，P_{FA} 和 P_{D} 分别为

$$P_{\mathrm{FA}}=\int_{T_{\mathrm{h}}}^{+\infty}p_y(y|H_0)\,\mathrm{d}y \tag{3.82}$$

$$P_D = \int_{T_h}^{+\infty} p_y(y|H_1)\,dy \tag{3.83}$$

3. 似然比检验

采用 NP 准则的目的是在给定恒定虚警概率的条件下，使检测性能，即检测概率最大。可用拉格朗日乘子法来解决这个有限定条件的最值问题，建立目标函数为

$$F=P_D+\lambda(P_{FA}-\alpha) \tag{3.84}$$

式中，α 为系统容忍的最大虚警概率；λ 为待定常数。为了寻找最优解，选择满足使 F 达到最大且满足条件 $P_{FA}=\alpha$ 的 λ，将式（3.82）和式（3.83）代入式（3.84），可得

$$F=-\lambda\alpha+\int_{T_h}^{+\infty} p_y(\boldsymbol{y}|H_1)+\lambda p_y(\boldsymbol{y}|H_0)\,d\boldsymbol{y} \tag{3.85}$$

由于 λ 前的正负具有不确定性，因此 F 由 λ、$p_y(\boldsymbol{y}|H_1)$ 和 $p_y(\boldsymbol{y}|H_0)$ 决定。当所有样本满足 $p_y(\boldsymbol{y}|H_1)+\lambda p_y(\boldsymbol{y}|H_0)>0$ 时，式（3.85）的第二项最大。此时可以推导似然比检验的决策准则为

$$\frac{p_y(\boldsymbol{y}|H_1)}{p_y(\boldsymbol{y}|H_0)} \underset{H_0}{\overset{H_1}{\gtrless}} \lambda \tag{3.86}$$

式（3.86）表示当似然比超过阈值 λ 时，选择假设 H_1，认为目标存在；反之，当似然比不超过阈值 λ 时，选择假设 H_0，认为目标不存在。在处理真实数据 $\boldsymbol{y}$ 时，判决要根据场景确定具体的概率密度函数。在常用场景中，通常将式（3.86）两边取对数，得到对数似然比，即

$$\ln\left[\frac{p_y(\boldsymbol{y}|H_1)}{p_y(\boldsymbol{y}|H_0)}\right] \underset{H_0}{\overset{H_1}{\gtrless}} \ln\lambda \tag{3.87}$$

3.2 贝叶斯估计理论

3.2.1 贝叶斯公式的密度函数形式

总体信息是总体分布或总体所属分布族带给我们的消息[65-66]。样本信息是在总体分布中抽取样本分布带给我们的消息。通过对样本分布的处理可以对总体分布的某些特征做出较为精确的推断。基于上述两种信息进行的推断被称为经典统

计学。其基本观点是把数据和样本看作具有一定概率分布的总体。所研究的对象是总体，不局限于数据本身。

先验信息来源于经验和历史。基于总体信息、样本信息和先验信息进行的统计推断被称为贝叶斯统计学。它与经典统计学的主要差别在于是否利用先验信息，在使用样本信息方面也是有差异的。贝叶斯学派重视已出现的样本观察值，对尚未发生的样本观察值不予考虑；重视先验信息的收集、挖掘和加工，并使其数据化，形成先验分布，用于统计推断，提高统计推断的质量。忽视先验信息是一种浪费，有时还会导致不合理的结论。

贝叶斯学派最基本的观点是，任意一个未知量 x 都可被看作一个随机变量，应该用一个概率分布去描述 x 的未知状况。这个概率分布是在抽样前就有的关于 θ 的先验信息，被称为先验分布，有时还被简称为先验。因为任意一个未知量都具有不确定性，在表述不确定性程度时，概率与概率分布是用于描述的最好方法。

下面以距离估计为例论述贝叶斯公式。

- 设总体指标 Y 有依赖参数 x 的密度函数：在经典统计学中常被记为 $p_X(y)$，表示在参数空间 $X=\{x\}$ 中不同 x 对应的不同分布；在贝叶斯统计学中被记为 $p(y|x)$，表示在给定随机变量 x 某个值时，总体指标的条件分布。
- 根据参数 x 的先验信息确定先验分布 $\pi(x)$，是贝叶斯学派在最近几十年中的重点研究问题。
- 依据贝叶斯观点，样本 $\boldsymbol{y}=(y_1,\cdots,y_n)$ 的产生分两步：首先设想由先验分布 $\pi(x)$ 产生一个样本 x'；其次由总体分布 $p(\boldsymbol{y}|x')$ 产生一个样本 $\boldsymbol{y}=(y_1,\cdots,y_n)$，这个样本是具体的，发生概率是与如下联合密度函数成正比的，即

$$p(\boldsymbol{y}|x')=\prod_{i=1}^{n}p(y_{\rm i}|x') \tag{3.88}$$

  这个联合密度函数综合了总体信息和样本信息，常被称为似然函数，记为 $L(x')$。在有了样本观察值 $\boldsymbol{y}=(y_1,\cdots,y_n)$ 后，总体信息和样本信息中所含 x 的信息都被包含在似然函数 $L(x')$ 中。
- 由于 x' 是设想出来的，仍然是未知的，是按先验分布 $\pi(x)$ 产生的，且不能只考虑 x'，应考虑 x 的一切可能信息，要用 $\pi(x)$ 进行进一步的综合，因此样本 $\boldsymbol{y}$ 和参数 x 的联合分布为

$$p(\boldsymbol{y},x)=p(\boldsymbol{y}|x)\pi(x) \tag{3.89}$$

  即综合了三种可用的信息。

- 主要任务是对未知参数 x 做出统计推断。在没有样本信息时，只能根据先验分布对 x 做出推断。在有样本观察值 $\boldsymbol{y}=(y_1,\cdots,y_n)$ 后，应该依据 $p(\boldsymbol{y},x)$ 对 x 做出推断，为此需要把 $p(\boldsymbol{y},x)$ 分解为

$$p(\boldsymbol{y},x)=p(x|\boldsymbol{y})m(\boldsymbol{y}) \tag{3.90}$$

式中，$m(\boldsymbol{y})$ 为 $\boldsymbol{y}$ 的边缘密度函数，即

$$m(\boldsymbol{y})=\int_X p(\boldsymbol{y},x)\,\mathrm{d}x=\int_X p(\boldsymbol{y}|x)\pi(x)\,\mathrm{d}x \tag{3.91}$$

积分的下标表示积分区间。$m(\boldsymbol{y})$ 与 x 无关，或者说，$m(\boldsymbol{y})$ 中不含 x 的任何信息，能对 x 做出推断的仅仅是条件分布 $p(x|\boldsymbol{y})$，计算公式为

$$p(x|\boldsymbol{y})=\frac{p(\boldsymbol{y},x)}{m(\boldsymbol{y})}=\frac{p(\boldsymbol{y}|x)\pi(x)}{\int_X p(\boldsymbol{y}|x)\pi(x)\,\mathrm{d}x} \tag{3.92}$$

式（3.92）就是贝叶斯公式的密度函数形式。在给定样本 y 时，x 的条件分布被称为 x 的后验分布，由于是综合了总体、样本和先验等三种信息中有关 x 的一切信息，又是排除了一切与 x 无关信息之后得到的结果，因此基于后验分布 $p(x|\boldsymbol{y})$ 对 x 进行统计推断更为有效，是最合理的。

一般来说，先验分布 $\pi(x)$ 是抽样前对 x 的认识，后验分布 $p(x|\boldsymbol{y})$ 是抽样后对 x 的认识。之间的差异是由给定样本 $\boldsymbol{y}$ 后对 x 认识的一种调整。后验分布 $p(x|\boldsymbol{y})$ 可以看作用总体信息和样本信息（统称为抽样信息）对先验分布 $\pi(x)$ 进行调整的结果。

由于未知参数 x 的后验分布 $p(x|\boldsymbol{y})$ 综合了三种信息（总体、样本和先验）于一身，包含 x 的所有可供利用的信息，因此有关 x 的点估计、区间估计和假设检验等统计推断都按一定方式从后验分布中提取，提取方法与经典统计学推断相比要简单明确得多。

后验分布 $p(x|\boldsymbol{y})$ 是在给定样本 y 时 x 的条件分布，基于后验分布的统计推断意味着只考虑已出现的数据（样本观察值），未出现的数据与推断无关。这一重要观点被称为条件观点。基于这种观点提出的统计推断方法被称为条件方法，与频率方法有很大区别，如在对无偏估计的认识上，经典统计学认为参数 x 的无偏估计 $\hat{x}(\boldsymbol{y})$ 应满足

$$E[\hat{x}(\boldsymbol{y})]=\int_Y \hat{x}(\boldsymbol{y})p(\boldsymbol{y}|x)\,\mathrm{d}\boldsymbol{y}=0 \tag{3.93}$$

3.2.2　贝叶斯估计和误差

设 x 是总体分布 $p(y|x)$ 中的参数，为了估计该参数，可以从总体随机抽样中得到样本 $\boldsymbol{y}=(y_1,\cdots,y_n)$，同时依据 x 的先验信息先选择一个先验分布 $\pi(x)$，再用贝叶斯公式得到后验分布 $p(x|\boldsymbol{y})$。这时，作为 x 的估计，可选用后验分布 $p(x|\boldsymbol{y})$ 中某个位置特征量，如后验分布的众数、中位数或期望值，即估计是应用后验分布最简单的推断形式。

使后验分布 $p(x|\boldsymbol{y})$ 达到最大的 x_{MD} 被称为最大后验估计，后验分布的中位数 $\hat{x}_{\mathrm{ME}}$ 被称为 x 的后验中位数估计，后验分布的期望值 $\hat{x}_{\mathrm{E}}$ 被称为 x 的后验期望估计，这三个估计都被称为 x 的贝叶斯估计，记为 $\hat{x}_{\mathrm{B}}$，在不引起混淆时也可记为 $\hat{x}$。

在一般场合，这三个估计是不同的。当后验密度函数对称时，这三个估计重合，使用时可根据实际情况选用其中的一个估计。这三个估计因能适用于不同实际需要而沿用至今。

设 $\hat{x}$ 是 x 的一个贝叶斯估计，在给定样本后，$\hat{x}$ 是一个数，在综合各种信息后，x 按 $p(x|\boldsymbol{y})$ 取值，评价一个贝叶斯估计误差的最好而又简单的方式是采用 x 对 $\hat{x}$ 的后验均方误差或平方根来度量。

设参数 x 的后验分布为 $\pi(x|\boldsymbol{y})$，贝叶斯估计为 $\hat{x}$，则 $(x-\hat{x})^2$ 的后验期望

$$\mathrm{MSE}(\hat{x}|\boldsymbol{y})=E_{\hat{x}|\boldsymbol{y}}(x-\hat{x})^2 \tag{3.94}$$

被称为 $\hat{x}$ 的后验均方误差，其平方根被称为后验标准误差。式中，$E_{\hat{x}|\boldsymbol{y}}$ 表示用条件分布 $p(x|\boldsymbol{y})$ 求期望，当 $\hat{x}$ 的后验期望为 $\hat{x}_E=E(x|\boldsymbol{y})$ 时，

$$\mathrm{MSE}(\hat{x}_E|\boldsymbol{y})=E_{\hat{x}|\boldsymbol{y}}(x-\hat{x})^2=\mathrm{Var}(x|\boldsymbol{y}) \tag{3.95}$$

被称为后验方差，其平方根被称为后验标准差。

后验均方误差和后验方差的关系为

$$\begin{aligned}\mathrm{MSE}(\hat{x}|\boldsymbol{y})&=E_{x|\boldsymbol{y}}(x-\hat{x})^2\\&=E_{x|\boldsymbol{y}}[(x-\hat{x}_E)+(\hat{x}_E-\hat{x})]^2\\&=\mathrm{Var}(x|\boldsymbol{y})+(\hat{x}_E-\hat{x})^2\end{aligned} \tag{3.96}$$

式（3.96）表明，当 $\hat{x}$ 为后验均值 $\hat{x}_E=E(x|\boldsymbol{y})$ 时，可使后验均方误差达到最小，在实际应用过程中，常取后验均值作为 x 的贝叶斯估计。

3.2.3 先验分布的确定

贝叶斯估计要采用先验信息。先验信息主要是指经验和历史数据。如何采用经验和历史数据确定先验分布是贝叶斯学派要研究的主要问题。贝叶斯学派完全同意概率的公理化定义，认为概率也可以用经验进行确定。这与人们的实践活动一致。这就可以使不能重复或不能大量重复的随机现象也可谈及概率。贝叶斯学派认为，一个事件的概率是人们根据经验对该事件发生可能性给出的个人推断。这种概率被称为主观概率。

主观概率并不反对用频率方法确定概率，只是意识到频率方法有局限性。频率学派认为概率是频率的稳定值，在现实世界中能够在相同条件下进行大量重复的随机现象并不多，无穷次重复更不可能，除非是在某种理想的意义之下。

3.2.4 似然原理

似然原理的核心概念是似然函数。设 $\boldsymbol{y}=(y_1,\cdots,y_n)$ 是来自密度函数 $p(\boldsymbol{y}|x)$ 的一个样本，则

$$p(\boldsymbol{y}|x)=\prod_{i=1}^{n}p(y_i|x) \tag{3.97}$$

有两个解释：当给定 x 时，$p(\boldsymbol{y}|x)$ 是样本 $\boldsymbol{y}$ 的联合密度函数；当给定样本 $\boldsymbol{y}$ 的观察值时，$p(\boldsymbol{y}|x)$ 是未知参数 x 的函数，即似然函数，记为 $L(x)$。

似然函数 $L(x)$ 强调是 x 的函数，样本 $\boldsymbol{y}$ 在似然函数中只是一组数据或一组观察值。所有与试验有关的 x 的信息都包含在似然函数中，使 $L(x)=p(\boldsymbol{y}|x)$ 更大的 x 比使 $L(x)$ 较小的 x 更“像”是 x 的真值，使 $L(x)$ 在参数空间达到最大的 x 被称为最大似然估计。

3.2.5 无信息先验

贝叶斯统计学的特点在于利用先验信息形成先验分布，进而参与统计推断，启发人们充分挖掘周围的各种信息，使统计推断更为有效，如何在没有先验信息可利用的情况下确定先验分布一直以来都是一个值得研究的问题，至今已提出多种无信息先验分布。贝叶斯假设的主要结果如下。

所谓参数 x 的无信息先验分布是指除参数 x 的取值范围 X 和 x 在总体分布中的地位之外，再也不包含参数 x 任何信息的先验分布，即对参数 x 的任何可能值都没有偏爱，都是同等无知的，很自然地把参数 x 取值范围的均匀分布看作参数

x 的先验分布，即

$$\pi(x)=\begin{cases}c, & x\in X\\ 0, & x\notin X\end{cases} \tag{3.98}$$

式中，X 是 x 的取值范围；c 是一个容易确定的常数。该贝叶斯假设被称为拉普拉斯先验。

在一般情况下，若 $X=\{x_1,\cdots,x_n\}$ 为有限集，且对 x_i 无任何信息，则很自然地将均匀分布

$$P(x=x_i)=\frac{1}{n} \tag{3.99}$$

作为 x 的先验分布是合理的。

由于对 X 的任何可能值都没有偏爱，因此用区间 (a,b) 的均匀分布作为参数 x 的先验分布也恰当地表达了对参数 x 的一种认识。

1. 位置参数的无信息先验

Jeffreys 于 1961 年首先考虑了位置参数的无信息先验。若要考虑参数 x 的无信息先验，则首先要知道参数 x 在总体分布中的地位，如 x 是位置参数还是尺度参数。根据参数 x 的分布地位选用适当变换下的不变性来确定无信息先验分布。这样确定先验分布的方法没有用任何先验信息，只用到总体分布信息。

假设总体信息 Y 的密度为 $p(y-x)$，样本空间和参数空间皆为实数集。这类密度组成位置参数族。x 被称为位置参数，当方差 σ^2 已知时，正态分布 $\mathcal{N}(x,\sigma^2)$ 就是其成员之一。下面将推导在这种场合下 x 的无信息先验分布。

假设 Y 移动一个量 c，得到 $Y'=Y+c$，同时参数 x 也移动一个量 c，得到 $\eta=x+c$，显然 Y' 的密度为 $p(y'-x)$，仍是位置参数族的成员。由于 (Y,x) 问题与 (Y',η) 问题的统计结构完全相同，因此 x 与 η 应有相同的无信息先验分布，即

$$\pi(x)=\pi^*(\eta) \tag{3.100}$$

式中，$\pi(\cdot)$ 和 $\pi^*(\cdot)$ 分别为 x 与 η 的无信息先验分布。由 $\eta=x+c$ 可得 η 的无信息先验分布为

$$\pi^*(\eta)=\left|\frac{\partial x}{\partial \eta}\right|\pi(\eta-c) \tag{3.101}$$

式中，$\partial x/\partial\eta=1$，可得

$$\pi^*(\eta)=\pi(\eta-c) \tag{3.102}$$

取 $\eta=c$，有

$$\pi(c)=\pi(0)=\text{constant} \tag{3.103}$$

由于 c 具有任意性，因此 x 的无信息先验分布为

$$\pi(x)=1 \tag{3.104}$$

式（3.104）表明，当 x 为位置参数时，先验分布可用贝叶斯假设作为无信息先验分布。

2. Jeffreys 先验

在更一般的场合，Jeffreys 用 Fisher 信息量（阵）给出了未知参数 x 的无信息先验。

设总体信息的密度函数为 $p(y|x)$，$x\in X$，参数 x 的无信息先验为 $\pi(x)$。若对参数 x 进行对应变换，则由于对应变换不会增加或减少信息，因此新参数 η 的无信息先验 $\pi^*(\eta)$ 与 $\pi(x)$ 在结构上完全相同，即 $\pi(\tau)=\pi^*(\tau)$。x 与 η 的密度函数应满足

$$\pi(x)=\pi^*(\eta)\left|\frac{\partial\eta}{\partial x}\right| \tag{3.105}$$

将上述联系起来，参数 x 的无信息先验 $\pi(x)$ 应为

$$\pi(x)=\left|\frac{\partial\eta}{\partial x}\right|\pi(\eta(x)) \tag{3.106}$$

Jeffreys 用不变测度证明，若取

$$\pi(x)=|I(x)|^{1/2} \tag{3.107}$$

可使式（3.106）成立，则 $\pi(x)$ 就是参数 x 的 Jeffreys 先验。

在一维场合，若令 $l=\ln p(y|x)$，则 Fisher 信息量在变换 $\eta=\eta(x)$ 下为

$$\begin{aligned}
I(x)&=E\left(\frac{\partial l}{\partial x}\right)^2\\
&=E\left(\frac{\partial l}{\partial\eta}\frac{\partial\eta}{\partial x}\right)^2\\
&=E\left(\frac{\partial l}{\partial\eta}\right)^2\cdot\left(\frac{\partial\eta}{\partial x}\right)^2\\
&=I(\eta(x))\cdot\left(\frac{\partial\eta}{\partial x}\right)^2
\end{aligned} \tag{3.108}$$

式中，$I(\eta(x))=E(\partial l/\partial\eta)^2$ 为变换后分布的 Fisher 信息量。若对式（3.108）的

两边开方，有

$$|I(x)|^{1/2}=I(\eta(x))^{1/2}\cdot\left(\frac{\partial\eta}{\partial x}\right) \tag{3.109}$$

只要取 $\pi(x)=|I(x)|^{1/2}$ 即可，表明在一维场合，$\pi(x)=|I(x)|^{1/2}$ 是合理的。

3.3　感知信息的定量

3.3.1　雷达目标感知系统模型

雷达感知的目的是从回波信号中获取目标的距离、方向和幅度等信息。假设雷达由多个天线组成，发射的基带信号为 $\psi(t)$，有多目标位于观测区间，发射信号在目标处产生散射，其中一部分信号散射到达天线。回波信号是多目标散射信号的叠加。这些散射信号具有不同的时延，包含目标相对雷达的距离信息和方向信息。对于基带系统模型，散射信号是复数，幅度可反映目标散射面积的大小，因为目标到雷达的距离远大于天线间隔。下面的讨论均假设散射信号只与目标散射面积有关，与天线位置无关。

以测距雷达为例，测距雷达系统方程为

$$\boldsymbol{y}=\boldsymbol{\psi}(x)s+\boldsymbol{w} \tag{3.110}$$

式中，$\boldsymbol{y}$ 为接收信号矢量，是由目标位置决定的复散射信号；$\boldsymbol{w}$ 是均值为 0、方差为 N_0 的 N 维复高斯随机噪声矢量，分量独立同分布，PDF 为

$$\begin{aligned}p(\boldsymbol{w})&=\left(\frac{1}{\pi N_0}\right)^N\exp\left\{-\frac{1}{N_0}\sum_{n=-N/2}^{N/2-1}|w(n)|^2\right\}\\&=\left(\frac{1}{\pi N_0}\right)^N\exp\left\{-\frac{1}{N_0}\|\boldsymbol{w}\|^2\right\}\end{aligned} \tag{3.111}$$

由系统方程 $\boldsymbol{y}-\boldsymbol{\psi}(x)s=\boldsymbol{w}$，在给定 x 和 s 的条件下，$\boldsymbol{y}$ 的多维 PDF 为

$$p(\boldsymbol{y}|x,s)=\left(\frac{1}{\pi N_0}\right)^N\exp\left(-\frac{1}{N_0}\|\boldsymbol{y}-s\boldsymbol{\psi}(x)\|^2\right) \tag{3.112}$$

上面的条件 PDF 定义了一个感知信道。我们发现，信道模型是由噪声特性决定的，目标参数是信道的输入。也就是说，信源是由距离和复散射信号组成的联合信源。

一般的雷达目标感知系统模型如图 3.10 所示。系统的输入随机矢量 $\boldsymbol{\chi}$ 表示

目标在观测空间的参数，通常包括目标的位置参数、散射参数和目标是否存在的状态参数。位置参数一般由目标相对于雷达的距离和方向构成，是雷达感知的主要目标。散射参数是指雷达目标散射信号的幅度和相位。状态参数是指目标是否存在的离散变量，也是雷达目标检测的主要目标。

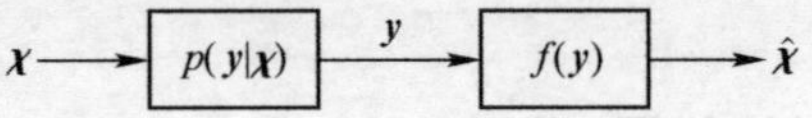

图 3.10　一般的雷达目标感知系统模型

感知信道由条件概率分布函数 $p(\boldsymbol{y}|\boldsymbol{\chi})$ 表示，信道的特性通常取决于噪声和干扰的统计特性。本书的讨论只考虑复加性高斯白噪声（CAWGN）信道。信道的输出是感知系统的接收信号或接收数据，通常由随机矢量或随机矩阵来描述。感知函数代表一种具体的感知方法，比如最大后验概率估计方法等。对给定的接收信号 $\boldsymbol{y}$，感知函数 $\hat{\boldsymbol{\chi}}=f(\boldsymbol{y})$ 给出对目标空间参数的估计 $\hat{\boldsymbol{\chi}}$。

3.3.2　感知信息的概念及其定量

研究雷达获取信息的难点在于需要处理几种不同类型的信息，包括距离、方向和散射。这些信息具有不同的单位：距离是长度单位；方向是角度单位；散射是功率单位或信噪比的单位。目标的位置信息和散射信息是相互影响的。为了全面准确地反映这种影响，我们的处理方法是考虑接收数据与位置变量和散射变量之间的联合互信息。

上面已给出了感知信道模型，信源的统计特性就是目标参数矢量 $\boldsymbol{\chi}=(\boldsymbol{x},\boldsymbol{s})$ 的统计特性。假设在未知接收信号时，目标的距离信息 $\boldsymbol{x}$ 和散射信息 $\boldsymbol{s}$ 之间相互独立，即 $\pi(\boldsymbol{x},\boldsymbol{s})=\pi(\boldsymbol{x})\pi(\boldsymbol{s})$。这里的 $\pi(\boldsymbol{x})$ 表示目标位置信息的先验 PDF，合理的假设可使其在观测区间内服从均匀分布；$\pi(\boldsymbol{s})$ 表示目标的散射特性，取决于应用场景。后面主要考虑恒模和复高斯两种散射模型。

空间信息被定义为接收数据与位置信息和散射信息的联合互信息 $I(\boldsymbol{Y};\boldsymbol{X},\boldsymbol{S})$，又称为位置-散射信息，即

$$I(\boldsymbol{Y};\boldsymbol{X},\boldsymbol{S})=E\left[\log\frac{p(\boldsymbol{y}|\boldsymbol{x},\boldsymbol{s})}{p(\boldsymbol{y})}\right] \tag{3.113}$$

式中，$E[\cdot]$ 为数学期望，有

$$p(\boldsymbol{y})=\iint p(\boldsymbol{y}|\boldsymbol{x},\boldsymbol{s})\pi(\boldsymbol{x},\boldsymbol{s})\mathrm{d}\boldsymbol{x}\mathrm{d}\boldsymbol{s} \tag{3.114}$$

根据互信息的可加性，有

$$I(Y;X,S)=I(Y;X)+I(Y;S|X) \tag{3.115}$$

式中，$I(Y;X)$ 表示位置信息；$I(Y;S|X)$ 表示在已知目标位置条件下的散射信息。

上面给出了空间信息的一般定义，针对特定的单天线雷达、阵列天线雷达和相控阵雷达等三种信息获取系统，空间信息的组成结构不同：

- 单天线雷达的空间信息组成：距离信息+散射信息。
- 阵列天线雷达的空间信息组成：方向信息+散射信息。
- 相控阵雷达的空间信息组成：距离信息+方向信息+散射信息。

对于联合目标检测与参数估计的感知系统，空间信息由检测信息和估计信息两个部分组成。关于不同感知系统空间信息的论述将在后面章节逐步展开。

根据空间信息的定义，有

$$I(Y;X,S)=h(X,S)-h(X,S|Y) \tag{3.116}$$

式中，$h(X,S)$ 是位置信息和散射信息的联合微分熵，被称为先验微分熵，表示目标的先验不确定性；$h(X,S|Y)$ 是已知接收数据后目标位置信息和散射信息的联合微分熵，被称为后验微分熵，表示目标的后验不确定性。先验微分熵与后验微分熵之差为雷达获取的空间信息。空间信息的概念揭示了雷达信息获取系统的本质特征。

空间信息的定义具有两个方面的意义：

- 雷达和通信系统基础理论的统一。雷达是典型的信息获取系统。通信系统是典型的信息传输系统。两种系统在香农信息论的基础上统一起来了。
- 雷达和通信系统定量方法的统一。空间信息使雷达和通信系统都用比特作为单位进行定量，为两种系统的联合设计奠定了基础。

截至目前，雷达信号处理的关注点在信号层面，感知信息论的关注点在更基础的信息层面，两个学科领域之间存在密切的联系，同时也存在很多新的问题。这些问题将在后续的论述中逐步展开。

3.4 感知信息的意义

我们知道，香农信息论的独创之处是透过各种信息的华丽外衣，抽象出不确定性的本质特征，提出熵与互信息的概念，创立了通信系统的数学理论[67]。然而，信息毕竟是有意义的。为什么“信息的意义”这一问题困扰学术界那么多年，主要原因是目前普遍存在的两个谬误：谬误之一是均方误差的泛滥；谬误之二是微分熵没有单位。

我们将后验微分熵的熵功率定义为熵误差，熵误差的平方根定义为熵偏差。当误差统计量服从正态分布时，熵误差就退化为均方误差，因此熵误差是均方误差的推广。由此可以证明：1bit 空间信息等价于熵偏差缩小了一半或感知精度提高了 1 倍。

上述定理建立了空间信息与感知精度之间的内在关系，揭示了感知信息的物理意义。目前，均方误差作为工程技术领域的评价指标已经成为观念范式并广为流行。我们从香农信息论出发提出的熵误差概念是比均方误差更普适、更深刻的误差测度。熵误差的应用不限于感知领域。相信这一概念会被越来越多的研究人员所接受。

3.4.1 均方误差的使用不当

在工程技术领域，误差是广泛使用的度量指标，目前普遍采用均方误差（MSE）作为误差的度量指标。这种做法是不符合科学的。我们知道，只有当误差统计量服从正态分布时，采用二阶统计量才是合理的。当统计量不服从正态分布时，如果仍然采用均方误差作为评价指标，显然是不充分的。这种谬误从统计学蔓延到了所有科学与工程领域。

均方误差使用不当的主要原因在于，正态分布是最普遍存在的一种分布形式，在功率约束条件下具有最大熵，符合热力学第二定律。为了说明对均方误差的偏爱，就不得不提中心距的概念。

设随机变量 X 的均值为 m，概率分布为 $p(x)$，k 阶中心距 σ^k 被定义为

$$\sigma^k = E[(X-m)^k] \tag{3.117}$$

式中，$E[\cdot]$表示数学期望。

常用的中心距是一阶距和二阶距：$k=1$ 时的中心距是一阶距 $\sigma = E[|X-m|]$；$k=2$ 时的中心距是均方误差 $\sigma^2 = E[(X-m)^2]$。表 3.3 列出了几种常见概率分布的中心距和微分熵。这里的微分熵代表随机变量的不确定性。

概率分布通常由位置和尺度两个参数确定，均值 m 表示分布的位置，尺度参数表示分布的分散程度或不确定性。拉普拉斯分布的尺度参数是一阶中心距。正态分布的尺度参数为标准偏差，是二阶距的平方根。显然，拉普拉斯分布的偏差用一阶距是恰当的，正态分布的方差用二阶距是恰当的。柯西分布的整数

阶中心距不存在，也就是说，中心距已无法刻画柯西分布的偏差。均匀分布的偏差应该如何刻画呢？均匀分布的尺度参数就是支撑集的长度 $b-a$，似乎一阶距 $(b-a)/4$ 和二阶距 $(b-a)^2/12$ 都可以，在实际应用中常用均方误差作为误差的度量。

表 3.3　几种常见概率分布的中心距和微分熵

概率分布	概率密度函数	中　心　距	微　分　熵
均匀分布	$\frac{1}{b-a}, x\in[a,b]$	一阶距 $(b-a)/4$ 二阶距 $(b-a)^2/12$	$\ln(b-a)$
拉普拉斯分布	$\frac{1}{2\lambda}e^{-\frac{\lvert x-m\rvert}{\lambda}}$	一阶距 λ	$\ln 2\lambda+1$
正态分布	$\frac{1}{\sqrt{2\pi\sigma^2}}e^{-\frac{1}{2\sigma^2}(x-m)^2}$	二阶距 σ^2	$\frac{1}{2}\ln(2\pi e\sigma^2)$
柯西分布	$\frac{1}{\pi}\frac{\lambda}{\lambda^2+(x-m)^2}, \lambda>0$	不存在	$\ln(4\pi\lambda)$
矢量高斯分布	$\frac{1}{\sqrt{(2\pi)^N\lvert\boldsymbol{\Sigma}\rvert}}\exp\left(-\frac{1}{2}\boldsymbol{x}^{\mathrm{T}}\boldsymbol{\Sigma}^{-1}\boldsymbol{x}\right)$	二阶距 $\boldsymbol{\Sigma}$	$\frac{1}{2}N\ln(2\pi e)+\frac{1}{2}\ln\lvert\boldsymbol{\Sigma}\rvert$

评价指标的不合理使用已经严重影响了雷达感知理论的发展，比如最优目标检测和参数估计问题一直无法解决，在统计学和其他工程技术领域也存在类似情况。

3.4.2　微分熵的单位

现在的问题是，概率分布的偏差有没有一个普适的度量指标。如果统一用 λ 表示尺度参数，那么均匀分布的尺度参数 $\lambda=b-a$，正态分布的尺度参数 $\lambda=\sigma$，矢量正态分布的尺度参数 $\lambda=\sqrt{\lvert\boldsymbol{\Sigma}\rvert}$。我们发现，除不同的常数项外，几种分布的微分熵都含有一个共同项 $\ln\lambda$。这正好说明，微分熵是比中心距更好的偏差度量指标。

微分熵为什么没有被用作偏差度量指标呢？主要原因在于，学术界对微分熵的单位存在普遍的误解！目前，所有有关信息论的教科书都认为微分熵的单位是比特（bit）或奈特（Nat），这实际上说，微分熵是没有单位的[68]。据我们所知，现有只有英国著名信息论学家 David J. C. Mackay 认为微分熵是有单位的，理由是密度函数有单位，但他并未做进一步的阐述。

我们认为，微分熵是有单位的。以均匀分布的微分熵为例，假设区间长度用 m 作为单位，那么概率密度函数 $p(x)=1/(b-a)$ 的单位为 1/m，微分熵 $h(x)=\log(b-a)$ 的单位为 log m。

我们建议称 log m 为比特·米（bit·m），称 ln m 为奈特·米（Nat·m）。如果功率型随机变量的单位为瓦（W），则 log W 的单位为 bit·W。事实上，我们遇见过类似的情况，比如 $P=1000$W，用分贝瓦表示可写为 10lg $P=30$(dB·W)，用比特瓦表示可写为 log $P=9.97$bit·W。这与我们的习惯是一致的。

采用这种形式的单位还有一个好处，就是不需要修改现有的教科书。在教科书中通常不指明密度函数的具体物理单位，这样微分熵仍以比特为单位，就可以看成是省略了物理单位的结果。

微分熵有没有单位是非常重要的概念，在通信领域的重要性尚不明显，在感知领域就不同了。感知偏差的度量指标有明确的物理意义，应该有具体的单位。微分熵如果没有单位，那么就不能用于感知度量。这是“信息的意义”问题长期存在的主要原因。

3.4.3 感知信息与熵误差

假设估计器对参量 x 的后验分布为 $p(x|\boldsymbol{y})$，后验微分熵 $h(X|\boldsymbol{Y})$ 表示已知接收数据后被估计量的不确定性。一般来说，后验微分熵越大，估计器的性能越差；后验微分熵越小，估计器的性能越好。

我们将后验分布的熵功率定义为熵误差（Entropy Error，EE），即

$$\sigma_{\mathrm{EE}}^2=\frac{\mathrm{e}^{2h(X\mid \boldsymbol{Y})}}{2\pi\mathrm{e}} \tag{3.118}$$

熵误差的平方根 σ_{EE} 被称为熵偏差（Entropy Deviation Error，EDE）。

如果以前面几种常见概率分布作为感知系统的后验分布，则微分熵、熵误差及熵偏差见表 3.4。

表 3.4　几种常见概率分布的微分熵、熵误差及熵偏差

概率分布	微分熵	熵误差	熵偏差
均匀分布	$\ln\lambda$，$\lambda=b-a$	$\frac{1}{2\pi\mathrm{e}}\lambda^2$	$\frac{1}{\sqrt{2\pi\mathrm{e}}}\lambda$
拉普拉斯分布	$\ln(2\mathrm{e}\lambda)$	$\frac{2\mathrm{e}}{\pi}\lambda^2$	$\sqrt{\frac{2\mathrm{e}}{\pi}}\lambda$

续表

概率分布	微分熵	熵误差	熵偏差
正态分布	$\frac{1}{2}\ln(2\pi e\sigma^2)$	σ^2	σ
柯西分布	$\ln(4\pi\lambda)$	$\frac{8\pi}{e}\lambda^2$	$\sqrt{\frac{8\pi}{e}}\lambda$
矢量正态分布	$\frac{1}{2}N\ln(2\pi e)+\frac{1}{2}\ln\lvert\Sigma\rvert$	$\lvert\Sigma\rvert$	$\sqrt{\lvert\Sigma\rvert}$

由表 3.4 可知，正态分布的熵误差就是均方误差，熵偏差就是标准偏差，这是因为熵误差的定义迁就了正态分布。如果用 $\sigma_{\mathrm{EE}}=e^{h(X)}$ 定义熵偏差，那么均匀分布的熵偏差 $\lambda=b-a$ 就具有最简单的形式了。

如此定义的熵误差就是均方误差的推广，当误差统计量服从正态分布时，熵误差就退化为均方误差。熵误差和熵偏差都是有单位的。熵误差的单位与均方误差相同。仍以上述均匀分布为例，如果区间长度单位为 m，则熵偏差的单位也为 m，熵误差的单位为 m^2。虽然柯西分布的均方误差不存在，但它的微分熵和熵误差是存在的。这也说明，熵误差比均方误差更普适。

熵误差的定义反映了空间信息与雷达感知系统性能之间存在着本质的联系。令 $\sigma_{\mathrm{EE}}(X)$ 表示先验微分熵偏差，那么

$$\frac{\sigma_{\mathrm{EE}}(X\mid Y)}{\sigma_{\mathrm{EE}}(X)}=2^{h(X\mid Y)-h(X)}=2^{-I(Y,X)} \tag{3.119}$$

综上所述，我们得到如下定理。

定理 3.1【信息的意义】 1bit 感知信息等价于熵偏差缩小了一半。

定理 3.1 揭示了感知信息的物理意义。以雷达测距为例，测距分布、距离信息和熵误差的关系如图 3.11 所示。雷达测距的后验分布被称为测距分布。由图 3.11 可知，随着 SNR 的增大，测距分布从均匀分布逐渐过渡到正态分布，每幅图都标注了距离信息、熵误差和均方误差的数值。第一幅图是没有任何检测数据的情况，对目标位置一无所知，目标位置呈现均匀分布。第二幅图对应检测信号非常微弱的情况（信噪比 SNR=5dB），获得的感知信息为 1bit。随着接收信号越来越强，对目标位置的感知信息逐渐增加。在最后一幅图中，测距分布已经很接近正态分布了，感知信息为 5bit。距离信息每提高 1bit，熵偏差缩小一半。均方误差不满足这种规律。

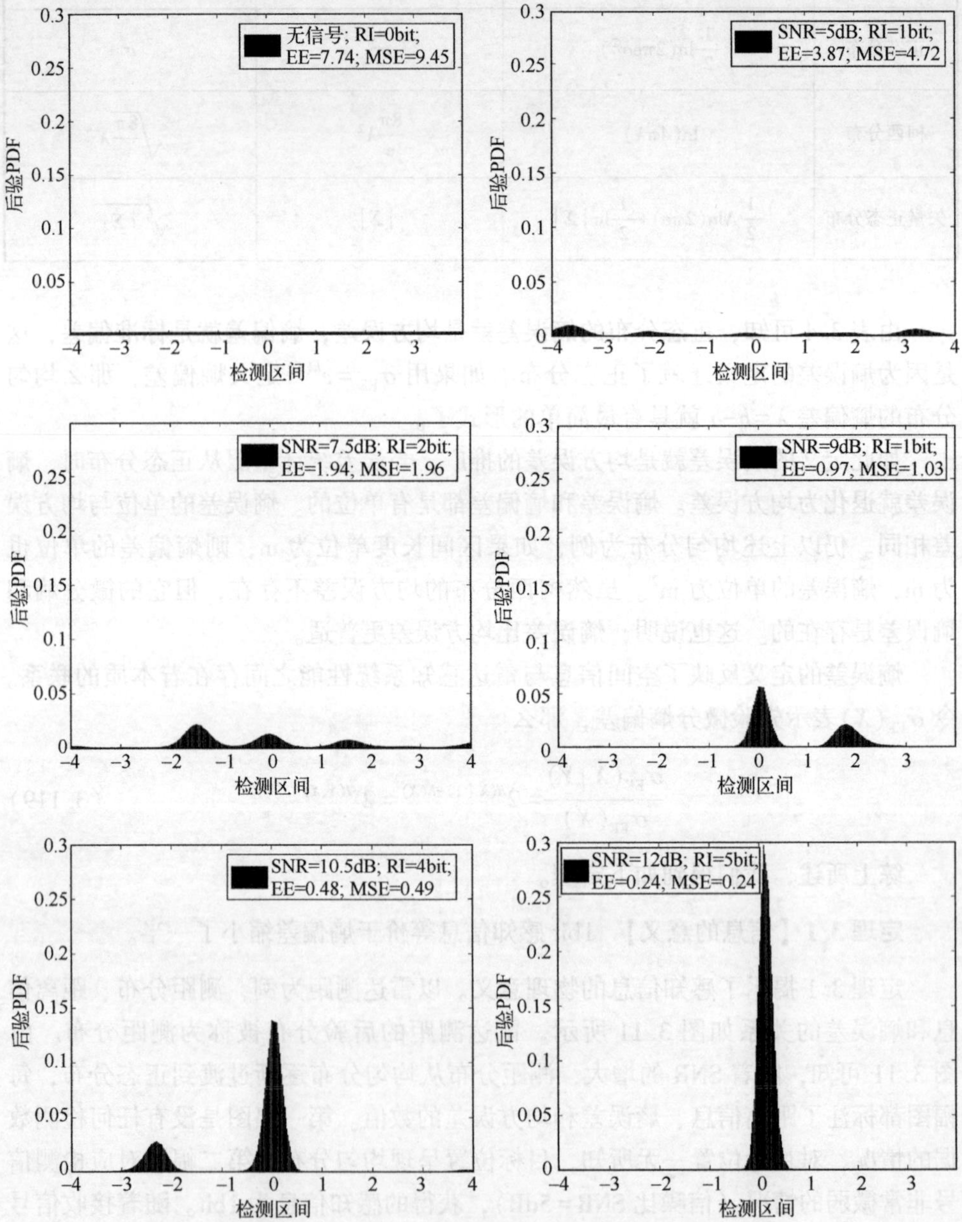

图 3.11　测距分布、距离信息和熵误差的关系

3.5 最优感知问题

最优参数估计和目标检测既是统计学的基本问题，也是雷达感知的基本问题。感知中的目标检测对应统计学中的假设检验。为了表述方便，我们将目标检测和参数估计统称为感知。截至目前，最优感知问题仍然没有解决，主要原因是学术界没有发现感知信息和熵误差的通用评价指标。

3.5.1 常用的检测和估计方法

以参数估计为例，几种常用的参数估计方法如图3.12所示。图中，后验PDF是Γ函数。最大后验概率估计方法是在观测区间寻找与峰值对应的位置，是雷达和通信系统常采用的方法。期望后验概率估计是将计算后验分布的期望作为估计值。中值后验估计是将分布函数达到50%时的点作为估计。

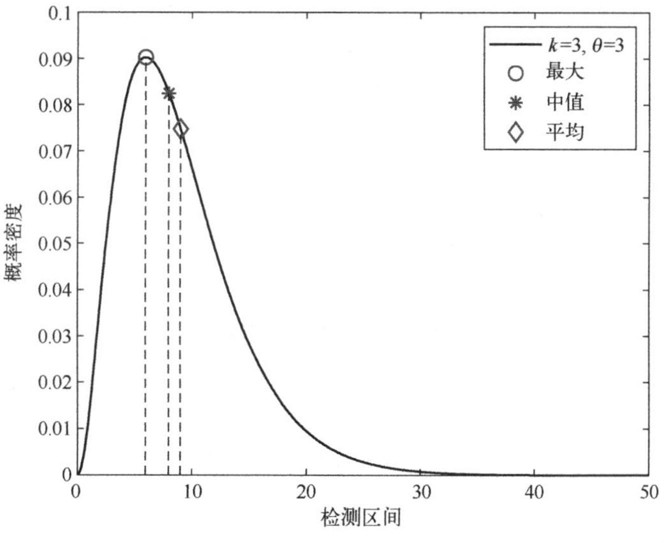

图3.12 几种常用的参数估计方法

在统计学中采用代价函数或收益函数作为评价指标。代价函数和收益函数既与估计方法有关，也与具体的应用场景有关，没有评价这些方法性能优劣的一般方法。

3.5.2 经验信息与感知精度

前面定义的感知信息和熵误差只与问题本身有关，与具体的参数估计方法无关，是理想的理论性能指标，仍然需要评价具体参数估计方法的指标。

假设估计函数 $\hat{x}=f(\boldsymbol{y})$ 的后验分布为 $p_f(\hat{x}\mid\boldsymbol{y})$，我们定义估计的经验熵 $\hat{h}(X\mid\boldsymbol{Y})$ 为

$$\hat{h}(X\mid\boldsymbol{Y})=\int p_f(\hat{x}\mid\boldsymbol{y})\log\frac{1}{p_f(\hat{x}\mid\boldsymbol{y})}\mathrm{d}\hat{x} \tag{3.120}$$

m 次快拍时的经验熵为

$$\hat{h}(X\mid\boldsymbol{Y})=\frac{1}{m}\sum_{i=1}^{m}\log\frac{1}{p_f(\hat{x}_{\mathrm{i}}\mid\boldsymbol{y})} \tag{3.121}$$

经验熵可反映估计的不确定性，经验熵越大，估计性能越差。

在实际应用中，往往不知道估计函数的后验分布 $p_f(\hat{x}\mid\boldsymbol{y})$，比如 MAP 分布一般难以获得，通常的做法是通过大量估计样本统计后验分布的直方图，得到近似的后验分布 $p_f(\hat{x}\mid\boldsymbol{y})$，即可计算经验熵。这种方法所计算的经验熵比式（3.121）略大。

类似于熵误差，经验熵误差被定义为

$$\hat{\sigma}_{\mathrm{EE}}^{2}(X\mid\boldsymbol{Y})=\frac{1}{2\pi\mathrm{e}}2^{2\hat{h}(X\mid Y)} \tag{3.122}$$

经验熵误差也是与参数估计方法相关的性能指标。

估计函数的估计精度 $\hat{I}(x\mid\boldsymbol{y})$ 被定义为先验微分熵与经验熵之差，即

$$\hat{I}(X\mid\boldsymbol{Y})=h(X)-\hat{h}(X\mid\boldsymbol{Y}) \tag{3.123}$$

估计精度的单位为比特，估计精度的值越大，估计性能越好。

估计精度的物理意义与估计信息类似：估计信息是理论指标；估计精度是与具体参数估计方法对应的性能指标。

对于目标检测问题，我们可以类似地定义检测经验熵和检测准确度。

3.5.3 感知定理概要

感知定理可回答最优参数估计问题和最优目标检测问题，涉及如下几个方面：

- 如何评价感知性能？
- 感知信息和熵误差是否为感知性能的理论极限？
- 理论极限是否可达？

定理 3.2【感知定理】　空间信息是所有感知精度可达的理论上界，熵误差是可达的理论下界。

我们采用的证明方法有两种：一种是采用由香农提出的渐近等分特性；另一种是采用我们提出的抽样后验概率估计方法和抽样后验概率检测方法。

感知定理解决了最优感知问题，明确了空间信息和熵误差是感知性能的理论极限。因此，空间信息也被称为感知容量，可为感知系统的设计提供理论依据。

第4章 参数估计与空间信息

本章针对单天线雷达，论述单目标感知的空间信息理论，根据一般系统方程建立单目标感知系统模型，从通信的角度把雷达感知系统看作时延、幅度和相位联合调制的模拟通信系统。我们把空间信息定义为接收信号与目标的距离-幅度-相位之间的联合互信息，用 bit 作为感知信息的单位，统一雷达感知系统与通信系统的信息理论基础；推导测距分布的闭合表达式，证明随着 SNR 的增大，测距分布从均匀分布逐渐逼近正态分布；推导距离信息和熵误差公式，证明 CRB 是熵误差在高 SNR 时的特例。由于熵误差适用于 SNR 从低到高的各种工作条件，因此是比 CRB 更有用的误差理论下界。

4.1 雷达感知系统模型

雷达感知的目的是从回波信号中获得目标的距离、方向和幅度信息。为了方便分析，本章只针对单天线雷达的单目标感知系统进行论述。

假设用 $\psi(t)$ 表示发送的基带信号，当载波频率为 f_c、初始相位为 φ_0 时，发射信号为 $\mathrm{Re}[\psi(t)\mathrm{e}^{\mathrm{j}(2\pi f_c t+\varphi_0)}]$，这里的 $\mathrm{Re}[\cdot]$ 表示取实部。若目标的散射系数幅值为 α，则接收信号可表示为

$$r(t)=\mathrm{Re}[\alpha\psi(t-\tau)\mathrm{e}^{\mathrm{j}(2\pi f_c(t-\tau)+\varphi_0)}]+w_c(t) \tag{4.1}$$

式中，$\tau=2d/c$ 为接收信号的时延；d 为目标与天线之间的距离；c 为电磁波的传播速度；$w_c(t)$ 为带限高斯白噪声过程。

一般来说，散射系数幅值 α 是时延的函数，随着距离的增加而减小。为简单起见，这里假设 α 与时延无关，相当于隐含假设观测区间较小，可以忽略衰减的影响。根据雷达系统方程，由于散射系数通常随距离的 4 次方衰减，因此在一般情况下，这种影响是不能忽略的。对于大观测区间，我们可以将观测区间分成若干个小区间，虽然每个小区间的 α 不同，但在一个小区间内可视其为常数，对后面的分析方法仍然适用。

接收信号经过正交下变频和低通滤波后，得到复基带信号为

$$y(t)=\alpha\psi(t-\tau)\mathrm{e}^{\mathrm{j}(2\pi f_c\tau+\varphi_0)}+w(t) \tag{4.2}$$

或

$$y(t)=s\psi(t-\tau)+w(t) \tag{4.3}$$

式中，$s=\alpha e^{j\varphi}$为目标的复散射系数；$\varphi=-2\pi f_c\tau+\varphi_0$ 为与时延和载波频率有关的散射相位。由于雷达通常工作在微波和毫米波频段，载波频率很高，由微小时延导致的相移远大于 2π，因此通常将散射相位建模为均匀分布的随机变量。$w(t)$是均值为 0 的复高斯噪声随机过程，实部和虚部的功率谱密度均为 $N_0/2$。

4.2　雷达感知的等效通信系统模型

雷达是一种典型的信息获取系统。通信系统是信息传输系统。雷达与通信系统既有区别，又有很多相似特征。从通信的角度观察式（4.3），雷达感知的模拟通信系统模型如图 4.1 所示。

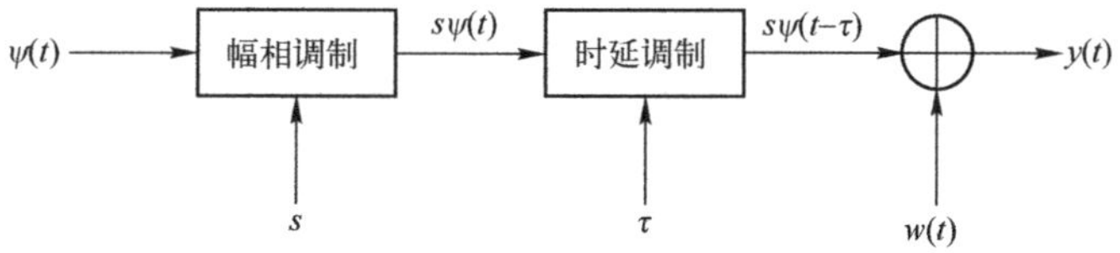

图 4.1　雷达感知的模拟通信系统模型

图中，$\psi(t)$对应通信系统中的基带信号，复散射参数 s 可对基带信号 $\psi(t)$ 的幅度和相位进行调制，目标的时延 τ 可调制基带信号 $\psi(t)$的时延，雷达感知系统模拟为一个幅度、相位和时延联合调制的通信系统[63]，调制过程是在目标信号的散射过程中实现的。不同于一般通信系统的主要特征是，单目标雷达感知系统相当于单符号通信系统，加入了对基带信号的时延调制。

为了方便进行理论分析，本章假设参考点位于观测区间的中心，目标观测区间为$[-D/2,D/2)$，如图 4.2（a）所示，则接收信号对应的时延范围为$[-T/2,T/2)$，如图 4.2（b）所示。这里 $T=2D/c$，c 表示信号传播速度。

假设基带信号 $\psi(t)$的最大带宽为 $B_h/2$，由于雷达信号是复信号，因此雷达感知系统的最大带宽为 B_h，基带信号的能量为

$$E_s=\int_{-\infty}^{\infty}\psi^2(t)\,dt \tag{4.4}$$

假设观测时间 $T\gg 1/B_h$ 或 $B_hT\gg 1$，则能量几乎全部位于观测区间是合理的。

假设接收信号 $y(t)$经过一个带宽为 $B_h/2$ 的理想低通滤波器，根据 Shannon-Nyquist 采样定理，以速率 B_h 对接收信号进行采样，得到式（4.3）的离散形

式为

$$y\left(\frac{n}{B_h}\right)=s\psi\left(\frac{n-B_h\tau}{B_h}\right)+w\left(\frac{n}{B_h}\right),\ n=-\frac{N}{2},\cdots,\frac{N}{2}-1 \tag{4.5}$$

令 $x=B_h\tau$，表示目标的归一化时延，进而得到 $y(t)$ 的采样序列为

$$y(n)=\alpha e^{j\varphi}\psi(n-x)+w(n),\ n=-\frac{N}{2},\cdots,\frac{N}{2}-1 \tag{4.6}$$

式（4.6）被称为离散形式的系统方程，归一化观测区间如图 4.2（c）所示。$N=TB_h$ 被称为时间带宽积（TBP），是雷达的基本参数，用于表征雷达的观测范围。

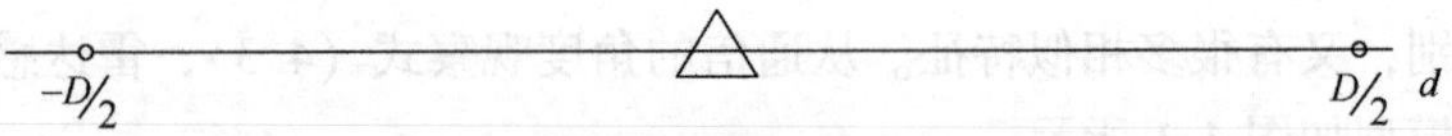

（a）目标观测区间

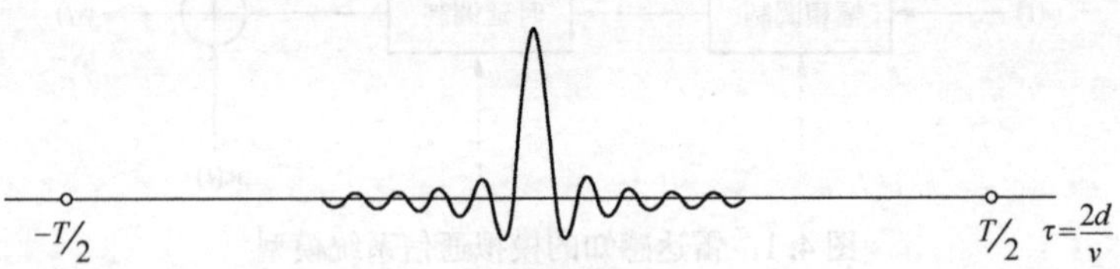

（b）观测时延范围

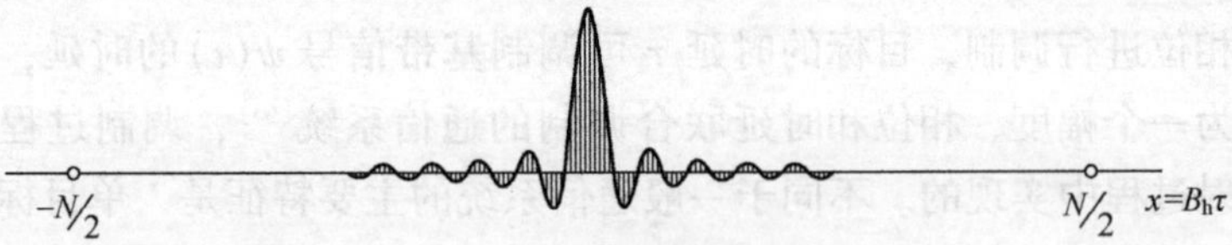

（c）归一化观测区间

图 4.2　观测区间和观测时延范围

$w(t)$ 为窄带高斯噪声过程，自相关函数为

$$R(\tau)=\frac{N_0B_h\sin\pi B_h\tau}{2\pi B_h\tau} \tag{4.7}$$

由式（4.7）可知，在 $1/B_h$ 的整数间隔上得到的随机变量 $w(n)$ 互不相关，因为 $w(n)$ 是复高斯随机变量，故采样值 $w(n)$ 之间相互独立。

为了描述方便，令 $\boldsymbol{y}=[\cdots,y(n),\cdots]^{\mathrm{T}}$ 表示接收采样序列，n 取 $[-N/2,N/2-1]$ 区间的整数，$\boldsymbol{\psi}(x)=[\cdots,\psi(n-x),\cdots]^{\mathrm{T}}$ 表示目标位置的波形矢量，$\boldsymbol{w}=[\cdots,w(n),\cdots]^{\mathrm{T}}$ 为噪声序列，其分量是独立同分布的复高斯随机变量，均值

为0，方差为N_0，则系统方程可改写为

$$\boldsymbol{y}=\boldsymbol{\psi}(x)s+\boldsymbol{w} \tag{4.8}$$

式（4.8）就是矢量形式的雷达系统方程。该方程建立了接收信号与目标的距离信息和散射信息之间的关系，是后面论述的基础。

4.3 空间信息

下面采用香农信息论的思想方法研究雷达感知信息的获取过程[67]。无论目标的位置信息和散射信息是固定的还是变化的，对雷达来说都是不确定的。获取接收序列可以显著地降低不确定性。

4.3.1 雷达感知信道模型

首先建立雷达感知信道模型。由于$\boldsymbol{w}$是均值为0、方差为N_0的N维复高斯随机矢量，分量独立同分布，因此PDF为

$$\begin{aligned}p(\boldsymbol{w})&=\left(\frac{1}{\pi N_0}\right)^N\exp\left\{-\frac{1}{N_0}\sum_{n=-N/2}^{N/2-1}|w(n)|^2\right\}\\&=\left(\frac{1}{\pi N_0}\right)^N\exp\left\{-\frac{1}{N_0}\|\boldsymbol{w}\|^2\right\}\end{aligned} \tag{4.9}$$

由矢量系统方程$\boldsymbol{y}-\boldsymbol{\psi}(x)s=\boldsymbol{w}$，在给定$x$和$s=\alpha\mathrm{e}^{\mathrm{j}\varphi}$的条件下，$\boldsymbol{Y}$的多维PDF为

$$p(\boldsymbol{y}\mid\alpha,\varphi,x)=\left(\frac{1}{\pi N_0}\right)^N\exp\left(-\frac{1}{N_0}\|\boldsymbol{y}-\alpha\mathrm{e}^{\mathrm{j}\varphi}\boldsymbol{\psi}(x)\|^2\right) \tag{4.10}$$

信道模型是由噪声特性决定的，目标的参数是信道的输入。也就是说，感知信源是由距离、幅度和相位等信息组成的联合信源。

4.3.2 雷达感知信源模型

假设信源的距离、幅度和相位的联合PDF为$\pi(x,\alpha,\varphi)$，信源的统计特性对应参数估计的先验分布。一般来说，在获得接收数据之前，可以假设信源参数之间相互独立，即

$$\pi(x,\alpha,\varphi)=\pi(x)\pi(\alpha)\pi(\varphi) \tag{4.11}$$

目标归一化距离的先验分布通常假设在观测区间内服从均匀分布，即

$$\pi(x)=\frac{1}{TB_{\mathrm{h}}} \tag{4.12}$$

目标的散射特性通常采用 Swerling 统计模型[62]。本书主要采用 Swerling0 和 Swerling1 统计模型。

4.3.3 联合距离-散射信息的定义

令 $\boldsymbol{Y}$ 表示接收随机序列，X 表示目标归一化距离变量，S 表示随机散射信号，根据信源和信道的统计模型，有如下定义。

定义 4.1【距离-散射信息】 设 $\pi(x,s)$ 是目标归一化距离变量 X 和随机散射信号 S 的联合分布，$p(\boldsymbol{y}|x,s)$ 是在已知距离和散射信号时接收随机序列 $\boldsymbol{Y}$ 的条件 PDF，则联合距离-散射信息被定义为从 $\boldsymbol{Y}$ 中获得的关于 X 和 S 的联合互信息 $I(\boldsymbol{Y};X,S)$，即

$$I(\boldsymbol{Y};X,S)=E\left[\log\frac{p(\boldsymbol{y}|x,s)}{p(\boldsymbol{y})}\right] \tag{4.13}$$

式中，$\boldsymbol{Y}$ 的 PDF 为

$$p(\boldsymbol{y})=\iint\pi(x,s)p(\boldsymbol{y}|x,s)\,\mathrm{d}x\mathrm{d}s$$

距离-散射信息统称为目标的空间信息：距离信息反映目标在观测区间的位置；散射信息反映目标在观测区间的大小。

由互信息的性质可知

$$\begin{aligned}I(\boldsymbol{Y};X,S)&=E\left[\log\frac{p(\boldsymbol{y}|x,s)}{p(\boldsymbol{y})}\right]\\&=E\left[\log\frac{p(\boldsymbol{y}|x,s)}{p(\boldsymbol{y}|x)}\frac{p(\boldsymbol{y}|x)}{p(\boldsymbol{y})}\right]\\&=E\left[\log\frac{p(\boldsymbol{y}|x)}{p(\boldsymbol{y})}\right]+E\left[\log\frac{p(\boldsymbol{y}|x,s)}{p(\boldsymbol{y}|x)}\right]\\&=I(\boldsymbol{Y};X)+I(\boldsymbol{Y};S|X)\end{aligned} \tag{4.14}$$

由式（4.14）可知，空间信息是目标的距离信息 $I(\boldsymbol{Y};X)$ 和在已知距离信息条件下目标的散射信息 $I(\boldsymbol{Y};S|X)$ 的和。这也表明，雷达感知可以分为两个步骤：第一个步骤，确定目标的距离信息 $I(\boldsymbol{Y};X)$[15-17]；第二个步骤，在获取目标距离

信息的条件下，确定目标的散射信息 $I(\boldsymbol{Y};S|X)$。Bell[19-20]在雷达波形设计中研究的信息就是在给定目标位置时的散射信息。空间信息的定义是我们研究团队首先给出的。

同理可证

$$I(\boldsymbol{Y};X,S)=I(\boldsymbol{Y};S)+I(\boldsymbol{Y};X|S) \tag{4.15}$$

空间信息是目标的散射信息 $I(\boldsymbol{Y};S)$ 和在已知散射信息条件下目标的距离信息$I(\boldsymbol{Y};X|S)$之和。

由互信息的性质，在给定条件概率分布 $p(\boldsymbol{y}|x,s)$ 时，空间信息 $I(\boldsymbol{Y};X,S)$ 是目标的距离与散射信号联合PDF $p(x,s)$ 的上凸函数，在观测区间存在空间信息的上确界。在通信系统中，理想的信源统计特性可以通过调制星座设计去逼近，在雷达系统中，目标的统计特性是由客观应用场景决定的。因此，空间信息的上确界无法进行主观干预。

线性调频信号和多载波信号是目前常用的雷达发射信号，频谱接近理想低通信号。理想低通信号具有最高的能量谱密度，在限定带宽条件下，空间信息达到最大。

假设雷达系统的带宽为 B，发射信号是理想低通信号，则基带信号为

$$\psi(t)=\mathrm{sinc}(Bt)=\frac{\sin(\pi Bt)}{\pi Bt},\quad -\frac{T}{2}\leqslant t\leqslant\frac{T}{2} \tag{4.16}$$

式中，T 为观测时间。假设 $T\gg 1/B$，即 $BT\gg 1$，则基带信号能量几乎全部位于观测区间。sinc 信号的频谱为

$$B(f)=\begin{cases}\dfrac{1}{B}, & |f|\leqslant\dfrac{B}{2}\\ 0, & \text{其他}\end{cases} \tag{4.17}$$

带宽为 $B/2$，能量为

$$\int_{-\infty}^{\infty}\mathrm{sinc}^2(Bt)\,\mathrm{d}t=1 \tag{4.18}$$

对于采样信号，$t=n/B$，代入式（4.18），可得

$$\sum_{n=-\infty}^{\infty}\mathrm{sinc}^2(n)=1 \tag{4.19}$$

有趣的是，sinc 信号的相关函数仍然是 sinc 函数，即

$$\mathrm{sinc}B\tau=\int_{-\infty}^{\infty}\mathrm{sinc}(Bt)\,\mathrm{sinc}[B(t-\tau)]\,\mathrm{d}t \tag{4.20}$$

对于采样信号，式（4.20）为

$$\mathrm{sinc}(x) = \sum_{n=-\infty}^{\infty} \mathrm{sinc}(n)\mathrm{sinc}(n-x) \tag{4.21}$$

为了讨论方便，在后面的论述中，基带信号均采用 sinc 信号。

4.4 恒模散射目标的时延估计

下面将推导目标距离信息 $I(\boldsymbol{Y};X)$ 的理论公式，由互信息的定义有

$$I(\boldsymbol{Y};X) = h(X) - h(X|\boldsymbol{Y}) \tag{4.22}$$

式中，$h(X)$ 为目标距离的微分熵，被称为先验微分熵；$h(X|Y)$ 为在已知接收信号后目标距离的微分熵，被称为后验微分熵。距离信息是先验微分熵与后验微分熵的差。距离信息与目标的统计特性有关。

4.4.1 测距信道模型

对于恒模散射目标，目标散射系数 $s = \alpha e^{j\varphi}$，幅值 α 为常数，相位 φ 在区间 $[0,2\pi]$ 内服从均匀分布，φ 的先验 PDF 为 $\pi(\varphi) = 1/2\pi$。假设目标的归一化时延为 x，则离散接收信号为

$$y(n) = \alpha e^{j\varphi}\psi(n-x) + w(n),\ n = -\frac{N}{2},\cdots,\frac{N}{2}-1 \tag{4.23}$$

假设噪声服从复高斯分布，在给定 X 和 φ 的条件下，接收矢量 $\boldsymbol{Y}$ 的多维 PDF 为

$$p(\boldsymbol{y}|x,\varphi) = \left(\frac{1}{\pi N_0}\right)^N \exp\left(-\frac{1}{N_0}\sum_{n=-N/2}^{N/2-1} |y(n) - \alpha e^{j\varphi}\mathrm{sinc}(n-x)|^2\right) \tag{4.24}$$

展开得

$$\begin{aligned} p(\boldsymbol{y}|x,\varphi) = &\left(\frac{1}{\pi N_0}\right)^N \exp\left(-\frac{1}{N_0}\left(\sum_{n=-N/2}^{N/2-1} |y(n)|^2 + \alpha^2\right)\right) \\ &\exp\left(\frac{2\alpha}{N_0}\mathrm{Re}\left(e^{-j\varphi}\sum_{n=-N/2}^{N/2-1} y(n)\mathrm{sinc}(n-x)\right)\right) \end{aligned} \tag{4.25}$$

一般来说，散射信号的相位是未知的，对式（4.25）中的散射信号相位求平均，由 $p(\boldsymbol{y}|x) = \int_0^{2\pi} p(\boldsymbol{y}|x,\varphi)\pi(\varphi)\mathrm{d}\varphi$ 可得

$$p(\boldsymbol{y}\,|\,x)=\left(\frac{1}{\pi N_0}\right)^N\exp\left(-\frac{1}{N_0}\left(\sum_{n=-N/2}^{N/2-1}|y(n)|^2+\alpha^2\right)\right)$$
$$=\frac{1}{2\pi}\int_0^{2\pi}\exp\left(\frac{2\alpha}{N_0}\mathrm{Re}\left(\mathrm{e}^{-\mathrm{j}\varphi}\sum_{n=-N/2}^{N/2-1}y(n)\,\mathrm{sinc}(n-x)\right)\right)\mathrm{d}\varphi \tag{4.26}$$

接收信号 $\boldsymbol{y}=(\cdots,y(n),\cdots)^{\mathrm{H}}$ 与发射基带信号 $\boldsymbol{\psi}(x)=(\cdots,\mathrm{sinc}(n-x),\cdots)^{\mathrm{H}}$ 的内积为

$$\sum_{n=-N/2}^{N/2-1}y(n)\,\mathrm{sinc}(n-x)=\boldsymbol{\psi}^{\mathrm{H}}(x)\boldsymbol{y} \tag{4.27}$$

也就是由匹配滤波器输出的接收信号。根据贝塞尔函数的定义[69]，有

$$\frac{1}{2\pi}\int_0^{2\pi}\exp\left(\frac{2\alpha}{N_0}\mathrm{Re}(\mathrm{e}^{-\mathrm{j}\varphi}\boldsymbol{\psi}^{\mathrm{H}}(x)\boldsymbol{y})\right)\mathrm{d}\varphi=I_0\left(\frac{2\alpha}{N_0}|\boldsymbol{\psi}^{\mathrm{H}}(x)\boldsymbol{y}|\right) \tag{4.28}$$

式中，$I_0(\cdot)$ 表示第一类零阶修正贝塞尔函数，则在给定 X 时，$\boldsymbol{Y}$ 的条件 PDF 为

$$p(\boldsymbol{y}\,|\,x)=\left(\frac{1}{\pi N_0}\right)^N\exp\left(-\frac{1}{N_0}\left(\sum_{n=-N/2}^{N/2-1}|y(n)|^2+\alpha^2\right)\right)I_0\left(\frac{2\alpha}{N_0}|\boldsymbol{\psi}^{\mathrm{H}}(x)\boldsymbol{y}|\right) \tag{4.29}$$

式（4.29）是在给定恒模散射目标位置时接收信号的条件 PDF，即测距信道模型。在给定接收信号时，式（4.29）是时延的函数，又称为似然函数。似然函数的峰值 $\hat{x}$ 被称为目标距离信息的最大似然（ML）估计 $\hat{x}_{\mathrm{ML}}$，即

$$\hat{x}_{\mathrm{ML}}=\arg\max_x\{p(\boldsymbol{y}\,|\,x)\} \tag{4.30}$$

产生 $\hat{x}_{\mathrm{ML}}$ 的估计器被称为 ML 估计器。由于对数函数和贝塞尔函数的单调性，因此式（4.30）等价于

$$\hat{x}_{\mathrm{ML}}=\arg\max_x|\boldsymbol{\psi}^{\mathrm{H}}(x)\boldsymbol{y}| \tag{4.31}$$

也就是说，ML 估计是匹配滤波器输出幅度谱的峰值，ML 估计算法是谱峰搜索算法。

最大似然估计与匹配滤波的关系是雷达信号处理的重要结论之一，是采用柯西不等式在最大 SNR 准则下推导的。下面将采用贝叶斯估计理论直接推导，通过推导过程中的一些结论，可充分说明贝叶斯估计理论对雷达信号处理的重要意义。

匹配滤波涉及的主要运算是线性卷积，可以采用 FFT 高效率实现，且不需要

知道 SNR 和散射模型等先验信息，获得了广泛的应用。

克拉美罗界（CRB）是无偏参数估计均方误差性能的下界，为各种参数估计方法性能的比较提供了理论依据。CRB 的表达式为

$$\sigma_{\mathrm{CRB}}^{2}=\frac{1}{-E\left[\frac{\partial^{2}[\ln p(\boldsymbol{y}\mid x)]}{\partial x^{2}}\right]} \tag{4.32}$$

CRB 的倒数被称为 Fisher 信息，定义为

$$\mathrm{FI}(X)=-E\left[\frac{\partial^{2}\ln p(\boldsymbol{y}\mid x)}{\partial x^{2}}\right] \tag{4.33}$$

已知恒模散射目标时延无偏估计的 CRB 为

$$\sigma_{\mathrm{CRB}}^{2}=(2\rho^{2}\beta^{2})^{-1} \tag{4.34}$$

这里的 ρ^2 是复信号的信噪比，CRB 与 $2\rho^2$ 成反比。理论分析和仿真结果表明，最大似然估计在高 SNR 条件下可逼近 CRB。

4.4.2 时延的后验分布与最大后验估计

假设目标在观测区间内的先验分布为 $\pi(x)$，已知 $p(\boldsymbol{y},x)=p(\boldsymbol{y}\mid x)\pi(x)$，$p(\boldsymbol{y})=\int_{-TB/2}^{TB/2}p(\boldsymbol{y},x)\mathrm{d}x$，$p(x\mid\boldsymbol{y})=p(\boldsymbol{y},x)/p(\boldsymbol{y})$，由贝叶斯公式可得已知接收信号 $\boldsymbol{Y}$ 条件下目标距离 X 的后验分布为

$$p(x\mid\boldsymbol{y})=\frac{\pi(x)I_0\left(\frac{2\alpha}{N_0}\left|\boldsymbol{\psi}^{\mathrm{H}}(x)\boldsymbol{y}\right|\right)}{\int_{-TB/2}^{TB/2}\pi(x)I_0\left(\frac{2\alpha}{N_0}\left|\boldsymbol{\psi}^{\mathrm{H}}(x)\boldsymbol{y}\right|\right)\mathrm{d}x} \tag{4.35}$$

式（4.35）的分母是归一化常数，后验分布的形状由分子确定，取决于如下三个因素：

- 信道模型，由噪声的统计特性决定；
- 先验假设，包括目标位置分布和信号散射特性；
- 接收数据，以匹配滤波器的形式产生。

后验分布是参数估计的出发点，是匹配滤波器的输出函数。这就是雷达信号处理建立在匹配滤波基础上的原因。

后验分布的峰值被称为目标位置的最大后验（MAP）概率估计 $\hat{x}_{\mathrm{MAP}}$，即

$$\hat{x}_{\mathrm{MAP}}=\arg\max_{x}\{p(x|\boldsymbol{y})\} \tag{4.36}$$

产生 $\hat{x}_{\mathrm{MAP}}$的估计器被称为 MAP 估计器。由于后验分布的分母是归一化常量，因此有

$$\hat{x}_{\mathrm{MAP}}=\arg\max_{x}\left\{\pi(x)I_0\left(\frac{2\alpha}{N_0}|\boldsymbol{\psi}^{\mathrm{H}}(x)\boldsymbol{y}|\right)\right\} \tag{4.37}$$

在没有任何先验信息的情况下，假设目标归一化距离的先验分布在观测区间内服从均匀分布 $\pi(x)=1/TB$ 是合理的，则恒模散射目标的后验 PDF 为

$$p(x|\boldsymbol{y})=\frac{I_0\left(\frac{2\alpha}{N_0}|\boldsymbol{\psi}^{\mathrm{H}}(x)\boldsymbol{y}|\right)}{\int_{-TB/2}^{TB/2}I_0\left(\frac{2\alpha}{N_0}|\boldsymbol{\psi}^{\mathrm{H}}(x)\boldsymbol{y}|\right)\mathrm{d}x} \tag{4.38}$$

最大后验估计等价于最大似然估计。最大似然估计适用于没有任何先验信息的情况。如果在实际应用中通过感知已经获得了关于目标位置的先验分布，则需要采用最大后验概率估计，把先验分布 $\pi(x)$看成一个窗函数，对似然函数 $I_0(\cdot)$进行加权。

评注：在通信系统中，如果没有先验信息，那么采用最大似然估计方法是适当的。在迭代检测方法中，因迭代过程会不断获得信息，所以要采用最大后验概率估计方法。在雷达参数估计过程中也存在类似情况，在连续参数估计或目标跟踪场合，采用最大后验概率估计方法才能获得更好的性能。

由于上面推导的理论后验分布利用了目标和信道的全部统计特性，并且推导的每一步都是严格的，因此理论后验分布反映了雷达感知的最优性能。ML 估计器和 MAP 估计器都是峰值估计器。传统的看法认为，ML 估计器和 MAP 估计器都是最优估计器，由于这种最优无法在理论上进行证明，因此称之为最大似然准则和最大后验准则。实际上，由于 ML 估计器和 MAP 估计器只是利用了后验分布的局部特性（峰值），没有利用全部特性，因此 ML 估计器和 MAP 估计器都不是最优估计器。

事实上，只有后验分布才能反映最优性能，所有产生具体估计值的估计器都不是最优的。类似于通信信号检测过程中的硬判决和软判决，我们称普通估计器为硬估计器，保留后验分布特性的估计器为软估计器，在多次快拍联合估计中，采用软估计器才能获得更好的性能。

4.4.3 第一类测距分布

上面推导了基于匹配滤波器的后验分布，下面将推导另一种物理意义更明确的后验分布。考虑一次特定的快拍，假定目标位于x_0，散射信号为$\alpha e^{j\varphi_0}$，则将接收信号$y(n)=\alpha e^{j\varphi_0}\psi(n-x_0)+w_0(n)$代入式（4.38），得

$$
\begin{aligned}
p(x|\boldsymbol{w}) &= \frac{1}{\nu}I_0\left\{\frac{2\alpha}{N_0}\left|\sum_{n=-N/2}^{N/2-1}\left[\alpha e^{j\varphi_0}\mathrm{sinc}(n-x_0)\mathrm{sinc}(n-x)+w_0(n)\mathrm{sinc}(n-x)\right]\right|\right\} \\
&= \frac{1}{\nu}I_0\left\{\frac{2\alpha}{\sqrt{N_0}}\left|\frac{\alpha}{\sqrt{N_0}}\mathrm{sinc}(x-x_0)+\frac{1}{\sqrt{N_0}}e^{-j\varphi_0}\sum_{n=-N/2}^{N/2-1}w_0(n)\mathrm{sinc}(n-x)\right|\right\} \\
&= \frac{1}{\nu}I_0\left(2\rho\left|\rho\mathrm{sinc}(x-x_0)+\frac{1}{\sqrt{N_0}}e^{-j\varphi_0}w_0(x)\right|\right)
\end{aligned}
\tag{4.39}
$$

式中，ν为归一化常数；$e^{-j\varphi_0}w_0(x)$是均值为0、方差为N_0的复数高斯白噪声过程；$\frac{1}{\sqrt{N_0}}e^{-j\varphi_0}w_0(x)$是均值为0、方差为1的标准复高斯白噪声过程，令其为$\mu(x)$，则后验PDF可写成

$$
p(x|\mu)=\nu I_0(2\rho|\rho\mathrm{sinc}(x-x_0)+\mu(x)|) \tag{4.40}
$$

式中，$\mu(x)$是反映该次快拍的噪声过程。

式（4.40）表明，后验PDF是以目标位置为中心对称的，分布的形状完全由贝塞尔函数决定，常数ν只起归一化作用。

后验分布只与时间带宽积和SNR有关，且受噪声的影响。这与人们的直觉是一致的。当SNR等于0时，$p(x|\mu)$服从均匀分布，表明没有任何关于目标位置的信息。当SNR足够大时，后面将可证明$p(x|\mu)$逼近正态分布。这种形式的后验分布在雷达感知领域十分典型，故称为第一类测距分布。

在统计学建模过程中，正态分布是最常见的。正态分布的支撑集是无穷集，往往与实际场景不符。测距分布是观测区间上的PDF，支撑集是有限集。随着SNR的增大，测距分布从均匀分布逐渐过渡到正态分布，在统计学建模过程中具有重要的应用价值。

4.4.4 距离信息的计算

因为目标位置在观测区间内服从均匀分布，所以信源熵$h(X)=\log N=\log TB$。

假设目标位置在观测区间内服从均匀分布，散射系数幅值为常数，相位在

$[0,2\pi]$范围内服从均匀分布，则在单边功率谱密度为 N_0 的 AWGN 信道上，从接收信号中获得的距离信息为

$$\begin{aligned} I(\boldsymbol{Y};X) &= h(X) - h(X|\boldsymbol{Y}) \\ &= \log(TB) - E_y\left[-\int_{-TB/2}^{TB/2} p(x|y)\log p(x|y)\,\mathrm{d}x\right] \end{aligned} \tag{4.41}$$

式中，$p(x|\boldsymbol{y})$由式（4.38）给出；$E_y[\cdot]$为对 $\boldsymbol{Y}$ 的概率分布求期望。

注意在式（4.39）中，互信息与散射信息的模值 α 和噪声功率谱密度 N_0 有关，互信息涉及对接收信号矢量 $\boldsymbol{Y}$ 的平均，也就是说，对每次快拍 $\boldsymbol{Y}$ 计算一次距离信息，实际距离信息是多次快拍的期望。

假设目标位置在观测区间内服从均匀分布，散射系数幅值为常数，相位服从均匀分布，则在功率谱密度为 N_0 的 AWGN 信道上，距离信息为

$$I(\boldsymbol{Y};X) = \log(TB) - E_w\left[-\int_{-TB/2}^{TB/2} p(x|\boldsymbol{w})\log p(x|\boldsymbol{w})\,\mathrm{d}x\right] \tag{4.42}$$

式中，$p(x|\boldsymbol{w})$由式（4.39）或式（4.40）确定；$E_w[\cdot]$为对 $\boldsymbol{W}$ 的概率分布求期望。

4.4.5　距离信息的上界

在高 SNR 条件下，忽略后验 PDF 中的噪声项，可得

$$p(x|\mu) = \frac{I_0(2\rho^2|\mathrm{sinc}(x-x_0)|)}{\int_{-TB/2}^{TB/2} I_0(2\rho^2|\mathrm{sinc}(x-x_0)|)\,\mathrm{d}x} \tag{4.43}$$

令

$$g(x) = 2\rho^2\mathrm{sinc}(x-x_0) \tag{4.44}$$

将 $g(x)$在 x_0 处进行泰勒级数展开，并忽略高次项，可得

$$g(x) \approx 2\rho^2\left[1-\frac{1}{2}\beta^2(x-x_0)^2\right] \tag{4.45}$$

式中，$\beta^2=\pi^2/3$ 为均方根带宽，则距离 x 的后验 PDF 近似为

$$p(x|\boldsymbol{w}) \approx \frac{I_0\{2\rho^2-\rho^2\beta^2(x-x_0)^2\}}{\int_{-TB/2}^{TB/2} I_0\{2\rho^2-\rho^2\beta^2(x-x_0)^2\}\,\mathrm{d}x} \tag{4.46}$$

利用第一类零阶贝塞尔函数的近似公式

$$I_0(x) \approx \frac{e^x}{\sqrt{2\pi x}}\left\{1+\frac{1}{8x}+O\left(\frac{1}{x^2}\right)\right\} \tag{4.47}$$

当 x 较大时，式（4.47）主要由第一项决定，则式（4.46）在高 SNR 条件下可进一步简化，经整理可得

$$\begin{aligned} p(x \mid \boldsymbol{w}) &\approx \frac{\exp[-\rho^2\beta^2(x-x_0)^2]}{\int_{-TB/2}^{TB/2}\exp[-\rho^2\beta^2(x-x_0)^2]\,dx} \\ &\approx \frac{1}{\sqrt{2\pi\sigma^2}}\exp\left(-\frac{(x-x_0)^2}{2\sigma^2}\right) \end{aligned} \tag{4.48}$$

式中，$\sigma^2=(2\rho^2\beta^2)^{-1}$。注意，式（4.48）的分母在 x_0 的邻域内近似为常数，由此可得，针对恒模散射目标，当 SNR $\rho^2\to\infty$ 时，距离的后验分布逼近均值为 x_0、方差为 $\sigma^2=(2\rho^2\beta^2)^{-1}$的高斯分布。

根据高斯分布的微分熵，进一步有：针对恒模散射目标，距离信息 $I(\boldsymbol{Y};X)$ 在高 SNR 时的渐近上界为

$$\begin{aligned} I(\boldsymbol{Y};X) &\leqslant \log(TB)-\frac{1}{2}\log(2\pi e(2\rho^2\beta^2)^{-1}) \\ &= \log\frac{T\beta\rho}{\sqrt{\pi e}} \end{aligned} \tag{4.49}$$

不同时间带宽积恒模散射目标的距离信息与 SNR 的关系如图 4.3 所示。由图可知，距离信息与时间带宽积的对数呈线性关系，并随着 SNR 的增大而增多，时间带宽积越大，获得的距离信息越多。这是因为，不同时间带宽积对应的信息熵 $h(X)$是不同的。

我们可以从信息论的角度描述雷达目标感知的过程。当 SNR 较小时，噪声干扰较大，无法发现目标，距离信息很少。随着 SNR 的增大，距离信息的变化可划分为两个重要阶段，即目标捕获阶段（图 4.3 中①）和目标跟踪阶段（图 4.3 中②）。在目标捕获阶段，当 SNR 超过 0dB 之后，距离信息随着 SNR 的增大以较大的斜率增多，互信息每增大 1bit，意味着感知目标的位置区间缩小为原来的一半，当达到 $\log TB$ 的信息量时，目标的位置区间变为观测区间的 $1/TB$，即达到雷达距离分辨率 $1/B$。在目标跟踪阶段，即 SNR 较大的区间，距离信息与时间带宽积的对数呈线性关系，随着目标信息的增多，感知范围缩小，并突破 $1/B$ 的限制。

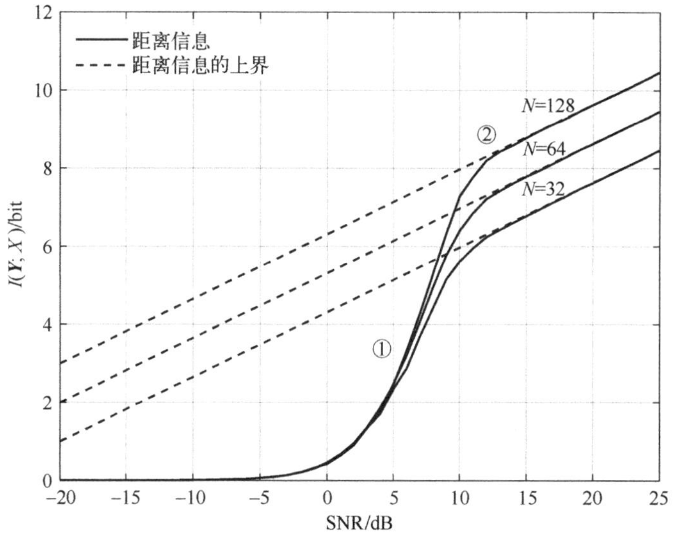

图 4.3 不同时间带宽积恒模散射目标的距离信息与 SNR 的关系

最大似然估计是雷达信号处理最常见的目标参数估计方法。图 4.4 给出了当恒模散射目标位于 x_0 时，仿真 30000 次后，三种 SNR 时目标位置的概率密度分布曲线。由图可知，概率密度分布类似于高斯分布，均值在 x_0 附近，随着 SNR 的增大，曲线变得越加尖锐，意味着目标位置的估计精度更高。

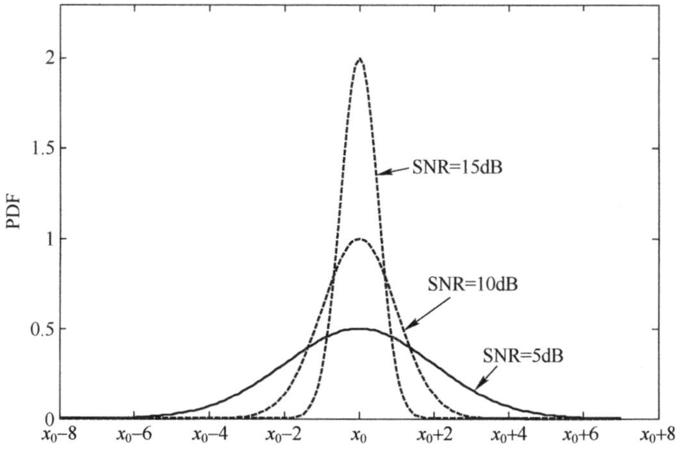

图 4.4 三种 SNR 时目标位置的概率密度分布曲线

由最大似然估计得到的概率密度分布可用来计算距离信息，与理论公式所得距离信息的对比如图 4.5 所示。一般来说，由最大似然估计所得的距离信息小于理论值。在高 SNR 条件下，由最大似然估计所得的距离信息逼近理论值。

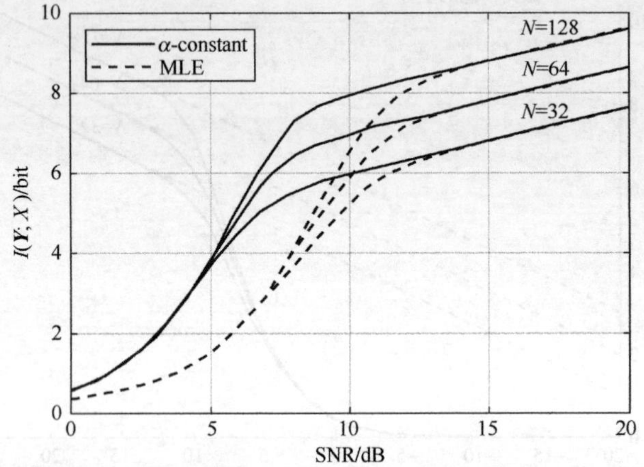

图 4.5　最大似然估计和理论公式所得距离信息的对比

下面将研究快拍对估计性能的影响。假设已知 M 次快拍的数据，在此期间目标距离不变，则 M 次快拍的基带信号采样序列均为 $\boldsymbol{\psi}(x)$。第 m 次快拍的系统方程为

$$\boldsymbol{y}_m = s_m \boldsymbol{\psi}(x) + \boldsymbol{w}_m \tag{4.50}$$

式中，$\boldsymbol{y}_m$ 为第 m 次快拍的接收信号采样序列；s_m 为第 m 次快拍的散射信号；$\boldsymbol{w}_m$ 为第 m 次快拍的噪声信号采样序列。

首先考虑 M 次快拍的散射信号不变，即 $s_m = \alpha \mathrm{e}^{\mathrm{j}\varphi}$，将 M 次快拍的系统方程直接相加得

$$\sum_{m=1}^{M} \boldsymbol{y}_m = M s_m \boldsymbol{\psi}(x) + \sum_{m=1}^{M} \boldsymbol{w}_m \tag{4.51}$$

式（4.51）表明，信号能量是原来的 M^2 倍，噪声功率是原来的 M 倍，等效 SNR 是原来的 M 倍。

下面考虑 M 次快拍散射信号完全独立的情况。接收信号采样序列的多维条件 PDF 为

$$p(\boldsymbol{y}_m \mid s_m, x) = \left(\frac{1}{\pi N_0}\right)^N \exp\left\{-\frac{1}{N_0}\|\boldsymbol{y}_m - s_m \boldsymbol{\psi}(x)\|^2\right\} \tag{4.52}$$

令 $\boldsymbol{Y}=(\boldsymbol{y}_1,\cdots,\boldsymbol{y}_M)$ 和 $\boldsymbol{\varphi}=(\varphi_1,\cdots,\varphi_M)$，由于不同次快拍的噪声信号采样序列相互独立，因此联合条件 PDF 为

$$p(\boldsymbol{Y}|x,s_m)=\prod_{m=1}^{M}\left(\frac{1}{\pi N_0}\right)^N \exp\left\{-\frac{1}{N_0}\|\boldsymbol{y}_m-s_m\boldsymbol{\psi}(x)\|^2\right\} \tag{4.53}$$

经过与单拍时类似的推导，可得 M 次快拍的后验分布为

$$p(x|\boldsymbol{Y})=\frac{1}{\nu}\prod_{m=1}^{M} I_0\left[\frac{2\alpha_m}{N_0}|\boldsymbol{\psi}^{\mathrm{H}}(x)\boldsymbol{y}_m|\right] \tag{4.54}$$

式中，ν 为归一化常数。

容易证明，在高 SNR 条件下，M 次快拍的等效 SNR 等于各次快拍的 SNR 之和。

4.5　抽样后验概率估计

如前所述，MAP 估计是最常用的参数估计方法，并作为最大后验概率准则广泛应用。MAP 估计器是确定性估计。当给定接收信号时，MAP 估计器的输出是确定的。下面将提出一种抽样后验概率估计器，通过掷骰子的方法确定估计结果。这是一种随机估计方法，在给定接收信号时，估计结果不是唯一确定的。

定义 4.2【抽样后验概率估计】 目标位置的抽样后验估计（Sampling A Posteriori, SAP）$\hat{x}$ 是对后验 PDF 进行抽样产生的估计值，即

$$\hat{x}_{\mathrm{SAP}}=\arg\ \underset{x}{\mathrm{smp}}\{p(x|\boldsymbol{y})\} \tag{4.55}$$

这里的 smp{·}表示抽样操作，产生 $\hat{x}_{\mathrm{SAP}}$ 的估计器被称为 SAP 估计器。

所谓抽样，就是根据后验 PDF 生成随机数，并以该随机数作为估计值。图 4.6 给出了 MAP 估计器和 SAP 估计器对同一数据进行六次估计的结果。MAP 估计器选择峰值位置，六次估计结果完全相同。SAP 估计器对后验分布抽样产生随机数，每次估计结果都不同，在峰值附近被选择的概率最大，也有可能选择小概率区间。

由于理论后验分布 $p(x|\mu)$ 是以目标位置为中心的对称分布，因此根据定义，SAP 估计器是无偏的。

SAP 估计作为一种随机估计方法，在参数估计定理的证明中可起重要作用。

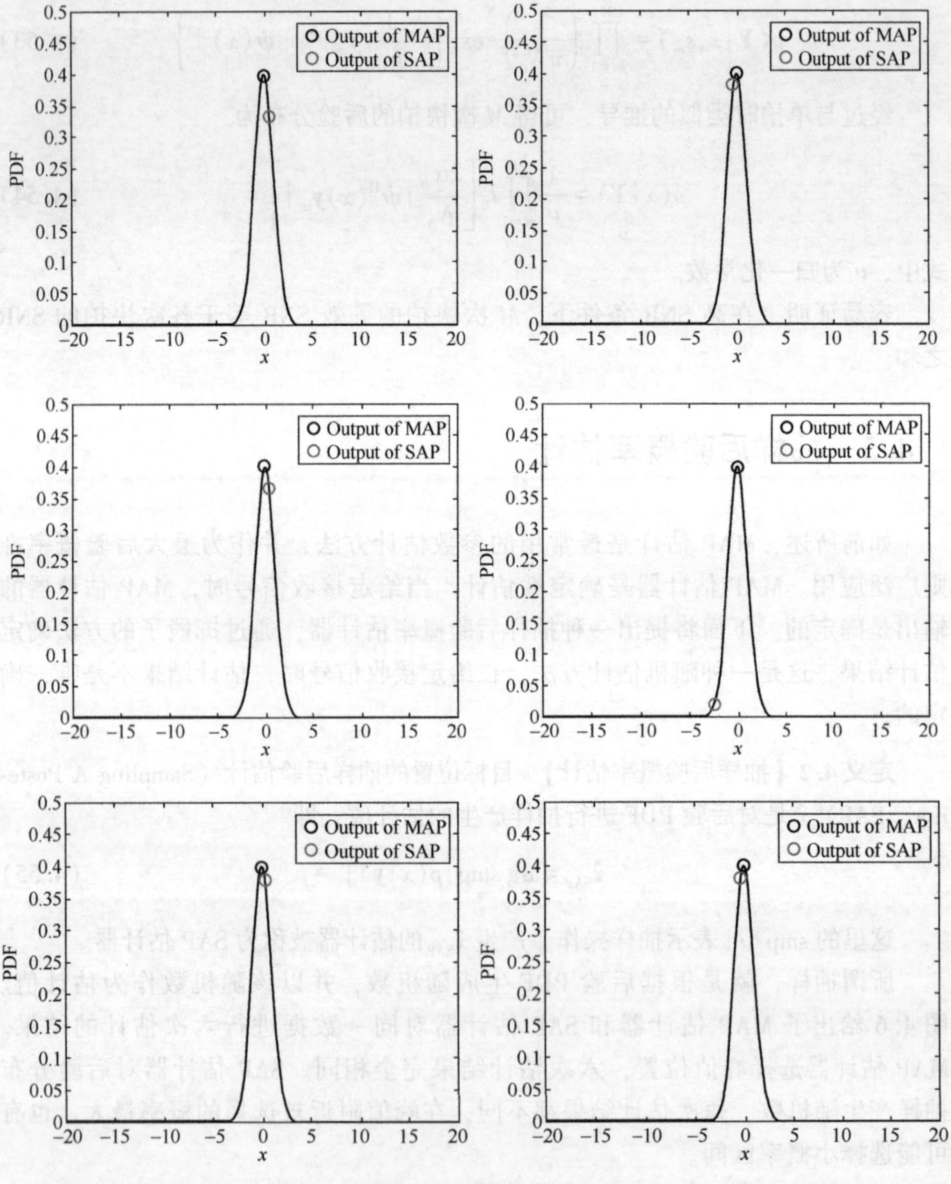

图 4.6 六次估计的结果

4.6 最小散度估计

MAP 估计选择匹配滤波器的峰值，符合人们的直觉。由于没有发现性能更好的估计方法，因此 MAP 估计器一直被当作最优估计器。前已述及，测距的理论性能是由后验分布确定的，MAP 只反映了后验分布的峰值特征，没有充分利用后验分布特有的形态特征。下面给出的最小散度估计利用的是测距分布的形态特征，可获得更好的估计性能。

假设有 $p(x)$ 和 $q(x)$ 两个后验分布，则 $p(x)$ 对 $q(x)$ 的散度被定义为

$$D(p(x)\|q(x))=\int_{-\infty}^{\infty}p(x)\log\frac{p(x)}{q(x)}\mathrm{d}x \tag{4.56}$$

散度又被称为相对熵或 KL 距离。根据散度的性质，必有 $D(p(x)\|q(x))\geqslant 0$。

令后验分布为 $p(x|\boldsymbol{y})$，假设 SNR 已知，则构造一个测距分布 $q(x|\theta)$ 为

$$q(x|\theta)=\frac{1}{\nu}I_0(2\rho|\rho\operatorname{sinc}(x-\theta)+\mu(x)|) \tag{4.57}$$

式中，θ 为待定时延；$\mu(x)$ 为任一标准正态过程。

目标位置的最小散度估计 $\hat{x}_{\mathrm{MD}}$ 被定义为

$$\hat{x}_{\mathrm{MD}}=\min_{\theta}D(p(x|\boldsymbol{y})\|q(x|\theta)) \tag{4.58}$$

根据定义，MD 估计就是寻找一个与后验分布“长相”最相似的测距分布。MAP 估计与 MD 估计的原理如图 4.7 所示。

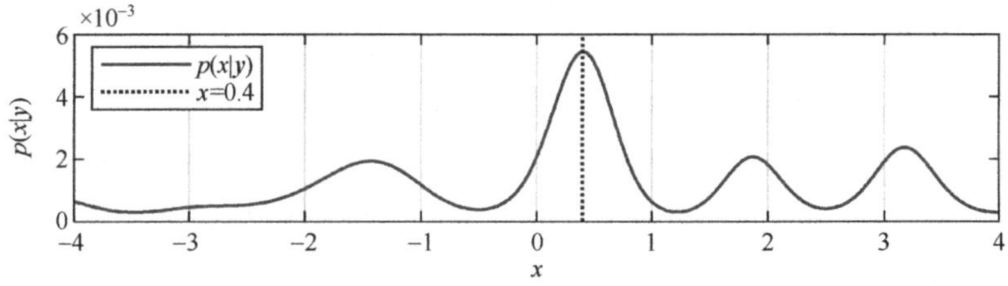

（a）MAP估计

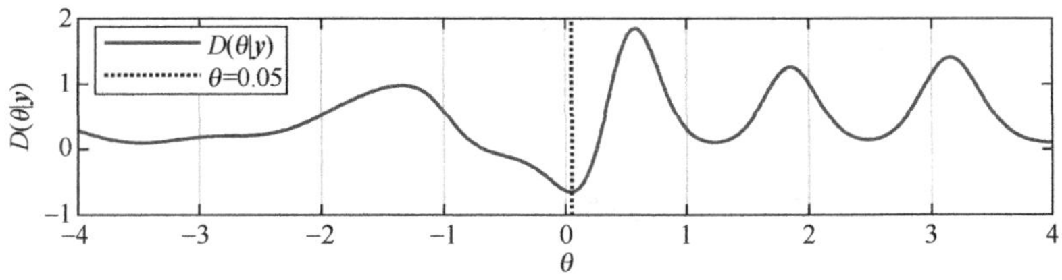

（b）MD估计

图 4.7　MAP 估计与 MD 估计

将目标位置设为 $x_0=0$，图 4.7（a）中的实线表示一次快拍所得的后验分布 $p(x|\boldsymbol{y})$，图 4.7（b）中的实线表示散度 $D(\theta|\boldsymbol{y})$。$p(x|\boldsymbol{y})$ 的峰值位置为 $x=0.4$，$D(\theta|\boldsymbol{y})$ 的最小值位置为 $\theta=0.05$，则目标位置的 MAP 估计 $\hat{x}_{\mathrm{MAP}}=0.4$，MD 估计 $\hat{x}_{\mathrm{MD}}=$

0.05。$\hat{x}_{MD}$更贴近 x_0 的原因是，MD 估计充分利用了测距分布所具有的形态特征。

MAP 估计与 MD 估计的性能比较如图 4.8 所示。图中，时间带宽积 $N=32$，快拍为 10000 次。

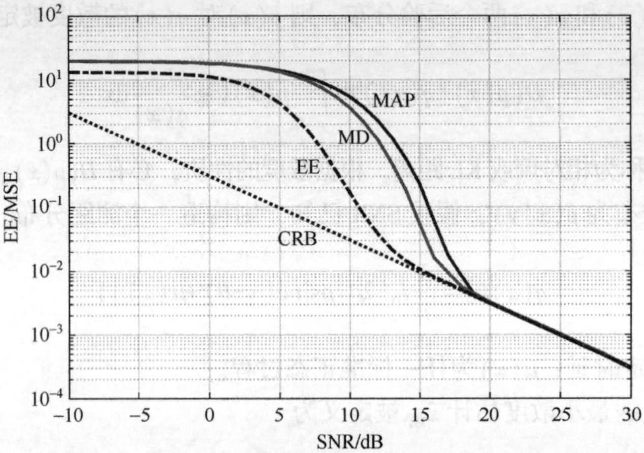

图 4.8　MAP 估计与 MD 估计的性能比较

由图可知，在小于 5dB 的低 SNR 区间，MD 估计和 MAP 估计的曲线基本重合，说明二者性能差别不大；在 5~17dB 中等 SNR 区间，MD 估计的曲线始终低于 MAP；在 SNR=15dB 左右、相同的误差时，MD 估计比 MAP 估计低 1.5dB；在 20dB 以上的高 SNR 区间，MD 估计与 MAP 估计都逼近 CRB。

由图还可以知道，在中低 SNR 区间，MD 估计与 MAP 估计的性能都达不到熵误差的理论界，同时回答了一个重要的理论问题，即 MAP 准则和 MD 准则都不是最优估计。

4.7　复高斯散射目标的时延估计

4.7.1　时延估计的后验分布

对于复高斯散射目标，接收采样信号的矢量形式可表示为

$$\boldsymbol{Y}=\boldsymbol{\psi}(x)S+\boldsymbol{W} \tag{4.59}$$

式中，$\boldsymbol{Y}=[\cdots,y(n),\cdots]^{\mathrm{T}}$ 为接收采样信号；$\boldsymbol{\psi}(x)=[\cdots,\mathrm{sinc}(n-x),\cdots]^{\mathrm{T}}$ 为位置波形矢量；散射信号 S 服从均值为 0、方差为 P 的复高斯分布；$\boldsymbol{W}=[\cdots,w(n),\cdots]^{\mathrm{T}}$ 为噪声信号，分量是独立同分布的复高斯随机变量，均值为 0，方差为 N_0；n 取

$[-N/2, N/2-1]$范围的整数。

假设雷达的时间带宽积为 TB，目标在感知范围内服从均匀分布，距离参数 X 的先验分布 $\pi(x)=1/TB$。若给定 X、$\boldsymbol{Y}$ 是 N 维复高斯矢量，则协方差矩阵为

$$\begin{aligned}\boldsymbol{R}(x)&=E_{S,\boldsymbol{W}}[\boldsymbol{Y}\boldsymbol{Y}^{\mathrm{H}}]\\&=E[(\boldsymbol{\psi}(x)S+\boldsymbol{W})(\boldsymbol{\psi}(x)S+\boldsymbol{W})^{\mathrm{H}}]\\&=\boldsymbol{\psi}(x)E[SS^{\mathrm{H}}]\boldsymbol{\psi}^{\mathrm{H}}(x)+E[\boldsymbol{W}\boldsymbol{W}^{\mathrm{H}}]\\&=N_0\boldsymbol{I}+P\boldsymbol{\psi}(x)\boldsymbol{\psi}^{\mathrm{H}}(x)\end{aligned}\tag{4.60}$$

式中，P 为目标的平均散射功率；N_0 为噪声功率谱密度，由于带宽已归一化，因此也表示噪声功率。由于协方差矩阵以目标位置为参数，因此已知目标位置时接收信号的条件 PDF 为

$$p(\boldsymbol{y}\mid x)=\frac{1}{\pi^N\,|\boldsymbol{R}(x)|}\exp[-\boldsymbol{y}^{\mathrm{H}}\boldsymbol{R}^{-1}(x)\boldsymbol{y}]\tag{4.61}$$

下面将推导协方差矩阵的逆矩阵和行列式。由矩阵求逆公式

$$(\boldsymbol{A}+\boldsymbol{u}\boldsymbol{v}^{\mathrm{H}})^{-1}=\boldsymbol{A}^{-1}-\frac{\boldsymbol{A}^{-1}\boldsymbol{u}\boldsymbol{v}^{\mathrm{H}}\boldsymbol{A}^{-1}}{1+\boldsymbol{v}^{\mathrm{H}}\boldsymbol{A}^{-1}\boldsymbol{v}}\tag{4.62}$$

假设 $\boldsymbol{A}=\boldsymbol{I}$，$\boldsymbol{u}=\rho^2\boldsymbol{\psi}(x)$，$\boldsymbol{v}=\boldsymbol{\psi}^{\mathrm{H}}(x)$，可得协方差矩阵的逆矩阵为

$$\boldsymbol{R}^{-1}(x)=\frac{1}{N_0}\left(\boldsymbol{I}-\frac{\boldsymbol{\psi}(x)\boldsymbol{\psi}^{\mathrm{H}}(x)}{\rho^{-2}+\boldsymbol{\psi}^{\mathrm{H}}(x)\boldsymbol{\psi}(x)}\right)\tag{4.63}$$

考虑到 $x\in[-N/2, N/2)$，当 N 足够大时，感知区间远大于信号范围，有

$$\boldsymbol{\psi}^{\mathrm{H}}(x)\boldsymbol{\psi}(x)=\sum_{n=-N/2}^{N/2-1}\operatorname{sinc}^2(n-x)\approx 1\tag{4.64}$$

代入式（4.63），可得

$$\boldsymbol{R}^{-1}(x)=\frac{1}{N_0}\left(\boldsymbol{I}-\frac{\boldsymbol{\psi}(x)\boldsymbol{\psi}^{\mathrm{H}}(x)}{1+\rho^{-2}}\right)\tag{4.65}$$

考虑二次型，有

$$\begin{aligned}\boldsymbol{y}^{\mathrm{H}}\boldsymbol{R}(x)\boldsymbol{y}&=\frac{1}{N_0}\left(\boldsymbol{y}^{\mathrm{H}}\boldsymbol{y}-\frac{\boldsymbol{y}^{\mathrm{H}}\boldsymbol{\psi}(x)\boldsymbol{\psi}^{\mathrm{H}}(x)\boldsymbol{y}}{1+\rho^{-2}}\right)\\&=\frac{1}{N_0}\boldsymbol{y}^{\mathrm{H}}\boldsymbol{y}-\frac{1}{N_0}\frac{(\boldsymbol{\psi}^{\mathrm{H}}(x)\boldsymbol{y})^{\mathrm{H}}\boldsymbol{\psi}^{\mathrm{H}}(x)\boldsymbol{y}}{1+\rho^{-2}}\\&=\frac{1}{N_0}\boldsymbol{y}^{\mathrm{H}}\boldsymbol{y}-\frac{1}{N_0}\frac{|\boldsymbol{\psi}^{\mathrm{H}}(x)\boldsymbol{y}|^2}{1+\rho^{-2}}\end{aligned}\tag{4.66}$$

注意，第一项只与接收信号有关，第二项中的 $\boldsymbol{\psi}^{\mathrm{H}}(x)\boldsymbol{y}$ 是接收信号经过匹配滤波器后的输出。

注意，$\boldsymbol{\psi}(x)\boldsymbol{\psi}^{\mathrm{H}}(x)$ 是对称的，秩为 1，对其进行正交分解，可得

$$\boldsymbol{\psi}(x)\boldsymbol{\psi}^{\mathrm{H}}(x)=\boldsymbol{Q}^{\mathrm{H}}(x)\begin{bmatrix}1 & & \\ & 0 & \\ & & \ddots\end{bmatrix}\boldsymbol{Q}(x) \tag{4.67}$$

式中

$$\boldsymbol{Q}(x)=\begin{pmatrix}\mathrm{sinc}\left(-\dfrac{N}{2}-x\right) & \cdots & \mathrm{sinc}\left(\dfrac{N}{2}-1-x\right)\\ \vdots & \ddots & \vdots\\ \mathrm{sinc}\left(\dfrac{N}{2}-1-x\right) & \cdots & \mathrm{sinc}\left(\dfrac{N}{2}-N-x\right)\end{pmatrix} \tag{4.68}$$

为正交矩阵，代入协方差矩阵，可得

$$\boldsymbol{R}(x)=N_0\boldsymbol{Q}^{\mathrm{H}}(x)\boldsymbol{\Sigma}\boldsymbol{Q}(x) \tag{4.69}$$

式中，$\boldsymbol{\Sigma}=\mathrm{diag}[1+\rho^2,1,\cdots,1]$ 为对角矩阵，则协方差矩阵 $\boldsymbol{R}(x)$ 的行列式为

$$\begin{aligned}|\boldsymbol{R}(x)|&=|N_0\boldsymbol{Q}^{\mathrm{H}}(x)\sigma\boldsymbol{\Sigma}\boldsymbol{Q}(x)|\\&=|\boldsymbol{Q}^{\mathrm{H}}(x)|\cdot|N_0\boldsymbol{\Sigma}|\cdot|\boldsymbol{Q}(x)|\\&=(N_0)^N(1+\rho^2)\end{aligned} \tag{4.70}$$

式（4.70）表明，虽然 $\boldsymbol{R}(x)$ 中的元素是目标位置的函数，但行列式为常数。

将二次型和行列式代入似然函数表达式，可得

$$p(\boldsymbol{y}\,|\,x)=\frac{1}{(\pi N_0)^N(1+\rho^2)}\exp\left(-\frac{1}{N_0}\boldsymbol{y}^{\mathrm{H}}\boldsymbol{y}\right)\exp\left(\frac{1}{N_0}\frac{|\boldsymbol{\psi}^{\mathrm{H}}(x)\boldsymbol{y}|^2}{1+\rho^{-2}}\right) \tag{4.71}$$

由指数函数的单调性，复高斯散射目标距离的最大似然估计为

$$\hat{x}_{\mathrm{ML}}=\arg\max_{x}\{|\boldsymbol{\psi}^{\mathrm{H}}(x)\boldsymbol{y}|\} \tag{4.72}$$

可见，单个复高斯散射目标位置的最大似然估计对应匹配滤波器的峰值。

4.7.2 时延估计的克拉美罗界

下面将计算复高斯散射目标的 CRB，已知

$$\sigma_{\text{CRB}}^2=\frac{1}{-E\left[\dfrac{\partial^2[\boldsymbol{y}^{\text{H}}\boldsymbol{R}^{-1}(x)\boldsymbol{y}]}{\partial x^2}\right]} \tag{4.73}$$

由于期望和求导针对的是不同的变量，因此可交换运算顺序，即

$$\sigma_{\text{CRB}}^2=\frac{1}{-\dfrac{\partial^2 E[\boldsymbol{y}^{\text{H}}\boldsymbol{R}^{-1}(x)\boldsymbol{y}]}{\partial x^2}} \tag{4.74}$$

先计算期望，有

$$\begin{aligned}E[\boldsymbol{y}^{\text{H}}\boldsymbol{R}^{-1}(x)\boldsymbol{y}]&=\frac{1}{N_0}E\left[\boldsymbol{y}^{\text{H}}\left(\boldsymbol{I}-\frac{\boldsymbol{\psi}(x)\boldsymbol{\psi}^{\text{H}}(x)}{1+\rho^{-2}}\right)\boldsymbol{y}\right]\\&=\frac{1}{N_0}E[\boldsymbol{y}^{\text{H}}\boldsymbol{y}]-\frac{1}{\sigma_n^2}\frac{1}{1+\rho^{-2}}E[\boldsymbol{y}^{\text{H}}\boldsymbol{\psi}(x)\boldsymbol{\psi}^{\text{H}}(x)\boldsymbol{y}]\end{aligned} \tag{4.75}$$

其中

$$\begin{aligned}E[\boldsymbol{y}^{\text{H}}\boldsymbol{\psi}(x)\boldsymbol{\psi}^{\text{H}}(x)\boldsymbol{y}]&=\boldsymbol{\psi}^{\text{H}}(x)E[\boldsymbol{y}\boldsymbol{y}^{\text{H}}]\boldsymbol{\psi}(x)\\&=N_0\left(1+\frac{\alpha^2}{N_0}\boldsymbol{\psi}^{\text{H}}(x)\boldsymbol{\psi}(x_0)\boldsymbol{\psi}^{\text{H}}(x_0)\boldsymbol{\psi}(x)\right)\\&=N_0(1+\rho^2\operatorname{sinc}^2(x-x_0))\end{aligned} \tag{4.76}$$

进行泰勒级数展开后，式（4.75）可进一步写为

$$\begin{aligned}E[\boldsymbol{y}^{\text{H}}\boldsymbol{R}^{-1}(x)\boldsymbol{y}]&=\frac{1}{N_0}E\left[\sum_n|y_n|^2\right]-\frac{1}{1+\rho^{-2}}\left[1+\rho^2\left(1-\frac{\pi^2}{6}(x-x_0)^2+O(x-x_0)^2\right)^2\right]\\&=\frac{1}{N_0}E\left[\sum_n|y_n|^2\right]-\frac{1}{1+\rho^{-2}}\left[1+\rho^2-\rho^2\frac{\pi^2}{3}(x-x_0)^2+O(x-x_0)^2\right]\end{aligned} \tag{4.77}$$

忽略高阶项，取二阶导数，可得

$$-\frac{\partial^2 E[\boldsymbol{y}^{\text{H}}\boldsymbol{R}^{-1}(x)\boldsymbol{y}]}{\partial x^2}=\frac{2\rho^2\beta^2}{1+\rho^{-2}} \tag{4.78}$$

则

$$\sigma_{\text{CRB}}^2=\frac{1+\rho^{-2}}{2\rho^2\beta^2} \tag{4.79}$$

式中，$\beta^2=\pi^2B^2/3$。在高 SNR 时，$\dfrac{1}{1+\rho^{-2}}\approx 1$，复高斯散射目标的 CRB 逼近恒模散射目标的 CRB。

4.7.3 第二类测距分布

假设目标位置的先验分布为 $\pi(x)$，由贝叶斯估计公式，后验 PDF 为

$$
\begin{aligned}
p(x|\boldsymbol{y}) &= \frac{\pi(x)p(\boldsymbol{y}|x)}{\int_{-TB/2}^{TB/2}\pi(x)p(\boldsymbol{y}|x)\mathrm{d}x} \\
&= \frac{\pi(x)\exp[-\boldsymbol{y}^{\mathrm{H}}\boldsymbol{R}^{-1}(x)\boldsymbol{y}]}{\int_{-TB/2}^{TB/2}\pi(x)\exp[-\boldsymbol{y}^{\mathrm{H}}\boldsymbol{R}^{-1}(x)\boldsymbol{y}]\mathrm{d}x}
\end{aligned}
\tag{4.80}
$$

由逆矩阵的表达式，可得在已知接收信号为 $\boldsymbol{Y}$ 时，复高斯散射目标距离 X 的后验 PDF 为

$$
p(x|\boldsymbol{y}) = \frac{\pi(x)\exp\left(\dfrac{1}{N_0(1+\rho^{-2})}|\boldsymbol{\psi}^{\mathrm{H}}(x)\boldsymbol{y}|^2\right)}{\int_{-TB/2}^{TB/2}\pi(x)\exp\left(\dfrac{1}{N_0(1+\rho^{-2})}|\boldsymbol{\psi}^{\mathrm{H}}(x)\boldsymbol{y}|^2\right)\mathrm{d}x}
\tag{4.81}
$$

由后验 PDF 可求出复高斯散射目标的距离信息。

当 $\pi(x)$ 服从均匀分布时，复高斯散射目标距离估计的后验 PDF 为

$$
p(x|\boldsymbol{y}) = \frac{\exp\left(\dfrac{1}{N_0(1+\rho^{-2})}|\boldsymbol{\psi}^{\mathrm{H}}(x)\boldsymbol{y}|^2\right)}{\int_{-TB/2}^{TB/2}\exp\left(\dfrac{1}{N_0(1+\rho^{-2})}|\boldsymbol{\psi}^{\mathrm{H}}(x)\boldsymbol{y}|^2\right)\mathrm{d}x}
\tag{4.82}
$$

式（4.82）表明，后验 PDF 的统计量就是匹配滤波器的输出量 $\boldsymbol{\psi}^{\mathrm{H}}(x)\boldsymbol{y}$，MAP 估计退化为 ML 估计。感知信息论与雷达信号处理的结论是一致的。

下面将推导一种更简洁的后验分布，令

$$
\boldsymbol{y}=\boldsymbol{\psi}(x_0)\alpha_0\mathrm{e}^{\mathrm{j}\varphi_0}+\boldsymbol{w}_0
$$

则匹配滤波器为

$$
\begin{aligned}
\boldsymbol{\psi}^{\mathrm{H}}(x)\boldsymbol{y} &= \boldsymbol{\psi}^{\mathrm{H}}(x)\boldsymbol{\psi}(x_0)\alpha_0\mathrm{e}^{\mathrm{j}\varphi_0}+\boldsymbol{\psi}^{\mathrm{H}}(x)\boldsymbol{w}_0 \\
&= \mathrm{sinc}(x-x_0)\alpha_0\mathrm{e}^{\mathrm{j}\varphi_0}+w_0(x)
\end{aligned}
$$

代入后验分布，经整理，可得

$$p(x|\boldsymbol{y})=\frac{1}{\nu}\exp\left(\frac{1}{1+\rho^{-2}}\left|\frac{\alpha_0}{\sqrt{N_0}}\text{sinc}(x-x_0)+\frac{1}{\sqrt{N_0}}w_0(x)\,\text{e}^{-\text{j}\varphi_0}\right|^2\right)$$

注意，噪声部分是均值为 0、方差为 1 的标准复数正态过程，复高斯散射目标距离的后验 PDF（为了与恒模散射目标区分，称其为第二类测距分布）为

$$p(x|\boldsymbol{\mu})=\frac{1}{\nu}\exp\left(\frac{1}{1+\rho^{-2}}|\rho_0\text{sinc}(x-x_0)+\boldsymbol{\mu}(x)|^2\right)$$

式中，$\rho_0^2=\dfrac{\alpha_0^2}{N_0}$为当前快拍的瞬时 SNR；$\nu$ 为归一化常数。

通过后验 PDF，可以计算复高斯散射目标的距离信息为

$$I(\boldsymbol{Y};X)=\log(TB)-E_{\boldsymbol{y}}\left[-\int_{-TB/2}^{TB/2}p(x|\boldsymbol{y})\log p(x|\boldsymbol{y})\,\text{d}x\right] \tag{4.83}$$

式中，$E_{\boldsymbol{y}}[\cdot]$为对接收序列求期望。

4.7.4 距离信息的上界

复高斯散射目标的幅度和功率都是随机的：幅度服从瑞利分布；功率服从指数分布。假设恒模散射目标的瞬时 SNR 为 v，平均 SNR 为 $4\rho^2$，则瞬时 SNR 服从指数分布，即

$$p(v)=\frac{1}{2\rho^2}\exp\left(-\frac{v}{4\rho^2}\right) \tag{4.84}$$

为了推导复高斯散射目标距离信息的上界，需要用到前面推导的恒模散射目标距离信息上界公式，即

$$\begin{aligned}I(\boldsymbol{Y},X)&\leqslant E\left[\ln\frac{T\beta}{\sqrt{2\pi\text{e}}}+\frac{1}{2}\ln v\right]\\&=\ln\frac{T\beta}{\sqrt{2\pi\text{e}}}+\frac{1}{2}\int_0^{+\infty}\frac{1}{2\rho^2}\exp\left(-\frac{v}{2\rho^2}\right)\ln v\,\text{d}v\\&=\ln\frac{T\beta}{\sqrt{2\pi\text{e}}}+\frac{1}{2}(\ln 2\rho^2-\gamma)\\&=\ln\frac{T\beta\rho}{\sqrt{\pi\text{e}}}-\frac{\gamma}{2}\end{aligned} \tag{4.85}$$

式中，γ 是欧拉常数，推导时用自然对数，单位为 nat。如果用 bit 为单位，则复高斯散射目标距离信息 $I(\boldsymbol{Y};X)$ 在高 SNR 时的上界为

$$I(\boldsymbol{Y},X)\leqslant\log\frac{T\beta\rho}{\sqrt{\pi e}}-\frac{\gamma}{2\ln 2} \tag{4.86}$$

下面将通过数值计算和蒙特卡罗仿真验证理论分析的结论。图 4.9 为复高斯散射目标在不同时间带宽积下距离信息随着信噪比变化的曲线及对应的距离信息上界。

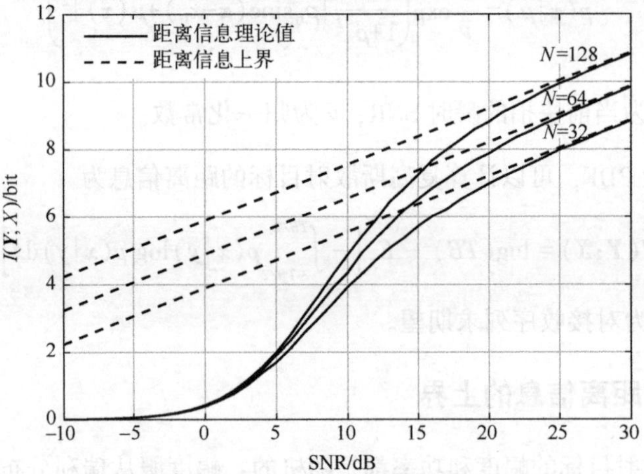

图 4.9　复高斯散射目标距离信息理论值及其上界

复高斯散射目标的距离信息在整体上与恒模散射目标的增长趋势一致，也体现了雷达目标感知过程的三个阶段。在高 SNR 区间，时间带宽积越大，距离信息越多，时间带宽积提高一倍，距离信息增加 1bit。

图 4.10 为时间带宽积为 32 时，两种散射目标的距离信息及其上界。由图可知，在相同时间带宽积和散射功率条件下，由于复高斯散射目标幅度的随机性，导致其距离信息在所有信噪比下始终小于恒模散射目标，也验证了式（4.85）中复高斯散射目标距离信息的上界比恒模散射目标小 $\gamma/(2\ln 2)\approx 0.416$bit。换句话说，为了达到相同的距离信息，复高斯散射目标的平均 SNR 超过恒模散射目标 2.5dB。这一结论也适用于无线电测距，在设计测距信号时，应尽可能采用恒模散射信号。

最大似然估计和理论公式所得距离信息对比如图 4.11 所示：上方的实线和虚线代表 $N=64$ 的仿真结果；下方的实线和虚线代表 $N=32$ 的仿真结果。由图可知，理论公式所得距离信息始终高于最大似然估计所得距离信息。

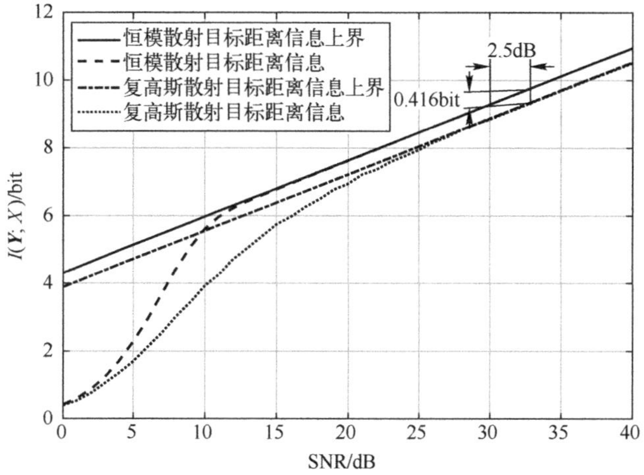

图 4.10　两种散射目标的距离信息及其上界

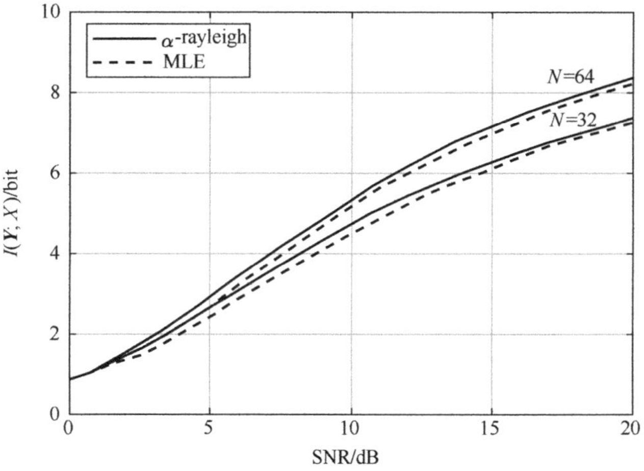

图 4.11　最大似然估计和理论公式所得距离信息对比

4.8　熵误差

下面将论述感知信息论中的第二个原创概念——熵误差（Entropy Error，EE）。空间信息是雷达系统性能的正向评价指标。空间信息量越大，感知性能越好。熵误差与均方误差（Mean Square Error，MSE）一样，是雷达系统性能的反向评价指标。熵误差越小，感知性能越好。

4.8.1 熵误差的定义

图 4.12 为六次快拍的测距分布，距离信息为 0~5bit。

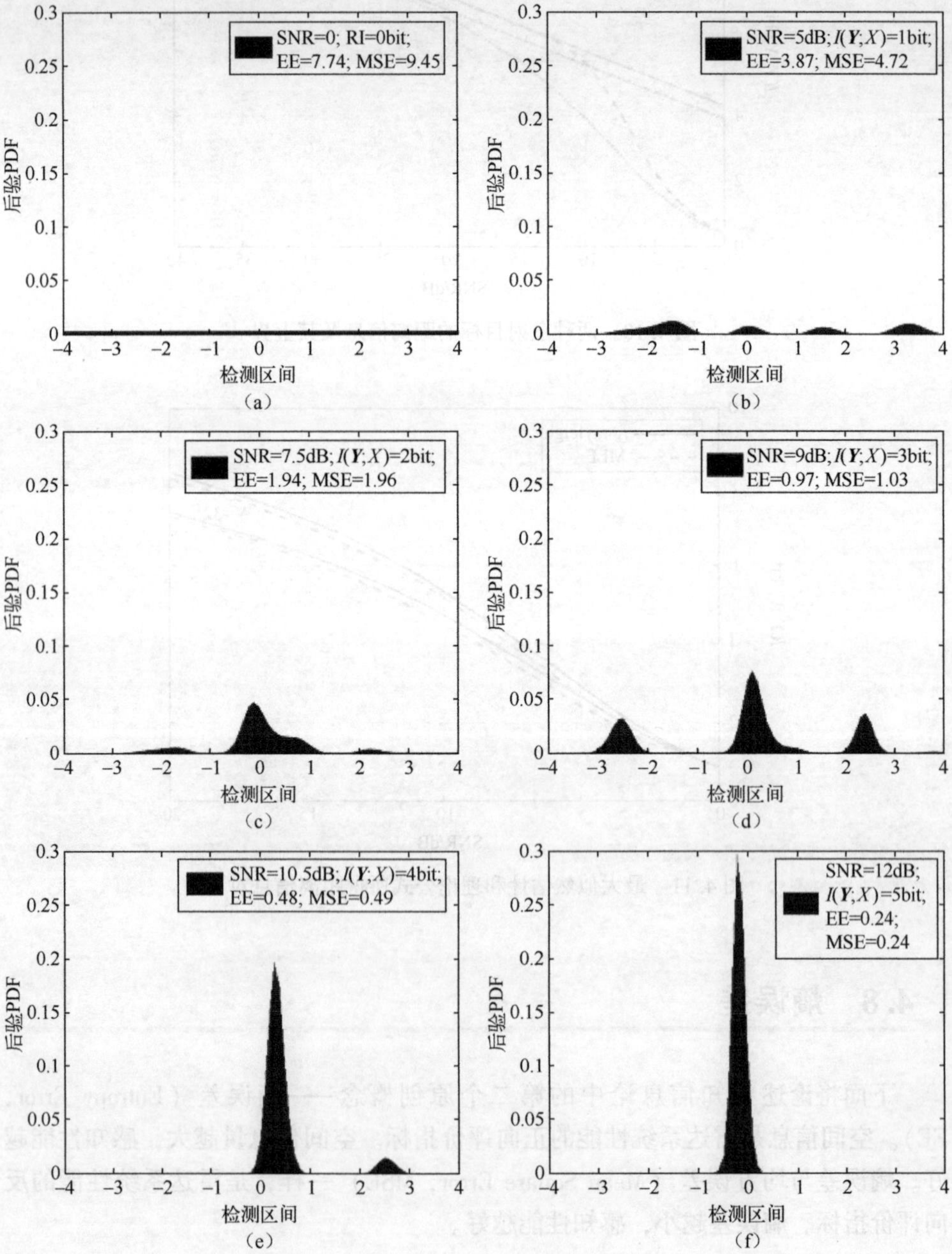

图 4.12　六次快拍的测距分布

由图可知，当 SNR<10dB 时，测距分布不服从正态分布。现在的问题是，如何评价测距性能呢？目前通用的方法是采用均方误差作为评价指标。在中低 SNR 条件下，误差并不是二阶统计量，如果仍然采用 MSE 这个二阶统计量作为评价指标，显然是不合理的。这一问题在测量领域广泛存在。当测量条件不理想时，测量误差也不是二阶统计量。

学术界虽早就意识到均方误差的这种局限性，但苦于找不到合理的评价指标。有没有更科学、更合理的评价指标呢？事实上，从信息论角度来看，测距分布的微分熵就是一个很好的评价指标。我们知道，微分熵代表不确定性，微分熵越大，表示测距的不确定性越大，性能越差；反之，微分熵越小，表示测距的不确定性越小，性能越好。为此，我们给出如下定义。

定义 4.3【熵误差】 测距分布 $h(X|\boldsymbol{Y})$ 的熵幂为

$$\sigma_{\mathrm{EE}}^2(X|\boldsymbol{Y})=\frac{2^{2h(X|\boldsymbol{Y})}}{2\pi\mathrm{e}} \tag{4.87}$$

被称为熵误差，熵误差的平方根 $\sigma_{\mathrm{EE}}(X|\boldsymbol{Y})$ 被称为熵偏差，代表测距的精度。

值得注意的是，英文单词 power 在数学上被翻译为幂，在电学上被翻译为功率。在国内很多信息论的书籍中，熵幂更多地被称为熵功率。当用统计量表示电信号时，熵功率确实更能反映物理意义。在这里，误差统计量采用的是长度或时间的单位，故称熵幂更加严谨。

根据信息论的知识，熵误差总是小于或等于均方误差，如果用 σ_{MSE}^2 表示均方误差，那么 $\sigma_{\mathrm{EE}}^2\leqslant\sigma_{\mathrm{MSE}}^2$。在高 SNR 时，由于后验 PDF 逼近高斯分布，因此有

$$\lim_{\rho^2\to\infty}\sigma_{\mathrm{EE}}^2=\sigma_{\mathrm{MSE}}^2 \tag{4.88}$$

以上分析表明，熵误差是均方误差的推广，在高 SNR 时退化为均方误差。

考虑先验分布服从均匀分布 $\pi(x)=1/(TB)$ 的熵误差。均匀分布的微分熵 $h(x)=\log TB$，单位为归一化时延单位的对数。熵偏差 $\sigma_{\mathrm{EE}}(X|\boldsymbol{Y})=\dfrac{TB}{\sqrt{2\pi\mathrm{e}}}$，单位为归一化时延单位。熵误差 $\sigma_{\mathrm{EE}}^2(X|\boldsymbol{Y})=\dfrac{(TB)^2}{2\pi\mathrm{e}}$，单位为归一化时延单位的平方。熵偏差的单位与所估计参数的单位相同。熵误差的单位是熵偏差单位的平方，与均方误差的单位相同。

事实上，熵误差就是后验分布的熵功率。熵误差是从信息论角度进行定义的性能指标，与均方误差指标相比，能够更准确地反映系统性能。前面已给出恒模散射目标和复高斯散射目标的后验分布，根据熵误差的定义，可计算两种目标位

置估计的熵误差。由恒模散射目标距离信息的上界，可得熵误差的下界为

$$\sigma_{\mathrm{EE}}^2 \geqslant \frac{2^{2\log\sqrt{\frac{\pi e}{\rho^2\beta^2}}}}{2\pi e} = \frac{1}{2\rho^2\beta^2} \tag{4.89}$$

由此可知，恒模散射目标距离信息熵误差的下界就是 CRB。

同理，由复高斯散射目标距离信息上界可得对应的熵误差下界，即

$$\sigma_{\mathrm{EE}}^2 \geqslant \frac{1}{2\rho^2\beta^2} 2^{\frac{\gamma}{\ln 2}} \tag{4.90}$$

熵误差、均方误差及 CRB 之间的关系如图 4.13 所示。由图可知，均方误差和熵误差均随着 SNR 的增大而减小，并逐渐逼近 CRB。这说明，在高 SNR 时，σ_{EE}^2逐渐退化为 σ_{MSE}^2；在中低 SNR 时，后验分布不再服从高斯分布，熵误差是更好的度量指标。

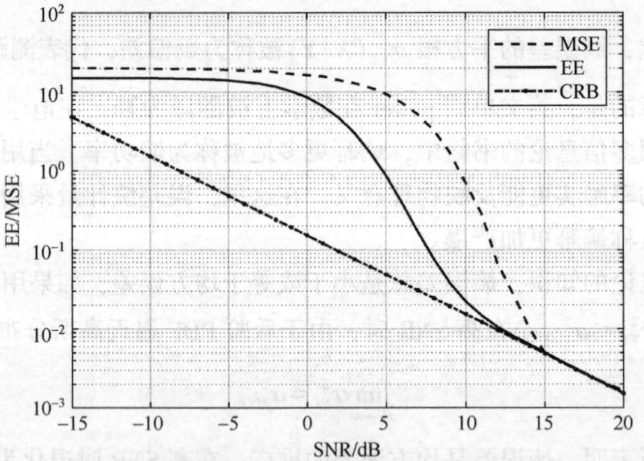

图 4.13　熵误差、均方误差及 CRB 之间的关系

4.8.2　距离信息−熵偏差关系定理

以上定义的熵误差取决于理论测距分布，也被称为理论熵误差。如不进行说明，则后面提到的熵误差均为理论熵误差。熵偏差和距离信息都是测距指标，之间的关系有如下定理。

定理 4.1　每获取 1bit 距离信息等价于熵偏差缩小一半。

证明： 假设 $\sigma_{\mathrm{EE}}(X)$是由先验分布 $\pi(x)$定义的熵偏差，即

$$\sigma_{\mathrm{EE}}(X)=\frac{2^{\pi(x)}}{\sqrt{2\pi\mathrm{e}}} \tag{4.91}$$

$\sigma_{\mathrm{EE}}(X|\boldsymbol{Y})$是由后验分布$p(x|\boldsymbol{y})$定义的熵偏差，即

$$\begin{aligned}\frac{\sigma_{\mathrm{EE}}(X|\boldsymbol{Y})}{\sigma_{\mathrm{EE}}(X)}&=2^{h(x|\boldsymbol{Y})-\pi(x)}\\&=2^{-I(\boldsymbol{Y};X)}\end{aligned} \tag{4.92}$$

当距离信息$I(\boldsymbol{Y};X)=1\mathrm{bit}$时，$\dfrac{\sigma_{\mathrm{EE}}(X|\boldsymbol{Y})}{\sigma_{\mathrm{EE}}(X)}=\dfrac{1}{2}$，证毕。

定理 4.1 揭示了距离信息的物理意义，即距离信息来源于测距精度的提高，测距精度取决于在已知数据后测距分布的变化。熵偏差与距离信息就像一枚硬币的两面，两者之间一一对应，在感知信息论中占有十分重要的地位。

4.8.3　经验熵误差

熵误差反映的是雷达测距的理论性能，具体的估计器性能由经验熵误差进行评价。关于 SAP 估计器的定义如下。

定义 4.4【经验熵】　假设目标位置的后验分布为$p(x|\boldsymbol{y})$，如果x_m是第m次快拍数据为$\boldsymbol{y}_m$的 SAP 估计，则 SAP 估计器经过M次快拍的经验熵被定义为

$$\hat{h}(x|\boldsymbol{y})=\frac{1}{M}\sum_{m=1}^{M}\log\frac{1}{p(x_m|\boldsymbol{y}_m)} \tag{4.93}$$

式（4.93）实际上给出了一种通过蒙特卡罗仿真计算后验微分熵的方法。

定义 4.5【经验熵误差】　假设目标位置的后验分布为$p(x|\boldsymbol{y})$，则 SAP 估计器经过M次快拍的经验熵误差被定义为

$$\hat{\sigma}_{\mathrm{EE}}^{2}(x|\boldsymbol{y})=\frac{2^{\frac{2}{M}\sum_{m=1}^{M}\log\frac{1}{p(x_m|\boldsymbol{y}_m)}}}{2\pi\mathrm{e}} \tag{4.94}$$

4.9　熵误差的闭合表达式

前面虽然给出了目标距离信息的理论表达式，但需要对多次快拍得到的数据进行平均才能得到结果，给实际应用带来了困难。下面将推导恒模散射目标$I(\boldsymbol{Y};X)$的闭合表达式。

4.9.1 后验微分熵的一般表达式

观察后验分布 $p(x|\boldsymbol{w})$ 可以发现，信号部分主要位于目标位置 x_0 的邻域，微分熵可分为两个部分进行计算：一个是包含 $p(x|\boldsymbol{w})$ 峰值的 x_0 附近的信号区间，用于计算信号分量；另一个是信号区间以外噪声起主导作用的噪声区间，用于计算噪声分量，如图 4.14 所示。

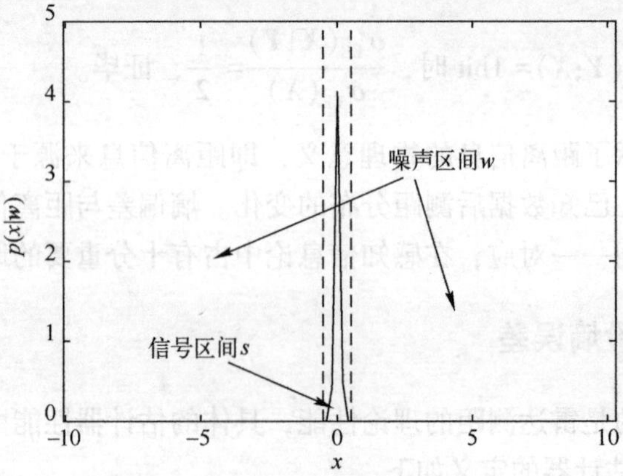

图 4.14 信号区间和噪声区间

后验分布可改写为

$$p(x|\boldsymbol{w})=\frac{I_0(|R_s(x)+R_w(x)|)}{\int_{-TB/2}^{TB/2}I_0(|R_s(x)+R_w(x)|)\mathrm{d}x} \tag{4.95}$$

式中，$R_s(x)$ 表示信号分量，有

$$R_s(x)=2\rho^2\operatorname{sinc}(x-x_0) \tag{4.96}$$

$R_w(x)$ 表示噪声分量，有

$$R_w(x)=\frac{2\alpha}{N_0}w(x) \tag{4.97}$$

在信号区间，令 $V_s=I_0(|R_s(x)+R_w(x)|)$，$\Omega_s=\int_s V_s\mathrm{d}x$ 表示 V_s 在信号区间的面积。在噪声区间，忽略信号的影响，令 $V_w=I_0(|R_w(x)|)$，$\Omega_w=\int_w V_w\mathrm{d}x$ 表示 V_w 在噪声区间的面积。后验微分熵 $h(X|\boldsymbol{Y})$ 可改写为

$$h(X|\boldsymbol{Y})=-\int_{s}\frac{V_s}{\Omega_s+\Omega_w}\log\frac{V_s}{\Omega_s+\Omega_w}\mathrm{d}x-\int_{w}\frac{V_w}{\Omega_s+\Omega_w}\log\frac{V_w}{\Omega_s+\Omega_w}\mathrm{d}x \tag{4.98}$$

式（4.98）中的第一项为

$$\begin{aligned}
&-\int_{s}\frac{V_s}{\Omega_s+\Omega_w}\log\frac{V_s}{\Omega_s+\Omega_w}\mathrm{d}x\\
&=-\int_{s}\frac{V_s}{\Omega_s+\Omega_w}\log\frac{V_s}{\Omega_s}\mathrm{d}x-\int_{s}\frac{V_s}{\Omega_s+\Omega_w}\log\frac{\Omega_s}{\Omega_s+\Omega_w}\mathrm{d}x\\
&=\frac{\Omega_s}{\Omega_s+\Omega_w}\left(-\int_{s}\frac{V_s}{\Omega_s}\log\frac{V_s}{\Omega_s}\mathrm{d}x\right)-\frac{\Omega_s}{\Omega_s+\Omega_w}\log\frac{\Omega_s}{\Omega_s+\Omega_w}\\
&=\kappa H_s-\kappa\log\kappa
\end{aligned} \tag{4.99}$$

式中

$$H_s=-\int_{s}\frac{V_s}{\Omega_s}\log\frac{V_s}{\Omega_s}\mathrm{d}x \tag{4.100}$$

表示在信号区间的后验微分熵。

$$\kappa=\frac{\Omega_s}{\Omega_s+\Omega_w} \tag{4.101}$$

被称为目标因子，表示信号部分的面积占总面积的比例，数值越大，估计性能越好。

同样，式（4.98）中的第二项为

$$\begin{aligned}
&-\int_{w}\frac{V_s}{\Omega_s+\Omega_w}\log\frac{V_w}{\Omega_s+\Omega_w}\mathrm{d}x\\
&=\frac{\Omega_w}{\Omega_s+\Omega_w}\left(-\int_{w}\frac{V_w}{\Omega_w}\log\frac{V_w}{\Omega_w}\mathrm{d}x\right)-\frac{\Omega_w}{\Omega_s+\Omega_w}\log\frac{\Omega_w}{\Omega_s+\Omega_w}\\
&=(1-\kappa)H_w-(1-\kappa)\log(1-\kappa)
\end{aligned} \tag{4.102}$$

式中

$$H_w=-\int_{w}\frac{V_w}{\Omega_w}\log\frac{V_w}{\Omega_w}\mathrm{d}x \tag{4.103}$$

表示在噪声区间的后验微分熵。

由式（4.98）到式（4.103），后验微分熵可简化为

$$h(X|\boldsymbol{W})=\kappa H_s+(1-\kappa)H_w+H(\kappa) \tag{4.104}$$

式中

$$H(\kappa)=-\kappa\log\kappa-(1-\kappa)\log(1-\kappa) \tag{4.105}$$

表示目标位置估计落在信号区间还是噪声区间的不确定性。

4.9.2 H_w、H_s 和 κ 的近似计算

为了方便，下面使用自然对数进行推导，对结果的正确性没有影响。

1. H_w 的近似计算

首先，推导噪声区间的 PDF，并忽略信号影响的后验 PDF 可表示为 $\nu I_0(|R_w(x)|)$。其中，ν 表示归一化系数；$R_w(x)$ 是均值为 0、方差为 $4\rho^2$ 的高斯白噪声过程；模 $\varepsilon=|R_w(x)|$ 服从瑞利分布，即

$$f(\varepsilon)=\frac{\varepsilon}{2\rho^2}\exp\left(-\frac{\varepsilon^2}{4\rho^2}\right) \tag{4.106}$$

假设噪声区间的 PDF 服从均匀分布，对 $\nu I_0(|R_w(x)|)$ 求期望，并利用修正贝塞尔函数近似式 $I_0(\varepsilon)\approx e^{\varepsilon}/\sqrt{2\pi\varepsilon}$，有

$$\begin{aligned}
E_{\varepsilon}[\nu I_0(|R_w(x)|)] &= \int_0^{\infty}\nu I_0(\varepsilon)f(\varepsilon)\mathrm{d}\varepsilon \\
&= \int_0^{\infty}\nu\frac{e^{\varepsilon}}{\sqrt{2\pi\varepsilon}}\frac{\varepsilon}{2\rho^2}\exp\left(-\frac{\varepsilon^2}{4\rho^2}\right)\mathrm{d}\varepsilon \\
&= \nu e^{\rho^2}\int_0^{\infty}\frac{\varepsilon}{2\rho^2\sqrt{2\pi\varepsilon}}\exp\left[-\frac{1}{2}\left(\frac{\varepsilon}{\sqrt{2}\rho}-\sqrt{2}\rho\right)^2\right]\mathrm{d}\varepsilon \\
&= \nu e^{\rho^2}
\end{aligned} \tag{4.107}$$

在整个观测区间，由于信号所在区间很小，因此 $T\nu e^{\rho^2/2}\approx 1$，有

$$\nu\approx\frac{1}{Te^{\rho^2}} \tag{4.108}$$

同时，利用均匀分布，可以计算

$$\Omega_w = TB\int_0^{\infty}I_0(\varepsilon)f(\varepsilon)\mathrm{d}\varepsilon = Te^{\rho^2} \tag{4.109}$$

噪声区间的平均熵为

$$H_w = -T\int_0^{\infty}f(\varepsilon)\nu I_0(\varepsilon)\ln(\nu I_0(\varepsilon))\mathrm{d}\varepsilon$$

$$\approx -T\int_0^{\infty}\frac{\varepsilon}{2\rho^2}\exp\left(-\frac{\varepsilon^2}{4\rho^2}\right)\nu\frac{e^{\varepsilon}}{\sqrt{2\pi\varepsilon}}\ln\left(\nu\frac{e^{\varepsilon}}{\sqrt{2\pi\varepsilon}}\right)d\varepsilon \tag{4.110}$$

$$= -T\nu e^{\rho^2}\int_0^{\infty}\frac{\varepsilon}{2\rho^2\sqrt{2\pi\varepsilon}}\exp\left[-\frac{1}{2}\left(\frac{\varepsilon}{\sqrt{2}\rho}-\sqrt{2}\rho\right)^2\right]\ln\left(\frac{\nu}{\sqrt{2\pi}}e^{\varepsilon}\frac{1}{\sqrt{\varepsilon}}\right)d\varepsilon$$

将式（4.110）对数项中的部分拆成 $\nu/\sqrt{2\pi}$、e^{ε}、$1/\sqrt{\varepsilon}$ 等三项分别进行计算和适当近似，可得

$$\int_0^{\infty}\frac{\varepsilon}{2\rho^2\sqrt{2\pi\varepsilon}}\exp\left[-\frac{1}{2}\left(\frac{\varepsilon}{\sqrt{2}\rho}-\sqrt{2}\rho\right)^2\right]\ln\left(\frac{\nu}{\sqrt{2\pi}}\right)d\varepsilon \approx \ln\frac{\nu}{\sqrt{2\pi}} \tag{4.111}$$

$$\int_0^{\infty}\frac{\varepsilon}{2\rho^2\sqrt{2\pi\varepsilon}}\exp\left[-\frac{1}{2}\left(\frac{\varepsilon}{\sqrt{2}\rho}-\sqrt{2}\rho\right)^2\right]\ln(e^{\varepsilon})d\varepsilon \approx 2\rho^2+\frac{1}{2} \tag{4.112}$$

$$\int_0^{\infty}\frac{\varepsilon}{2\rho^2\sqrt{2\pi\varepsilon}}\exp\left[-\frac{1}{2}\left(\frac{\varepsilon}{\sqrt{2}\rho}-\sqrt{2}\rho\right)^2\right]\ln\left(\frac{1}{\sqrt{\varepsilon}}\right)d\varepsilon \approx \ln\frac{1}{\sqrt{2}\rho} \tag{4.113}$$

于是有

$$H_w = -T\nu e^{\rho^2}\ln\left(\frac{\nu\exp(2\rho^2+1/2)}{2\rho\sqrt{\pi}}\right) \tag{4.114}$$

将式（4.108）代入式（4.114），可得

$$H_w = \ln\left(\frac{2T\rho\sqrt{\pi e}}{\exp(\rho^2+1)}\right) \tag{4.115}$$

2. H_s 的近似计算

先将 $R_s(x)$ 在 x_0 处进行泰勒级数展开，并忽略高次项，有

$$R_s(x)\approx 2\rho^2-\rho^2\beta^2(x-x_0)^2 \tag{4.116}$$

式中，$\beta^2=\pi^2/3$ 为均方根带宽。

再将 $R_w(x)$ 的实部和虚部在 x_0 处进行泰勒级数展开，并忽略高次项，有

$$R_w(x)=\xi+j\eta\approx\xi_0+\xi'(x-x_0)+j[\eta_0+\eta'(x-x_0)] \tag{4.117}$$

$$E(\xi_0^2)=E(\eta_0^2)=2\rho^2 \tag{4.118}$$

$$E(\xi'^2)=E(\eta'^2)=2\rho^2\beta^2 \tag{4.119}$$

由式（4.116）和式（4.117），可得

$$|R_s(x)+R_w(x)|\approx 2\rho^2+\xi_0+\frac{\eta_0^2}{4\rho^2}+\frac{\xi'^2}{4\rho^2\beta^2}-\rho^2\beta^2\left(x-x_0-\frac{\xi'}{2\rho^2\beta^2}\right)^2 \\ =2\rho^2+\chi-\rho^2\beta^2(x-x_m)^2 \tag{4.120}$$

式中

$$\chi=\xi_0+\frac{\eta_0^2}{4\rho^2}+\frac{\xi'^2}{4\rho^2\beta^2} \tag{4.121}$$

这里

$$E(\chi)=1 \tag{4.122}$$

$$E(x_m)=0 \tag{4.123}$$

$$E[(x_0-x_m)^2]=\frac{1}{2\rho^2\beta^2} \tag{4.124}$$

代入 $V_s=I_0(|R_s(x)+R_w(x)|)$ 进行估算，经整理，可得

$$V_s\approx I_0\left[2\rho^2+1-\frac{1}{3}\rho^2\pi^2(x-x_0+x_m)^2\right] \tag{4.125}$$

利用贝塞尔函数近似式，可得

$$\Omega_s=\int_s V_s\mathrm{d}x\approx\frac{\exp(2\rho^2+1)}{2\rho^2\beta} \tag{4.126}$$

由式（4.48）可知，后验 PDF 在信号区间服从高斯分布，后验微分熵为

$$H_s=\frac{1}{2}\ln\left(\frac{\pi \mathrm{e}}{\rho^2\beta^2}\right) \tag{4.127}$$

3. κ 的近似计算

根据 Ω_s 和 Ω_w 的计算结果，可得

$$\kappa=\frac{\exp(\rho^2+1)}{2T\beta\rho^2+\exp(\rho^2+1)} \tag{4.128}$$

4.9.3 距离信息与熵误差的闭合表达式

在前面理论推导的基础上，我们可以得到如下定理。

定理 4.2 令单个恒模散射目标感知系统的均方根带宽为 β，SNR 为 ρ^2，

如果目标位置的先验分布在观测时间 T 内服从均匀分布，则距离信息和熵误差分别为

$$I(\boldsymbol{Y};X)=\ln\frac{T\beta\rho\kappa}{\sqrt{\pi e}} \tag{4.129}$$

$$\sigma_{\mathrm{EE}}^{2}(X|\boldsymbol{Y})=\frac{1}{2\rho^{2}\beta^{2}\kappa^{2}} \tag{4.130}$$

式中，κ 由式（4.128）确定。

证明： 先推导后验微分熵的闭合表达式，将 H_s、H_w 和 κ 的近似结果代入后验微分熵，可得

$$h(X|\boldsymbol{Y})=\kappa\frac{1}{2}\ln\left[\frac{\pi e}{\rho^{2}\beta^{2}}\right]+(1-\kappa)\ln\left(\frac{2T\rho\sqrt{\pi e}}{\exp(\rho^{2}+1)}\right)+\kappa\ln\frac{1}{\kappa}+(1-\kappa)\ln\frac{1}{1-\kappa} \tag{4.131}$$

合并同类项，可得

$$h(X|\boldsymbol{Y})=\kappa\ln\left(\frac{\sqrt{\pi e}}{\rho\beta\kappa}\right)+(1-\kappa)\ln\left(\frac{2T\rho\sqrt{\pi e}}{\exp(\rho^{2}+1)(1-\kappa)}\right) \tag{4.132}$$

注意

$$\exp(\rho^{2}+1)(1-\kappa)=2T\beta\rho^{2}\kappa \tag{4.133}$$

则

$$\begin{aligned}h(X|\boldsymbol{Y})&=\kappa\ln\left(\frac{\sqrt{\pi e}}{\rho\beta\kappa}\right)+(1-\kappa)\ln\left(\frac{2T\rho\sqrt{\pi e}}{2T\rho^{2}\beta\kappa}\right)\\&=\kappa\ln\left[\frac{\sqrt{\pi e}}{\rho\beta\kappa}\right]+(1-\kappa)\ln\left(\frac{\sqrt{\pi e}}{\rho\beta\kappa}\right)\\&=\ln\left(\frac{\sqrt{\pi e}}{\rho\beta\kappa}\right)\end{aligned} \tag{4.134}$$

由于目标位置的先验分布服从均匀分布，因此先验微分熵 $h(X)=\ln T$，有

$$\begin{aligned}I(\boldsymbol{Y};X)&=\ln T-\ln\left(\frac{\sqrt{\pi e}}{\beta\rho\kappa}\right)\\&=\ln\frac{T\beta\rho\kappa}{\sqrt{\pi e}}\end{aligned} \tag{4.135}$$

将后验微分熵的表达式代入熵误差，可得

$$\begin{aligned}\sigma_{\mathrm{EE}}^{2}(X|\boldsymbol{Y}) &= \frac{1}{2\pi \mathrm{e}}\exp\left[2\ln\left(\frac{\sqrt{\pi \mathrm{e}}}{\rho\beta\kappa}\right)\right] \\ &= \frac{1}{2\rho^{2}\beta^{2}\kappa^{2}}\end{aligned} \tag{4.136}$$

证毕。

图 4.15 给出了恒模散射目标距离信息理论值和闭合表达式近似结果的比较。

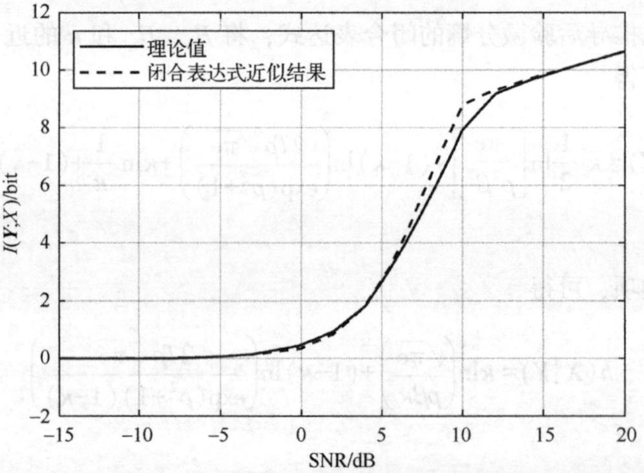

图 4.15　恒模散射目标距离信息理论值和闭合表达式近似结果的比较

由图可知，闭合表达式近似结果在所有信噪比范围内都与理论值基本一致，只有 SNR 为 10~15dB 时有较小的误差，也在可接受范围内。该结果说明了理论分析的正确性。距离信息的闭合表达式使实际应用更加方便。

图 4.16 给出了恒模散射目标距离估计熵误差理论值和闭合表达式近似结果的比较。由图可知，闭合表达式近似结果在所有信噪比范围内都与理论值基本一致，只有在中等信噪比条件下有较小的误差，也在可接受范围内。该结果也说明了理论推导的正确性。

在高信噪比时，$\kappa \approx 1$，距离信息为

$$I(\boldsymbol{Y};X) = \ln\frac{T\beta\rho}{\sqrt{\pi \mathrm{e}}} \tag{4.137}$$

熵误差为

$$\sigma_{\mathrm{EE}}^{2} = \frac{1}{2\rho^{2}\beta^{2}} \tag{4.138}$$

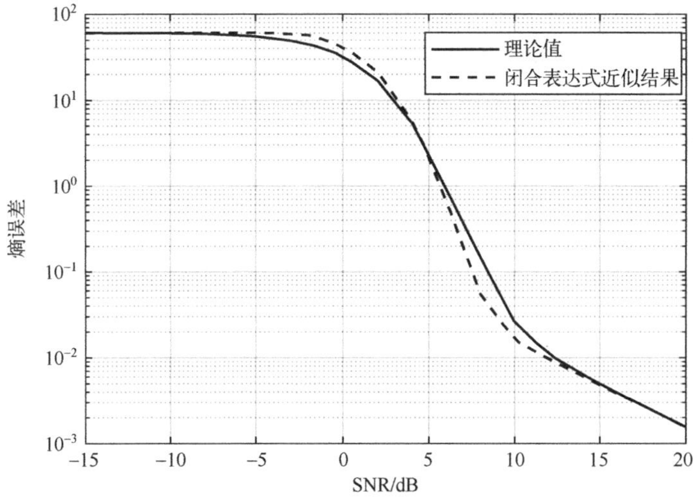

图 4.16　恒模散射目标距离估计熵误差理论值和闭合表达式近似结果的比较

与前面的分析结果是一致的。

值得注意的是，在感兴趣的 SNR 区域内，结果的吻合度都比较好，只是不适用于极低 SNR 场景。

图 4.17 给出了时间带宽积为 32 时，恒模散射目标与复高斯散射目标距离估计熵误差及其下界的比较。由图可知，在相同时间带宽积和散射功率条件下，复高斯散射目标幅度的随机性导致其熵误差在所有信噪比范围内始终都大于恒模散射目标，验证了恒模散射目标熵误差下界的正确性。

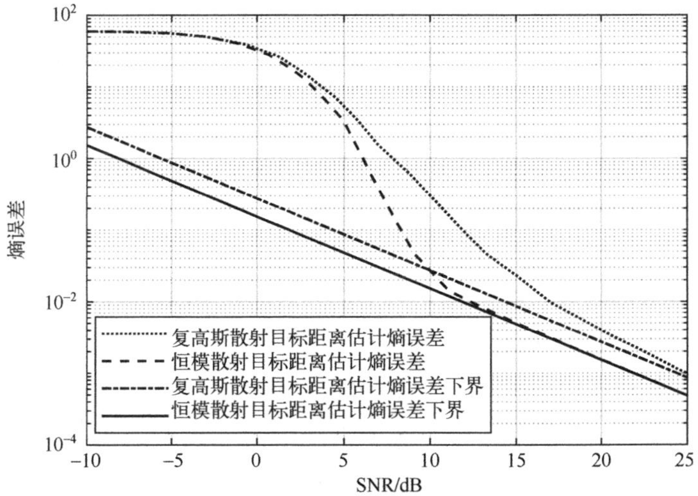

图 4.17　恒模散射目标与复高斯散射目标距离估计熵误差及其下界的比较

图 4.18 比较了恒模散射目标的理论熵误差、最大似然算法的均方误差和 CRB。由图可知，最大似然算法的均方误差随着信噪比的增大而减小，逐渐趋近于 CRB，理论熵误差也是随着信噪比的增大而减小，在高信噪比时达到与 CRB 一致的下界。在中低信噪比情形下，CRB 无法作为均方误差的性能下界，理论熵误差更贴近实际误差，是更合理的性能评价指标。

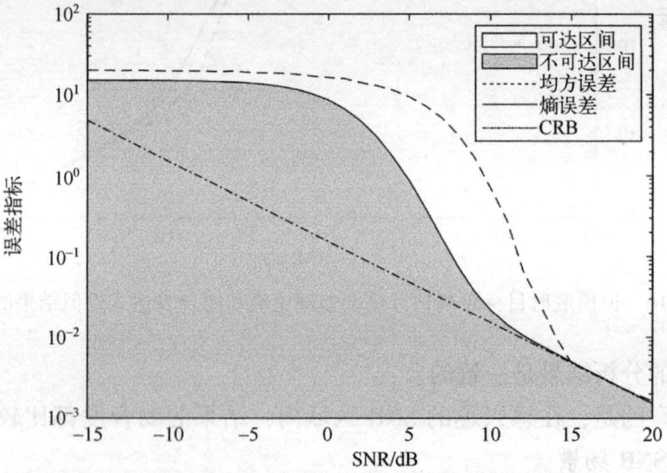

图 4.18　恒模散射目标的理论熵误差、最大似然算法的均方误差及 CRB 的比较

4.10　散射信息

目标的空间信息由距离信息和散射信息两个部分组成。前面详细分析和推导了目标的距离信息。下面将研究目标散射信息的计算方法，分恒模散射目标和复高斯散射目标两种情形进行研究。

4.10.1　恒模散射目标的散射信息

对恒模散射目标，散射信息 $I(\boldsymbol{Y},S|X)$ 可简化为相位信息 $I(\boldsymbol{Y},\Phi|X)$。在已知距离参量 X 和相位参量 Φ 的条件下，$\boldsymbol{Y}$ 的多维 PDF 为

$$p(\boldsymbol{y}|x,\varphi)=\left(\frac{1}{\pi N_0}\right)^N\exp\left(-\frac{1}{N_0}\sum_{n=-N/2}^{N/2-1}\left|y(n)-\alpha\mathrm{e}^{\mathrm{j}\varphi}\mathrm{sinc}(n-x)\right|^2\right)\tag{4.139}$$

进一步求得已知目标位置时相位参量的条件 PDF 为

$$p(\varphi\,|\,\boldsymbol{y},x)=\frac{p(\boldsymbol{y},\varphi\,|\,x)}{p(\boldsymbol{y}\,|\,x)}=\frac{\exp\left(-\dfrac{1}{N_0}\sum\limits_{n=-N/2}^{N/2-1}|y(n)-\alpha\mathrm{e}^{\mathrm{j}\varphi}\mathrm{sinc}(n-x)|^2\right)}{\int_0^{2\pi}\exp\left(-\dfrac{1}{N_0}\sum\limits_{n=-N/2}^{N/2-1}|y(n)-\alpha\mathrm{e}^{\mathrm{j}\varphi}\mathrm{sinc}(n-x)|^2\right)\mathrm{d}\varphi} \tag{4.140}$$

将指数中的和式展开，化简常数项，可得

$$p(\varphi\,|\,\boldsymbol{y},x)=\frac{\exp\left(\dfrac{2\alpha}{N_0}\mathrm{Re}(\mathrm{e}^{-\mathrm{j}\varphi}\boldsymbol{\psi}^{\mathrm{H}}(x)\boldsymbol{y})\right)}{I_0\left(\dfrac{2\alpha}{N_0}|\boldsymbol{\psi}^{\mathrm{H}}(x)\boldsymbol{y}|\right)} \tag{4.141}$$

为了推导更清晰的表达式，进一步令

$$y(n)=\alpha\mathrm{e}^{\mathrm{j}\varphi_0}\psi(n-x_0)+w_0(n) \tag{4.142}$$

式中，φ_0 是当前快拍目标的散射相位；$w_0(n)$ 是当前快拍的噪声过程。代入式（4.141），可得

$$p(\varphi\,|\,\boldsymbol{y},x)=\frac{1}{\nu}\exp\left(\frac{2\alpha^2}{N_0}\cos(\varphi-\varphi_0)\,\mathrm{sinc}(x-x_0)+\frac{2\alpha}{N_0}\mathrm{Re}(\mathrm{e}^{-\mathrm{j}\varphi_0}w_0(x))\right) \tag{4.143}$$

式中，ν 为归一化常数。式（4.143）中噪声分量的均值为

$$E\left[\frac{2\alpha}{N_0}\mathrm{Re}(\mathrm{e}^{-\mathrm{j}\varphi_0}w_0(x))\right]=0 \tag{4.144}$$

方差为

$$E\left[\frac{2\alpha}{N_0}\mathrm{Re}(\mathrm{e}^{-\mathrm{j}\varphi_0}w_0(x))\right]^2=4\rho^2 \tag{4.145}$$

相位信息的后验分布为

$$p(\varphi\,|\,\boldsymbol{y},x)=\frac{1}{\nu}\exp(2\rho^2\cos(\varphi-\varphi_0)\,\mathrm{sinc}(x-x_0)+2\rho\mu(x)) \tag{4.146}$$

式中，$\mu(x)$ 是均值为 0、方差为 1 的标准复高斯过程。

雷达信号处理只有在相干累积时才对相位信息感兴趣，需要进行估计的场景并不多。相位估计对数字调制信号的相干解调非常重要。信号同步相当于式（4.146）中，当给定位置正好处于目标的实际位置 $x=x_0$ 时，解调 SNR 最大，后验分布为

$$p(\varphi\,|\,\boldsymbol{y},x_0)=\frac{1}{\nu}\exp(2\rho^2\cos(\varphi-\varphi_0)+2\rho^2\mu(x_0)) \tag{4.147}$$

根据互信息的性质，可以得出目标的相位信息为

$$
\begin{aligned}
I(\boldsymbol{Y},\boldsymbol{\Phi}\mid x_0) &= h(\boldsymbol{\Phi}\mid X)-h(\boldsymbol{\Phi}\mid \boldsymbol{Y},X)\\
&= \log(2\pi)-E_{\mu}[h(\varphi\mid \boldsymbol{y},x_0)]
\end{aligned} \tag{4.148}
$$

式（4.148）就是相位调制的信道容量，其中

$$
h(\varphi\mid \boldsymbol{y},x_0) = -\int_0^{2\pi} p(\varphi\mid \boldsymbol{\mu},x_0)\log p(\varphi\mid \boldsymbol{\mu},x_0)\,\mathrm{d}\varphi \tag{4.149}
$$

$E_{\mu}[\cdot]$为对所有标准的高斯样本求期望。

虽然相位调制的信道容量尚没有闭合表达式，但可以获得高 SNR 时的上界。在高 SNR 时，忽略噪声部分的影响

$$
p(\varphi\mid \boldsymbol{y},x_0) \propto \exp(2\rho^2\cos(\varphi-\varphi_0)) \tag{4.150}
$$

将余弦函数在 φ_0 处展开，可得

$$
\cos(\varphi-\varphi_0) = 1-\frac{1}{2}(\varphi-\varphi_0)^2+O(\varphi-\varphi_0)^2 \tag{4.151}
$$

忽略常数项和高次项，可得

$$
p(\varphi\mid \boldsymbol{y},x_0) \propto \exp(-\rho^2(\varphi-\varphi_0)^2) \tag{4.152}
$$

式（4.152）说明，在高 SNR 时，相位信息的后验分布服从均值为 φ_0、方差为$\frac{1}{2\rho^2}$的正态分布，即

$$
p(\varphi\mid \boldsymbol{y},x_0) = \frac{1}{\sqrt{\pi\rho^{-2}}}\exp(-\rho^2(\varphi-\varphi_0)^2) \tag{4.153}
$$

相位调制信道容量的上界为

$$
\begin{aligned}
I(\boldsymbol{Y},\boldsymbol{\Phi}\mid x_0) &\leqslant \log(2\pi)-\frac{1}{2}\log(2\pi\mathrm{e})\frac{1}{2\rho^2}\\
&= \frac{1}{2}\log\frac{4\pi}{\mathrm{e}}\rho^2\\
&= \log\sqrt{\frac{\pi}{\mathrm{e}}}\rho+1
\end{aligned} \tag{4.154}
$$

图 4.19 给出了相位调制信道容量的数值结果，随着 SNR 的增大，容量逐渐逼近上界，为了对比，还给出了不同相位调制系统的互信息，在高 SNR 的情形下，采用高阶调制可以获得更大的互信息。

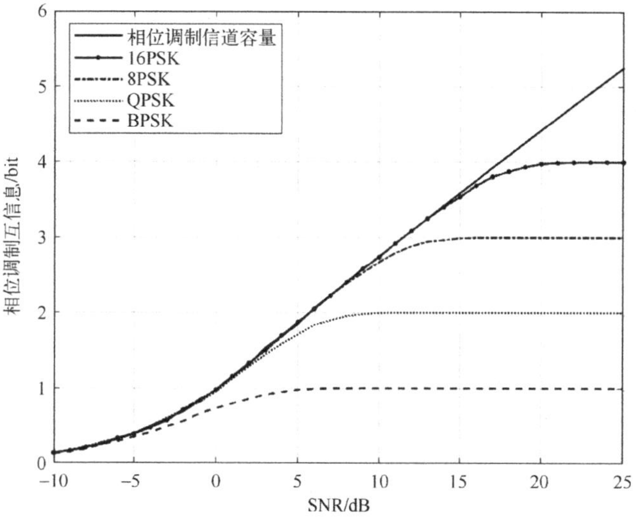

图 4.19　相位调制信道容量的数值结果和不同相位调制系统的互信息

4.10.2　复高斯散射目标的散射信息

对复高斯散射目标，接收信号 $\boldsymbol{Y}$ 也是复高斯矢量，协方差矩阵为

$$\begin{aligned}E[\boldsymbol{Y}\boldsymbol{Y}^{\mathrm{H}}]&=E[(\boldsymbol{\psi}(x)S+\boldsymbol{W})(\boldsymbol{\psi}(x)S+\boldsymbol{W})^{\mathrm{H}}]\\&=\boldsymbol{\psi}(x)E[SS^{\mathrm{H}}]\boldsymbol{\psi}^{\mathrm{H}}(x)+E[\boldsymbol{W}\boldsymbol{W}^{\mathrm{H}}]\\&=E[\alpha^2]\boldsymbol{\psi}(x)\boldsymbol{\psi}^{\mathrm{H}}(x)+N_0\boldsymbol{I}\end{aligned}\tag{4.155}$$

已知距离参量 X 的条件微分熵为

$$h(\boldsymbol{Y}|X=x)=\log|E[\alpha^2]\boldsymbol{\psi}(x)\boldsymbol{\psi}^{\mathrm{H}}(x)+N_0\boldsymbol{I}|+N\log(\pi\mathrm{e})\tag{4.156}$$

且有

$$h(\boldsymbol{Y}|X=x,S)=h(\boldsymbol{W})=\log|N_0\boldsymbol{I}|+N\log(\pi\mathrm{e})\tag{4.157}$$

散射信息为

$$\begin{aligned}I(\boldsymbol{Y},S|X=x)&=h(\boldsymbol{Y}|X=x)-h(\boldsymbol{Y}|X=x,S)\\&=\log|E[\alpha^2]\boldsymbol{\psi}(x)\boldsymbol{\psi}^{\mathrm{H}}(x)+N_0\boldsymbol{I}|-\log|N_0\boldsymbol{I}|\\&=\log\left|\boldsymbol{I}+\frac{E[\alpha^2]}{N_0}\boldsymbol{\psi}(x)\boldsymbol{\psi}^{\mathrm{H}}(x)\right|\\&=\log\left|I+\frac{E[\alpha^2]\boldsymbol{\psi}^{\mathrm{H}}(x)\boldsymbol{\psi}(x)}{N_0}\right|\end{aligned}\tag{4.158}$$

$$=\log(1+\rho^2)$$

式中，$E[\alpha^2]$为散射信息的平均功率；$E[\alpha^2]\boldsymbol{\psi}^{\mathrm{H}}(x)\boldsymbol{\psi}(x)$为接收信号的能量；$\rho^2=E[\alpha^2]/N_0$为平均 SNR。

定理 4.3【散射信息】 假设回波信号的能量全部位于观测区间，则当目标服从复高斯分布时，散射信息为

$$I(\boldsymbol{Y},S|X)=\log(1+\rho^2) \tag{4.159}$$

定理 4.3 意味着$I(\boldsymbol{Y},S|X=x)$与目标的归一化时延无关，也就是说，目标的散射信息与距离信息无关，与香农信道容量公式完全一致。

如前所述，在给定目标位置时，雷达等价于一个幅相调制系统，当目标服从高斯分布时，散射信息正好达到信道容量。散射信息与目标位置无关，因为只要散射信息的能量位于观测区间，则无论目标位置如何，通过采样均可以获得全部散射信息的能量。

在恒模散射目标和复高斯散射目标两种情形下，对应的散射信息仿真结果如图 4.20 所示。由图可知，散射信息与 SNR 成正比，随着 SNR 的增大而增加；复高斯散射目标比恒模散射目标获得的散射信息要大，两者的差值就是恒模散射目标散射信息退化为相位信息的减少量。

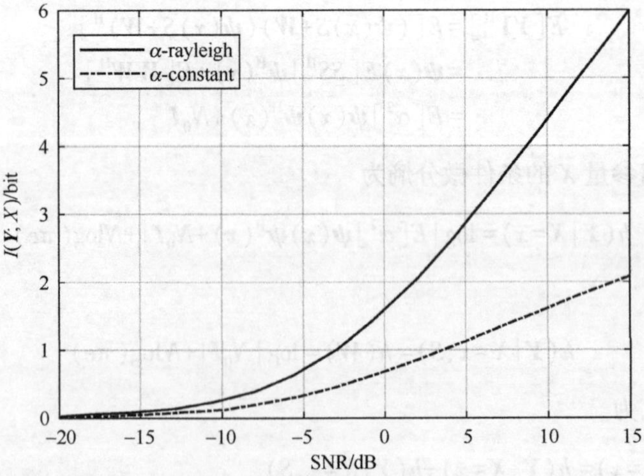

图 4.20 两种目标的散射信息

第 5 章 多目标参数估计与空间分辨率

本章将研究多目标雷达感知信息理论，根据多目标系统方程，推导出了多目标位置信息的理论表达式，并据此提出了多目标位置估计匹配滤波方法。在多目标条件下，现有的匹配滤波方法不是最优的。在已知目标位置的条件下，本章推导出了两目标的散射信息表达式。两目标的散射信息等于同相信道容量与正交信道容量之和。根据正交信道容量，本章提出了空间分辨率的概念，并证明了空间分辨率 $\Delta x=\sqrt{2}/\rho\beta$ 不仅与带宽有关，还随着 SNR 的增大而下降。数值仿真结果表明，基于多目标匹配滤波的最大似然估计具有超分辨能力。

5.1 多目标参数估计

5.1.1 多目标系统模型

假设在观测区间内有 L 个目标，目标之间相互独立，目标位置与散射信号也相互独立，将接收信号变频到基带，并通过带宽为 $B/2$ 的理想低通滤波器，则接收信号为

$$y(t)=\sum_{l=1}^{L}s_l\psi(t-\tau_l)+w(t) \tag{5.1}$$

式中，$\psi(t)$ 为发送的基带信号；$s_l=\alpha_l e^{j\varphi_l}$ 为第 l 个目标的散射系数；$\varphi_l=-2\pi f_c\tau_l+\varphi_{l0}$ 为第 l 个目标的散射相位；$\tau_l=2d_l/c$ 为第 l 个目标的时延；d_l 为第 l 个目标与接收机的距离；c 为信号传播速度；$w(t)$ 是带宽为 $B/2$、均值为 0 的复高斯噪声，实部和虚部的功率谱密度均为 $N_0/2$。

仍以 $\mathrm{sinc}(Bt)$ 为基带信号，假设信号能量几乎全部在观测区间，根据 Shannon-Nyquist 采样定理，以速率 B 对信号 $y(t)$ 进行采样，得到的离散信号为

$$y\left(\frac{n}{B}\right)=\sum_{l=1}^{L}s_l\psi\left(\frac{n-B\tau_l}{B}\right)+y\left(\frac{n}{B}\right),\ n=-\frac{N}{2},\cdots,\frac{N}{2}-1 \tag{5.2}$$

式中，$N=TB$ 为时间带宽积（TBP）。令 $x_l=B\tau_l$，表示目标的归一化时延，得到

$y(t)$的离散采样信号为

$$y(n)=\sum_{l=1}^{L}s_l\psi(n-x_l)+w(n),\ n=-\frac{N}{2},\cdots,\frac{N}{2}-1 \tag{5.3}$$

为了描述方便，将式（5.3）写成矢量形式，即

$$\boldsymbol{y}=\boldsymbol{\Psi}(\boldsymbol{x})\boldsymbol{s}+\boldsymbol{w} \tag{5.4}$$

式中，$\boldsymbol{s}=[s_1,\cdots,s_L]^{\mathrm{T}}$为目标散射信息矢量；$\boldsymbol{x}=[x_1,\cdots,x_L]^{\mathrm{T}}$为目标位置信息矢量；$\boldsymbol{\Psi}(\boldsymbol{x})=[\boldsymbol{\psi}(\boldsymbol{x}_1),\cdots,\boldsymbol{\psi}(\boldsymbol{x}_L)]$表示由基带信号波形和目标时延确定的位置信息矩阵，第l列矢量$\boldsymbol{\psi}(\boldsymbol{x}_l)=[\mathrm{sinc}(-N/2-x_l),\cdots,\mathrm{sinc}(N/2-1-x_l)]^{\mathrm{T}}$是基带信号经过第$l$个目标时延后的回波信号；$\boldsymbol{w}=[w(-N/2),\cdots,w(N/2-1)]^{\mathrm{T}}$为噪声矢量，分量是均值为0的复高斯噪声，实部和虚部的功率谱密度均为$N_0/2$；$\boldsymbol{y}=[y(-N/2),\cdots,y(N/2-1)]^{\mathrm{T}}$为离散形式的接收信号，参数估计的目的就是从接收信号中感知目标的位置和散射信息。

5.1.2 多目标空间信息的概念

用统计观点处理系统方程，令$\boldsymbol{X}$和$\boldsymbol{S}$分别为目标的随机距离信息矢量和散射信息矢量，$\boldsymbol{Y}$和$\boldsymbol{W}$分别为随机接收信号矢量和噪声矢量，可得在给定$\boldsymbol{X}$和$\boldsymbol{S}$时，$\boldsymbol{Y}$的多维条件 PDF[61] 为

$$\begin{aligned}p(\boldsymbol{y}|\boldsymbol{x},\boldsymbol{s})&=\left(\frac{1}{\pi N_0}\right)^N\exp\left(-\frac{1}{N_0}\|\boldsymbol{y}-\boldsymbol{\Psi}(\boldsymbol{x})\boldsymbol{s}\|^2\right)\\&=\left(\frac{1}{\pi N_0}\right)^N\exp\left(-\frac{1}{N_0}(\boldsymbol{y}-\boldsymbol{\Psi}(\boldsymbol{x})\boldsymbol{s})^{\mathrm{H}}(\boldsymbol{y}-\boldsymbol{\Psi}(\boldsymbol{x})\boldsymbol{s})\right)\end{aligned} \tag{5.5}$$

展开得

$$p(\boldsymbol{y}|\boldsymbol{x},\boldsymbol{s})=\left(\frac{1}{\pi N_0}\right)^N\exp\left(-\frac{1}{N_0}(\|\boldsymbol{y}\|^2-2\mathrm{Re}(\boldsymbol{s}^{\mathrm{H}}\boldsymbol{\Psi}^{\mathrm{H}}(\boldsymbol{x})\boldsymbol{y})+\|\boldsymbol{\Psi}(\boldsymbol{x})\boldsymbol{s}\|^2)\right) \tag{5.6}$$

依据通信理论，式（5.6）定义了多信号传输信道，调制方式为幅度、相位和时延的联合调制。不同之处在于，信号之间不是等间隔的，在信号之间存在干扰。

定义 5.1【多目标空间信息】 假设多目标位置信息的先验 PDF 为$\pi(\boldsymbol{x})$，散射信息的先验 PDF 为$\pi(\boldsymbol{s})$，则多目标的空间信息被定义为

$$I(\boldsymbol{Y};\boldsymbol{X},\boldsymbol{S})=E\left[\log\frac{p(\boldsymbol{y}|\boldsymbol{x},\boldsymbol{s})}{p(\boldsymbol{y})}\right] \tag{5.7}$$

式中，$p(\boldsymbol{y})=\oiint\pi(\boldsymbol{x})\pi(\boldsymbol{s})p(\boldsymbol{y}|\boldsymbol{x},\boldsymbol{s})\mathrm{d}\boldsymbol{x}\mathrm{d}\boldsymbol{s}$。

可以证明，空间信息是多目标位置信息 $I(\boldsymbol{Y};\boldsymbol{X})$ 与已知位置信息的条件散射信息 $I(\boldsymbol{Y};\boldsymbol{S}|\boldsymbol{X})$ 之和，即

$$\begin{aligned}I(\boldsymbol{Y};\boldsymbol{X},\boldsymbol{S})&=E\left[\log\frac{p(\boldsymbol{y}|\boldsymbol{x},\boldsymbol{s})}{p(\boldsymbol{y})}\right]\\&=E\left[\log\frac{p(\boldsymbol{y}|\boldsymbol{x},\boldsymbol{s})}{p(\boldsymbol{y}|\boldsymbol{x})}\frac{p(\boldsymbol{y}|\boldsymbol{x})}{p(\boldsymbol{y})}\right]\\&=E\left[\log\frac{p(\boldsymbol{y}|\boldsymbol{x})}{p(\boldsymbol{y})}\right]+E\left[\log\frac{p(\boldsymbol{y}|\boldsymbol{x},\boldsymbol{s})}{p(\boldsymbol{y}|\boldsymbol{x})}\right]\\&=I(\boldsymbol{Y};\boldsymbol{X})+I(\boldsymbol{Y};\boldsymbol{S}|\boldsymbol{X})\end{aligned} \tag{5.8}$$

由式（5.8）可知，多目标空间信息的计算同样可以分为两个步骤：第一个步骤，确定目标的距离信息 $I(\boldsymbol{Y};\boldsymbol{X})$；第二个步骤，确定已知目标距离的条件散射信息 $I(\boldsymbol{Y};\boldsymbol{S}|\boldsymbol{X})$。

5.2　多个复高斯散射目标的距离信息

5.2.1　多目标测距信道模型

考虑多个复高斯散射目标，目标之间相互独立，在 CAWGN 信道上，接收信号 $\boldsymbol{Y}$ 也是复高斯的，则协方差矩阵 $\boldsymbol{R}(\boldsymbol{x})$ 为

$$\boldsymbol{R}(\boldsymbol{x})=E_{\boldsymbol{s},\boldsymbol{w}}[\boldsymbol{y}\boldsymbol{y}^{\mathrm{H}}] \tag{5.9}$$

将 $\boldsymbol{y}=\boldsymbol{\Psi}(\boldsymbol{x})\boldsymbol{s}+\boldsymbol{w}$ 代入，可得

$$\begin{aligned}\boldsymbol{R}(\boldsymbol{x})&=E[(\boldsymbol{\Psi}(\boldsymbol{x})\boldsymbol{s}+\boldsymbol{w})(\boldsymbol{\Psi}(\boldsymbol{x})\boldsymbol{s}+\boldsymbol{w})^{\mathrm{H}}]\\&=\boldsymbol{\Psi}(\boldsymbol{x})E[\boldsymbol{s}\boldsymbol{s}^{\mathrm{H}}]\boldsymbol{\Psi}^{\mathrm{H}}(\boldsymbol{x})+E[\boldsymbol{w}\boldsymbol{w}^{\mathrm{H}}]\\&=\sum_{l=1}^{L}\alpha_l^2\boldsymbol{\psi}_l(\boldsymbol{x})\boldsymbol{\psi}_l^{\mathrm{H}}(\boldsymbol{x})+N_0\boldsymbol{I}\\&=N_0\left(\sum_{l=1}^{L}\rho_l^2\boldsymbol{\psi}_l(\boldsymbol{x})\boldsymbol{\psi}_l^{\mathrm{H}}(\boldsymbol{x})+\boldsymbol{I}\right)\end{aligned} \tag{5.10}$$

式中，$\rho_l^2 = E[|s_l|^2]/N_0$ 为第 l 个目标的平均 SNR。在给定 $\boldsymbol{X}$ 时，$\boldsymbol{Y}$ 的条件 PDF 为

$$p(\boldsymbol{y}|\boldsymbol{x}) = \frac{1}{\pi^N|\boldsymbol{R}(\boldsymbol{x})|}\exp[-\boldsymbol{y}^{\mathrm{H}}\boldsymbol{R}^{-1}(\boldsymbol{x})\boldsymbol{y}] \tag{5.11}$$

式（5.11）就是多目标测距信道的统计模型，信道的输入是目标的随机位置信息矢量，输出是接收信号。

假设多目标的平均 SNR 相同，即

$$R(\boldsymbol{x}) = N_0(\boldsymbol{I}+\rho^2\boldsymbol{\Psi}(\boldsymbol{x})\boldsymbol{\Psi}^{\mathrm{H}}(\boldsymbol{x})) \tag{5.12}$$

由矩阵求逆公式

$$(\boldsymbol{I}+\boldsymbol{U}\boldsymbol{V})^{-1} = \boldsymbol{I}-\boldsymbol{U}(\boldsymbol{I}+\boldsymbol{V}\boldsymbol{U})^{-1}\boldsymbol{V} \tag{5.13}$$

则协方差矩阵的逆矩阵为

$$\begin{aligned}\boldsymbol{R}^{-1}(\boldsymbol{x}) &= \frac{1}{N_0}[\boldsymbol{I}-\rho^2\boldsymbol{\Psi}(\boldsymbol{x})(\boldsymbol{I}+\rho^2\boldsymbol{\Psi}^{\mathrm{H}}(\boldsymbol{x})\boldsymbol{\Psi}(\boldsymbol{x}))^{-1}\boldsymbol{\Psi}^{\mathrm{H}}(\boldsymbol{x})] \\ &= \frac{1}{N_0}\boldsymbol{I}-\frac{\rho^2}{N_0}\boldsymbol{\Psi}(\boldsymbol{x})(\boldsymbol{I}+\rho^2\boldsymbol{\Phi}(\boldsymbol{x}))^{-1}\boldsymbol{\Psi}^{\mathrm{H}}(\boldsymbol{x})\end{aligned} \tag{5.14}$$

式中

$$\begin{aligned}\boldsymbol{\Phi}(\boldsymbol{x}) &= \boldsymbol{\Psi}^{\mathrm{H}}(\boldsymbol{x})\boldsymbol{\Psi}(\boldsymbol{x}) \\ &= \begin{bmatrix} \cdots & \cdots & \cdots \\ \vdots & \mathrm{sinc}(x_i-x_j) & \vdots \\ \cdots & \cdots & \cdots \end{bmatrix}\end{aligned} \tag{5.15}$$

为相关矩阵。协方差矩阵的行列式为

$$\begin{aligned}|R(x)| &= |N_0(\boldsymbol{I}+\rho^2\boldsymbol{\Psi}(\boldsymbol{x})\boldsymbol{\Psi}^{\mathrm{H}}(\boldsymbol{x}))| \\ &= N_0^N|(\boldsymbol{I}+\rho^2\boldsymbol{\Psi}^{\mathrm{H}}(\boldsymbol{x})\boldsymbol{\Psi}(\boldsymbol{x}))| \\ &= N_0^N|(\boldsymbol{I}+\rho^2\boldsymbol{\Phi}(\boldsymbol{x}))|\end{aligned} \tag{5.16}$$

将协方差矩阵的逆矩阵和行列式代入条件分布，可得

$$\begin{aligned}p(\boldsymbol{y}|\boldsymbol{x}) = \frac{1}{(\pi N_0)^N|(\boldsymbol{I}+\rho^2\boldsymbol{\Phi}(\boldsymbol{x}))|}\exp\Big\{&-\frac{1}{N_0}\boldsymbol{y}^{\mathrm{H}}\boldsymbol{y}+ \\ &\frac{1}{N_0}\rho^2\boldsymbol{v}^{\mathrm{H}}(\boldsymbol{x})(\boldsymbol{I}+\rho^2\boldsymbol{\Phi}(\boldsymbol{x}))^{-1}\boldsymbol{v}(\boldsymbol{x})\Big\}\end{aligned} \tag{5.17}$$

式中，$\boldsymbol{v}(\boldsymbol{x})=\boldsymbol{\Psi}^{\mathrm{H}}(\boldsymbol{x})\boldsymbol{y}$ 为接收信号通过多目标匹配滤波器的输出矢量。

5.2.2　多目标距离信息的最大似然估计

在已知接收数据时，$p(\boldsymbol{y}\mid\boldsymbol{x})$ 是目标位置的函数，被称为似然函数。使似然函数达到最大的目标位置 $\hat{\boldsymbol{x}}_{\mathrm{ML}}$ 被称为最大似然估计。由对数似然函数

$$\ln p(\boldsymbol{y}\mid\boldsymbol{x})=\frac{1}{N_0}\rho^2\boldsymbol{v}^{\mathrm{H}}(\boldsymbol{x})(\boldsymbol{I}+\rho^2\boldsymbol{\Phi}(\boldsymbol{x}))^{-1}\boldsymbol{v}(\boldsymbol{x})-\ln|(\boldsymbol{I}+\rho^2\boldsymbol{\Phi}(\boldsymbol{x}))|-\frac{1}{N_0}\boldsymbol{y}^{\mathrm{H}}\boldsymbol{y}-N\ln(\pi N_0) \tag{5.18}$$

略去无关的常数项，可得

$$\hat{\boldsymbol{x}}_{\mathrm{ML}}=\arg\max_{\boldsymbol{x}}\left\{\frac{1}{N_0}\rho^2\boldsymbol{v}^{\mathrm{H}}(\boldsymbol{x})(\boldsymbol{I}+\rho^2\boldsymbol{\Phi}(\boldsymbol{x}))^{-1}\boldsymbol{v}(\boldsymbol{x})-\ln|\boldsymbol{I}+\rho^2\boldsymbol{\Phi}(\boldsymbol{x})|\right\} \tag{5.19}$$

式（5.19）就是多目标距离信息的最大似然估计表达式，判决统计量既是多目标匹配滤波器 $\boldsymbol{v}(\boldsymbol{x})$ 的函数，也是与位置相关矩阵 $\boldsymbol{\Phi}(\boldsymbol{x})$ 的函数。其中，$\boldsymbol{v}(\boldsymbol{x})$ 与接收数据有关，$\boldsymbol{\Phi}(\boldsymbol{x})$ 与统计特性有关。由以上分析可总结如下定理。

定理 5.1　多个复高斯散射目标距离信息的最大似然估计由式（5.17）确定。

求协方差矩阵的行列式，对矩阵 $\boldsymbol{\Psi}(\boldsymbol{x})\boldsymbol{\Psi}^{\mathrm{H}}(\boldsymbol{x})$ 进行特征值分解，有

$$\boldsymbol{\Psi}(\boldsymbol{x})\boldsymbol{\Psi}^{\mathrm{H}}(\boldsymbol{x})=\boldsymbol{Q}^{\mathrm{H}}(\boldsymbol{x})\boldsymbol{\Lambda}(\boldsymbol{x})\boldsymbol{Q}(\boldsymbol{x}) \tag{5.20}$$

式中，$\boldsymbol{Q}(\boldsymbol{x})$ 为正交矩阵；特征值矩阵

$$\boldsymbol{\Lambda}(\boldsymbol{x})=\begin{bmatrix}\boldsymbol{\lambda}_1 & & & \\ & \ddots & & \\ & & \boldsymbol{\lambda}_L & \\ & & & 0\end{bmatrix} \tag{5.21}$$

的主对角线上有 L 个非 0 特征值，则

$$|\boldsymbol{R}(\boldsymbol{x})|=|N_0(\boldsymbol{I}+\rho^2\boldsymbol{\Psi}(\boldsymbol{x})\boldsymbol{\Psi}^{\mathrm{H}}(\boldsymbol{x}))|=N_0^K\prod\nolimits_{k=1}^{K}(1+\rho^2\boldsymbol{\lambda}_k) \tag{5.22}$$

稀疏目标场景的稀疏性定义如下。

定义 5.2【稀疏性】　在观测区间，如果目标之间的时延远大于 $1/B$，则称多个目标是稀疏的。

令 $\boldsymbol{x}_0$ 为目标的实际位置矢量，$\{\hat{\boldsymbol{x}}_0\}$ 为 $\boldsymbol{x}_0$ 的邻域，假设多目标满足稀疏条件，即 $|x_{0i}-x_{0j}|\gg 1$，$i\neq j$，则 $\forall \boldsymbol{x}\in\hat{\boldsymbol{x}}_0$，$\boldsymbol{\Phi}(\boldsymbol{x})=\boldsymbol{\Psi}^{\mathrm{H}}(\boldsymbol{x})\boldsymbol{\Psi}(\boldsymbol{x})\approx\boldsymbol{I}$，行列式

$$\begin{aligned}|R(\boldsymbol{x})| &= |N_0(\boldsymbol{I}+\rho^2\boldsymbol{\Psi}(\boldsymbol{x})\boldsymbol{\Psi}^{\mathrm{H}}(\boldsymbol{x}))| \\ &= |N_0(\boldsymbol{I}+\rho^2\boldsymbol{\Psi}^{\mathrm{H}}(\boldsymbol{x})\boldsymbol{\Psi}(\boldsymbol{x}))| \\ &= |N_0(\boldsymbol{I}+\rho^2 I)| \\ &= N_0^K(1+\rho^2)^K\end{aligned} \tag{5.23}$$

的值近似为常数，有

$$\begin{aligned}\hat{\boldsymbol{x}}_{\mathrm{ML}} &= \arg\max_{\boldsymbol{x}}\left\{\frac{1}{N_0}\frac{\rho^2}{1+\rho^2}\boldsymbol{v}^{\mathrm{H}}(\boldsymbol{x})\boldsymbol{v}(\boldsymbol{x})-\ln|\boldsymbol{R}|\right\} \\ &= \arg\max_{\boldsymbol{x}}\left\{\frac{1}{N_0}\frac{\rho^2}{1+\rho^2}\|\boldsymbol{v}(\boldsymbol{x})\|^2\right\} \\ &= \arg\max_{\boldsymbol{x}}\{\|\boldsymbol{v}(\boldsymbol{x})\|^2\}\end{aligned} \tag{5.24}$$

由此可得如下定理。

定理 5.2 稀疏目标位置信息的最大似然估计对应多维匹配滤波矢量二阶范数的最大值。

式（5.24）表明，$\forall \boldsymbol{x}\in\{\hat{\boldsymbol{x}}_0\}$，稀疏目标位置信息的最大似然估计判决统计量是多维匹配滤波器输出矢量的二阶范数。由于 $\boldsymbol{x}_0$ 必然是最大似然估计的最优解，因此多维匹配滤波器也是最大似然估计器。

5.2.3 最大后验概率估计和抽样后验概率估计

假设目标位置信息的先验分布为 $\pi(\boldsymbol{x})$，由贝叶斯公式，可得后验 PDF 为

$$p(\boldsymbol{x}|\boldsymbol{y})=\frac{\pi(\boldsymbol{x})p(\boldsymbol{y}|\boldsymbol{x})}{\oint(\boldsymbol{x})p(\boldsymbol{y}|\boldsymbol{x})\mathrm{d}\boldsymbol{x}} \tag{5.25}$$

先验分布的作用可看成一个多维权函数对似然函数加权。将 $p(\boldsymbol{y}|\boldsymbol{x})$ 的表达式代入式（5.25），化简分子、分母后，得到后验 PDF 为

$$p(\boldsymbol{x}|\boldsymbol{y})=\nu\frac{\pi(\boldsymbol{x})}{|(\boldsymbol{I}+\rho^2\boldsymbol{\Phi}(\boldsymbol{x}))|}\exp\left\{\frac{1}{N_0}\rho^2\boldsymbol{v}^{\mathrm{H}}(\boldsymbol{x})(\boldsymbol{I}+\rho^2\boldsymbol{\Phi}(\boldsymbol{x}))^{-1}\boldsymbol{v}(\boldsymbol{x})\right\} \tag{5.26}$$

式中

$$\nu=\left[\oint\frac{\pi(\boldsymbol{x})}{|(\boldsymbol{I}+\rho^2\boldsymbol{\Phi}(\boldsymbol{x}))|}\exp\left\{\frac{1}{N_0}\rho^2\boldsymbol{v}^{\mathrm{H}}(\boldsymbol{x})(\boldsymbol{I}+\rho^2\boldsymbol{\Phi}(\boldsymbol{x}))^{-1}\boldsymbol{v}(\boldsymbol{x})\right\}\mathrm{d}\boldsymbol{x}\right]^{-1}\tag{5.27}$$

是归一化常数。

令$\hat{\boldsymbol{x}}_{\mathrm{MAP}}$为目标位置信息的最大后验概率估计，则

$$\hat{\boldsymbol{x}}_{\mathrm{MAP}}=\arg\max_{\boldsymbol{x}}\left\{\frac{\pi(\boldsymbol{x})}{|(\boldsymbol{I}+\rho^2\boldsymbol{\Phi}(\boldsymbol{x}))|}\exp\left\{\frac{1}{N_0}\rho^2\boldsymbol{v}^{\mathrm{H}}(\boldsymbol{x})(\boldsymbol{I}+\rho^2\boldsymbol{\Phi}(\boldsymbol{x}))^{-1}\boldsymbol{v}(\boldsymbol{x})\right\}\right\}\tag{5.28}$$

写成对数形式为

$$\hat{\boldsymbol{x}}_{\mathrm{MAP}}=\arg\max_{\boldsymbol{x}}\left\{\frac{1}{N_0}\rho^2\boldsymbol{v}^{\mathrm{H}}(\boldsymbol{x})(\boldsymbol{I}+\rho^2\boldsymbol{\Phi}(\boldsymbol{x}))^{-1}\boldsymbol{v}(\boldsymbol{x})+\ln\pi(\boldsymbol{x})-\ln|(\boldsymbol{I}+\rho^2\boldsymbol{\Phi}(\boldsymbol{x}))|\right\}\tag{5.29}$$

如果目标在观测区间内服从均匀分布，即 $\pi(\boldsymbol{x})=(1/N)^L$，则最大后验分布为

$$p(\boldsymbol{x}|\boldsymbol{y})=\nu\frac{1}{|(\boldsymbol{I}+\rho^2\boldsymbol{\Phi}(\boldsymbol{x}))|}\exp\left\{\frac{1}{N_0}\rho^2\boldsymbol{v}^{\mathrm{H}}(\boldsymbol{x})(\boldsymbol{I}+\rho^2\boldsymbol{\Phi}(\boldsymbol{x}))^{-1}\boldsymbol{v}(\boldsymbol{x})\right\}\tag{5.30}$$

式中

$$\nu=\left[\oint\frac{1}{|(\boldsymbol{I}+\rho^2\boldsymbol{\Phi}(\boldsymbol{x}))|}\exp\left\{\frac{1}{N_0}\rho^2\boldsymbol{v}^{\mathrm{H}}(\boldsymbol{x})(\boldsymbol{I}+\rho^2\boldsymbol{\Phi}(\boldsymbol{x}))^{-1}\boldsymbol{v}(\boldsymbol{x})\right\}\mathrm{d}\boldsymbol{x}\right]^{-1}\tag{5.31}$$

最大后验概率估计等价于最大似然估计。

评注：多目标参数估计是雷达信号处理的主题，本章推导出了多目标最大似然估计和最大后验概率估计的闭合表达式，在雷达信号处理过程中具有重要价值。另外，协方差矩阵在多目标参数估计中占有核心地位，如何充分利用统计信息，对多目标参数估计的性能有很大影响。

不同于最大后验概率估计需要寻找分布的峰值，抽样后验概率估计以后验分布的整体为评价依据，有

$$\hat{\boldsymbol{x}}_{\mathrm{SAP}}=\arg\operatorname*{smp}_{\boldsymbol{x}}\left\{\nu\frac{\pi(\boldsymbol{x})}{|(\boldsymbol{I}+\rho^2\boldsymbol{\Phi}(\boldsymbol{x}))|}\exp\left[\frac{1}{N_0}\rho^2\boldsymbol{v}^{\mathrm{H}}(\boldsymbol{x})(\boldsymbol{I}+\rho^2\boldsymbol{\Phi}(\boldsymbol{x}))^{-1}\boldsymbol{v}(\boldsymbol{x})\right]\right\}\tag{5.32}$$

5.2.4 两目标距离信息的后验分布

在存在两目标的条件下，相关矩阵有

$$\boldsymbol{\Phi}(\boldsymbol{x})=\begin{bmatrix}1 & \operatorname{sinc}(x_1-x_2)\\ \operatorname{sinc}(x_2-x_1) & 1\end{bmatrix} \tag{5.33}$$

$$|\boldsymbol{I}+\rho^2\boldsymbol{\Phi}(\boldsymbol{x})|=(1+\rho^2)^2-\rho^4\operatorname{sinc}^2(x_1-x_2) \tag{5.34}$$

$$p(\boldsymbol{x}|\boldsymbol{y})=\nu\frac{\boldsymbol{\pi}(\boldsymbol{x})}{|(\boldsymbol{I}+\rho^2\boldsymbol{\Phi}(\boldsymbol{x}))|}\exp\left\{\frac{1}{N_0}\rho^2\boldsymbol{v}^{\mathrm{H}}(\boldsymbol{x})(\boldsymbol{I}+\rho^2\boldsymbol{\Phi}(\boldsymbol{x}))^{-1}\boldsymbol{v}(\boldsymbol{x})\right\} \tag{5.35}$$

我们发现，后验分布关于 x_1 和 x_2 是完全对称的。图 5.1 是两个复高斯散射目标的后验分布，当目标实际位于 $\boldsymbol{x}_0=[x_{10},x_{20}]^{\mathrm{T}}$ 时，$p(\boldsymbol{x}|\boldsymbol{y})$会出现两个峰值，分别落在 $\boldsymbol{x}=[x_{10},x_{20}]^{\mathrm{T}}$ 和 $\boldsymbol{x}=[x_{20},x_{10}]^{\mathrm{T}}$。出现两个峰值的原因在于雷达感知对目标编号的不确定性。目标编号是主观的，对雷达接收机来说，并不知道哪一个是目标 1，哪一个是目标 2。

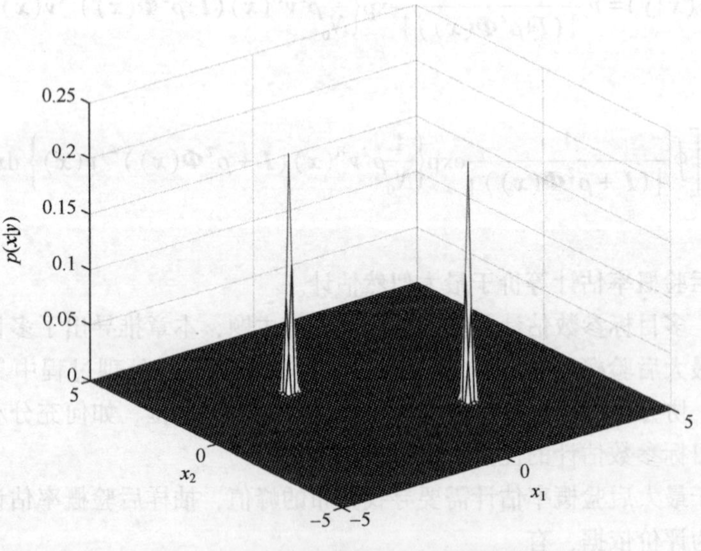

图 5.1　两个复高斯散射目标的后验分布

在存在多目标的条件下，用熵误差作为估计精度的评价指标是非常自然的，如果用传统的均方误差来评价，就不那么容易了。首先，熵误差与目标的具体位置无关，均方误差需要知道目标的具体位置；其次，一般来说，目标的具体位置是未知的，如果采用估值平均方法，则由于存在位置相互对称的两目标，因此简单的平均方法显然是不行的，即使已知两目标的具体位置，到底采用哪一个目标的具体位置计算距离，就是所谓的配对问题了。由多目标参数估计中均方误差指标存在的问题可知，熵误差用作评价指标更加合理。

5.2.5　多目标距离信息的数值计算

多目标距离信息的数值计算十分复杂，目前尚无闭合表达式，只能通过计算机仿真得到数值结果。当目标的散射系数为复高斯分布时，以两目标为例，假设两目标的功率均为 1，时间带宽积 $N = TB$ 分别取 16、32、64，观测区间为$[-N/2, N/2)$，在 CAWGN 信道，仿真两目标相距足够远时，随着 SNR 变化的联合距离信息的数值计算。由图 5.2 可知，在仿真过程中，当 SNR 较小时，噪声干扰较大，获得的信息较少；随着 SNR 的增大，获得的信息变多，且 N 越大，获得的信息越多，验证了理论推导的正确性。

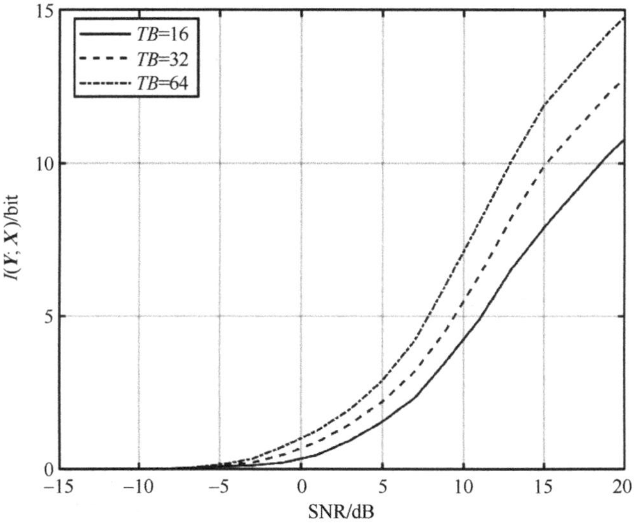

图 5.2　两目标间隔≫1/B 时的距离信息

当两目标距离较近时，目标相互影响，获得的距离信息较少。图 5.3 仿真了时间带宽积为 16、目标距离差分别为 0.4、0.6、0.8 时，目标距离信息随着 SNR 的变化曲线。由图可知，两目标越靠近，距离信息越少。

当 SNR 分别取 12dB、17dB、22dB 时，两目标的联合距离信息与距离差的关系如图 5.4 所示。在仿真过程中，联合距离信息随着 SNR 的增大而增多，当距离差较小时，目标相互干扰较大，获得的联合距离信息较少，在两目标重合时达到最小值。随着距离差的增加，获得的联合距离信息变多，在两目标间隔足够远时，目标互不干扰，获得的联合距离信息趋于平稳。

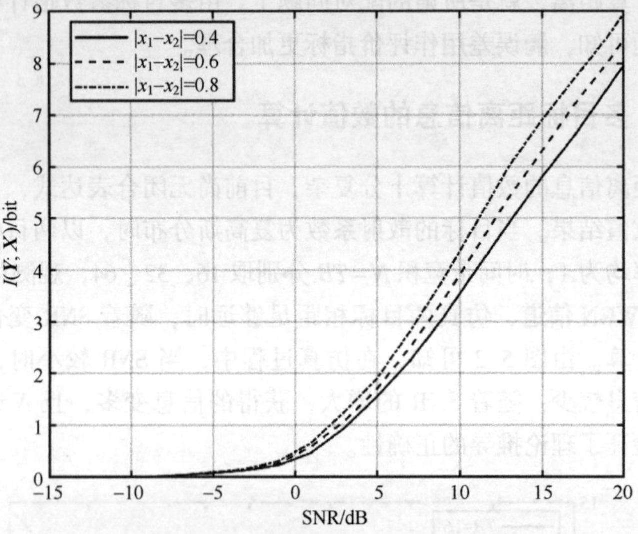

图 5.3 两目标间隔<1/*B* 时的距离信息

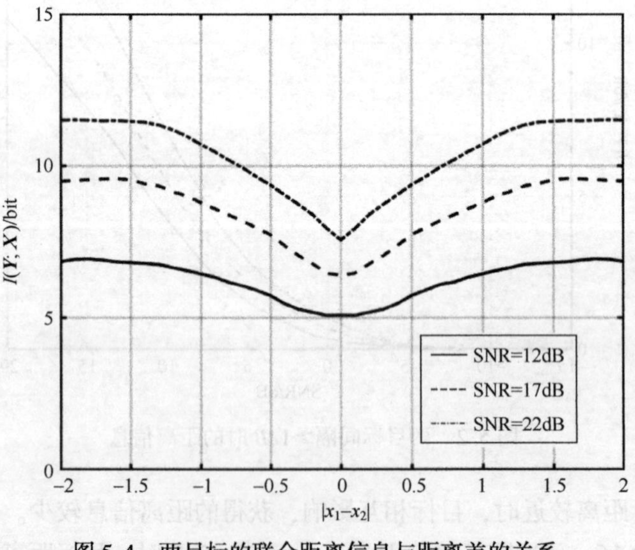

图 5.4 两目标的联合距离信息与距离差的关系

5.2.6 两目标测距的 Fisher 信息与克拉美罗界

在进行多参数估计时，参数矢量 $\boldsymbol{x}=[x_1,\cdots,x_L]^{\mathrm{T}}$ 的 CRB 允许每个元素的方差都有一个下界。此时的 Fisher 信息矩阵为 $L\times L$ 矩阵，定义为

$$[\boldsymbol{I}(\boldsymbol{x})]_{ij}=-E\left[\frac{\partial^2\ln[p[\boldsymbol{y}|\boldsymbol{x}]]}{\partial x_i\,\partial x_j}\right],\ i=1,2,\cdots,L,\ j=1,2,\cdots,L \tag{5.36}$$

通过对 Fisher 信息矩阵求逆，即可得出矢量参数的 CRB，即

$$\boldsymbol{\sigma}_{\mathrm{CRB}}^2\geqslant\boldsymbol{I}(\boldsymbol{x})^{-1} \tag{5.37}$$

在高斯检测情形下，假设 $\boldsymbol{Z}\sim N(\boldsymbol{\mu}(\boldsymbol{x}),\boldsymbol{C}(\boldsymbol{x}))$，CRB 与均值和方差均有关，则 Fisher 信息矩阵为

$$[\boldsymbol{I}(\boldsymbol{x})]_{ij}=\mathrm{tr}\left[\boldsymbol{C}^{-1}(\boldsymbol{x})\frac{\partial\boldsymbol{C}(\boldsymbol{x})}{\partial x_i}\boldsymbol{C}^{-1}(\boldsymbol{x})\frac{\partial\boldsymbol{C}(\boldsymbol{x})}{\partial x_j}\right]+2\mathrm{Re}\left[\frac{\partial\boldsymbol{\mu}^{\mathrm{H}}(\boldsymbol{x})}{\partial x_i}\boldsymbol{C}^{-1}(\boldsymbol{x})\frac{\partial\boldsymbol{\mu}^{\mathrm{H}}(\boldsymbol{x})}{\partial x_j}\right] \tag{5.38}$$

针对两目标的情形，接收信号 $\boldsymbol{Z}$ 的均值为 0，协方差矩阵 $\boldsymbol{R}(\boldsymbol{x})=N_0[\boldsymbol{I}+\rho_1^2\boldsymbol{\psi}_1(\boldsymbol{x})\boldsymbol{\psi}_1^{\mathrm{H}}(\boldsymbol{x})+\rho_2^2\boldsymbol{\psi}_2(\boldsymbol{x})\boldsymbol{\psi}_2^{\mathrm{H}}(\boldsymbol{x})]$。通过式（5.38）计算 Fisher 信息矩阵为

$$\boldsymbol{I}(\boldsymbol{x})=\begin{bmatrix}[\boldsymbol{I}(\boldsymbol{x})]_{11} & [\boldsymbol{I}(\boldsymbol{x})]_{12}\\ [\boldsymbol{I}(\boldsymbol{x})]_{21} & [\boldsymbol{I}(\boldsymbol{x})]_{22}\end{bmatrix} \tag{5.39}$$

式中

$$[\boldsymbol{I}(\boldsymbol{x})]_{11}=4\rho_1^2a_1\left\{\beta^2\frac{1-a_2\mathrm{sinc}^2(x_1-x_2)}{1-a_1a_2\mathrm{sinc}^2(x_1-x_2)}-\left(\frac{\partial\,\mathrm{sinc}(x_1-x_2)}{\partial x_1}\right)^2\frac{a_2(1-(2-a_1)a_2\mathrm{sinc}^2(x_1-x_2))}{(1-a_1a_2\mathrm{sinc}^2(x_1-x_2))^2}\right\} \tag{5.40}$$

$$[\boldsymbol{I}(\boldsymbol{x})]_{22}=4\rho_2^2a_2\left\{\beta^2\frac{1-a_1\mathrm{sinc}^2(x_1-x_2)}{1-a_1a_2\mathrm{sinc}^2(x_1-x_2)}-\left(\frac{\partial\,\mathrm{sinc}(x_1-x_2)}{\partial x_2}\right)^2\frac{a_1[1-(2-a_2)a_1\mathrm{sinc}^2(x_1-x_2)]}{(1-a_1a_2\mathrm{sinc}^2(x_1-x_2))^2}\right\} \tag{5.41}$$

$$\begin{aligned}[\boldsymbol{I}(\boldsymbol{x})]_{12}&=[\boldsymbol{I}(\boldsymbol{x})]_{21}\\&=2a_1a_2\left\{\frac{\mathrm{sinc}(x_1-x_2)\,\mathrm{sinc}''(x_1-x_2)}{1-a_1a_2\mathrm{sinc}^2(x_1-x_2)}-\frac{(1+a_1a_2\mathrm{sinc}^2(x_1-x_2))}{(1-a_1a_2\mathrm{sinc}^2(x_1-x_2))^2}\frac{\partial\,\mathrm{sinc}(x_1-x_2)}{\partial x_1}\frac{\partial\,\mathrm{sinc}(x_1-x_2)}{\partial x_2}\right\}^2\end{aligned} \tag{5.42}$$

式中，$a_1=2\rho_1^2/(1+2\rho_1^2)$；$a_2=2\rho_2^2/(1+2\rho_2^2)$。

$\boldsymbol{I}(\boldsymbol{x})$ 主对角线上的元素分别为目标 1 和目标 2 的信息；次对角线上的两个元素相等，为两目标之间的相互影响。观察 $\boldsymbol{I}(x)$ 中的元素可知，信息矩阵仅与两

目标的位置差有关，与目标绝对位置无关。

当时间带宽积为 16、两目标间隔较远时，距离信息理论值及其 CRB 如图 5.5 所示。由图可知，距离信息的理论值比 CRB 小 1bit。由于 CRB 只适用于高信噪比的条件，因此图中未画出中低信噪比时的线段。

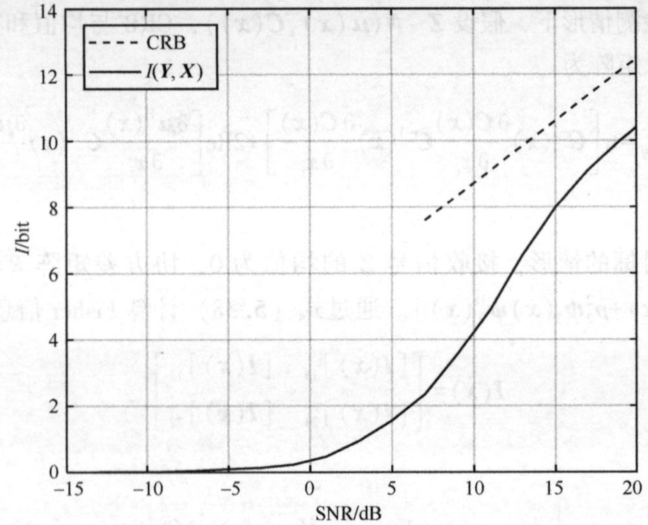

图 5.5　两目标间隔≫1/*B* 时的距离信息理论值及其 CRB

5.3　多个恒模散射目标的距离信息

5.3.1　距离信息

假设多目标在检测范围内服从均匀分布，则 $\boldsymbol{X}$ 的先验分布为 $\pi(\boldsymbol{x})=(1/N)^L$，目标距离信息的先验微分熵为

$$h(\boldsymbol{X})=L\log N \tag{5.43}$$

针对恒模散射目标 $\boldsymbol{s}=\boldsymbol{\alpha}\mathrm{e}^{\mathrm{j}\varphi}$，$\boldsymbol{\alpha}$ 为恒模散射矢量，由式（5.6）可得，在给定 $\boldsymbol{s}$ 时，$\boldsymbol{X}$ 和 $\boldsymbol{Y}$ 的联合条件 PDF 为

$$p(\boldsymbol{y},\boldsymbol{x}\mid\boldsymbol{s})=p(\boldsymbol{y}\mid\boldsymbol{x},\boldsymbol{s})\,\pi(\boldsymbol{x}) \tag{5.44}$$

$\boldsymbol{X}$ 和 $\boldsymbol{Y}$ 的联合 PDF 为

$$p(\boldsymbol{y},\boldsymbol{x}) = \oint p(\boldsymbol{y},\boldsymbol{x}|\boldsymbol{\varphi})\pi(\boldsymbol{\varphi})\mathrm{d}\boldsymbol{\varphi} \tag{5.45}$$

式中，$\pi(\boldsymbol{\varphi}) = \prod_{l=1}^{L}\pi(\varphi_l) = (1/2\pi)^L$，在给定 $\boldsymbol{Y}$ 时，$\boldsymbol{X}$ 的后验 PDF 为

$$p(\boldsymbol{x}|\boldsymbol{y}) = \frac{\oint p(\boldsymbol{y},\boldsymbol{x}|\boldsymbol{\varphi})\pi(\boldsymbol{\varphi})\mathrm{d}\boldsymbol{\varphi}}{\oiint p(\boldsymbol{y},\boldsymbol{x}|\varphi)\pi(\varphi)\mathrm{d}\boldsymbol{\varphi}\mathrm{d}\boldsymbol{x}} \tag{5.46}$$

约去分式中与 $\boldsymbol{x}$ 的无关项，可得

$$p(\boldsymbol{y},\boldsymbol{x},\boldsymbol{\varphi}) = \nu\exp\left(\frac{2}{N_0}\mathrm{Re}(\boldsymbol{s}^{\mathrm{H}}\boldsymbol{\Psi}^{\mathrm{H}}(\boldsymbol{x})\boldsymbol{y})\right)\exp\left(-\frac{1}{N_0}\|\boldsymbol{\Psi}(\boldsymbol{x})\boldsymbol{s}\|^2\right) \tag{5.47}$$

式（5.46）可改写为

$$p(\boldsymbol{x}|\boldsymbol{y}) = \nu\oint\exp\left(\frac{2}{N_0}\mathrm{Re}(\boldsymbol{s}^{\mathrm{H}}\boldsymbol{\Psi}^{\mathrm{H}}(\boldsymbol{x})\boldsymbol{y})\right)\exp\left(-\frac{1}{N_0}\|\boldsymbol{\Psi}(\boldsymbol{x})\boldsymbol{s}\|^2\right)\mathrm{d}\boldsymbol{\varphi} \tag{5.48}$$

在已知接收信号的条件下，目标距离信息的后验微分熵$h(\boldsymbol{X}|\boldsymbol{Y})$为

$$h(\boldsymbol{X}|\boldsymbol{Y}) = -E\left[\int_{-N/2}^{N/2-1}p(\boldsymbol{x}|\boldsymbol{y})\log p(\boldsymbol{x}|\boldsymbol{y})\mathrm{d}\boldsymbol{x}\right] \tag{5.49}$$

将式（5.43）和式（5.49）代入式（4.22），可得

$$I(\boldsymbol{Y};\boldsymbol{X}) = L\log N + E\left[\int_{-N/2}^{N/2-1}p(\boldsymbol{x}|\boldsymbol{y})\log p(\boldsymbol{x}|\boldsymbol{y})\mathrm{d}\boldsymbol{x}\right] \tag{5.50}$$

5.3.2　距离信息的上界

下面将在稀疏条件下，推导多个恒模散射目标距离信息的上界[48]。

稀疏意味着目标之间的干扰可以忽略不计，多目标的信号处理退化为单目标的信号处理。不满足稀疏性的目标被称为密集目标。密集目标的信号处理是非常困难的。后面将要研究的空间分辨率就是评价密集目标信号处理的重要指标。

我们称

$$\boldsymbol{\Psi}^{\mathrm{H}}(\boldsymbol{x})\boldsymbol{\Psi}(\boldsymbol{x}) = [\boldsymbol{\psi}^{\mathrm{H}}(x_i)\boldsymbol{\psi}(x_j)] \tag{5.51}$$

为相关矩阵 $\boldsymbol{\Phi}(\boldsymbol{x}) = \boldsymbol{\Psi}^{\mathrm{H}}(\boldsymbol{x})\boldsymbol{\Psi}(\boldsymbol{x})$，元素为

$$\phi_{ij} = \boldsymbol{\psi}^{\mathrm{H}}(x_i)\boldsymbol{\psi}(x_j) = \mathrm{sinc}(x_i - x_j) \tag{5.52}$$

相关矩阵主对角线上的元素为 1，目标间隔越大，相关性越小。

与单目标情形类似，在高 SNR 条件下，多目标距离信息的后验分布呈现以目标实际位置 $\boldsymbol{x}_0$ 为中心的多维高斯分布。针对稀疏目标和相关矩阵的特点，在 $\boldsymbol{x}_0$ 的邻域内，$\forall i\neq j$，$\mathrm{sinc}(x_i-x_j)=1$，有

$$\boldsymbol{\Psi}^{\mathrm{H}}(\boldsymbol{x})\boldsymbol{\Psi}(\boldsymbol{x})\approx\boldsymbol{I} \tag{5.53}$$

$$\exp\left(-\frac{1}{N_0}\boldsymbol{s}^{\mathrm{H}}\boldsymbol{\Psi}^{\mathrm{H}}(\boldsymbol{x})\boldsymbol{\Psi}(\boldsymbol{x})\boldsymbol{s}\right)\approx\exp\left(-\frac{1}{N_0}\boldsymbol{s}^{\mathrm{H}}\boldsymbol{s}\right)=\exp\left(-\frac{1}{N_0}\sum_{l=1}^{L}\alpha_l^2\right) \tag{5.54}$$

$$p(\boldsymbol{y},\boldsymbol{x},\boldsymbol{\varphi})=\nu\exp\left(\frac{2}{N_0}\mathrm{Re}(\boldsymbol{s}^{\mathrm{H}}\boldsymbol{\Psi}^{\mathrm{H}}(\boldsymbol{x})\boldsymbol{y})\right)\exp\left(-\frac{1}{N_0}\sum_{l=1}^{L}\alpha_l^2\right) \tag{5.55}$$

简写为

$$p(\boldsymbol{y},\boldsymbol{x},\boldsymbol{\varphi})\propto\exp\left(\frac{2}{N_0}\mathrm{Re}(\boldsymbol{s}^{\mathrm{H}}\boldsymbol{\Psi}^{\mathrm{H}}(\boldsymbol{x})\boldsymbol{y})\right) \tag{5.56}$$

假设接收信号为

$$\boldsymbol{y}_0=\boldsymbol{\Psi}(\boldsymbol{x}_0)\boldsymbol{s}_0+\boldsymbol{w}_0 \tag{5.57}$$

式中，$\boldsymbol{x}_0$ 是目标实际位置；$\boldsymbol{s}_0=[\alpha_1\mathrm{e}^{\mathrm{j}\varphi_{10}},\cdots,\alpha_L\mathrm{e}^{\mathrm{j}\varphi_{L0}}]^{\mathrm{T}}$；$\boldsymbol{w}_0=[w_1,\cdots,w_L]^{\mathrm{T}}$，则

$$\boldsymbol{s}^{\mathrm{H}}\boldsymbol{\Psi}^{\mathrm{H}}(\boldsymbol{x})\boldsymbol{y}=\boldsymbol{s}^{\mathrm{H}}\boldsymbol{\Psi}^{\mathrm{H}}(\boldsymbol{x})\boldsymbol{\Psi}(\boldsymbol{x}_0)\boldsymbol{s}_0+\boldsymbol{s}^{\mathrm{H}}\boldsymbol{\Psi}^{\mathrm{H}}(\boldsymbol{x})\boldsymbol{w}_0 \tag{5.58}$$

同式（5.53），$\boldsymbol{\Psi}^{\mathrm{H}}(\boldsymbol{x})\boldsymbol{\Psi}(\boldsymbol{x})$ 在 $\boldsymbol{x}_0$ 的邻域内，第 l 行只剩 $\boldsymbol{u}^{\mathrm{H}}(x_l)\boldsymbol{u}(x_l)$，其他项都近似为 0，可表示为

$$\begin{aligned}\boldsymbol{\Psi}^{\mathrm{H}}(x)\boldsymbol{\Psi}(\boldsymbol{x}_0)&\approx\begin{bmatrix}\mathrm{sinc}(x_1-x_{10}) & \cdots & 0\\ \vdots & \ddots & \vdots\\ 0 & \cdots & \mathrm{sinc}(x_L-x_{L0})\end{bmatrix}\\&=\mathrm{diag}(\mathrm{sinc}(\boldsymbol{x}-\boldsymbol{x}_0))\end{aligned} \tag{5.59}$$

假设所有目标的模 $\alpha_l=\alpha$，则

$$\begin{aligned}&\oint\exp\left(\frac{2}{N_0}\mathrm{Re}(\boldsymbol{s}^{\mathrm{H}}\boldsymbol{\Psi}^{\mathrm{H}}(\boldsymbol{x})\boldsymbol{y})\right)\mathrm{d}\boldsymbol{\varphi}\\&=\oint\exp\left(\frac{2}{N_0}\mathrm{Re}(\boldsymbol{s}^{\mathrm{H}}\boldsymbol{\Psi}^{\mathrm{H}}(\boldsymbol{x})\boldsymbol{\Psi}(\boldsymbol{x}_0)\boldsymbol{s}_0+\boldsymbol{s}^{\mathrm{H}}\boldsymbol{\Psi}^{\mathrm{H}}(\boldsymbol{x})\boldsymbol{w}_0)\right)\mathrm{d}\boldsymbol{\varphi}\\&\approx\int_0^{2\pi}\cdots\int_0^{2\pi}\exp\left(\mathrm{Re}\left(\sum_{l=1}^{L}2\rho\mathrm{e}^{\mathrm{j}\varphi_l}(\rho e^{\mathrm{j}\varphi_{l0}}\mathrm{sinc}(x_l-x_{l0})+\mu(x_l))\right)\right)\mathrm{d}\varphi_1\cdots\mathrm{d}\varphi_L\\&\approx\prod_{l=1}^{L}\int_0^{2\pi}\exp\{\mathrm{Re}[2\rho(\rho\mathrm{sinc}(x_l-x_{l0})+\mu(x_l))]\}\mathrm{e}^{\mathrm{j}\varphi_l}\mathrm{d}\varphi_l\end{aligned} \tag{5.60}$$

利用贝塞尔函数，有

$$\oint \exp\left(\frac{2}{N_0}R(\boldsymbol{s}^{\mathrm{H}}\boldsymbol{\Psi}^{\mathrm{H}}(\boldsymbol{x})\boldsymbol{y})\right)\mathrm{d}\boldsymbol{\varphi} = \prod_{l=1}^{L} 2\pi I_0(2\rho\,|\rho\operatorname{sinc}(x_l - x_{l0}) + \mu(x_l)\,|) \tag{5.61}$$

将式（5.61）代入式（5.46），可得

$$p(\boldsymbol{x}\,|\,\boldsymbol{y}) = \frac{\prod_{l=1}^{L} I_0(2\rho\,|\rho\operatorname{sinc}(x_l - x_{l0}) + \mu(x_l)\,|)}{\oint \prod_{l=1}^{L} I_0(2\rho\,|\rho\operatorname{sinc}(x_l - x_{l0}) + \mu(x_l)\,|)\,\mathrm{d}\boldsymbol{x}} \tag{5.62}$$

式中；$\rho=\frac{\alpha}{\sqrt{N_0}}$，$\rho^2$ 为信噪比。在高 SNR 条件下，将 sinc 函数在 $\boldsymbol{x}_0$ 处进行泰勒级数展开，类似单目标的推导过程，在 $\boldsymbol{x}_0$ 的邻域内，有 L 维高斯分布

$$p(\boldsymbol{x}\,|\,\boldsymbol{y}) \approx \frac{1}{L!}\left(\frac{\rho^2\beta^2}{\pi}\right)^{L/2}\exp(-\rho^2\beta^2\,\|\boldsymbol{x}-\boldsymbol{x}_0\|^2) \tag{5.63}$$

式中，$\beta=\pi/\sqrt{3}$ 为均方根带宽。每一维分布的方差 $\sigma_{\mathrm{CRB}}^2=(\rho^2\beta^2)^{-1}$ 就是单目标的 CRB，各分量之间独立同分布。

先考虑两目标的特殊情形，当目标实际位置在 $\boldsymbol{x}_0=[x_{10},x_{20}]^{\mathrm{T}}$ 时，$p(\boldsymbol{x}\,|\,\boldsymbol{y})$ 会出现两个峰值，分别落在 $\boldsymbol{x}=[x_{10},x_{20}]^{\mathrm{T}}$ 和 $\boldsymbol{x}=[x_{20},x_{10}]^{\mathrm{T}}$，如图 5.6 所示。

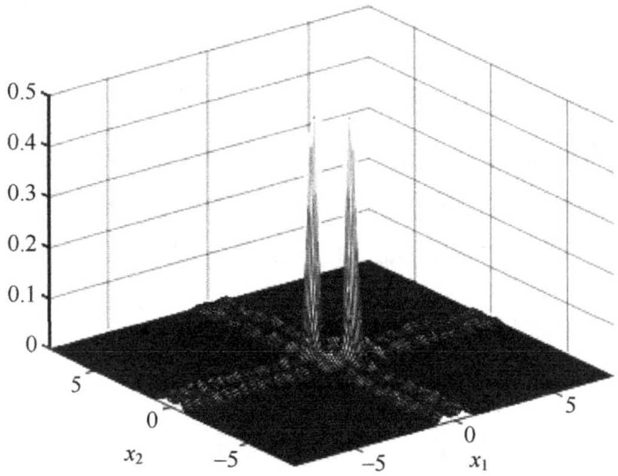

图 5.6 两个恒模散射目标距离信息的后验分布

存在 L 个目标时，也会出现类似情形，后验分布在 $\boldsymbol{x}_0$ 的不同排列处都会出现峰值。为了方便后面的推导，这里引入置换矩阵，令 $\boldsymbol{\pi}_k$ 为$(1,2,\cdots,L)$的一种排列，显然这样的排列有 $L!$ 种，映射关系为

$$\begin{pmatrix} 1 & 2 & \cdots & L \\ \pi_k(1) & \pi_k(2) & \cdots & \pi_k(L) \end{pmatrix} \tag{5.64}$$

式中，$k=1,2,\cdots,L!$；π_k 对应的置换矩阵为

$$\boldsymbol{P}_{\pi_k} = \begin{bmatrix} \mathrm{e}_{\pi_k(1)} \\ \mathrm{e}_{\pi_k(2)} \\ \vdots \\ \mathrm{e}_{\pi_k(L)} \end{bmatrix} \tag{5.65}$$

第 l 行只有第 $\pi_k(l)$ 个元素为 1，其他均为 0，即置换矩阵可由单位矩阵的行置换得到，$\boldsymbol{x}_0$ 的排列可以表示为 $\boldsymbol{P}_{\pi_k}\boldsymbol{x}_0$。

当 $\boldsymbol{x}$ 在 $\boldsymbol{P}_{\pi_k}\boldsymbol{x}_0$ 的邻域时，有

$$\boldsymbol{\Psi}^{\mathrm{H}}(\boldsymbol{x})\boldsymbol{\Psi}(\boldsymbol{x}_0) \approx \mathrm{diag}(\mathrm{sinc}(\boldsymbol{x}-\boldsymbol{P}_{\pi_k}\boldsymbol{x}_0)) \tag{5.66}$$

采用类似的推导过程，有

$$p(\boldsymbol{x}|\boldsymbol{y}) \approx \frac{1}{L!(2\pi\sigma_{\mathrm{CRB}}^2)^{L/2}} \exp\left(-\frac{1}{2\sigma_{\mathrm{CRB}}^2}\|\boldsymbol{x}-\boldsymbol{P}_{\pi_k}\boldsymbol{x}_0\|^2\right) \tag{5.67}$$

定理 5.3 设有 L 个恒模散射目标位于 $\boldsymbol{x}_0$，如果目标是稀疏的，则当 SNR 足够大时，后验 PDF 在 $\boldsymbol{x}_0$ 的任一置换 $\boldsymbol{P}_{\pi_k}\boldsymbol{x}_0$ 处均形成局部的独立高斯分布，各分量的方差均为 $\sigma_{\mathrm{CRB}}^2=(2\rho^2\beta^2)^{-1}$。

当目标数目为 L 时，$\boldsymbol{x}_0$ 的不同排列共有 $L!$ 种，在每个 $\boldsymbol{P}_{\pi_k}\boldsymbol{x}_0$ 的邻域内，$p(\boldsymbol{x}|\boldsymbol{y})$ 都呈现式（5.67）的 L 维高斯分布，将 L 维观测区间划分为以 $\boldsymbol{P}_{\pi_k}\boldsymbol{x}_0$ 为中心、$L!$ 个面积相同的积分区域，利用可加性，$h(\boldsymbol{X}|\boldsymbol{Y})$ 可以分两步进行计算：第一步确定 $\boldsymbol{X}$ 位于哪个区域，不确定性为 $\log L!$，被称为编号不确定性；第二步计算 $\boldsymbol{X}$ 在该区域的微分熵，不确定性为 $\frac{L}{2}\log(2\pi\mathrm{e}\sigma_{\mathrm{CRB}}^2)$，故有

$$h(\boldsymbol{X}|\boldsymbol{Y}) = \frac{L}{2}\log(2\pi\mathrm{e}\sigma^2) + \log L! \tag{5.68}$$

由此可得如下定理。

定理 5.4 多个恒模散射目标距离信息的上界为

$$\boldsymbol{I}(\boldsymbol{Y};\boldsymbol{X}) \leqslant L\log\frac{T\beta\rho}{\sqrt{\pi\mathrm{e}}} - \log L! \tag{5.69}$$

证明：将微分熵表达式代入距离信息的上界公式，有

$$\begin{aligned} I(\boldsymbol{Y};\boldsymbol{X}) &\leqslant L\log T-\frac{L}{2}\log(2\pi e\sigma^2)-\log L! \\ &= L\log T-\frac{L}{2}\log(4\pi e\rho^2\beta^2)-\log L! \\ &= L\log \frac{T\beta\rho}{\sqrt{\pi e}}-\log L! \end{aligned} \tag{5.70}$$

证毕。

我们称 $\log L!$ 为编号不确定性，是多目标参数估计特有的。如果考虑目标的平均距离信息，则有

$$\frac{1}{L}I(\boldsymbol{Y};\boldsymbol{X})=\log \frac{T\beta\rho}{\sqrt{\pi e}}-\frac{1}{L}\log L! \tag{5.71}$$

式（5.71）说明，即使在稀疏条件下，L 个目标的平均距离信息也比单目标的距离信息少$\frac{1}{L}\log L!$，是多目标相互影响的结果。当 $L=2$ 时，$\frac{1}{L}\log L!=1\text{bit}$，与图 5.5 中的结果是一致的。

正如单目标参数估计性能可以用熵误差进行评价一样，在存在多目标时，参数估计性能也可以用熵误差进行评价。下面将研究多目标位置估计熵误差的下界。L 个目标的熵误差被定义为

$$\sigma_{\mathrm{EE}}^2=\frac{1}{2\pi e}2^{2h(\boldsymbol{X}\mid\boldsymbol{Y})/L} \tag{5.72}$$

式（5.72）是将 L 个目标位置估计微分熵折算为单目标的结果。

推论 5.1　多个恒模散射目标位置估计熵误差的下界为

$$\sigma_{\mathrm{EE}}^2=(L!)^{2/L}\sigma_{\mathrm{CRB}}^2 \tag{5.73}$$

证明：将式（5.70）代入熵误差表达式即可。

在存在多目标的情形，其熵误差比单目标大一个因子$(L!)^{2/L}$，当 $L=2$ 时，熵误差正好大 2 倍。

5.4　多目标散射信息的计算

在获取目标位置信息的条件下，可确定目标的幅度信息和相位信息 $I(\boldsymbol{Y};\boldsymbol{S}\mid\boldsymbol{X})$，

由式（5.9）可得

$$I(Y;S|X)=h(S|X)-h(S|Y,X) \tag{5.74}$$

式中，$h(S|X)$和$h(S|Y,X)$分别为在位置已知时，目标散射信息的先验熵和后验熵。由于恒模散射目标的情形较为复杂，因此下面仅讨论复高斯散射目标的情形[43]。

对于复高斯散射目标，由于Y是协方差矩阵R的高斯矢量，因此有

$$\begin{aligned} h(Y|X=x) &= \log|R| + N\log(2\pi e) \\ &= \log\left|N_0\sum_{l=1}^{L}\rho_l^2\psi_l(x)\psi_l^{\mathrm{H}}(x) + N_0 I\right| + N\log(2\pi e) \end{aligned} \tag{5.75}$$

噪声部分的微分熵为

$$h(Y|X=x,S)=h(W)=\log|N_0 I|+N\log(2\pi e) \tag{5.76}$$

则有

$$\begin{aligned} I(Y,S|X=x) &= h(Y|X=x) - h(Y|X=x,S) \\ &= \log\left|N_0\sum_{l=1}^{L}\rho_l^2\psi_l(x)\psi_l^{\mathrm{H}}(x) + N_0 I\right| - \log|N_0 I| \\ &= \log\left|I + \sum_{l=1}^{L}\rho_l^2\psi_l(x)\psi_l^{\mathrm{H}}(x)\right| \end{aligned} \tag{5.77}$$

假设L个目标满足稀疏条件，则可以将式（5.77）中的$\sum_{l=1}^{L}\rho_l^2\psi_l(x)\psi_l^{\mathrm{H}}(x)$构造为对角矩阵，即

$$\begin{bmatrix} O & & & & & & \\ & \rho_1^2 V_1 & & & & & \\ & & O & & & & \\ & & & \rho_2^2 V_2 & & & \\ & & & & \ddots & & \\ & & & & & \rho_L^2 V_L & \\ & & & & & & O \end{bmatrix} \tag{5.78}$$

式中，V_l为包含$\psi_l(x)\psi_l^{\mathrm{H}}(x)$中所有非0元素的最小方阵；$O$为零矩阵。

式（5.77）可以进一步简化为

$$\begin{aligned}\boldsymbol{I}(\boldsymbol{Y},\boldsymbol{S}\mid\boldsymbol{X}=\boldsymbol{x}) &= \log\left(\prod_{l=1}^{L}\left|\rho_l^2\boldsymbol{\psi}_l(\boldsymbol{x})\boldsymbol{\psi}_l^{\mathrm{H}}(\boldsymbol{x})+\boldsymbol{I}_l\right|\right)\\ &= \log\left(\prod_{l=1}^{L}\left(1+\rho_l^2\boldsymbol{\psi}_l^{\mathrm{H}}(\boldsymbol{x})\boldsymbol{\psi}_l(\boldsymbol{x})\right)\right)\end{aligned} \tag{5.79}$$

将 $\boldsymbol{\psi}_l^{\mathrm{H}}(\boldsymbol{x})\boldsymbol{\psi}_l(\boldsymbol{x})\approx 1$ 代入式（5.79），得到

$$\boldsymbol{I}(\boldsymbol{Y},\boldsymbol{S}\mid\boldsymbol{X}=\boldsymbol{x}) = \sum_{l=1}^{L}\log(1+\rho_l^2) \tag{5.80}$$

式（5.80）表明，$\boldsymbol{I}(\boldsymbol{Y},\boldsymbol{S}\mid\boldsymbol{X}=\boldsymbol{x})$ 与目标参数估计的归一化时延无关，且多目标的散射信息为各单目标散射信息的和，在目标状态服从复高斯分布的情形下，雷达感知系统的散射信息为

$$\boldsymbol{I}(\boldsymbol{Y},\boldsymbol{S}\mid\boldsymbol{X}) = \sum_{l=1}^{L}\boldsymbol{I}(\boldsymbol{Y},S_l\mid X_l) = \sum_{l=1}^{L}\log(1+\rho_l^2) \tag{5.81}$$

式（5.81）与目标的距离信息无关，仅与 SNR 有关，在形式上与香农信道容量公式一致。通过以上分析可知，香农信道容量是目标散射信息的最大值，因为在系统完全同步的假设条件下，不存在目标的距离信息。

定理 5.5　远距离复高斯散射目标的散射信息为

$$\boldsymbol{I}(\boldsymbol{Y},\boldsymbol{S}\mid\boldsymbol{X}) = \sum_{l=1}^{L}\boldsymbol{I}(\boldsymbol{Y},S_l\mid X_l) = \sum_{l=1}^{L}\log(1+\rho_l^2) \tag{5.82}$$

定理 5.5 表明，总散射信息是各目标散射信息之和，仅与 SNR 有关，与目标的距离信息无关。

在两目标状态服从复高斯分布且互不干扰的情形下，对应的散射信息如图 5.7 所示。由图可知，散射信息随着 SNR 的增大而增加，且约为单目标散射信息的 2 倍。

当 SNR 分别为 12dB、17dB、22dB 时，服从复高斯分布的两目标的散射信息与距离差的关系如图 5.8 所示。由图可知，与联合距离信息相似，当距离差较小时，目标相互影响，获得的散射信息较少，在两目标重合时达到最小值；当两目标间隔足够远时，目标互不干扰，散射信息趋于平稳。

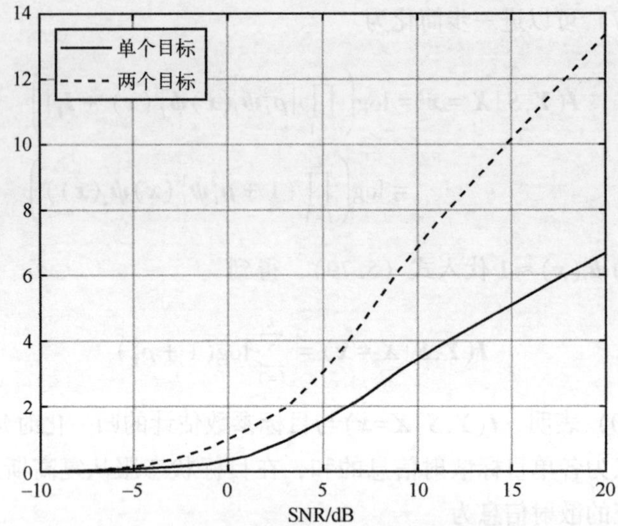

图 5.7　两目标间隔≫1/*B* 时的散射信息

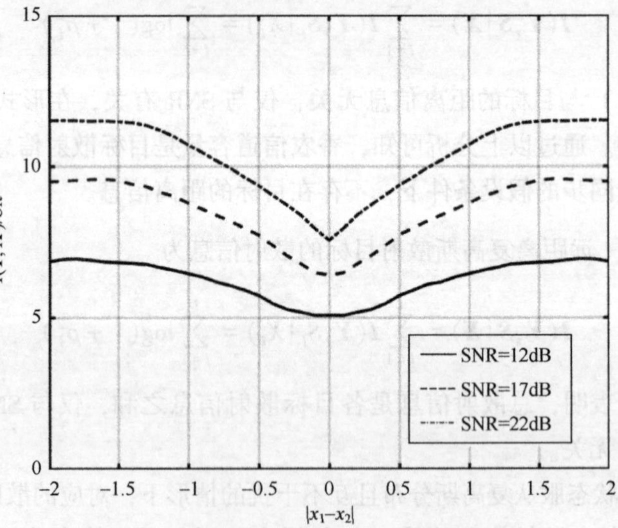

图 5.8　两目标散射信息与距离差的关系

5.5　距离分辨率

5.5.1　两目标散射信息的闭合表达式

距离分辨率是用于评价雷达分辨不同目标能力的指标。根据目前的观点，雷达的距离分辨率等于信号带宽的倒数 $1/B$，与 SNR 无关。如何提高距离分辨率，一直是雷达信号处理领域的主要研究方向。下面采用信息论的方法研究有关距离分辨率的问题。

在存在两目标的情形，假设两目标的平均 SNR 相同，即 $\rho_1^2=\rho_2^2=\rho^2$，则在给定距离 $\boldsymbol{X}$ 时，协方差矩阵为

$$\boldsymbol{R}=N_0(\rho^2\boldsymbol{\Psi}(\boldsymbol{x})\boldsymbol{\Psi}^{\mathrm{H}}(\boldsymbol{x})+\boldsymbol{I}) \tag{5.83}$$

对矩阵 $\boldsymbol{\Psi}(\boldsymbol{x})\boldsymbol{\Psi}^{\mathrm{H}}(\boldsymbol{x})$ 进行特征值分解，有

$$\boldsymbol{\Psi}(\boldsymbol{X})\boldsymbol{\Psi}^{\mathrm{H}}(\boldsymbol{X})=\boldsymbol{Q}^{\mathrm{H}}\boldsymbol{\Sigma}\boldsymbol{Q} \tag{5.84}$$

式中，$\boldsymbol{Q}$ 为 $N\times N$ 阶正交矩阵；$\boldsymbol{\Sigma}$ 是秩为 2 的对角矩阵，根据 $|\lambda\boldsymbol{I}-\boldsymbol{\Psi}(\boldsymbol{x})^{\mathrm{H}}\boldsymbol{\Psi}(\boldsymbol{x})|=0$ 计算特征值，有

$$\boldsymbol{\Sigma}=\begin{bmatrix}\lambda_1 & 0 & \cdots & 0\\ 0 & \lambda_2 & \cdots & 0\\ \vdots & \vdots & \ddots & \vdots\\ 0 & 0 & \cdots & 0\end{bmatrix} \tag{5.85}$$

式中，$\lambda_1=1+\mathrm{sinc}(x_1-x_2)$；$\lambda_2=1-\mathrm{sinc}(x_1-x_2)$。$\lambda_1$ 和 λ_2 是通过奇异值分解获得的两个信道子空间，$\lambda_1=1+\mathrm{sinc}(x_1-x_2)$ 表征两目标位置 x_1 和 x_2 的同相信道，$\lambda_2=1-\mathrm{sinc}(x_1-x_2)$ 表征两目标位置 x_1 和 x_2 的正交信道。

协方差矩阵的行列式为

$$\begin{aligned}|\boldsymbol{R}(x)|&=|N_0(\rho^2\boldsymbol{Q}^{\mathrm{H}}\boldsymbol{\Sigma}\boldsymbol{Q}+\boldsymbol{I})|\\&=|N_0(\rho^2\boldsymbol{\Sigma}+\boldsymbol{I})|\\&=N_0^N(1+\rho^2\lambda_1\mathrm{sinc}(x_1-x_2))(1+\rho^2\lambda_2\mathrm{sinc}(x_1-x_2))\end{aligned} \tag{5.86}$$

可得在给定 $\boldsymbol{X}$ 时的散射信息为

$$I(\boldsymbol{Y},\boldsymbol{S}\,|\,\boldsymbol{X}=\boldsymbol{x})=\log[1+\rho^2(1+\mathrm{sinc}(x_1-x_2))]+\log[1+\rho^2(1-\mathrm{sinc}(x_1-x_2))] \tag{5.87}$$

式中，第一项被称为同相信道的信息；第二项被称为正交信道的信息。散射信息与目标之间的距离有关，当目标间隔很远时，相互影响很小，由前述定理可知，总散射信息等于各目标散射信息之和。随着目标间隔逐渐缩小，相互影响不断加强，表现为同相信道的信息逐渐增大，正交信道的信息逐渐减小，直到两目标完全重合，同相信道的信息最大，正交信道的信息为 0。

5.5.2 距离分辨率公式

正交信道能够很好地反映两目标之间的距离，即目标间隔越大，获得的信息越多，越容易分辨；反之，获得的信息越少，越难以分辨。距离分辨率能够反映两目标将分未分的临界情形，故有如下定义。

定义 5.3【距离分辨率】 设两目标的平均 SNR 相同，即 $\rho_1^2=\rho_2^2=\rho^2$，在满足

$$\log[1+\rho^2(1-\text{sinc}(x_1-x_2))]=1 \tag{5.88}$$

的条件下，两目标之间的距离 $|x_1-x_2|$ 被定义为距离分辨率，记为 Δx。距离分辨率的倒数被称为分辨力。

由定义可得距离分辨率为

$$\Delta x=\text{sinc}^{-1}(1-\rho^{-2}) \tag{5.89}$$

式（5.89）表明，距离分辨率与 SNR 有关。与传统的瑞利分辨率不同，瑞利分辨率 $1/B$ 与 SNR 无关，只与信号带宽有关。

当 $\Delta x<1$ 时，利用泰勒展开公式，忽略高次项，可得

$$\Delta x=\frac{\sqrt{2}}{\rho\beta} \tag{5.90}$$

定理 5.6【距离分辨率】 设两目标的平均 SNR 相同，即 $\rho_1^2=\rho_2^2=\rho^2$，且目标间隔 $|x_1-x_2|<1$，则距离分辨率由式（5.90）确定。

距离分辨率也被称为空间分辨率，不仅与带宽成反比，还与 SNR 成反比。当 SNR 足够大时，距离分辨率可以远小于 $1/B$，称小于 $1/B$ 的距离分辨率为超分辨。空间分辨率从理论上指出了超分辨的可能性。空间分辨率与传统分辨率是否有矛盾呢？我们认为，分辨率问题在理论上属于多目标的匹配滤波问题，传统分辨率是一维匹配滤波的分辨率，与空间分辨率不矛盾。

为了验证多目标匹配滤波的超分辨能力，我们采用前述的两目标最大似然算法进行研究。针对不同目标的间隔，采用一维最大似然算法和二维最大似然算法的距离分辨率仿真结果如图 5.9 所示。由图可知，当 SNR = 17dB、目标间隔小于 $1/B$ 时，采用一维最大似然算法已经无法分辨目标，二维最大似然算法可以继续分辨目标，表明二维最大似然算法的距离分辨率优于一维最大似然算法的距离分辨率。

采用后验概率分布 $p(\boldsymbol{x}|\boldsymbol{y})$ 和二维最大似然算法，在不同距离差和 SNR 条件下，距离分辨率的仿真结果如图 5.10 所示。由图可知，虽能分辨 $1/B$ 内的两目

标，但随着目标间隔越来越小，目标分辨越来越难。在同等间隔的情形下，改善 SNR 可继续进行分辨，进一步说明了超分辨的可能性。

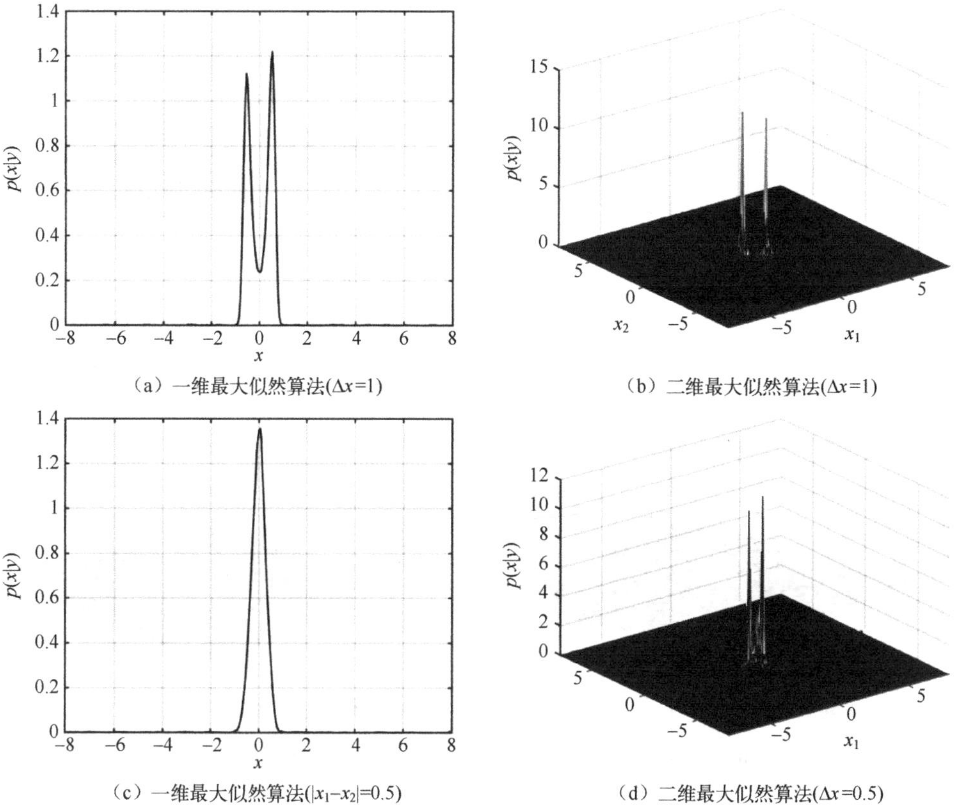

（a）一维最大似然算法(Δx=1)　（b）二维最大似然算法(Δx=1)

（c）一维最大似然算法($|x_1-x_2|$=0.5)　（d）二维最大似然算法(Δx=0.5)

图 5.9　一维最大似然算法和两维最大似然算法的距离分辨率仿真结果

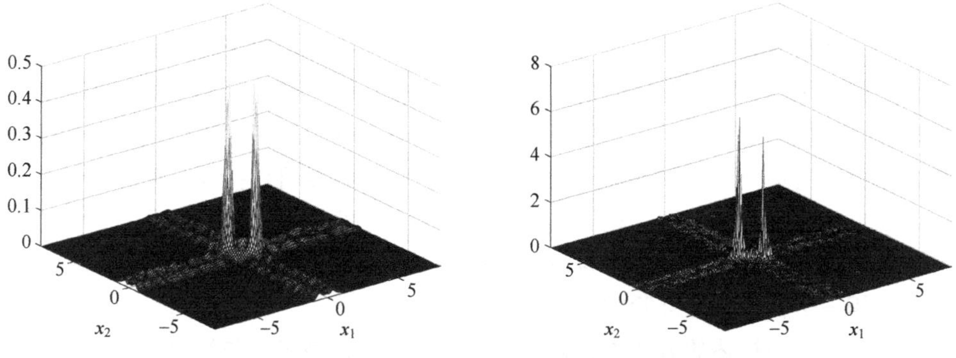

（a）理论概率分布，$|x_1-x_2|$=1，SNR=17dB　（b）二维最大似然算法，$|x_1-x_2|$=1，SNR=17dB

图 5.10　后验概率分布和二维最大似然算法的距离分辨率

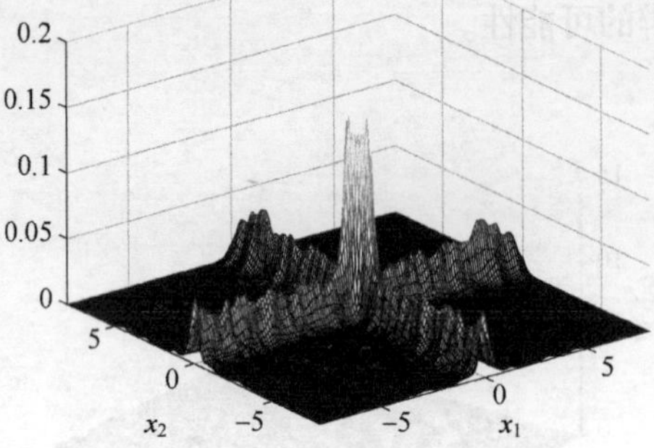

(c) 理论概率分布，$|x_1-x_2|=4$，SNR=17dB

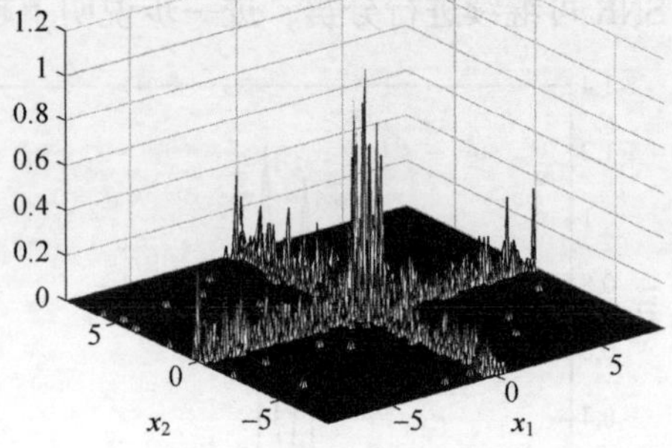

(d) 二维最大似然算法，$|x_1-x_2|=0.4$，SNR=17dB

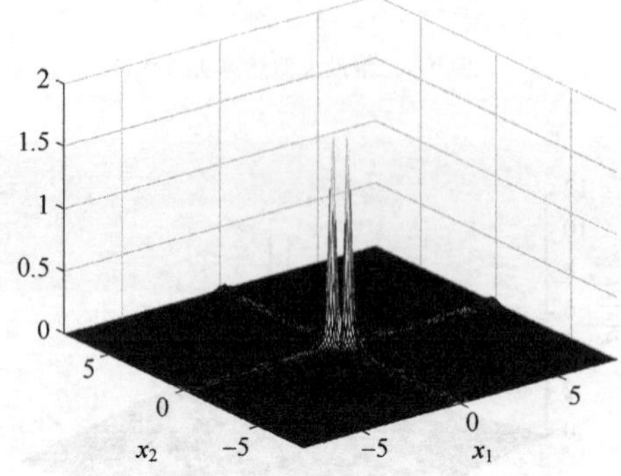

(e) 理论概率分布，$|x_1-x_2|=0.4$，SNR=17dB

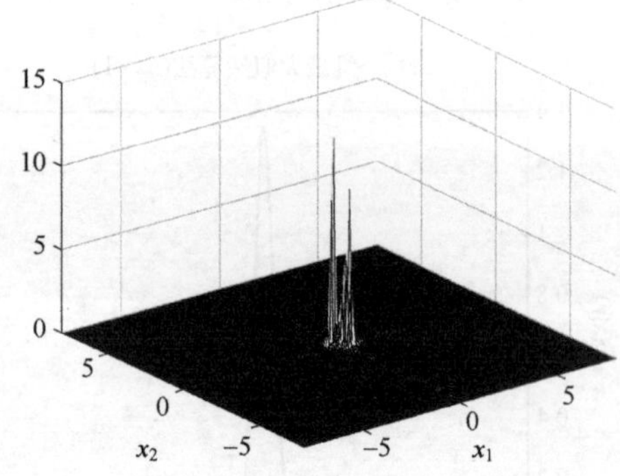

(f) 二维最大似然算法，$|x_1-x_2|=0.4$，SNR=17dB

图 5.10 后验概率分布和二维最大似然算法的距离分辨率（续）

5.5.3 多目标参数估计的显微方法

前述多目标参数估计需要预知目标的数目。目标的具体数目在实际应用中是未知的。多目标参数估计的高复杂度限制了实际应用。一种可行的方法是在观测区间首先采用单目标匹配滤波的方法，复杂度低。对于稀疏目标区域，单目标匹配滤波是最优的方法。对于密集目标区域，若采用两目标匹配滤波的方法进行处理，则由于密集目标区域是局部的，因此计算的复杂度可以接受。密集目标区域的判断也是较复杂的问题。相关峰值的宽度和相关峰值的重叠程度是可以考虑的参考指标。为了进一步提高分辨率，可以对相关区域进行多拍累积来提高 SNR，甚至采用三个目标或更高阶的匹配滤波方法。

我们把上面描述的方法称为显微方法，其原因是该过程与用放大镜寻找小目标的过程很相似。实际上，人们总是对感兴趣的区域用放大镜进行反复寻找，反复寻找的过程与提高信噪比的原理很相似。

第 6 章 参数估计定理

受编码定理的启发，我们自然要问，参数估计是否存在理论极限？最优参数估计既是感知信息论关注的问题，也是统计学的基本问题，涉及如下几个方面：

- 参数估计的性能如何评价？
- 测距容量和熵误差是不是参数估计器性能的理论极限？
- 理论极限是否可达？

参数估计定理指出，空间信息是参数估计可达的理论上界，熵误差是参数估计可达的理论下界。虽然 CRB 也是任何参数估计的下界，但只适用于高 SNR 的情形，在中低 SNR 情形下是不可达的。熵误差比 CRB 更具有普适性，为在各种 SNR 情形下评价实际系统性能提供了理论依据。

6.1 参数估计定理的直观解释

参数估计定理提供了一个通用的证明框架，虽然本节只针对单目标位置参数估计给出了证明，但对一般感知信息论的场景都适用。这一点与编码定理非常相似。

证明参数估计定理的关键：一个是在编码定理中用到的渐近等分特性(AEP)[59-60]；另一个是我们提出的抽样后验估计，一种随机估计方法，对应编码定理的随机编码。

在证明之前，先定义需要用到的概念。

假设参数估计系统为$(\mathbb{X},\pi(x),p(y|x),\mathbb{Y})$：$\mathbb{X}$为输入参数集，即观测空间；$\pi(x)$为待测参数在观测空间的先验分布；条件分布$p(y|x)$为检测信道；$\mathbb{Y}$为输出参数集。该系统的 m 次扩展系统被记为$(\mathbb{X}^m,\pi(x^m),p(\boldsymbol{y}^m|x^m),\mathbb{Y}^m)$，如图 6.1 所示。其中，$\mathbb{X}^m$为扩展输入参数集；$\mathbb{Y}^m$为扩展输出参数集；$\pi(x^m)$为扩展信源概率分布；$p(\boldsymbol{y}^m|x^m)$为扩展信道条件概率分布。输入序列 $x^m\in\mathbb{X}^m$经过$p(\boldsymbol{y}^m|x^m)$产生接收序列 $\boldsymbol{y}^m$，估计器$\hat{x}^m=f(\boldsymbol{y}^m)$通过接收序列 $\boldsymbol{y}^m$ 获得对输入序列的估计$\hat{x}^m\in\mathbb{X}^m$。

我们首先直观地解释为什么通过接收序列 Y^m 能获得 $I(X;Y)$ 的估计信息。参数估计涉及的典型集如图 6.2 所示：左边的立方体表示全部观测空间；右边的立

方体表示接收序列组成的集合，注意这是一个示意图，实际接收序列集合是无限的；左边最大的球体表示参数典型集$\mathbb{A}_{\varepsilon}^{(m)}(X)$，体积约为$\|\mathbb{A}_{\varepsilon}^{(m)}(X)\|=2^{nh(X)}$，小黑点表示发送序列$X^m$；右边最大的球体代表接收序列典型集$\mathbb{A}_{\varepsilon}^{(m)}(Y)$，小黑点代表实际接收序列$Y^m$，与发送序列组成联合典型序列；左边小的深色球体代表与Y^m构成联合典型的条件典型集$\mathbb{A}_{\varepsilon}^{(m)}(X|\boldsymbol{Y})$，对应的体积约为$2^{mh(X|\boldsymbol{Y})}$，典型集中序列发送的可能性几乎相同，体积越小，说明不确定性越小，估计性能越好；体积越大，不确定性越大，说明估计性能越差。

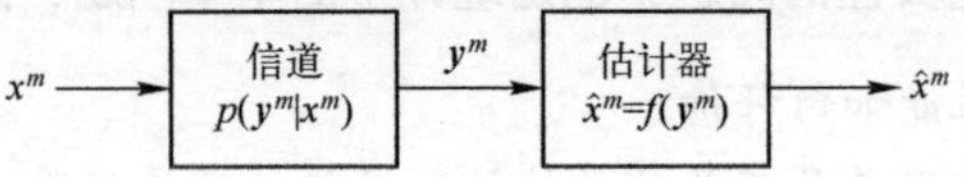

图 6.1　无记忆扩展的参数估计系统模型

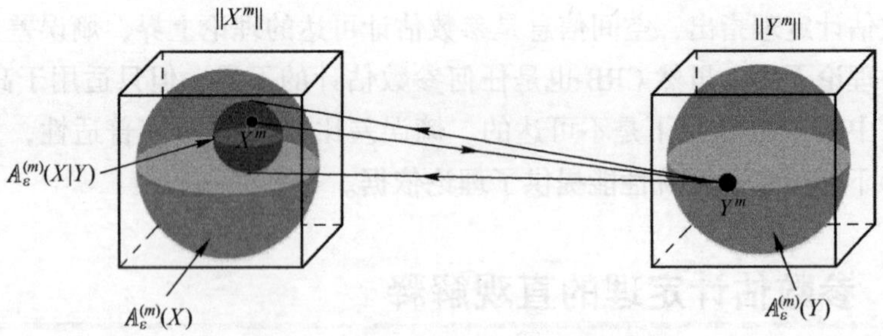

图 6.2　参数估计涉及的典型集

当序列长度m很大时，对于每一个输出典型序列Y^m，存在体积约为$2^{mh(X|\boldsymbol{Y})}$的输入典型集，并且在典型集中所有这些序列是等可能的。全部输入典型集的体积约等于$2^{mh(X)}$，被划分为$2^{m[h(X)-h(X|\boldsymbol{Y})]}=2^{mI(X;\boldsymbol{Y})}$个体积为$2^{mh(X|\boldsymbol{Y})}$的不相交子集。标记这些典型集需要长度为$mI(X;\boldsymbol{Y})$的二进制序列。参数估计的目的是确定$X^m$位于哪一个典型集，即可得到标记$X^m$所在位置的$mI(X;\boldsymbol{Y})$，折算为一次估计信息为$I(X;\boldsymbol{Y})$。显然，估计信息$I(X;\boldsymbol{Y})$越大，条件典型集的体积越小，估计精度越高。

6.2　连续随机变量的渐近等分特性及典型集

6.2.1　渐近等分特性

连续随机变量的渐近等分特性（AEP）在参数估计定理的证明过程中扮演着

十分重要的角色[59-60]。

引理 6.1【弱大数定律】　令 $Y_1,Y_2,\cdots,Y_m$ 表示均值为 μ、方差为 σ^2 的 IID 随机序列，样本方差 $\overline{Y}_m=\frac{1}{m}\sum_{i=1}^{m}Y_i$，有

$$\Pr\{|\overline{Y}_m-\mu|>\varepsilon\}\leqslant\frac{\sigma^2}{m\varepsilon^2} \tag{6.1}$$

引理 6.2【AEP】　设 $X_1,X_2,\cdots,X_m$ 是服从密度函数 $\pi(x)$ 的 IID 随机序列，极限依概率收敛，有

$$-\frac{1}{m}\log\pi(X_1,X_2,\cdots,X_m)\to E[-\log\pi(X)]=h(X) \tag{6.2}$$

证明：该引理可用弱大数定律直接证明。

6.2.2　典型集

定义 6.1【典型集】　对 $\varepsilon>0$ 和任意 m，定义 $\pi(x)$ 的典型集 $\mathbb{A}_\varepsilon^{(m)}(X)$ 为

$$\mathbb{A}_\varepsilon^{(m)}(X)=\left\{(x_1,x_2,\cdots,x_m)\in X^m:\left|-\frac{1}{m}\log\pi(x_1,x_2,\cdots,x_m)-h(X)\right|<\varepsilon\right\} \tag{6.3}$$

式中，$\pi(x_1,x_2,\cdots,x_m)=\prod_{i=1}^{m}\pi(x_i)$。

根据典型集的定义，联合概率密度满足

$$2^{-m[h(X)+\varepsilon]}<\pi(x_1,x_2,\cdots,x_m)<2^{-m[h(X)-\varepsilon]} \tag{6.4}$$

也就是说，在典型集中，联合概率分布近似服从密度为 $2^{-mh(X)}$ 的均匀分布。这就是渐近等分特性名称的由来。连续随机变量典型集的性质与离散随机变量典型集的某些性质完全相似。只是在离散情形下，离散随机变量典型集的大小用基数表示，连续随机变量典型集的大小用体积表示。

定义 6.2【集合的体积】　m 维集合 $\mathbb{A}$ 的体积 $\|\mathbb{A}\|$ 被定义为

$$\|\mathbb{A}\|=\int_{\mathbb{A}}\mathrm{d}x_1\mathrm{d}x_2\cdots\mathrm{d}x_m \tag{6.5}$$

定理 6.1　对于任意小的正数 $\varepsilon>0$，当 m 足够大时，有

(1) $\Pr\{x\in\mathbb{A}_\varepsilon^{(m)}(X)\}>1-\varepsilon$；

(2) $2^{-m[h(X)+\varepsilon]}<\pi(x)<2^{-m[h(X)-\varepsilon]}$；

(3) $(1-\varepsilon)2^{m[h(X)-\varepsilon]}<\| \mathbb{A}_{\varepsilon}^{(m)}(X) \|<2^{m[h(X)+\varepsilon]}$。

证明：(1) 根据引理 6.2 中的定义可证明定理 6.1 中的 (1)。

(2) 根据式 (6.4) 可证明定理 6.1 中的 (2)。

(3) 由于有

$$
\begin{aligned}
1 &= \int_{\mathbb{X}^m} \pi(x_1,x_2,\cdots,x_m)\,\mathrm{d}x_1\mathrm{d}x_2\cdots\mathrm{d}x_m \\
&\geqslant \int_{\mathbb{A}_{\varepsilon}^{(m)}(X)} \pi(x_1,x_2,\cdots,x_m)\,\mathrm{d}x_1\mathrm{d}x_2\cdots\mathrm{d}x_m \\
&> \int_{\mathbb{A}_{\varepsilon}^{(m)}(X)} 2^{-m[h(X)+\varepsilon]}\,\mathrm{d}x_1\mathrm{d}x_2\cdots\mathrm{d}x_m \\
&= 2^{-m[h(X)+\varepsilon]}\int_{\mathbb{A}_{\varepsilon}^{(m)}(X)} \mathrm{d}x_1\mathrm{d}x_2\cdots\mathrm{d}x_m \\
&= 2^{-m[h(X)+\varepsilon]}\,\| \mathbb{A}_{\varepsilon}^{(m)}(X) \|
\end{aligned}
\tag{6.6}
$$

定理 6.1 中的 (3)，右边不等式得证。

$$
\begin{aligned}
1-\varepsilon &< \int_{\mathbb{A}_{\varepsilon}^{(m)}(X)} f(x_1,x_2,\cdots,x_m)\,\mathrm{d}x_1\mathrm{d}x_2\cdots\mathrm{d}x_m \\
&< \int_{\mathbb{A}_{\varepsilon}^{(m)}(X)} 2^{-m[h(X)-\varepsilon]}\,\mathrm{d}x_1\mathrm{d}x_2\cdots\mathrm{d}x_m \\
&= 2^{-m[h(X)-\varepsilon]}\int_{\mathbb{A}_{\varepsilon}^{(m)}(X)} \mathrm{d}x_1\mathrm{d}x_2\cdots\mathrm{d}x_m \\
&= 2^{-m[h(X)-\varepsilon]}\,\| \mathbb{A}_{\varepsilon}^{(m)}(X) \|
\end{aligned}
\tag{6.7}
$$

定理 6.1 中的 (3)，左边不等式得证。

6.3 联合典型序列

一般的参数估计系统模型见图 6.1，记为$(\mathbb{X},\pi(x),p(y|x),\mathbb{Y})$，由输入参数集$\mathbb{X}$、输出参数集$\mathbb{Y}$、先验分布 $\pi(x)$，以及连续信道条件分布$p(y|x)$构成。$\mathbb{X}$被称为观测空间，待测参数 X 被称为信源，服从先验分布 $\pi(x)$。信道的输入 X 和输出 Y 都是连续随机变量。信源的 m 次无记忆扩展是指随机变量 $\boldsymbol{X}^m=(X_1, X_2,\cdots,X_m)$中的分量是独立同分布的。信道的 m 次无记忆扩展是指信道$(\mathbb{X}^m, p(y^m|x^m),\mathbb{Y}^m)$，其中

$$
p(y^m,x^m)=\prod_{i=1}^{m}p(y_i,x_i) \tag{6.8}
$$

m 次无记忆扩展的测距系统被记为$(\mathbb{X}^m,\pi(x),p(y^m|x^m),\mathbb{Y}^m)$，输入是目标的位置矢量 $\boldsymbol{X}^m$，经过信道后，产生随机序列 Y^m 被接收。估计器使用适当的规则$\hat{X}^m=g(Y^m)$估计目标位置$\hat{X}^m$。如果能够找到满足条件的序列$\hat{X}^m$，则表明完成了一次成功的估计，否则估计失败。

参数估计的核心思想是联合典型序列的概念，有如下定义。

定义 6.3【联合典型序列】　服从联合概率分布 $p(x,y)$ 的联合典型序列$\{(x^m,y^m)\}$所构成的集合$\mathbb{A}_\varepsilon^{(m)}(X,Y)$是由 m 长序列对所构成的集合，经验熵与真实熵之差小于 ε，有

$$\begin{aligned}\mathbb{A}_\varepsilon^{(m)}(X,Y)=\Big\{&(x^m,y^m)\in\mathbb{X}^m\times\mathbb{Y}^m:\\&\left|-\frac{1}{m}\log\pi(x^m)-H(X)\right|<\varepsilon\\&\left|-\frac{1}{m}\log p(y^m)-h(Y)\right|<\varepsilon\\&\left|-\frac{1}{m}\log p(x^m,y^m)-h(X,Y)\right|<\varepsilon\Big\}\end{aligned}\tag{6.9}$$

式中

$$p(x^m,y^m)=\prod_{i=1}^{m}p(x_i,y_i)\tag{6.10}$$

定理 6.2【联合 AEP】　设(X^m,Y^m)是服从 $p(x^m,y^m)=\prod_{i=1}^{m}p(x_i,y_i)$ 的 IID 的 m 长序列对，对于任意小的正数 $\varepsilon>0$，当 m 足够大时，有

(1) $\Pr\{(X^m,Y^m)\in\mathbb{A}_\varepsilon^{(m)}(X,Y)\}\geqslant1-\varepsilon$；

(2) $2^{-m[h(X,Y)+\varepsilon]}<p(x,y)<2^{-m[h(X,Y)-\varepsilon]}$；

(3) $(1-\varepsilon)2^{m[h(X,Y)-\varepsilon]}<\|\mathbb{A}_\varepsilon^{(m)}(X,Y)\|<2^{m[h(X,Y)+\varepsilon]}$。

证明：(1) 由弱大数定律，式 (6.11) 依概率收敛，即

$$-\frac{1}{m}\log\pi(x^m)\to-E[\log\pi(x)]=h(X)\tag{6.11}$$

给定 $\varepsilon>0$，存在 m_1，使得对于任意 $m>m_1$，有

$$\Pr\left(\left|-\frac{1}{m}\log\pi(x^m)-h(X)\right|>\varepsilon\right)<\frac{\varepsilon}{3}\tag{6.12}$$

同理，由弱大数定律，有

$$-\frac{1}{m}\log p(y^m)\to -E[\log p(y)]=h(Y) \tag{6.13}$$

$$-\frac{1}{m}\log p(x^m,y^m)\to -E[\log p(x,y)]=h(X,Y) \tag{6.14}$$

依概率收敛，存在 m_2 和 m_3，对于任意 $m>m_2$，有

$$\Pr\left(\left|-\frac{1}{m}\log p(y^m)-h(Y)\right|>\varepsilon\right)<\frac{\varepsilon}{3} \tag{6.15}$$

对于任意 $m>m_3$，有

$$\Pr\left(\left|-\frac{1}{m}\log p(x^m,y^m)-h(X,Y)\right|>\varepsilon\right)<\frac{\varepsilon}{3} \tag{6.16}$$

选取 $m>\max(m_1,m_2,m_3)$，式（6.12）、式（6.15）和式（6.16）集合之并的概率必小于 ε。对于足够大的 m，集合$\mathbb{A}_{\varepsilon}^{(m)}(X,Y)$的概率大于$1-\varepsilon$，证明了定理 6.2 中的（1）。

（2）将定理 6.2 中的（1）展开，即得定理 6.2 中的（2）。

（3）注意到

$$\begin{aligned}1&=\sum p(x^m,y^m)\\&>\sum_{\mathbb{A}_{\varepsilon}^{(m)}(X;Y)}p(x^m,y^m)\\&>\|\mathbb{A}_{\varepsilon}^{(m)}(X,Y)\|2^{-m[h(X,Y)+\varepsilon]}\end{aligned} \tag{6.17}$$

也就是

$$\|\mathbb{A}_{\varepsilon}^{(m)}(X,Y)\|<2^{m[h(X,Y)+\varepsilon]} \tag{6.18}$$

定理 6.2 中的（3），右边不等式得证。由于对于足够大的 m，有 $\Pr(\mathbb{A}_{\varepsilon}^{(m)}(X;Y))\geqslant 1-\varepsilon$ 成立，因此有

$$\begin{aligned}1-\varepsilon&<\sum_{(x^m,y^m)\in\mathbb{A}_{\varepsilon}^{(m)}(X,Y)}p(x^m,y^m)\\&<\|\mathbb{A}_{\varepsilon}^{(m)}(X,Y)\|2^{-m[h(X,Y)-\varepsilon]}\end{aligned} \tag{6.19}$$

$$\|\mathbb{A}_{\varepsilon}^{(m)}(X,Y)\|>(1-\varepsilon)2^{m[h(X,Y)-\varepsilon]} \tag{6.20}$$

定理 6.2 中的（3），左边不等式得证。

定理6.3　对于任意小的正数 $\varepsilon>0$，当 m 足够大时，有

（1）性质为

$$2^{-m[h(Y|X)+2\varepsilon]}<p(y|x)<2^{-m[h(Y|X)-2\varepsilon]} \tag{6.21a}$$

$$2^{-m[h(X|Y)+2\varepsilon]}<p(x|y)<2^{-m[h(X|Y)-2\varepsilon]} \tag{6.21b}$$

式中，$(x,y)\in\mathbb{A}_{\varepsilon}^{(m)}(X,Y)$。

（2）令 $\mathbb{A}_{\varepsilon}^{(m)}(X|Y)=\{x:(x,y)\in\mathbb{A}_{\varepsilon}^{(m)}(X,Y)\}$ 是在给定典型序列 Y^m 的条件下，与 Y^m 构成联合典型序列对的所有 X^m 序列的集合，有

$$(1-\varepsilon)2^{m[h(X|Y)-2\varepsilon]}<\|\mathbb{A}_{\varepsilon}^{(m)}(X|Y)\|<2^{m[h(X|Y)+2\varepsilon]} \tag{6.22}$$

（3）令 $\mathbb{A}_{\varepsilon}^{(m)}(Y|X)=\{\boldsymbol{y}:(x,y)\in\mathbb{A}_{\varepsilon}^{(m)}(X,Y)\}$ 是在给定典型序列 X^m 的条件下，与 X^m 构成联合典型序列对的所有 Y^m 序列的集合，有

$$(1-\varepsilon)2^{m[h(Y|X)-2\varepsilon]}<\|\mathbb{A}_{\varepsilon}^{(m)}(Y|X)\|<2^{m[h(Y|X)+2\varepsilon]} \tag{6.23}$$

（4）令 X^m 是在给定序列 Y^m 时的联合典型序列，有

$$\Pr(X^m\in\mathbb{A}_{\varepsilon}^{(m)}(X|Y))>1-2\varepsilon \tag{6.24}$$

证明：（1）条件概率密度满足

$$p(y|x)=\frac{p(x,y)}{\pi(x)} \tag{6.25}$$

对于联合典型序列 (x,y)，根据定理6.1中的（2）和定理6.2中的（2），有

$$\begin{gathered}2^{-m[h(X,Y)+\varepsilon]}/2^{-m[h(X)-\varepsilon]}<p(y|x)<2^{-m[h(X,Y)-\varepsilon]}/2^{-m[h(X)+\varepsilon]}\\ 2^{-m[h(X,Y)-h(X)+2\varepsilon]}<p(y|x)<2^{-m[h(X,Y)-h(X)-2\varepsilon]}\end{gathered} \tag{6.26}$$

所以有

$$2^{-m[h(Y|X)+2\varepsilon]}<p(y|x)<2^{-m[h(Y|X)-2\varepsilon]} \tag{6.27}$$

式（6-21a）得证，同理可证式（6.21b）。

（2）假设序列 $y^m\in\mathbb{A}_{\varepsilon}^{(m)}(Y)$，由于

$$\begin{aligned}1&=\int_{X^m}p(x|y)\mathrm{d}x\\ &=\int_{X^m}\frac{p(x,y)}{p(y)}\mathrm{d}x\end{aligned} \tag{6.28}$$

$$> \int_{X^m \in A_\varepsilon^{(m)}(X \mid Y))} \frac{p(x,y)}{p(y)} \mathrm{d}x$$

又由于(x,y)可构成联合典型序列，因此根据定理 6.1 中的（2）和定理 6.2 中的（2），有

$$p(y) < 2^{-m[h(Y)-\varepsilon]} \tag{6.29}$$

$$p(x,y) > 2^{-m[h(X,Y)+\varepsilon]} \tag{6.30}$$

代入式（6.28），可得

$$\begin{aligned} 1 &> \int_{X^m \in A_\varepsilon^{(m)}(X \mid Y)} \frac{p(x,y)}{p(y)} \mathrm{d}x \\ &> \int_{X^m \in A_\varepsilon^{(m)}(X \mid Y)} \frac{2^{-m[h(X,Y)+\varepsilon]}}{2^{-m[h(Y)-\varepsilon]}} \mathrm{d}x \\ &= \int_{X^m \in A_\varepsilon^{(m)}(X \mid Y)} 2^{-m[h(X \mid Y)+2\varepsilon]} \mathrm{d}x \\ &> \| A_\varepsilon^{(m)}(X|Y) \| 2^{-m[h(X \mid Y)+2\varepsilon]} \end{aligned} \tag{6.31}$$

移项后，可得定理 6.3 中（2）的右边不等式，用定理 6.1 类似的方法可以证明定理 6.3 中（2）的左边不等式。

（3）用定理 6.3 中（2）的证明过程可以证明定理 6.3 中的（3）。

（4）根据定理 6.3 中的（1），有

$$-2\varepsilon < \left| -\frac{1}{m} \log p(x^m | y^m) - h(X|Y) \right| < 2\varepsilon \tag{6.32}$$

根据弱大数定律，定理 6.3 中的（4）得证。

6.4 参数估计定理的证明

下面将证明参数估计定理。本节只证明正定理，逆定理将在 6.6 节进行证明[42,54]。在证明定理之前，我们先明确与参数估计相关的概念。

在已知接收序列 Y^m 时，估计函数寻找与 Y^m 构成联合典型序列的输入序列。如果输入序列$\hat{X}^m$ 与接收序列 Y^m 是联合典型序列，则将$\hat{X}^m$ 作为目标位置 X^m 的估计。这种估计被称为典型集估计或联合典型序列估计。

在正式定义之前，我们先给出一个形象的比喻：将给定 Y^m 的条件典型集 $\mathbb{A}_\varepsilon^{(m)}(X|Y)$ 比喻为射击训练时用的靶标，如果击中靶标，则射击有效，并根据击中的位置计分；如果未击中靶标，则射击失败。与此类似，定义如下。

估计成功　如果估计序列 $\hat{X}^m \in \mathbb{A}_\varepsilon^{(m)}(X|Y)$，即 $\hat{X}^m$ 属于接收序列 Y^m 的实际发送序列 X^m 的条件典型集，则称此次估计成功。在估计成功时，条件典型集的体积 $\|\mathbb{A}_\varepsilon^{(m)}(X|Y)\|$ 越大，估计的不确定性越大，估计性能越差。

估计失败　如果实际发送序列 $\hat{X}^m \notin \mathbb{A}_\varepsilon^{(m)}(X|Y)$，则称此次估计失败，记估计失败的概率 $P_{\mathrm{f}}^{(m)} = \Pr(X^m \notin \mathbb{A}_\varepsilon^{(m)}(\hat{X}|Y))$。

在估计成功时，计分方法与靶标计分不同。我们并不假设实际发送序列一定位于条件典型集 $\mathbb{A}_\varepsilon^{(m)}(X|Y)$ 的几何中心，均方误差类型的中心距指标不适用。我们用条件典型集的体积 $\|\mathbb{A}_\varepsilon^{(m)}(X|Y)\|$ 对估计进行计分，相当于靶标的面积。为了方便，我们用对数 $\frac{1}{m}\log\|\mathbb{A}_\varepsilon^{(m)}(X|Y)\|$ 作为计分标准，即不确定性的度量。

经验熵　如果估计成功，则参数估计的经验熵 $\hat{h}(X|Y)$ 被定义为

$$\hat{h}(X|Y) = \frac{1}{m}h(X^m|Y^m, E=0) \tag{6.33}$$

经验熵用于反映参数估计的不确定性，可作为参数估计的反向指标，即经验熵越大，参数估计的性能越差。

由最大熵定理，有 $h(X^m|Y^m, E=0) \leqslant \log\|\mathbb{A}_\varepsilon^{(m)}(X|Y)\|$，因此

$$\hat{h}(X|Y) \leqslant \frac{1}{m}\log\|\mathbb{A}_\varepsilon^{(m)}(X|Y)\| \tag{6.34}$$

估计精度　估计精度 $\hat{I}(X;Y)$ 也被称为经验信息，等于先验微分熵与经验熵之差，即

$$\hat{I}(X;Y) = h(X) - \hat{h}(X|Y) \tag{6.35}$$

是用于反映参数估计性能的正向指标。

为了说明估计精度的物理意义，将式（6.35）改写为

$$I^{(m)}(X;Y) = \frac{1}{m}\log\frac{2^{mh(X)}}{\|\mathbb{A}_\varepsilon^{(m)}(X|Y)\|} \tag{6.36}$$

式中，分子是输入典型集的体积；分母是条件典型集的体积。条件典型集将输入典型集划分为 $\dfrac{2^{mh(X)}}{\|\mathbb{A}_\varepsilon^{(m)}(X|Y)\|}$ 个体积相同的子集，标记这些子集需要长度为

$I^{(m)}(X;Y)$的二进制序列。参数估计的目的就是确定发送序列属于哪一个子集。估计成功表明发送序列与估计序列属于同一个子集，$I^{(m)}(X;Y)$就是当前估计获得的信息量。估计精度的单位是 bit，与模数和数模变换器的精度指标相似。

引理 6.3 设测距系统为$(\mathbb{X}^m, \pi(x), p(y^m|x^m), \mathbb{Y}^m)$，对于 m 次扩展系统，如果$\hat{X}^m$ 是接收序列 Y^m 的抽样后验估计，则$(\hat{X}^m, Y^m)$是联合典型序列。

证明：由抽样后验估计的定义，条件分布为

$$p_{\mathrm{SAP}}(\hat{x}^m|y^m) = p(\hat{x}^m|y^m) \tag{6.37}$$

抽样后验估计的联合分布为

$$\begin{aligned} P_{\mathrm{SAP}}(\hat{x}^m, y^m) &= p(y^m)P_{\mathrm{SAP}}(\hat{x}^m|y^m) \\ &= p(y^m)p(\hat{x}^m|y^m) \\ &= p(\hat{x}^m, y^m) \end{aligned} \tag{6.38}$$

与测距系统的联合分布相同。因此，它们有相同的熵、条件熵和联合熵。

引理 6.3 说明，抽样后验估计实际上是一种联合典型序列估计方法。

定理 6.4【参数估计定理】 设测距系统为$(\mathbb{X}^m, \pi(x), p(y^m|x^m), \mathbb{Y}^m)$，如果距离信息为$I(X;Y)$，则小于$I(X;Y)$的所有估计精度$\hat{I}(X;Y)$都是可达的。具体来说，只要 m 足够大，对任意 $\varepsilon>0$，一定存在一种估计方法，其估计精度满足

$$\hat{I}(X;Y) > I(X;Y) - 2\varepsilon \tag{6.39}$$

且估计失败的概率 $P_{\mathrm{f}}^{(m)} \to 0$。

证明：首先证明距离信息 $I(X;Y)$是可达的。

(1) 发送序列生成 给定 $\pi(x)$，m 次扩展目标状态 x^m 的统计特性满足

$$\pi(x^m) = \prod_{i=1}^{m} \pi(x_i) \tag{6.40}$$

根据 $\pi(x^m)$生成发送序列 X^m。

(2) 接收序列生成 发送序列 X^m 经过 m 次扩展，有

$$p(y^m|x^m) = \prod_{i=1}^{m} p(y_i|x_i) \tag{6.41}$$

生成接收序列 Y^m。

(3) 后验概率分布 设已知信道的条件概率分布$p(y|x)$和信源的先验分布$\pi(x)$，通过接收序列 Y^m，后验概率分布为

$$p(x|y)=\frac{\pi(x)p(y|x)}{\int_X \pi(x)p(y|x)\mathrm{d}x} \tag{6.42}$$

(4) 抽样后验估计　接收端采用抽样后验估计方法产生估计序列$\hat{X}^m$，由引理 6.3，$\hat{X}^m$ 与接收序列 Y^m 是联合典型序列。由定理 6.3 中的（2），$\mathbb{A}_{\varepsilon}^{m}(X|Y)$典型集满足

$$(1-\varepsilon)2^{m[h(X|Y)-2\varepsilon]}<\|\mathbb{A}_{\varepsilon}^{(m)}(X|Y)\|<2^{m[h(X|Y)+2\varepsilon]} \tag{6.43}$$

(5) 经验熵　如果估计成功，$\hat{X}^m\in\mathbb{A}_{\varepsilon}^{m}(X|Y)$，则由定理 6.3 中的（2），经验熵满足

$$\hat{h}(X|Y)<h(X|Y)+2\varepsilon \tag{6.44}$$

对足够大的 m，经验熵 $h^{(m)}(X|Y)$ 逼近条件熵$h(X|Y)$。

(6) 估计精度　对足够大的 m，距离信息满足

$$\begin{aligned}\hat{I}(X;Y)&=h(X)-\hat{h}(X;Y)\\&>I(X;Y)-2\varepsilon\end{aligned} \tag{6.45}$$

至此，证明了估计精度对距离信息的可达性。

(7) 估计失败的概率　对于接收序列 Y^m 的典型集译码，有两种事件发生会导致估计失败：一种事件是 X^m 与 Y^m 不能构成联合典型序列，记为$\overline{A}_{\mathrm{T}}$；另一种事件是$\hat{X}^m$ 与 Y^m 不能构成联合典型序列，记为$\overline{A}_{\mathrm{R}}$。估计失败的概率为

$$\begin{aligned}P_{\mathrm{f}}^{(m)}&=\Pr(\overline{A}_{\mathrm{T}}\cup\overline{A}_{\mathrm{R}})\\&\leqslant\Pr(\overline{A}_{\mathrm{T}})+\Pr(\overline{A}_{\mathrm{R}})\end{aligned} \tag{6.46}$$

由联合典型集的性质，有

$$P_{\mathrm{f}}^{(m)}\leqslant 2\varepsilon$$

随着 m 的增加，依概率收敛为 0。

估计精度实际上代表估计值的有效位数。从这个角度看，参数估计可以看成广义信源编码，只不过参数估计不是对信源直接编码，而是通过接收序列对信源（参数）进行间接编码。从形式上看，模拟接收序列被转化为一个二进制编码序列，每个编码序列都是对观测区间内若干子区域的编号。

6.5 推广的 Fano 不等式

为了证明逆定理，我们首先给出一些定义和一个引理。

设 X^m 为发送序列，Y^m 是接收序列，$\hat{X}^m$ 是估计函数 $\hat{X}^m=g(Y^m)$ 对给定接收序列 Y^m 的估计，$\mathbb{A}_\varepsilon^{(m)}(X|Y)$ 是在给定接收序列 Y^m 时的条件典型集。

当估计序列 $\hat{X}^m$ 属于 $\mathbb{A}_\varepsilon^{(m)}(X|Y)$ 时被称为估计成功；反之，当估计序列 $\hat{X}^m$ 不属于 $\mathbb{A}_\varepsilon^{(m)}(X|Y)$ 时被称为估计失败，记失败概率 $P_{\mathrm{f}}^{(m)}=\Pr(\hat{X}^m\notin\mathbb{A}_\varepsilon^{(m)}(X|Y))$。当估计成功时，条件典型集 $\mathbb{A}_\varepsilon^{(m)}(X|Y)$ 的体积可反映估计性能，体积越小，不确定性越小，估计性能越好；反之，体积越大，不确定性越大，估计性能越差。

定义一个二元随机变量 E：$E=0$ 表示判决成功的事件；$E=1$ 表示判决失败的事件，即

$$E=\begin{cases}0, & \hat{X}^m\in\mathbb{A}_\varepsilon^{(m)}(X|Y)\\ 1, & \hat{X}^m\notin\mathbb{A}_\varepsilon^{(m)}(X|Y)\end{cases} \tag{6.47}$$

则 $P_{\mathrm{f}}^{(m)}=\Pr(E=1)$。

下面考虑条件熵 $h(X^m,E|Y^m)$，由熵的可加性，有

$$h(X^m,E|Y^m)=H(E|Y^m)+h(X^m|Y^m,E) \tag{6.48}$$

由于 E 是二元随机变量，故有 $H(E|Y^m)<1$，等式右边的第二项为

$$h(X^m|Y^m,E)=(1-P_{\mathrm{f}}^{(m)})h(X^m|Y^m,E=0)+P_{\mathrm{f}}^{(m)}h(X^m|Y^m,E=1) \tag{6.49}$$

根据典型集的性质和定理 6.3，有

$$\begin{aligned}h(X^m|Y^m,E=0)&\leqslant\log\left(\|\mathbb{A}_\varepsilon^{(m)}(X|Y)\|\right)\\&\leqslant\log\left(2^{m[h(X|Y)+2\varepsilon]}\right)\\&=m[h(X|Y)+2\varepsilon]\end{aligned} \tag{6.50}$$

同理，有

$$\begin{aligned}h(X^m|Y^m,E=1)&\leqslant\log(\|\mathbb{A}_\varepsilon^{(m)}(X)\|-\|\mathbb{A}_\varepsilon^{(m)}(X|Y)\|)\\&\leqslant\log\left(2^{m[h(X)+\varepsilon]}-2^{m[h(X|Y)-2\varepsilon]}\right)\\&\leqslant\log 2^{m[h(X)+\varepsilon]}\\&=m[h(X)+\varepsilon]\end{aligned} \tag{6.51}$$

上面的推导总结为如下引理。

引理 6.4【推广的 Fano 不等式】

$$h(X^m|Y^m)\leqslant 1+(1-P_{\mathrm{f}}^{(m)})h(X^m|Y^m,E=0)+P_{\mathrm{f}}^{(m)}m(h(X)+\varepsilon) \tag{6.52}$$

证明：首先由熵的性质，有

$$h(X^m|Y^m)\leqslant h(X^m,E|Y^m) \tag{6.53}$$

由式（6.48）和式（6.49），可得

$$h(X^m,E|Y^m)\leqslant 1+(1-P_{\mathrm{f}}^{(m)})h(X^m|Y^m,E=0)+P_{\mathrm{f}}^{(m)}h(X^m|Y^m,E=1) \tag{6.54}$$

由式（6.51），可得

$$h(X^m,E|Y^m)\leqslant 1+(1-P_{\mathrm{f}}^{(m)})h(X^m|Y^m,E=0)+P_{\mathrm{f}}^{(m)}m(h(X)+\varepsilon) \tag{6.55}$$

综合式（6.53）和式（6.55），得证。

引理 6.4 相当于 Fano 不等式在参数估计中的推广。

由式（6.50）和式（6.51），Fano 不等式还有如下更简洁的形式，即

$$\frac{1}{m}h(X^m|Y^m)\leqslant h(X|Y)+2\varepsilon+\frac{1}{m}+P_{\mathrm{f}}^{(m)}[I(X;Y)-\varepsilon] \tag{6.56}$$

6.6 参数估计定理的逆定理

定理 6.5【参数估计定理的逆定理】 设参数估计系统$(\mathbb{X},\pi(x),p(y|x),\mathbb{Y})$的 m 次扩展系统为$(\mathbb{X}^m,\pi(x^m),p(y^m|x^m),\mathbb{Y}^m)$。如果估计信息为 $I(X;Y)$，则对于任何满足 $P_{\mathrm{f}}^{(m)}\to 0$ 的估计方法，其估计精度均满足

$$\hat{I}(X;Y)\leqslant I(Y;X) \tag{6.57}$$

证明：由熵和互信息的定义，有

$$h(X^m)=h(X^m|Y^m)+I(X^m;Y^m) \tag{6.58}$$

由扩展信源的性质 $h(X^m)=mh(X)$ 和扩展信道的性质，有

$$I(X^m;Y^m)\leqslant mI(X;Y) \tag{6.59}$$

将推广的 Fano 不等式代入式（6.58），可得

$$mh(X)\leqslant 1+(1-P_{\mathrm{f}}^{(m)})h(X^m|Y^m,E=0)+P_{\mathrm{f}}^{(m)}m(h(X)+\varepsilon)+mI(X;Y) \tag{6.60}$$

两边同除以 m，移项并整理，可得

$$h(X)-\frac{1}{m}h(X^m|Y^m,E=0)\leqslant\frac{1}{m}-\frac{1}{m}P_{\mathrm{f}}^{(m)}h(X^m|Y^m,E=0)+P_{\mathrm{f}}^{(m)}(h(X)+\varepsilon)+I(X;Y) \tag{6.61}$$

不等式的左边即为估计精度$\hat{I}(X;Y)$。令$m\to\infty$，$P_{\mathrm{f}}^{(m)}\to 0$，有

$$\hat{I}(X;Y)\leqslant I(X;Y) \tag{6.62}$$

至此，我们完成了参数估计定理的证明，可得如下推论。

推论 6.1【熵误差界】 熵误差是参数估计的理论极限。具体来说，熵误差是可达的；反之，不存在经验熵误差小于熵误差，且估计失败概率趋于零的任何估计器。

关于参数估计定理，我们有如下说明：

- 尽管参数估计定理是针对单目标时延参数估计进行证明的，但证明方法可以推广到多个参数和多目标的情形。由于距离信息是估计的理论极限，因此距离信息也被称为距离估计容量。
- 参数估计定理的证明是构造性的，就是说，抽样后验估计是可实现的渐近最优的参数估计方法。
- 参数估计定理只考虑联合典型序列，非联合典型序列出现的概率随着快拍数增加收敛为 0。
- 在参数估计定理的证明过程中引入了估计失败的概念，不仅有理论意义，也有重要的应用价值。在实际参数估计系统中，由于噪声和干扰的随机性，往往会出现明显异常的估计值。常用的办法是将超过某个阈值的估计值舍弃不用。阈值的设置一般取决于应用场景和实际经验。
- 在编码定理中，收发双方事先知道码簿，可以用误码率评价传输性能。在参数估计定理中，发送序列是随机产生的，不能用误码率评价参数估计的性能。
- 参数估计定理给出了另一种达到信道容量的方法。在数字通信系统中，信息率总是小于信道容量。在模拟通信系统中，信息率大于信道容量，只有不超过信道容量的那部分信息能通过信道，没有通过的那部分信息则转化为后验微分熵或等效的熵误差。
- 人们发现许多群体智能现象，即低智能生物个体在组成大规模群体时会表现出极高的智能。参数估计定理证明了，分布式随机决策方法在大规模情形下是最优的，为解释群体智能现象提供了理论基础。

第 7 章
天线阵列的方向信息和散射信息

本章将研究天线阵列对信源方向信息和散射信息的感知问题，建立天线阵列统计模型，将天线阵列的空间信息定义为接收信号与方向信息和散射信息的联合互信息，推导测向分布的数学表达式、方向信息和熵误差的闭合表达式，证明克拉美罗界是熵误差界在高 SNR 时的特例，推导复高斯散射条件下单目标和两目标散射信息的闭合表达式，从信息论角度给出方向分辨率的定义，说明方向分辨率不仅与天线阵列的孔径有关，还与 SNR 有关，并从理论分析和数值仿真两个方面，说明多目标匹配滤波的超分辨测向能力。

7.1 阵列信号处理基础

7.1.1 窄带信号

如果信号带宽远小于中心频率，则该信号被称为窄带信号，即

$$B/f_0<1/10 \tag{7.1}$$

式中，B 为信号带宽；f_0 为中心频率。通常将正弦信号和余弦信号统称为正弦型信号。正弦型信号是典型的窄带信号。若无特殊说明，本章所提及的窄带信号均为

$$s(t)=a(t)\mathrm{e}^{\mathrm{j}[\omega_0 t+\theta(t)]} \tag{7.2}$$

式中，$a(t)$为慢变幅度调制函数或实包络；$\theta(t)$为慢变相位调制函数；$\omega_0=2\pi f_0$ 为载频。在一般情况下，$a(t)$和 $\theta(t)$包含全部的有用信息。

7.1.2 天线阵列统计模型

1. 前提与假设

信号在无线信道中的传输是极其复杂的，建立严格的数学模型需要对物理环境进行完整的描述。这种方法往往很复杂，为了建立参数化模型，必须简化有关波形传输的假设[70-71]。

接收天线阵列由已知坐标的无源阵元按一定的形式排列而成。关于接收天线阵列的假设：假设阵元的接收特性仅与位置有关，与尺寸无关（认为是一个点），并且阵元都是全向阵元，增益均相等，阵元之间的互耦忽略不计；假设阵元在接收信号时产生的噪声为加性高斯白噪声，各阵元产生的噪声相互统计独立，且噪声与信号是统计独立的。

关于空间信号的假设：假设空间信号的传播介质是均匀且各向同性的，在介质中按直线传播，天线阵列处于空间信号辐射的远场，空间信号在到达天线阵列时可被看作一束平行的平面波，到达各阵元的时延由天线阵列的几何结构和空间信号的来向决定。空间信号的来向在三维空间常用仰角 θ 和方位角 ϕ 来表征。

此外，在建立天线阵列统计模型时，还要区分空间信号是窄带信号还是宽带信号。本章讨论的是窄带信号。所谓窄带信号，是指相对于信号（复信号）的载频而言的，信号包络的带宽很窄（包络是慢变的）。在同一时刻，窄带信号对各阵元的影响因波程不同而异。

2. 天线阵列基本概念

令空间信号的载波为 $e^{j\omega t}$，以平面波的形式在空间沿波数矢量 $\boldsymbol{k}$ 的方向进行传播，假设基准点的信号为 $s(t)e^{j\omega t}$，则距离基准点为 $\boldsymbol{r}$ 的阵元接收信号为

$$s_r(t)=s\left(t-\frac{1}{c}\boldsymbol{r}^{\mathrm{T}}\boldsymbol{\alpha}\right)\exp[\mathrm{j}(\omega t-\boldsymbol{r}^{\mathrm{T}}\boldsymbol{k})] \tag{7.3}$$

式中，$\boldsymbol{k}$ 为波数矢量；$\boldsymbol{\alpha}=\boldsymbol{k}/|\boldsymbol{k}|$ 为信号传播方向矢量；$|\boldsymbol{k}|=\omega/c=2\pi/\lambda$ 为波数（弧度/长度）；c 为光速；λ 为信号的波长；$(1/c)\boldsymbol{r}^{\mathrm{T}}\boldsymbol{\alpha}$ 为信号相对于基准点的延迟时间；$\boldsymbol{r}^{\mathrm{T}}\boldsymbol{k}$ 为信号到达离基准点为 $\boldsymbol{r}$ 的阵元相对于信号传播到基准点的滞后相位。θ 为信号传播仰角，是相对于 x 轴逆时针旋转方向进行定义的。显然，波数矢量可表示为

$$\boldsymbol{k}=k[\cos\theta,\sin\theta]^{\mathrm{T}} \tag{7.4}$$

信号从点辐射源以球面波的形式向外传播，只要离点辐射源足够远，在接收的局部区域，球面波就可以被近似看作平面波。

假设天线阵列由 M 个阵元组成，将阵元按 $1\sim M$ 进行编号，并以阵元 1（也可以选择其他阵元）作为基准点或参考点，各阵元无方向性，即全向，相对基准点的位置矢量分别为 $\boldsymbol{r}_i(i=1,2,\cdots,M,\boldsymbol{r}_1=0)$。若基准点的接收信号为 $s(t)e^{j\omega t}$，则各阵元的接收信号为

$$s_i(t)=s\left(t-\frac{1}{c}\boldsymbol{r}_i^{\mathrm{T}}\boldsymbol{\alpha}\right)\exp[\mathrm{j}(\omega t-\boldsymbol{r}_i^{\mathrm{T}}\boldsymbol{k})] \tag{7.5}$$

在通信系统中，由于信号的频带 B 比载波频率 ω 小得多，因此 $s(t)$ 的变化相对缓慢，时延 $(1/c)\cdot\boldsymbol{r}^{\mathrm{T}}\boldsymbol{\alpha}\ll(1/B)$，有 $s(t-(1/c)\cdot\boldsymbol{r}_i^{\mathrm{T}}\boldsymbol{\alpha})\approx s(t)$，即各阵元信号包络的差异可忽略，看作窄带信号。

此外，由于接收天线阵列信号总是先被变换为基带信号后再进行处理，因此可将接收天线阵列信号用矢量形式表示，即

$$\boldsymbol{s}(t)=[s_1(t),s_2(t),\cdots,s_M(t)]^{\mathrm{T}}=s(t)[\mathrm{e}^{-\mathrm{j}\boldsymbol{r}_1^{\mathrm{T}}\boldsymbol{k}},\mathrm{e}^{-\mathrm{j}\boldsymbol{r}_2^{\mathrm{T}}\boldsymbol{k}},\cdots,\mathrm{e}^{-\mathrm{j}\boldsymbol{r}_M^{\mathrm{T}}\boldsymbol{k}}]^{\mathrm{T}} \tag{7.6}$$

式中，矢量部分被称为方向矢量。因为当信号的波长和接收天线阵列的几何结构为已知时，方向矢量只与到达波的仰角 θ 有关，记作 $\boldsymbol{a}(\theta)$，与基准点的位置无关。例如，若选择第一个阵元作为基准点，则方向矢量为

$$\boldsymbol{a}(\theta)=[1,\mathrm{e}^{-\mathrm{j}\bar{\boldsymbol{r}}_2^{\mathrm{T}}\boldsymbol{k}},\cdots,\mathrm{e}^{-\mathrm{j}\bar{\boldsymbol{r}}_M^{\mathrm{T}}\boldsymbol{k}}]^{\mathrm{T}} \tag{7.7}$$

式中，$\bar{\boldsymbol{r}}_i=\boldsymbol{r}_i-\boldsymbol{r}_1(i=2,3,\cdots,M)$。

在实际应用过程中，接收天线阵列的几何结构要求方向矢量 $\boldsymbol{a}(\theta)$ 必须与仰角 θ 一一对应，不能出现模糊现象。当有多个（例如 K 个）信源时，到达波的方向矢量用 $\boldsymbol{a}(\theta_K)$ 表示。K 个方向矢量组成的矩阵 $\boldsymbol{A}=[\boldsymbol{a}(\theta_1),\boldsymbol{a}(\theta_2),\cdots,\boldsymbol{a}(\theta_K)]$ 被称为接收天线阵列的方向矩阵或响应矩阵，表示所有信源的方向，改变仰角 θ，即在 M 维空间进行扫描，所形成的曲面被称为阵列流形。

阵列流形常用符号 $\boldsymbol{A}$ 表示，即

$$\boldsymbol{A}=\{\boldsymbol{a}(\theta)\,|\,\theta\in\boldsymbol{\Theta}\} \tag{7.8}$$

式中，$\boldsymbol{\Theta}=[0,2\pi)$ 是仰角 θ 所有可能取值的集合。阵列流形 $\boldsymbol{A}$ 是方向矢量或响应矢量的集合。阵列流形 $\boldsymbol{A}$ 包含接收天线阵列的几何结构、阵元模式、阵元之间的耦合、频率等元素。

3. 均匀线阵列天线模型

假设天线阵列由 M 个阵元按间距 d 均匀排列构成（均匀线阵列天线），有 K 个具有相同中心频率 ω_0、波长为 λ 的窄带信号分别以仰角 $\theta_1,\theta_2,\cdots,\theta_K$ 入射，$M>K$，如图 7.1 所示，则第 m 个阵元的输出[72]可表示为

$$y_m(t)=\sum_{i=1}^{K}s_i(t)\mathrm{e}^{\mathrm{j}\omega_0\tau_m(\theta_i)}+w_m(t) \tag{7.9}$$

式中，$s_i(t)$ 为入射到天线阵列的第 i 个信号；$w_m(t)$ 为由第 m 个阵元产生的复加性高斯白噪声；$\tau_m(\theta_i)$ 为当 θ_i 方向的信号入射到第 m 个阵元时，相对于选定参考点的时延，有

$$\boldsymbol{Y}(t)=[y_1(t),y_2(t),\cdots,y_M(t)]^{\mathrm{T}} \tag{7.10}$$

$$\boldsymbol{W}(t)=[w_1(t),w_2(t),\cdots,w_M(t)]^{\mathrm{T}} \tag{7.11}$$

$$\boldsymbol{S}(t)=[s_1(t),s_2(t),\cdots,s_K(t)]^{\mathrm{T}} \tag{7.12}$$

$\boldsymbol{A}(\boldsymbol{\theta})$为方向矩阵，有

$$\boldsymbol{A}(\boldsymbol{\theta})=[\boldsymbol{a}(\theta_1),\boldsymbol{a}(\theta_2),\cdots,\boldsymbol{a}(\theta_K)] \tag{7.13}$$

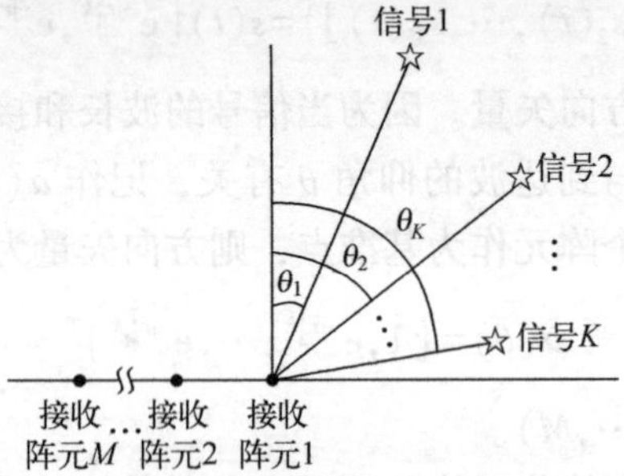

图 7.1　均匀线阵列模型

在方向矩阵$\boldsymbol{A}(\boldsymbol{\theta})$中，任意一列矢量$\boldsymbol{a}(\theta_i)$均是$\theta_i$的方向矢量，即

$$\boldsymbol{a}(\theta_i)=[\mathrm{e}^{\mathrm{j}\omega_0\tau_1(\theta_i)},\mathrm{e}^{\mathrm{j}\omega_0\tau_2(\theta_i)},\cdots,\mathrm{e}^{\mathrm{j}\omega_0\tau_M(\theta_i)}]^{\mathrm{T}} \tag{7.14}$$

由于信源位于辐射远场，各阵元接收信号的时延$\tau_m(\theta_i)$由阵元位置和 DOA（波达方向）决定，即

$$\tau_m(\theta_i)=\frac{md\sin\theta_i}{v},\ m=1,2,\cdots,M \tag{7.15}$$

式中，v为信号的传播速度。

如采用矩阵进行描述，则天线阵列信号模型可简单表示为

$$\boldsymbol{Y}(t)=\boldsymbol{A}(\boldsymbol{\theta})\boldsymbol{S}(t)+\boldsymbol{W}(t) \tag{7.16}$$

为了便于研究，这里省略时间t，得到

$$\boldsymbol{Y}=\boldsymbol{A}(\boldsymbol{\theta})\boldsymbol{S}+\boldsymbol{W} \tag{7.17}$$

此外，本章中的 SNR 被定义为信号能量与噪声功率谱密度的比值，即$\rho^2=E_s/N_0$。

4. 天线阵列方向图

天线阵列输出的绝对值与波达方向之间的关系被称为天线阵列方向图。天线阵列方向图一般有两类：一类是将天线阵列的输出直接相加（不考虑信号及其来

向），即静态方向图；另一类是带指向的方向图（考虑信号指向），信号指向是通过控制加权的相位来实现的。从前面的模型可知，对于某一确定的有 M 个阵元的天线阵列、在忽略噪声的条件下，第 l 个阵元输出的复振幅为

$$y_l = g_0 e^{-j\omega\tau_l},\ l=1,2,\cdots,M \tag{7.18}$$

式中，g_0 为来波的复振幅；τ_l 为第 l 个阵元输出与参考点之间的时延。假设第 l 个阵元的权值为 ω_l，则将所有阵元加权的输出相加，可得天线阵列的输出为

$$Y_0 = \sum_{l=1}^{M} \omega_l g_0 e^{-j\omega\tau_l},\ l = 1,2,\cdots,M \tag{7.19}$$

下面讨论均匀线阵列天线的方向图。假设均匀线阵列天线各阵元的间距为 d，以最左边的阵元为参考点，信号入射仰角为 θ，与参考点的波程差 $\tau_1 = (x_k\sin\theta)/c = (l-1)d\sin\theta/c$，则均匀线阵列天线的输出为

$$Y_0 = \sum_{l=1}^{M} \omega_l g_0 e^{-j\omega\tau_l} = \sum_{l=1}^{M} \omega_l g_0 e^{-j\frac{2\pi}{\lambda}(l-1)d\sin\theta} = \sum_{l=1}^{M} \omega_l g_0 e^{-j(l-1)\beta_\theta} \tag{7.20}$$

式中，$\beta_\theta = 2\pi d\sin\theta/\lambda$；$\lambda$ 为入射信号的波长。

当 $\omega_l = 1(l=1,2,\cdots,M)$ 时，式（7.20）可以进一步简化为

$$\begin{aligned} Y_0 &= g_0 e^{j(M-1)\beta_\theta/2}\frac{\sin(M\beta_\theta/2)}{\sin(\beta_\theta/2)} \\ &= g_0 e^{j(M-1)\beta_\theta/2} G_0(\beta_\theta) \end{aligned} \tag{7.21}$$

式中

$$G_0(\beta_\theta) = \frac{\sin(M\beta_\theta/2)}{\sin(\beta_\theta/2)} \tag{7.22}$$

被称为均匀线阵列天线的静态方向函数，$|G_0(\beta_\theta)|$ 被称为均匀线阵列天线的静态方向图。

当 $\omega_l = e^{j(l-1)\beta_{\theta_0}}$、$\beta_{\theta_0} = 2\pi d\sin\theta_0/\lambda(l=1,2,\cdots,M)$ 时，式（7.20）可简化为

$$Y_0 = g_0 e^{j(M-1)(\beta_\theta-\beta_{\theta_0})/2} G(\beta_\theta-\beta_{\theta_0}) \tag{7.23}$$

式中，$G(\beta_\theta-\beta_{\theta_0})$ 是指向为 θ_0 的均匀线阵列天线方向函数，有

$$G(\beta_\theta-\beta_{\theta_0}) = \frac{\sin[M(\beta_\theta-\beta_{\theta_0})/2]}{\sin[(\beta_\theta-\beta_{\theta_0})/2]} \tag{7.24}$$

5. 波束宽度

均匀线阵列天线的测向范围为 $[-90°, 90°]$，一般的面阵列天线，如圆阵列

天线的测向范围为[−180°,180°]。为了说明波束宽度，下面以均匀线阵列天线为例。由式（7.24）可知，有 M 个阵元的均匀线阵列天线的静态方向图为

$$G_0(\theta)=\left|\frac{\sin(M\beta_\theta/2)}{\sin(\beta_\theta/2)}\right| \tag{7.25}$$

式中

$$\beta_\theta=(2\pi d\sin\theta)/\lambda \tag{7.26}$$

由 $|G_0(\beta_\theta)|^2=0$ 可得静态方向图主瓣零点的波束宽度为

$$\mathrm{BW}_0=2\arcsin(\lambda/Md) \tag{7.27}$$

由 $\left|\frac{1}{M}G_0(\beta_\theta)\right|^2=1/2$ 可得静态方向图主瓣半功率点的波束宽度 $\mathrm{BW}_{0.5}$，在 $Md\gg\lambda$ 的条件下，有

$$\mathrm{BW}_{0.5}\approx 0.886\lambda/(Md) \tag{7.28}$$

本书讨论的是静态方向图主瓣半功率点的波束宽度，对于均匀线阵列天线，波束宽度为

$$\mathrm{BW}_{0.5}\approx\frac{51^\circ}{D/\lambda}=\frac{0.89}{D/\lambda}=0.89\frac{\lambda}{D} \tag{7.29}$$

式中，D 为天线的有效孔径；λ 为信号的波长。对于有 M 个阵元的等间距均匀线阵列天线，阵元间距为 $\lambda/2$，天线的有效孔径 $D=(M-1)\lambda/2$。对于 ULA 阵列天线，波束宽度的近似计算公式为

$$\mathrm{BW}\approx 102^\circ/M \tag{7.30}$$

关于波束宽度，有以下几点需要注意。

- 波束宽度与天线的有效孔径成反比，在一般情况下，静态方向图主瓣半功率点的波束宽度与天线有效孔径的关系为

$$\mathrm{BW}_{0.5}\approx 0.89\frac{\lambda}{D} \tag{7.31}$$

- 对于某些阵列（如线阵列）天线，波束宽度与波束指向有关，当波束指向为 θ_d 时，波束宽度为

$$\mathrm{BW}_0=2\arcsin\left(\frac{\lambda}{Md}+\sin\theta_d\right) \tag{7.32}$$

$$\mathrm{BW}_{0.5} \approx 0.886 \frac{\lambda}{Md} \frac{1}{\cos\theta_d} \tag{7.33}$$

- 波束宽度越窄，天线阵列的指向性越好，分辨空间信号的能力越强。

6. 分辨率

在天线阵列测向过程中，某方向对信号的分辨率与该方向附近天线阵列方向矢量的变化率直接相关，在方向矢量变化较快的方向附近，天线阵列快拍数的变化也大，分辨率也高。定义一个表征分辨率 $D(\theta)$ 为

$$D(\theta) = \left\| \frac{\mathrm{d}\boldsymbol{a}(\theta)}{\mathrm{d}\theta} \right\| \propto \left\| \frac{\mathrm{d}\tau}{\mathrm{d}\theta} \right\| \tag{7.34}$$

$D(\theta)$ 越大，表明在该方向上的分辨率越高。

对于均匀线阵列天线，有

$$D(\theta) \propto \cos\theta \tag{7.35}$$

式（7.35）说明，在0°方向上的分辨率最高，在60°方向上的分辨率降低一半，一般均匀线阵列天线的测向范围为-60°~60°。

7.2　天线阵列的空间信息

下面将从信息论的角度刻画天线阵列的空间信息[44,49]。天线阵列信源感知的主要参数包括信源的方向和大小，用 $\pi(\boldsymbol{\theta},\boldsymbol{s})$ 表示信源的统计特性，是信源方向 $\boldsymbol{\theta}$ 和源信号 $\boldsymbol{s}$ 的联合 PDF。源信号 s 由幅度和相位组成，为叙述方便，虽仍称之为散射信号，但产生的机理不同。通常，散射和方向是不相关的，有 $\pi(\boldsymbol{\theta},\boldsymbol{s})=\pi(\boldsymbol{\theta})\pi(\boldsymbol{s})$；$\pi(\boldsymbol{\theta})$ 为信源方向的先验 PDF，通常信源方向是在感知区域内服从均匀分布的变量。$\pi(\boldsymbol{s})$ 为散射特性的先验 PDF。用 $p(\boldsymbol{y}|\boldsymbol{\theta},\boldsymbol{s})$ 表示感知信道的统计特性，是在已知信源方向和散射特性时接收信号 $\boldsymbol{Y}$ 的条件 PDF，具体形式取决于噪声的统计模型。

定义 7.1【方向-散射信息】 假设 $\pi(\boldsymbol{\theta},\boldsymbol{s})$ 是信源方向 $\boldsymbol{\theta}$ 和散射特性 $\boldsymbol{s}$ 的联合 PDF，$p(\boldsymbol{y}|\boldsymbol{\theta},\boldsymbol{s})$ 是在已知信源方向和散射特性时接收信号 $\boldsymbol{Y}$ 的条件 PDF，则天线阵列的空间信息被定义为从接收信号 $\boldsymbol{Y}$ 中获得的关于信源方向 $\boldsymbol{\theta}$ 和源信号 $\boldsymbol{s}$ 的联合互信息 $I(\boldsymbol{Y};\boldsymbol{\Theta},\boldsymbol{S})$，有

$$I(\boldsymbol{Y};\boldsymbol{\Theta},\boldsymbol{S}) = E\left[\log \frac{p(\boldsymbol{y}|\boldsymbol{\theta},\boldsymbol{s})}{p(\boldsymbol{y})}\right] \tag{7.36}$$

式中，$p(\boldsymbol{y})=\oiint\pi(\boldsymbol{\theta},s)p(\boldsymbol{y}|\boldsymbol{\theta},s)\,\mathrm{d}\boldsymbol{\theta}\mathrm{d}s$ 是 $\boldsymbol{Y}$ 的边缘 PDF。

根据互信息的性质可以证明，空间信息是方向信息 $I(\boldsymbol{Y};\boldsymbol{\Theta})$ 与已知方向条件散射信息$I(\boldsymbol{Y};\boldsymbol{S}|\boldsymbol{\Theta})$之和，有

$$\begin{aligned}I(\boldsymbol{Y};\boldsymbol{\Theta},\boldsymbol{S})&=E\left[\log\frac{p(\boldsymbol{y}|\boldsymbol{\theta},s)}{p(\boldsymbol{y})}\right]\\&=E\left[\log\frac{p(\boldsymbol{y}|\boldsymbol{\theta},s)}{p(\boldsymbol{y}|\boldsymbol{\theta})}\frac{p(\boldsymbol{y}|\boldsymbol{\theta})}{p(\boldsymbol{y})}\right]\\&=E\left[\log\frac{p(\boldsymbol{y}|\boldsymbol{\theta})}{p(\boldsymbol{y})}\right]+E\left[\log\frac{p(\boldsymbol{y}|\boldsymbol{\theta},s)}{p(\boldsymbol{y}|\boldsymbol{\theta})}\right]\\&=I(\boldsymbol{Y};\boldsymbol{\Theta})+I(\boldsymbol{Y};\boldsymbol{S}|\boldsymbol{\Theta})\end{aligned}\tag{7.37}$$

由式（7.37）可知，天线阵列的信源感知可以分为两个步骤：第一个步骤，确定信源的 DOA 信息 $I(\boldsymbol{Y};\boldsymbol{\Theta})$；第二个步骤，确定在已知信源方向上的条件散射信息$I(\boldsymbol{Y};\boldsymbol{S}|\boldsymbol{\Theta})$。

7.3 信源的方向信息

下面将推导单信源 DOA 信息 $I(\boldsymbol{Y};\Theta)$ 的理论表达式，由互信息的定义，有

$$I(\boldsymbol{Y};\Theta)=h(\Theta)-h(\Theta|\boldsymbol{Y})\tag{7.38}$$

式中，$h(\Theta)$是由信源 DOA 先验分布 $p(\theta)$ 决定的微分熵，被称为先验微分熵；$h(\Theta|\boldsymbol{Y})$是由信源 DOA 后验分布 $p(\theta|\boldsymbol{y})$ 确定的微分熵，被称为后验微分熵。下面分别讨论恒模散射信源和复高斯散射信源的方向信息。恒模散射相当于相位调制信源。复高斯散射相当于幅度和相位联合调制信源。

7.3.1 恒模信源的方向信息

1. 信源方向估计的后验分布及方向信息的计算

对于恒模散射信源，接收信号为

$$\boldsymbol{y}=\boldsymbol{a}(\theta)s+\boldsymbol{w}\tag{7.39}$$

式中，$s=\alpha\mathrm{e}^{\mathrm{j}\varphi}$为信源的散射系数；$\alpha$ 为散射系数的幅值，是一定值，假设信源在观测区间$[-\Omega/2,\Omega/2]$内服从均匀分布，则 θ 信源的先验 PDF $\pi(\theta)=1/\Omega$；φ 为散射相位，是在$[0,2\pi]$区间内服从均匀分布的随机变量，则 φ 信源的先验 PDF $\pi(\varphi)=1/2\pi$。

在给定参数 θ 和 φ 的条件下，接收信号 $\boldsymbol{Y}$ 的 PDF 为

$$p(\boldsymbol{y}|\theta,\varphi)=\left(\frac{1}{\pi N_0}\right)^M\exp\left(-\frac{1}{N_0}(\boldsymbol{y}-\boldsymbol{A}(\theta)s)^{\mathrm{H}}(\boldsymbol{y}-\boldsymbol{A}(\theta)s)\right) \tag{7.40}$$

对式（7.40）进行分解，忽略与 θ 无关的项，得到

$$p(\boldsymbol{y}|\theta,\varphi)\propto g(y,\theta,\varphi)=\exp\left(\frac{2\alpha}{N_0}\mathrm{Re}(\mathrm{e}^{-\mathrm{j}\varphi}\boldsymbol{A}^{\mathrm{H}}(\theta)\boldsymbol{y})\right) \tag{7.41}$$

由贝叶斯公式，在给定参数 $\boldsymbol{Y}$ 的条件下，θ 信源的 PDF 为

$$p(\theta|\boldsymbol{y})=\frac{p(\boldsymbol{y},\theta)}{\int_{-\Omega/2}^{\Omega/2}p(\boldsymbol{y},\theta)\mathrm{d}\theta}=\frac{\int_0^{2\pi}g(\boldsymbol{y},\theta,\varphi)p(\varphi)\mathrm{d}\varphi}{\int_{-\Omega/2}^{\Omega/2}\int_0^{2\pi}g(\boldsymbol{y},\theta,\varphi)p(\varphi)\mathrm{d}\varphi\mathrm{d}\theta} \tag{7.42}$$

对分式进行化简，已知

$$\int_0^{2\pi}\exp\left(\frac{2\alpha}{N_0}\mathrm{Re}(\mathrm{e}^{-\mathrm{j}\varphi}\boldsymbol{A}^{\mathrm{H}}(\theta)\boldsymbol{y})\right)\mathrm{d}\varphi=2\pi I_0\left(\frac{2\alpha}{N_0}|\boldsymbol{A}^{\mathrm{H}}(\theta)\boldsymbol{y}|\right) \tag{7.43}$$

式中，$I_0(\cdot)$表示第一类零阶修正贝塞尔函数。将式（7.43）代入式（7.42），可得

$$p(\theta|\boldsymbol{y})=\frac{I_0\left(\frac{2\alpha}{N_0}|\boldsymbol{A}^{\mathrm{H}}(\theta)\boldsymbol{y}|\right)}{\int_{-\Omega/2}^{\Omega/2}I_0\left(\frac{2\alpha}{N_0}|\boldsymbol{A}^{\mathrm{H}}(\theta)\boldsymbol{y}|\right)\mathrm{d}\theta} \tag{7.44}$$

式（7.44）就是在已知接收信号 $\boldsymbol{Y}$ 时，信源 DOA 的后验概率分布，分母表示进行了归一化。后验概率分布的形状由分子决定。$\boldsymbol{A}^{\mathrm{H}}(\theta)\boldsymbol{y}$ 表示接收信号与波形矢量的内积，也就是接收信号经过匹配滤波器的输出。$|\boldsymbol{A}^{\mathrm{H}}(\theta)\boldsymbol{y}|$表示匹配滤波器输出的复包络。由于最大似然估计就是寻找复包络的峰值，因此在服从均匀分布的条件下，最大似然估计就是最大后验概率估计。

因为信源 DOA 在检测区间内服从均匀分布，所以信源熵 $h(\theta)=\log\Omega$。

定理 7.1 假设信源 DOA 在观测区间内服从均匀分布，散射系数的幅值为常数，相位在$[0,2\pi]$区间内服从均匀分布，则在单边功率谱密度为 N_0的 AWGN 信道上，从接收信号中获得的 DOA 信息为

$$I(Y;\Theta)=h(\theta)-h(\theta|Y)=\log\Omega-E_y\left[-\int_{\Omega-/2}^{\Omega/2}p(\theta|y)\log p(\theta|y)\mathrm{d}\theta\right] \tag{7.45}$$

式中，$p(\theta|y)$由式（7.44）给出；$E_y[\cdot]$为对 Y 的概率分布求期望。

在式（7.45）中，互信息涉及对接收信号 Y 的平均。也就是说，对每次快拍 Y 计算一次 DOA 信息，实际 DOA 信息是多次快拍的期望值。

对一次特定的快拍，假设 DOA 为 θ_0，将 $y=A(\theta_0)s+w$ 代入式（7.44），则在给定 w 的条件下，θ 的后验概率密度为

$$p(\theta|w)=\frac{I_0\left(\frac{2\alpha}{N_0}\left|\alpha G(\beta_\theta-\beta_{\theta_0})+A^{\mathrm{H}}(\theta)w\right|\right)}{\int_{-\Omega/2}^{\Omega/2}I_0\left(\frac{2\alpha}{N_0}\left|\alpha G(\beta_\theta-\beta_{\theta_0})+A^{\mathrm{H}}(\theta)w\right|\right)\mathrm{d}\theta}$$

$$=\frac{I_0\left(2\rho\left|\rho G(\beta_\theta-\beta_{\theta_0})+\frac{A^{\mathrm{H}}(\theta)w}{\sqrt{N_0}}\right|\right)}{\int_{-\Omega/2}^{\Omega/2}I_0\left(2\rho\left|\rho G(\beta_\theta-\beta_{\theta_0})+\frac{A^{\mathrm{H}}(\theta)w}{\sqrt{N_0}}\right|\right)\mathrm{d}\theta} \tag{7.46}$$

式中，$\rho^2=\alpha^2/N_0$为每个阵元的 SNR；$G(\beta_\theta-\beta_{\theta_0})$为天线阵列的方向函数；噪声项 $\frac{1}{\sqrt{N_0}}A^{\mathrm{H}}(\theta)w$ 是均值为 0、方差为 M 的标准复高斯随机过程。

值得注意的是，$A^{\mathrm{H}}(\theta)A(\theta_0)=\mathrm{e}^{\mathrm{j}(M-1)(\beta_\theta-\beta_{\theta_0})/2}G(\beta_\theta-\beta_{\theta_0})$中的相位因子 $\mathrm{e}^{\mathrm{j}(M-1)(\beta_\theta-\beta_{\theta_0})/2}$被合并在噪声项中，由于噪声的相位是随机的，因此相位因子不改变噪声的统计特性。

将式（7.46）化简，有

$$p(\theta|w)=\frac{I_0(2\rho\left|\rho G(\beta_\theta-\beta_{\theta_0})+\sqrt{M}\mu(\theta)\right|)}{\int_{-\Omega/2}^{\Omega/2}I_0(2\rho\left|\rho G(\beta_\theta-\beta_{\theta_0})+\sqrt{M}\mu(\theta)\right|)\mathrm{d}\theta} \tag{7.47}$$

式中，$\mu(\theta)$是均值为 0、方差为 1 的标准复高斯随机过程。式（7.47）是目标方向的后验分布，被称为测向分布。测向分布是以目标方向为中心的对称分布，是 SNR 和天线阵列方向图的函数。由于不同次快拍的噪声过程具有随机性，因此天线阵列方向估计的性能需要对噪声样本进行平均。

由式（7.47）可得方向信息为

$$I(Y;\Theta)=h(\theta)-h(\theta|W)=\log\Omega-E_w\left[-\int_{-\Omega/2}^{\Omega/2}p(\theta|w)\log p(\theta|w)\mathrm{d}\theta\right] \tag{7.48}$$

期望表示对所有的噪声样本求平均。

2. 方向信息的上界

考虑到方向信息的后验概率密度由信号和噪声决定，因此在高 SNR 情形下，可将接收信号中的噪声项忽略，式（7.47）近似为

$$p(\theta|w)\approx\frac{I_0(2\rho^2|G(\beta_\theta-\beta_{\theta_0})|)}{\int_{-\Omega/2}^{\Omega/2}I_0(2\rho^2|G(\beta_\theta-\beta_{\theta_0})|)\mathrm{d}\theta} \tag{7.49}$$

对$|G(\beta_\theta-\beta_{\theta_0})|$在$\theta=\theta_0$处进行泰勒级数展开，由于在高 SNR 时归一化概率分布的峰值在θ_0附近，因此可将$(\theta-\theta_0)$的高次项忽略，有

$$|G(\beta_\theta-\beta_{\theta_0})|\approx M-\frac{1}{2}M\mathcal{L}^2(\theta-\theta_0)^2 \tag{7.50}$$

式中

$$\mathcal{L}^2=\frac{M(M-1)\pi^2d^2}{3\lambda^2}\cos^2\theta_0 \tag{7.51}$$

这里的$\mathcal{L}\approx\frac{\pi}{\sqrt{3}}\frac{\sqrt{M(M-1)}\,d}{\lambda}\cos\theta_0$被称为天线阵列的等效孔径，$\cos\theta_0$是方向余弦[73-75]。

等效孔径的物理意义在于，$\sqrt{M(M-1)}\,d$ 为天线阵列宽度，$\sqrt{M(M-1)}\,d/\lambda$ 为天线阵列归一化宽度，$\frac{\pi}{\sqrt{3}}\sqrt{M(M-1)}\,d/\lambda$ 为天线阵列归一化均方根宽度，因此天线阵列等效孔径是天线阵列归一化均方根宽度与方向余弦的乘积。值得注意的是，天线阵列宽度既不是Md，也不是$(M-1)d$，是两者的几何平均。

将式（7.50）代入式（7.49），可以得到$p(\theta|w)$在θ_0附近的近似高斯分布，有

$$p(\theta|w)\approx\frac{1}{\sqrt{2\pi\sigma_{\mathrm{CRB}}^2}}\mathrm{e}^{-\frac{(\theta-\theta_0)^2}{2\sigma_{\mathrm{CRB}}^2}} \tag{7.52}$$

式中

$$\sigma_{\mathrm{CRB}}^2=(2M\rho^2\mathcal{L}^2)^{-1} \tag{7.53}$$

是方向估计的克拉美罗界。式中，$M\rho^2$为天线阵列的 SNR，说明在经过天线阵列处理后，SNR 可获得 M 倍的增益。

推论 7.1 针对恒模散射信源，当 SNR (ρ^2)→∞ 时，DOA 信息的后验概率分布逼近均值为 θ_0、方差为 $\sigma_{\mathrm{CRB}}^2=(2M\rho^2\mathcal{L}^2)^{-1}$的高斯分布。

根据高斯分布的微分熵，有如下推论。

推论 7.2 针对恒模散射信源，DOA 信息 $I(\boldsymbol{Y};\Theta)$在高 SNR 时的渐近上界为

$$I(\boldsymbol{Y};\Theta)\leqslant\log\Omega-\frac{1}{2}\log(2\pi e\sigma_{\mathrm{CRB}}^2)=\log\left(\Omega\mathcal{L}\sqrt{\frac{M\rho^2}{\pi e}}\right) \tag{7.54}$$

不同天线数目 M 对应的 DOA 信息与 SNR 的关系如图 7.2 所示。由图可知，DOA 信息随着 SNR 的增大而增加，M 越大，获得的 DOA 信息越多。这是因为不同 M 对应的信息熵 $h(\theta)$不同。

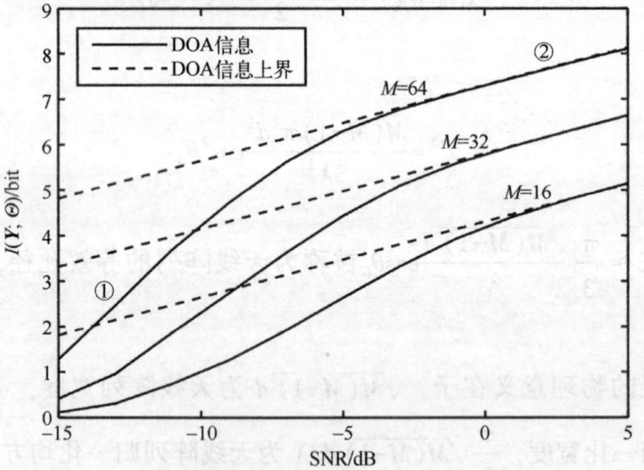

图 7.2 不同天线数目 M 对应的 DOA 信息与 SNR 的关系

由图 7.2 可知，当 SNR 很小时，噪声干扰较大，获得的 DOA 信息很少。随着 SNR 的增大，DOA 信息的变化可划分为两个重要阶段：信源捕获阶段①，DOA 信息随着 SNR 的增大以较大的斜率增加，每增加 1bit，意味着对信源的搜索范围缩小了一半；信源跟踪阶段②，在高 SNR 时，DOA 信息与 SNR 的对数有线性关系，随着 DOA 信息的增加，对信源的搜索范围继续缩小。

7.3.2 复高斯信源的方向信息

1. 信源方向估计的后验分布与方向信息的计算

对于复高斯散射信源，假设散射信号 s 服从均值为 0、方差为 P 的复高斯分布，则由于 $\boldsymbol{W}$ 是均值为 0、方差为 N_0 的独立同分布复高斯随机矢量，因此接收信号 $\boldsymbol{Y}$ 也是复高斯矢量，协方差矩阵为

$$\begin{aligned} R_Y &= E_{S,W}[\boldsymbol{YY}^{\mathrm{H}}] \\ &= E[(\boldsymbol{A}(\theta)S+\boldsymbol{W})(\boldsymbol{A}(\theta)S+\boldsymbol{W})^{\mathrm{H}}] \\ &= \boldsymbol{A}(\theta)E[SS^{\mathrm{H}}]\boldsymbol{A}^{\mathrm{H}}(\theta)+E[\boldsymbol{WW}^{\mathrm{H}}] \\ &= N_0\boldsymbol{I}+P\boldsymbol{A}(\theta)\boldsymbol{A}^{\mathrm{H}}(\theta) \end{aligned} \tag{7.55}$$

式中，$P=E[\boldsymbol{SS}^{\mathrm{H}}]$表示散射信号的平均功率。协方差矩阵以信源方向为参数，在已知信源方向时，接收信号的条件概率分布为

$$p(\boldsymbol{y}\mid\theta)=\frac{1}{(\pi)^M\,|\boldsymbol{R}_Y|}\exp(-\boldsymbol{y}^{\mathrm{H}}\boldsymbol{R}_Y^{-1}\boldsymbol{y}) \tag{7.56}$$

因为$\boldsymbol{A}(\theta)\boldsymbol{A}^{\mathrm{H}}(\theta)$为 Hermitian 矩阵，所以可分解为$\boldsymbol{A}(\theta)\boldsymbol{A}^{\mathrm{H}}(\theta)=\boldsymbol{E\Lambda E}^{\mathrm{H}}$的形式。其中，特征值组成的对角矩阵$\boldsymbol{\Lambda}=\mathrm{diag}(M,0,\cdots,0)$，$\boldsymbol{E}=[\boldsymbol{e}_1,\boldsymbol{e}_2,\cdots,\boldsymbol{e}_M]$是由特征矢量构成的酉矩阵。

由此可计算$\boldsymbol{R}_Y$的行列式，有

$$\begin{aligned} |\boldsymbol{R}_Y| &= |N_0\boldsymbol{I}+P\boldsymbol{A}(\theta)\boldsymbol{A}^{\mathrm{H}}(\theta)| \\ &= |N_0\boldsymbol{I}+P\boldsymbol{A}^{\mathrm{H}}(\theta)\boldsymbol{A}(\theta)| \\ &= N_0(1+M\rho^2) \end{aligned} \tag{7.57}$$

式中，$\rho^2=P/N_0$为平均 SNR。

由于行列式的值为常数，因此根据$p(\boldsymbol{y},\theta)=p(\boldsymbol{y}\mid\theta)p(\theta)$，可得

$$p(\theta\mid\boldsymbol{y})=\frac{p(\boldsymbol{y},\theta)}{\int_{-\Omega/2}^{\Omega/2}p(\boldsymbol{y},\theta)\,\mathrm{d}\theta}=\frac{\exp(-\boldsymbol{y}^{\mathrm{H}}\boldsymbol{R}_Y^{-1}\boldsymbol{y})}{\int_{-\Omega/2}^{\Omega/2}\exp(-\boldsymbol{y}^{\mathrm{H}}\boldsymbol{R}_Y^{-1}\boldsymbol{y})\,\mathrm{d}\theta} \tag{7.58}$$

根据矩阵求逆公式$(\boldsymbol{A}+\boldsymbol{xz}^{\mathrm{H}})^{-1}=\boldsymbol{A}^{-1}-\dfrac{\boldsymbol{A}^{-1}\boldsymbol{xz}^{\mathrm{H}}\boldsymbol{A}^{-1}}{1+\boldsymbol{z}^{\mathrm{H}}\boldsymbol{A}^{-1}\boldsymbol{x}}$，令$\boldsymbol{A}=N_0\boldsymbol{I}$，$\boldsymbol{x}=P\boldsymbol{A}(\theta)$，$\boldsymbol{z}=\boldsymbol{A}(\theta)$，可得协方差矩阵的逆为

$$
\boldsymbol{R}_{Y}^{-1}=\frac{1}{N_0}\left(\boldsymbol{I}-\frac{\rho^2\boldsymbol{A}(\theta)\boldsymbol{A}^{\mathrm{H}}(\theta)}{M\rho^2+1}\right) \tag{7.59}
$$

将式（7.59）代入式（7.58），可得在已知接收信号 $\boldsymbol{Y}$ 时，复高斯散射信源 DOA 信息的后验概率密度为

$$
\begin{aligned}
p(\theta|\boldsymbol{y})&=\frac{\exp\left(-\dfrac{\boldsymbol{y}^{\mathrm{H}}\boldsymbol{y}}{N_0}\right)\exp\left(\dfrac{1}{N_0}\dfrac{\rho^2\boldsymbol{y}^{\mathrm{H}}\boldsymbol{A}(\theta)\boldsymbol{A}^{\mathrm{H}}(\theta)\boldsymbol{y}}{M\rho^2+1}\right)}{\displaystyle\int_{-\Omega/2}^{\Omega/2}\exp\left(-\dfrac{\boldsymbol{y}^{\mathrm{H}}\boldsymbol{y}}{N_0}\right)\exp\left(\dfrac{1}{N_0}\dfrac{\rho^2\boldsymbol{y}^{\mathrm{H}}\boldsymbol{A}(\theta)\boldsymbol{A}^{\mathrm{H}}(\theta)\boldsymbol{y}}{M\rho^2+1}\right)\mathrm{d}\theta}\\
&=\frac{\exp\left(\dfrac{\rho^2}{N_0(M\rho^2+1)}|\boldsymbol{A}^{\mathrm{H}}(\theta)\boldsymbol{y}|^2\right)}{\displaystyle\int_{-\Omega/2}^{\Omega/2}\exp\left(\dfrac{\rho^2}{N_0(M\rho^2+1)}|\boldsymbol{A}^{\mathrm{H}}(\theta)\boldsymbol{y}|^2\right)\mathrm{d}\theta}
\end{aligned} \tag{7.60}
$$

将 $p(\theta|\boldsymbol{y})$ 代入式（7.46），可求得复高斯散射信源的 DOA 信息。

2. 方向信息的上界

为了获得复高斯散射信源 DOA 信息的上界[48]，将恒模散射信源 DOA 信息上界的平均 SNR ρ^2 看作服从方差为 ρ^2 的指数分布的随机变量 $|s|^2/N_0$，计算式（7.54）的期望，有

$$
\begin{aligned}
I(Y;\Theta)&\leqslant E\left[\ln\left(\Omega\mathcal{L}\sqrt{\frac{M}{\pi\mathrm{e}}}\right)+\frac{1}{2}\ln\frac{|s|^2}{N_0}\right]\\
&=\ln\left(\Omega\mathcal{L}\sqrt{\frac{M}{\pi\mathrm{e}}}\right)+\int_0^{+\infty}\frac{1}{2}\ln\left(\frac{|s|^2}{N_0}\right)\frac{1}{\rho^2}\exp\left(-\frac{|s|^2}{\rho^2N_0}\right)\mathrm{d}\frac{|s|^2}{N_0}\\
&=\ln\left(\Omega\mathcal{L}\sqrt{\frac{M}{\pi\mathrm{e}}}\right)+\frac{1}{2}(\ln\rho^2-\gamma)\\
&=\ln\left(\Omega\mathcal{L}\sqrt{\frac{M\rho^2}{\pi\mathrm{e}}}\right)-\frac{\gamma}{2}
\end{aligned} \tag{7.61}
$$

式中，γ 是欧拉常数，推导时用自然对数，单位为 nat。

推论 7.3　复高斯散射信源 DOA 信息 $I(Y;\Theta)$ 在高 SNR 时的上界为

$$
I(Y;\Theta)\leqslant\log\left(\Omega\mathcal{L}\sqrt{\frac{M\rho^2}{\pi\mathrm{e}}}\right)-\frac{\gamma}{2\ln2} \tag{7.62}
$$

3. 方向信息的数值仿真

图 7.3 是恒模散射信源和复高斯散射信源的 DOA 信息对比，参数 $M=32$，信

源功率 $P=1$。由图可知，在低 SNR（-20dB 以下）时，两种信源都不能获取 DOA 信息，感知意义不大；随着 SNR 的增大，从恒模散射信源得到的 DOA 信息始终高于从复高斯散射信源得到的 DOA 信息；在 SNR 较大（5dB 以上）之后，复高斯散射信源的 DOA 信息比常数模型 DOA 信息的上界低，其原因是在每次感知过程中，复高斯散射信源的幅度总是随机变化的，在相同的平均 SNR 条件下，实际获取复高斯散射信源的 DOA 信息相对较少。

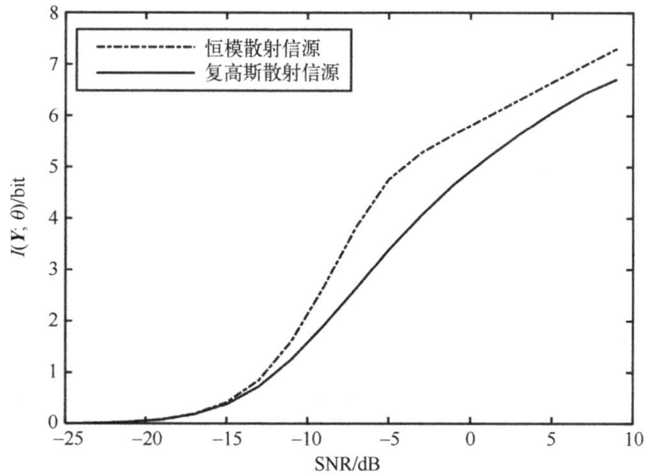

图 7.3　两种信源的 DOA 信息对比

两种信源的 DOA 信息上界如图 7.4 所示。在平均 SNR 相同时，复高斯散射信源的 DOA 信息上界比恒模散射信源的 DOA 信息上界低约 0.416bit，在 DOA 信息相同时，SNR 相差约 2.5dB。

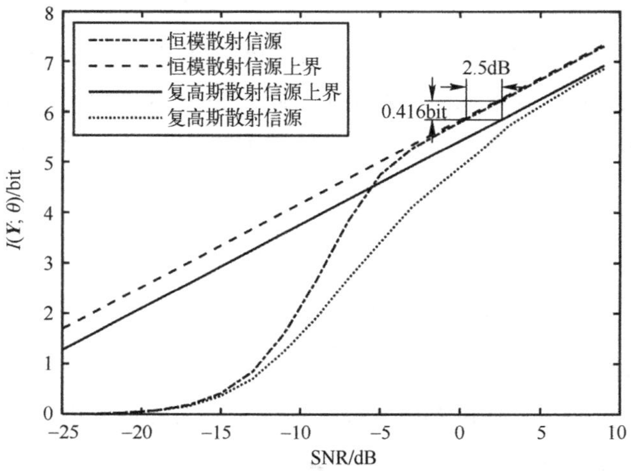

图 7.4　两种信源的 DOA 信息上界

7.3.3 方向估计的熵误差

1. 最大似然估计

下面将最大似然估计算法用于天线阵列，并给出相应的仿真结果。

图 7.5 给出了当恒模散射信源位于 0°时，在三种 SNR 情形下，DOA 估计的 PDF。由图可知，概率分布类似高斯分布，均值在 0°附近，说明信源的大致感知区间已确定，随着 SNR 的增大，曲线变得越加尖锐，即 DOA 估计更精确。每多获得 1bit 的 DOA 信息，感知区间可缩小一半，如果能获得 k bit 的 DOA 信息，则 DOA 估计精度可达到 2^{-k}。

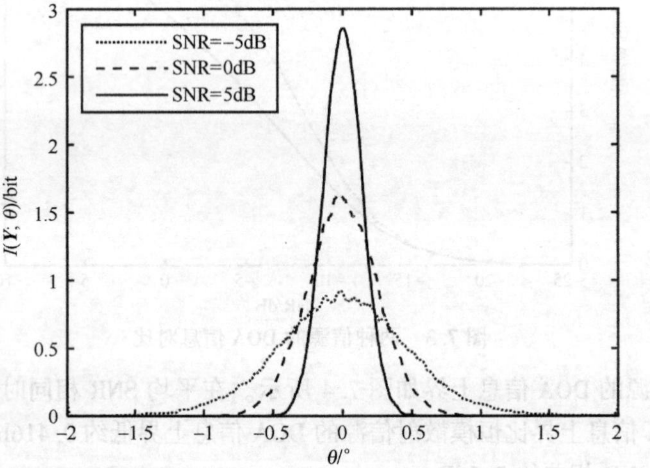

图 7.5　在三种 SNR 情形下 DOA 估计的 PDF

采用最大似然估计算法得到的概率密度也可以用于计算 DOA 信息，与理论公式推导的 DOA 信息对比如图 7.6 所示。随着 SNR 的增大，采用最大似然估计算法得到的 DOA 信息始终位于由理论公式得到的 DOA 信息的下方，直到 SNR 很大时，曲线趋于重合，此时基本能确定信源的 DOA 信息。

针对复高斯散射信源，天线数目 M 取 32，采用最大似然估计算法和理论公式推导的 DOA 信息对比如图 7.7 所示。由图可知，采用理论公式所得的结果始终高于采用最大似然估计算法所得的结果。

2. 克拉美罗界

在高 SNR 情形下，随机参数 θ 的估计值可以达到最小均方误差 σ_{CRB}^2，被称为方向 θ 的 CRB。

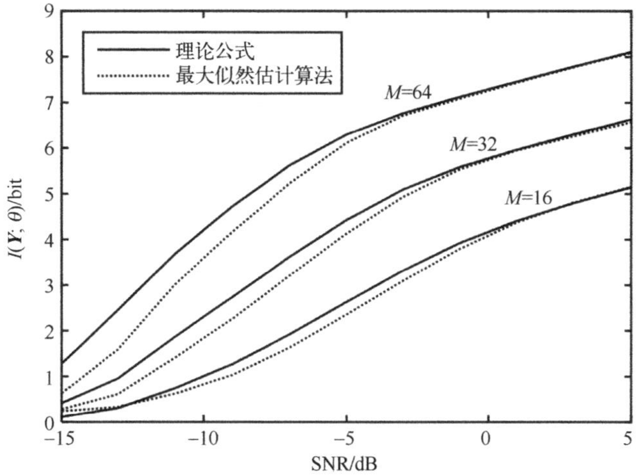

图 7.6 采用最大似然估计算法和理论公式所得 DOA 信息的对比

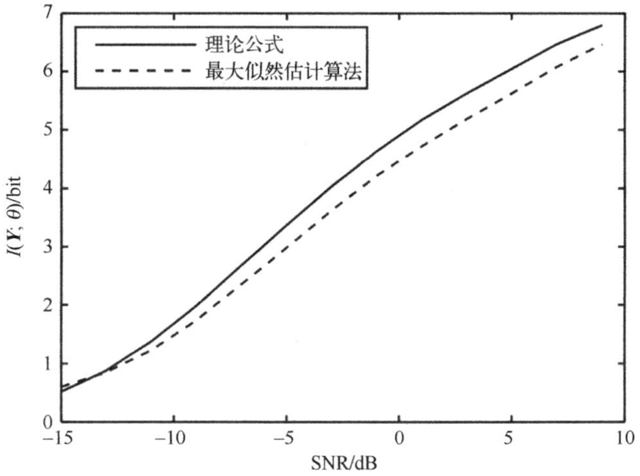

图 7.7 采用最大似然估计算法和理论公式所得 DOA 信息的对比（复高斯散射信源）

首先计算恒模散射信源 DOA 估计的 CRB，已知无偏估计量 θ 的最小均方误差为

$$\sigma_{\mathrm{CRB}}^{2}=\frac{2}{N_0}\{\mathrm{Re}[\boldsymbol{s}^{\mathrm{H}}\boldsymbol{D}^{\mathrm{H}}(\theta)\boldsymbol{\Pi}_{\boldsymbol{A}}^{\perp}\boldsymbol{D}(\theta)\boldsymbol{s}]\}^{-1} \tag{7.63}$$

式中，N_0为噪声功率谱密度；$\boldsymbol{D}(\theta)$为方向矢量的导数矩阵；$\boldsymbol{\Pi}_{\boldsymbol{A}}^{\perp}$为$\boldsymbol{A}^{\mathrm{H}}(\theta)$零空间的正交投影矩阵，有

$$\begin{aligned}\boldsymbol{D}(\theta)&=\frac{\partial\boldsymbol{A}(\theta)}{\partial\theta}\\ \boldsymbol{\Pi}_{\boldsymbol{A}}^{\perp}&=\boldsymbol{I}-\boldsymbol{A}(\theta)(\boldsymbol{A}^{\mathrm{H}}(\theta)\boldsymbol{A}(\theta))^{-1}\boldsymbol{A}^{\mathrm{H}}(\theta)\end{aligned} \tag{7.64}$$

在单个信源情形下，有

$$\begin{cases}\boldsymbol{A}^{\mathrm{H}}(\theta)\boldsymbol{A}(\theta)=M\\ \boldsymbol{D}^{\mathrm{H}}(\theta)\boldsymbol{D}(\theta)=\dfrac{2\pi^2d^2M(M-1)(2M-1)\cos^2\theta}{3\lambda^2}\\ \boldsymbol{D}^{\mathrm{H}}(\theta)\boldsymbol{A}(\theta)=-\mathrm{j}\,\dfrac{\pi dM(M-1)\cos\theta}{\lambda}\end{cases} \tag{7.65}$$

将式（7.65）代入式（7.63），可得

$$\sigma_{\mathrm{CRB}}^2=\left(\frac{2\rho^2\pi^2d^2\cos^2\theta_0M(M^2-1)}{3\lambda^2}\right)^{-1}\approx(2M\rho^2\mathcal{L}^2)^{-1} \tag{7.66}$$

且最大似然估计算法所得结果在高 SNR 时可逼近 CRB。

下面将计算复高斯散射信源 DOA 估计的 CRB，有

$$\sigma_{\mathrm{CRB}}^2=\frac{1}{E\left[\dfrac{\partial^2[\boldsymbol{y}^{\mathrm{H}}\boldsymbol{R}_Y^{-1}\boldsymbol{y}]}{\partial\theta^2}\right]} \tag{7.67}$$

考虑到求期望和求导针对的是不同的变量，运算相互无关，因此可调换运算顺序，化简为

$$\sigma_{\mathrm{CRB}}^2=\frac{1}{\dfrac{\partial^2E[\boldsymbol{y}^{\mathrm{H}}\boldsymbol{R}_Y^{-1}\boldsymbol{Y}]}{\partial\theta^2}} \tag{7.68}$$

先求期望，有

$$E[\boldsymbol{y}^{\mathrm{H}}\boldsymbol{R}_Y^{-1}\boldsymbol{y}]=\frac{1}{N_0}E\left[\sum_n|y_n|^2\right]-\frac{1}{N_0}\frac{\rho^2}{M\rho^2+1}\left[MN_0+P\frac{\sin^2(M(\beta_\theta-\beta_{\theta_0})/2)}{\sin^2((\beta_\theta-\beta_{\theta_0})/2)}\right] \tag{7.69}$$

式中，$\beta_\theta=\dfrac{2\pi d\sin\theta}{\lambda}$。

将式（7.69）代入式（7.68），可得

$$\sigma_{\mathrm{CRB}}^2=\frac{M+1/\rho^2}{2M^2\rho^2\mathcal{L}^2} \tag{7.70}$$

比较恒模散射信源和复高斯散射信源可知，当 SNR 较大时，$(M+\rho^{-2})/M\approx1$，两种信源的克拉美罗界是一致的。值得注意的是，恒模散射信源的 CRB 是可达

的，复高斯散射信源的 CRB 是不可达的。因为在相同的 SNR 时，复高斯散射信源的距离信息低于恒模散射信源。

3. 熵误差

由熵误差的定义 $\sigma_{\mathrm{EE}}^2=2^{2h(\theta\mid Y)}/(2\pi\mathrm{e})$，可以计算两种信源 DOA 估计的熵误差。

由恒模散射信源 DOA 信息的上界，可计算对应熵误差的下界，有

$$\sigma_{\mathrm{EE}}^2\geqslant\frac{2^{2\left(\log\left(\frac{1}{\mathcal{L}}\sqrt{\frac{\pi\mathrm{e}}{M\rho^2}}\right)\right)}}{2\pi\mathrm{e}}=\frac{1}{2M\rho^2\mathcal{L}^2}\tag{7.71}$$

由此可知，恒模散射信源 DOA 估计的熵误差下界就是克拉美罗界。

根据复高斯散射信源 DOA 信息的上界，可计算对应熵误差的下界，有

$$\sigma_{\mathrm{EE}}^2\geqslant\frac{2^{2\left(\log\left(\frac{1}{\mathcal{L}}\sqrt{\frac{\pi\mathrm{e}}{M\rho^2}}\right)+\frac{\gamma}{2\ln2}\right)}}{2\pi\mathrm{e}}=\frac{1}{2M\rho^2\mathcal{L}^2}2^{\frac{\gamma}{\ln2}}\tag{7.72}$$

熵误差、MSE 及 CRB 之间的关系如图 7.8 所示。由图可知，随着 SNR 的增大，MSE 逐渐减小，在整个 SNR 区间，熵误差均小于 MSE。在 SNR 较大的阶段，MSE 和熵误差都接近 CRB，说明熵误差对于实际天线阵列 DOA 估计具有指导意义。

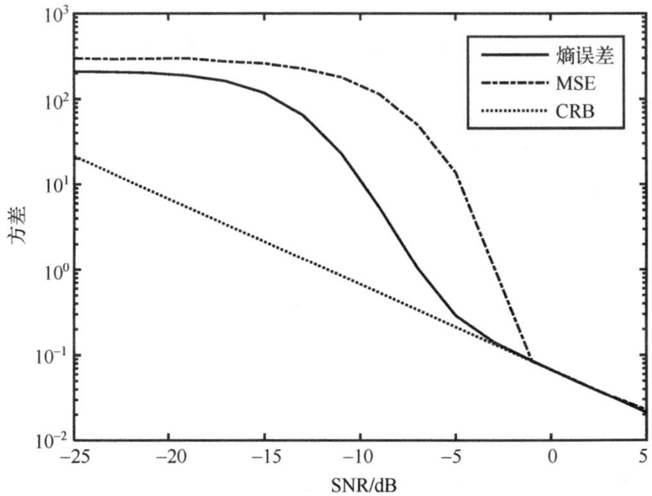

图 7.8 熵误差、MSE 及 CRB 之间的关系

7.3.4 方向估计熵误差的闭合表达式

下面将推导方向估计熵误差的闭合表达式[47]。

1. 后验微分熵闭合表达式的推导

由前面的分析可知，后验分布 $p(\theta|\boldsymbol{w})$ 可以划分为信号区间 s 和噪声区间 w 两个部分。信号区间集中在信源所在方向 θ_0 的附近，其余部分为噪声区间。在噪声区间可忽略信号的影响，噪声起主要作用。

令 $F(\theta,\boldsymbol{w})=\boldsymbol{A}^{\mathrm{H}}(\theta)\boldsymbol{w}$，$V_s=I_0\left(\left|2\rho^2G(\beta_\theta-\beta_{\theta_0})+\dfrac{2\alpha}{N_0}F(\theta,\boldsymbol{w})\right|\right)$，代入式（7.46），可得

$$p(\theta|\boldsymbol{w})=\frac{V_s}{\Omega_s+\Omega_w} \tag{7.73}$$

式中，$\Omega_s=\int_s V_s\mathrm{d}\theta$；$\Omega_w=\int_w V_w\mathrm{d}\theta$。

参照距离信息近似表达式的推导过程，后验微分熵为

$$h(\theta|\boldsymbol{Y})=\kappa H_s+(1-\kappa)H_w+H(\kappa) \tag{7.74}$$

式中，$\kappa=\dfrac{\Omega_s}{\Omega_s+\Omega_w}$是 DOA 估计位于信号区间的概率。

下面分别对 Ω_s、Ω_w 和 κ 进行计算，将 V_s 在 θ_0 处进行泰勒级数展开，首先展开 $F(\theta,\boldsymbol{w})$，忽略高次项，可得

$$\begin{aligned}F(\theta,\boldsymbol{w})&=\boldsymbol{A}^{\mathrm{H}}(\theta)\boldsymbol{w}\\&=\sum_{m=0}^{M-1}\mathrm{e}^{-\mathrm{j}\pi m\sin\theta}w_m\\&=\sum_{m=0}^{M-1}(\mathrm{e}^{-\mathrm{j}\pi m\sin\theta_0}-\mathrm{j}\pi m\cos\theta_0\mathrm{e}^{-\mathrm{j}\pi m\sin\theta_0}(\theta-\theta_0))w_m\end{aligned} \tag{7.75}$$

则有

$$\begin{aligned}E[|F(\theta,\boldsymbol{w})|^2]&=\sum_{m=0}^{M-1}(1+\pi^2m^2\cos^2\theta_0(\theta-\theta_0)^2)E[|w_m|^2]\\&=MN_0+\pi^2\cos^2\theta_0(\theta-\theta_0)^2N_0\sum_{m=0}^{M-1}m^2\end{aligned}$$

$$= MN_0 + \pi^2\cos^2\theta_0(\theta-\theta_0)^2N_0 \times \frac{1}{6}(M-1)M(2M-1)$$

$$= MN_0 + \frac{1}{2}\mathcal{L}^2N_0(2M-1)(\theta-\theta_0)^2 \tag{7.76}$$

噪声部分总功率为

$$\begin{aligned}\left(\frac{2\alpha}{N_0}\right)^2 E[\,|F(\theta,\boldsymbol{w})|^2] &= 4M\rho^2\left(1+\frac{1}{2}\mathcal{L}^2\left(\frac{2M-1}{M}\right)(\theta-\theta_0)^2\right)\\ &=4M\rho^2+2(2M-1)\rho^2\mathcal{L}^2(\theta-\theta_0)^2\end{aligned} \tag{7.77}$$

实部和虚部噪声功率为

$$2M\rho^2+M\rho^2\mathcal{L}^2\left(\frac{2M-1}{M}\right)(\theta-\theta_0)^2 \tag{7.78}$$

如果令

$$\frac{2\alpha}{N_0}F(\theta,\boldsymbol{w})=\xi_0+\xi'(\theta-\theta_0)+\mathrm{j}(\eta_0+\eta'(\theta-\theta_0)) \tag{7.79}$$

$$E[\xi_0]=E[\xi']=E[\eta_0]+E[\eta']=0 \tag{7.80}$$

$$E[\xi_0^2]=E[\eta_0^2]=2M\rho^2 \tag{7.81}$$

$$E[\xi'^2]=E[\eta'^2]=(2M-1)\rho^2\mathcal{L}^2 \tag{7.82}$$

则有

$$\begin{aligned}V_s &\approx I_0(\,|2M\rho^2-M\rho^2\mathcal{L}^2(\theta-\theta_0)^2+\xi_0+\xi'(\theta-\theta_0)+\mathrm{j}(\eta_0+\eta'(\theta-\theta_0))\,|)\\ &=I_0\left(2M\rho^2+\xi_0+\frac{\eta_0^2}{4M\rho^2}+\frac{\xi'^2}{4M\rho^2\mathcal{L}^2}-M\rho^2\mathcal{L}^2\left(\theta-\theta_0-\frac{\xi'}{2M\rho^2\mathcal{L}^2}\right)^2+\mathrm{j}[\eta_0+\eta'(\theta-\theta_0)]\right)\\ &=I_0(2M\rho^2+\mathcal{X}-M\rho^2\mathcal{L}^2((\theta-\theta_0-\theta_m)^2)+\mathrm{j}(\eta_0+\eta'(\theta-\theta_0)))\end{aligned} \tag{7.83}$$

式中

$$\mathcal{X}=\xi_0+\frac{\eta_0^2}{4M\rho^2}+\frac{\xi'^2}{4M\rho^2\mathcal{L}^2} \tag{7.84}$$

$$\theta_m = \frac{\xi'}{2M\rho^2\mathcal{L}^2} \tag{7.85}$$

$$E[\theta_m] = 0 \tag{7.86}$$

$$\begin{aligned} E[\theta_m^2] &= \frac{1}{2M\rho^2\mathcal{L}^2}\left(1-\frac{1}{2M}\right) \\ &\approx \frac{1}{2M\rho^2\mathcal{L}^2} \end{aligned} \tag{7.87}$$

$$\begin{aligned} E[\chi] &= E\left[\frac{\eta_0^2}{4M\rho^2}\right]+E\left[\frac{\xi'^2}{4M\rho^2\mathcal{L}^2}\right] \\ &= 1-\frac{1}{4M} \\ &\approx 1 \end{aligned} \tag{7.88}$$

现在有

$$V_s \approx I_0(2M\rho^2+1-M\rho^2\mathcal{L}^2(\theta-\theta_0)^2) \tag{7.89}$$

代入贝塞尔函数的近似公式，可得

$$\Omega_s = \int_s V_s \mathrm{d}\theta \approx \frac{\exp(2M\rho^2+1)}{2M\rho^2\mathcal{L}} \tag{7.90}$$

接着计算 Ω_w，令 $h_w(\theta)=\dfrac{2\rho^2}{\alpha}F(\theta,\boldsymbol{w})$，有

$$\overline{\{R(h_w(\theta))\}^2} = \overline{\{I(h_w(\theta))\}^2} = 2M\rho^2 \tag{7.91}$$

$|h_w(\theta)|$服从瑞利分布，PDF 为

$$f(|h_w(\theta)|) = \frac{|h_w(\theta)|}{2M\rho^2}\exp\left(-\frac{|h_w(\theta)|^2}{4M\rho^2}\right) \tag{7.92}$$

可得

$$\Omega_w = \Omega\int_0^\infty I_0(|h_w(\theta)|)f(|h_w(\theta)|)\mathrm{d}|h_w(\theta)| \approx \Omega \mathrm{e}^{M\rho^2} \tag{7.93}$$

根据 $\kappa=\Omega_s/(\Omega_s+\Omega_w)$ 及 Ω_s、Ω_w，可得 κ 的近似表达式为

$$\kappa = \frac{\exp(M\rho^2+1)}{2M\rho^2\mathcal{L}\Omega+\exp(M\rho^2+1)} \tag{7.94}$$

下面分别计算高 SNR 和低 SNR 情形下的后验微分熵 H_s和 H_w。由式（7.52）和式（7.53）可得在高 SNR 情形下的后验微分熵为

$$H_s \approx \log\sqrt{\frac{\pi e}{M\rho^2\mathcal{L}^2}} \tag{7.95}$$

在低 SNR 情形下，噪声部分的熵为

$$\begin{aligned} H_w &= -\Omega\int_0^{\infty} f(\,|h_w(\theta)|\,)\left(\frac{V_w}{\Omega_w}\log\frac{V_w}{\Omega_w}\right)\mathrm{d}\,|h_w(\theta)| \\ &\approx \log(\Omega\sqrt{2\pi e\cdot(2M\rho^2)}\,e^{-M\rho^2-1}) \end{aligned} \tag{7.96}$$

将计算结果代入后验微分熵公式，可得

$$h(\theta\,|\,\boldsymbol{Y}) = \kappa\log\sqrt{\frac{\pi e}{M\rho^2\mathcal{L}^2}} + (1-\kappa)\log\left(\frac{\Omega\sqrt{2\pi e\cdot(2M\rho^2)}}{e^{M\rho^2+1}}\right) + H(\kappa) \tag{7.97}$$

将 κ 的近似表达式代入，合并同类项，有

$$h(\theta\,|\,\boldsymbol{Y}) = \kappa\log\sqrt{\frac{\pi e}{M\rho^2\mathcal{L}^2\kappa^2}} + (1-\kappa)\left(\log\left(\frac{\Omega\sqrt{2\pi e\cdot(2M\rho^2)}}{(1-\kappa)e^{M\rho^2+1}}\right)\right) \tag{7.98}$$

注意到

$$(1-\kappa)e^{M\rho^2+1} = \Omega\times 2M\rho^2\mathcal{L} \tag{7.99}$$

代入可得

$$h(\theta\,|\,\boldsymbol{Y}) = \log\sqrt{\frac{\pi e}{M\rho^2\mathcal{L}^2\kappa^2}} \tag{7.100}$$

由后验微分熵可得 DOA 信息为

$$I(\boldsymbol{Y};\boldsymbol{\Theta}) = \log\left(\sqrt{\frac{M}{\pi e}}\rho\mathcal{L}\Omega\kappa\right) \tag{7.101}$$

由式（7.94）可知，κ 随着信噪比的增大从接近于 0 增加到 1，$H(\kappa)$在 κ 趋向于 0 或 1 时均趋向于 0，于是给出如下特例。

在中低信噪比情形下，DOA 信息为

$$I_w \approx \ln\frac{\exp(M\rho^2+1)}{\sqrt{2\pi e\cdot(2M\rho^2)}} \tag{7.102}$$

特别是在信噪比很低时，可以认为接收信号几乎只有噪声，目标的距离信息

不确定性最大，认为 $I_w \approx 0$。

在高信噪比情形下，DOA 信息为

$$I_s \approx \log \sqrt{\frac{M\rho^2 \mathcal{L}^2 \Omega^2}{\pi e}} \tag{7.103}$$

式（7.101）与 DOA 信息理论结果的比较如图 7.9 所示。由图可知，近似结果与理论结果在总体上是吻合的，只是在 SNR 由中到高的过渡阶段存在一定的误差。该误差主要是由式（7.95）的近似引入的。近似公式对实际系统的设计有重要的参考价值。

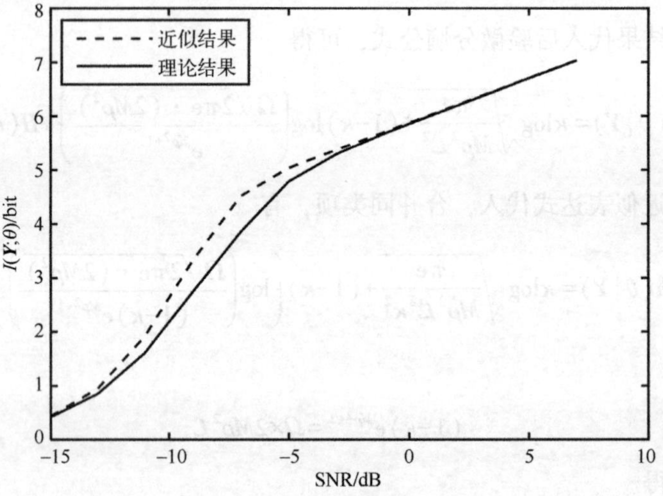

图 7.9　DOA 信息的比较

2. 熵误差闭合表达式

将后验微分熵表达式代入熵误差定义表达式，可得熵误差闭合表达式为

$$\begin{aligned}\sigma_{\mathrm{EE}}^2 &= \frac{1}{2\pi e} 2^{2h(\theta \mid \boldsymbol{Y})} \\ &= \frac{1}{2M\rho^2 \mathcal{L}^2 \kappa^2}\end{aligned} \tag{7.104}$$

$$\sigma_{\mathrm{EE}}^2 = \sigma_{\mathrm{CRB}}^2 \kappa^{-2} \tag{7.105}$$

由此可知，熵误差与 CRB 之间相差一个常数因子。当信噪比很大时，κ 趋向于 1，熵误差即为 CRB。CRB 是熵误差在高 SNR 时的特例。再一次说明，熵误差是比均方误差更普适的误差测度。

7.4　信源的散射信息

信源的空间信息由方向信息和散射信息两个部分组成。下面将分别讨论恒模散射信源和复高斯散射信源的散射信息。

7.4.1　恒模信源的散射信息

对于恒模散射信源，散射信息 $I(\boldsymbol{Y};S|\boldsymbol{\Theta})$ 可简化为相位信息 $I(\boldsymbol{Y};\boldsymbol{\Phi}|\boldsymbol{\Theta})$，根据 $\boldsymbol{Y}$ 的概率密度分布，可以得到

$$p(\varphi|\boldsymbol{y},\theta)=\frac{p(\boldsymbol{y},\varphi|\theta)}{\int_0^{2\pi}p(\boldsymbol{y},\varphi|\theta)\mathrm{d}\varphi}=\frac{g(\boldsymbol{y},\theta,\varphi)}{\int_0^{2\pi}g(\boldsymbol{y},\theta,\varphi)\mathrm{d}\varphi} \tag{7.106}$$

将式（7.17）和式（7.44）代入，得到

$$p(\varphi|\boldsymbol{w},\theta)=\frac{\exp\left(2\rho^2\mathrm{Re}\left(\mathrm{e}^{\mathrm{j}(\varphi-\varphi_0)}G(\beta_\theta-\beta_{\theta_0})+\frac{1}{\alpha}\mathrm{e}^{-\mathrm{j}\varphi}F(\theta,\boldsymbol{w})\right)\right)}{2\pi I_0\left(2\rho^2\left|G(\beta_\theta-\beta_{\theta_0})+\frac{1}{\alpha}F(\theta,\boldsymbol{w})\right|\right)} \tag{7.107}$$

定理 7.2　恒模散射信源的相位信息 $I(\boldsymbol{Y};\boldsymbol{\Phi}|\boldsymbol{\Theta})$ 可表示为

$$\begin{aligned}I(\boldsymbol{Y};\boldsymbol{\Phi}|\boldsymbol{\Theta})&=h(\boldsymbol{\Phi}|\theta)-h(\boldsymbol{\Phi}|\boldsymbol{W},\theta)\\&=\log(2\pi)+E_{\boldsymbol{w}}\left[E_\theta\left[\int_0^{2\pi}p(\varphi|\boldsymbol{w},\theta)\log p(\varphi|\boldsymbol{w},\theta)\mathrm{d}\varphi\right]\right]\end{aligned} \tag{7.108}$$

7.4.2　复高斯信源的散射信息

对于复高斯散射信源，在已估计信源 DOA 的条件下，因为 $\boldsymbol{s}$ 和 $\boldsymbol{W}$ 是独立的高斯矢量，所以 $\boldsymbol{Y}$ 也是复高斯矢量，接收信号协方差矩阵为

$$\begin{aligned}E[\boldsymbol{Y}\boldsymbol{Y}^{\mathrm{H}}]&=E[(\boldsymbol{A}(\theta)\boldsymbol{s}+\boldsymbol{W})(\boldsymbol{A}(\theta)\boldsymbol{s}+\boldsymbol{W})^{\mathrm{H}}]\\&=\boldsymbol{A}(\theta)E[\boldsymbol{s}\boldsymbol{s}^{\mathrm{H}}]\boldsymbol{A}^{\mathrm{H}}(\theta)+E[\boldsymbol{W}\boldsymbol{W}^{\mathrm{H}}]\\&=E[\alpha^2]\boldsymbol{A}(\theta)\boldsymbol{A}^{\mathrm{H}}(\theta)+N_0\boldsymbol{I}\end{aligned} \tag{7.109}$$

式中，$\boldsymbol{I}$ 为单位矩阵，可以得到在已知 $\boldsymbol{\Theta}=\theta$ 条件下的散射信息为

$$
\begin{aligned}
I(\boldsymbol{Y};\boldsymbol{S}\mid\Theta=\theta) &= h(\boldsymbol{Y}\mid\Theta=\theta)-h(\boldsymbol{Y}\mid\Theta=\theta,s)\\
&=\log\left|E[\alpha^2]\boldsymbol{A}(\theta)\boldsymbol{A}^{\mathrm{H}}(\theta)+N_0\boldsymbol{I}\right|-\log\left|N_0\boldsymbol{I}\right|\\
&=\log(1+\rho^2\boldsymbol{A}^{\mathrm{H}}(\theta)\boldsymbol{A}(\theta))\\
&=\log(1+M\rho^2)
\end{aligned}
\tag{7.110}
$$

式（7.110）表明，$I(\boldsymbol{Y};S\mid\Theta=\theta)$ 与 DOA 估计无关，也就是说，信源的散射信息与 DOA 信息无关。

定理 7.3 假设信源能量全部位于观测区间，则复高斯散射信源的散射信息 $I(\boldsymbol{Y};\boldsymbol{S}\mid\Theta)$ 为

$$
I(\boldsymbol{Y};\boldsymbol{S}\mid\Theta)=I(\boldsymbol{Y};\boldsymbol{S}\mid\Theta=\theta)=\log(1+M\rho^2) \tag{7.111}
$$

且与信源的 DOA 信息无关。

在给定信源方向时，天线阵列等价于一个幅相调制系统，当散射信息服从高斯分布时，正好达到信道容量。散射信息与方向 θ 无关，是因为只要散射信息能量位于观测区间，则无论信源方向如何，均可以获得全部散射信息的能量。

在恒模散射信源和复高斯散射信源两种情形下，对应的散射信息仿真曲线如图 7.10 所示。由图可知，散射信息与 SNR 成正比，复高斯散射信源比恒模散射信源获得的散射信息要大，两者的差值就是恒模散射信源下散射信息退化为相位信息所减少的信息量。

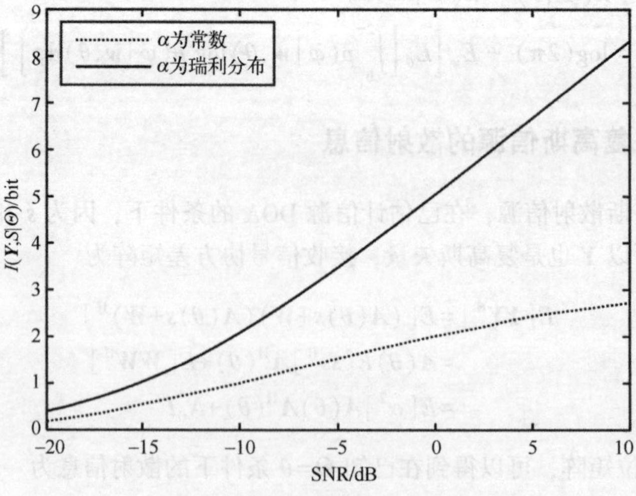

图 7.10 散射信息仿真曲线

7.5 多信源的空间信息

本节将研究天线阵列感知多信源时的空间信息问题[49]，首先推导多信源的方向信息理论表达式，然后推导已知方向条件下散射信息的理论表达式，得到两个信源散射信息的闭合表达式。分辨率是天线阵列系统的重要性能指标。本节也从信息论的角度给出方向分辨率的新定义。不同于传统分辨率，新的方向分辨率不仅与孔径有关，还与 SNR 有关。

7.5.1 方向信息

对于复高斯散射信源，由于 $\boldsymbol{s}$ 和 $\boldsymbol{W}$ 都为复高斯矢量，且相互独立，因此接收信号 $\boldsymbol{Y}$ 也是复高斯矢量，协方差矩阵 $\boldsymbol{R}_Y$ 为

$$\boldsymbol{R}_Y=E_{\boldsymbol{s},\boldsymbol{W}}[\boldsymbol{Y}\boldsymbol{Y}^{\mathrm{H}}] \tag{7.112}$$

将 $\boldsymbol{Y}=\boldsymbol{A}(\boldsymbol{\theta})\boldsymbol{s}+\boldsymbol{W}$ 代入，可得

$$\begin{aligned}\boldsymbol{R}_Y&=E[(\boldsymbol{A}(\boldsymbol{\theta})\boldsymbol{s}+\boldsymbol{W})(\boldsymbol{A}(\boldsymbol{\theta})\boldsymbol{s}+\boldsymbol{W})^{\mathrm{H}}]\\&=\boldsymbol{A}(\boldsymbol{\theta})E[\boldsymbol{s}\boldsymbol{s}^{\mathrm{H}}]\boldsymbol{A}^{\mathrm{H}}(\boldsymbol{\theta})+E[\boldsymbol{W}\boldsymbol{W}^{\mathrm{H}}]\\&=N_0\left(\sum_{k=1}^{K}\rho_k^2\boldsymbol{a}(\theta_k)\boldsymbol{a}^{\mathrm{H}}(\theta_k)+\boldsymbol{I}\right)\end{aligned} \tag{7.113}$$

式中，$\rho_k^2=E[|s_k|^2]/N_0$为第 k 个目标的平均 SNR。在给定 $\boldsymbol{\theta}$ 的情形下，接收信号的 PDF 为

$$p(\boldsymbol{y}|\boldsymbol{\theta})=\frac{1}{(\pi)^M|\boldsymbol{R}_Y|}\exp(-\boldsymbol{y}^{\mathrm{H}}\boldsymbol{R}_Y^{-1}\boldsymbol{y}) \tag{7.114}$$

基于贝叶斯公式，在 $\boldsymbol{Y}$ 已知时，$\boldsymbol{\Theta}$ 的 PDF 为

$$p(\boldsymbol{\theta}|\boldsymbol{y})=\frac{p(\boldsymbol{y},\boldsymbol{\theta})}{\int_{-\vartheta/2}^{\vartheta/2}p(\boldsymbol{y},\boldsymbol{\theta})\mathrm{d}\boldsymbol{\theta}}=\frac{\exp(-\boldsymbol{y}^{\mathrm{H}}\boldsymbol{R}_Y^{-1}\boldsymbol{y})/\det(\boldsymbol{R}_Y)}{\int_{-\vartheta/2}^{\vartheta/2}\exp(-\boldsymbol{y}^{\mathrm{H}}\boldsymbol{R}_Y^{-1}\boldsymbol{y})/\det(\boldsymbol{R}_Y)\mathrm{d}\boldsymbol{\theta}} \tag{7.115}$$

根据互信息的定义，可以得到多信源的方向信息为方向 $\boldsymbol{\Theta}$ 的先验微分熵和后验微分熵的差值。

定理 7.4 多信源的 DOA 信息 $I(\boldsymbol{Y};\boldsymbol{\Theta})$ 为

$$I(\boldsymbol{Y};\boldsymbol{\Theta}) = h(\boldsymbol{\Theta}) - h(\boldsymbol{\Theta}|\boldsymbol{Y}) = K\log \Omega - E_y\left[-\int_{-\Omega/2}^{\Omega/2} p(\boldsymbol{\theta}|\boldsymbol{y})\log p(\boldsymbol{\theta}|\boldsymbol{y})\,\mathrm{d}\boldsymbol{\theta}\right] \tag{7.116}$$

多信源方向信息的计算十分复杂，目前尚无闭合表达式。在不同的方向差 Δ 时，两个复高斯散射信源的 DOA 信息随着 SNR 变化的曲线如图 7.11 所示。由图可知，DOA 信息随着 SNR 的增大而增加。两个信源的方向差 Δ 越大，获得的 DOA 信息越大，验证了理论推导的正确性。

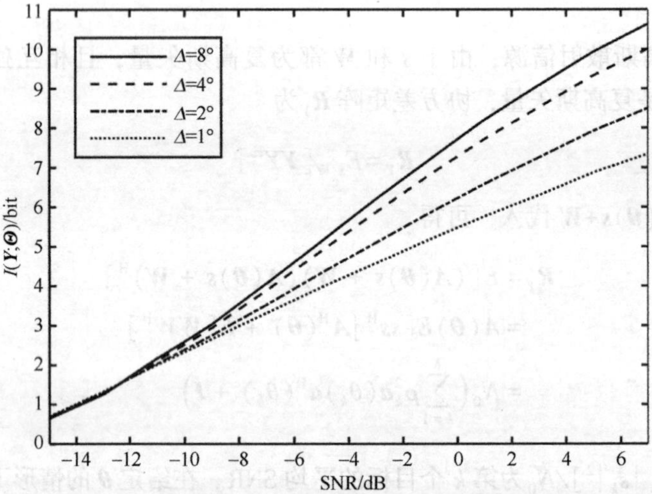

图 7.11　两个复高斯散射信源的 DOA 信息随着 SNR 变化的曲线

图 7.12 给出了在不同 SNR 情形下，复高斯散射信源 DOA 信息与方向差的关系。由图可知，DOA 信息随着 SNR 的增大而增加，当方向差较小时，信源相互干扰较大，获得的 DOA 信息较少，在两个信源重合时，达到最小值。随着方向差的加大，获得的 DOA 信息变多，最后在两个信源相距足够远时，互不干扰，获得的 DOA 信息趋于平稳。

7.5.2　稀疏信源的散射信息

对于复高斯散射信源，由于 $\boldsymbol{Y}$ 是一个协方差矩阵为 $\boldsymbol{R}_{\boldsymbol{Y}}$ 的高斯矢量，因此有

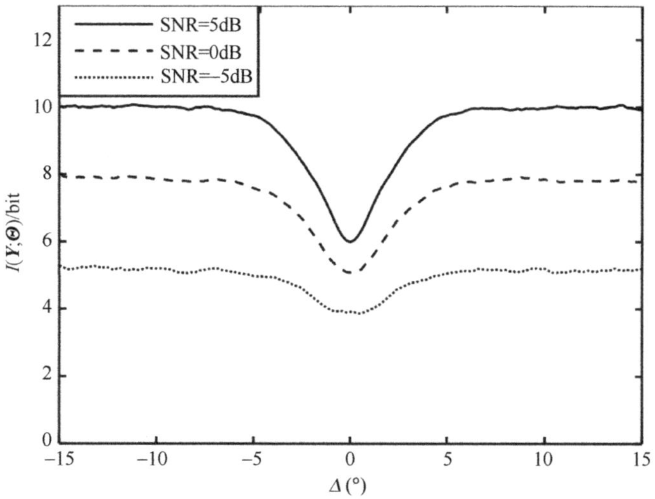

图 7.12　复高斯散射信源 DOA 信息与方向差的关系

$$I(\boldsymbol{Y};\boldsymbol{S}\,|\,\boldsymbol{\Theta}=\boldsymbol{\theta})=h(\boldsymbol{Y}\,|\,\boldsymbol{\Theta}=\boldsymbol{\theta})-h(\boldsymbol{Y}\,|\,\boldsymbol{s},\boldsymbol{\Theta}=\boldsymbol{\theta}) \tag{7.117}$$

式中，$h(\boldsymbol{Y})=\log((\pi e)^2|\boldsymbol{R}_Y|)$为复高斯接收信息的微分熵；$h(\boldsymbol{Y}|\boldsymbol{s})=\log((\pi e)^2|N_0\boldsymbol{I}|)$为噪声的微分熵，有

$$I(\boldsymbol{Y};\boldsymbol{S}\,|\,\boldsymbol{\Theta}=\boldsymbol{\theta})=\log\left|\boldsymbol{I}+\sum_{k=1}^{K}\rho_k^2\boldsymbol{a}(\theta_k)\boldsymbol{a}^{\mathrm{H}}(\theta_k)\right| \tag{7.118}$$

这里假设各信源之间相互独立且互不干扰，则 $\sum_{k=1}^{K}\rho_k^2\boldsymbol{a}(\theta_k)\boldsymbol{a}^{\mathrm{H}}(\theta_k)$ 可以重构为对角块矩阵，即

$$\begin{bmatrix} \boldsymbol{O} & & & & & & \\ & \rho_1^2\boldsymbol{V}_1 & & & & & \\ & & \boldsymbol{O} & & & & \\ & & & \rho_2^2\boldsymbol{V}_2 & & & \\ & & & & \ddots & & \\ & & & & & \rho_k^2\boldsymbol{V}_k & \\ & & & & & & \boldsymbol{O} \end{bmatrix}$$

式中，$\boldsymbol{V}_k$为包含 $\boldsymbol{a}(\boldsymbol{\theta}_k)\boldsymbol{a}^{\mathrm{H}}(\boldsymbol{\theta}_k)$ 中所有非 0 元素的最小方阵；$\boldsymbol{O}$ 为零矩阵，式（7.118）可以进一步简化为

$$
\begin{aligned}
I(\boldsymbol{Y};\boldsymbol{S}\mid\boldsymbol{\Theta}=\boldsymbol{\theta}) &= \log\Big(\prod_{k=1}^{K}|\rho_k^2\boldsymbol{V}_k+\boldsymbol{I}|\Big) \\
&= \log\Big(\prod_{k=1}^{K}(1+\rho_k^2\boldsymbol{a}^{\mathrm{H}}(\boldsymbol{\theta}_k)\boldsymbol{a}(\boldsymbol{\theta}_k))\Big) \\
&= \sum_{k=1}^{K}(1+M\rho_k^2)
\end{aligned} \tag{7.119}
$$

式（7.119）表明，$I(\boldsymbol{Y};\boldsymbol{S}\mid\boldsymbol{\Theta}=\boldsymbol{\theta})$ 与 DOA 估计无关。可以看出，当信源之间相距较远时，复高斯多个信源的散射信息等于单个信源散射信息的和，与方位角无关，只与 SNR 有关，在形式上与香农信道容量公式一致。香农信道容量是信源散射信息的最大值，因为在系统完全同步的假设下，不存在信源的 DOA 信息。

定理 7.5 假设各复高斯散射信源之间相距较远，信源之间相互独立且互不干扰，则散射信息为

$$
I(\boldsymbol{Y};\boldsymbol{S}\mid\boldsymbol{\Theta}) = \sum_{k=1}^{K} I(\boldsymbol{Y};S_k\mid\Theta_k=\theta) \tag{7.120}
$$

定理 7.5 表明，总散射信息是各信源散射信息的和，仅与 SNR 有关，与信源的 DOA 信息无关。

当散射信息为复高斯分布时，以两个信源为例，假设两个信源的平均功率均为 1，其余参数的设置同 DOA 信息的情形，图 7.13 给出了单个信源的散射信息和两个信源的散射信息比较。由图可知，散射信息随着 SNR 的增大而增加，在同一 SNR 情形下，两个信源的散射信息是单个信源散射信息的 2 倍。

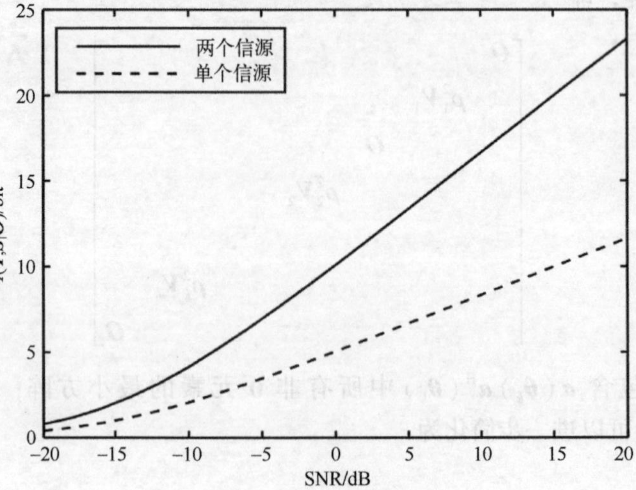

图 7.13 散射信息的比较

图 7. 14 给出了在不同 SNR 情形下两个复高斯散射信源散射信息与方位差的关系。由图可知，当方位差较小时，两个信源相互影响，获得的散射信息较少，在两个信源重合时达到最小值；随着方位差的增大，获得的散射信息变多，最后在两个信源相距足够远时，互不干扰，获得的散射信息趋于平稳。

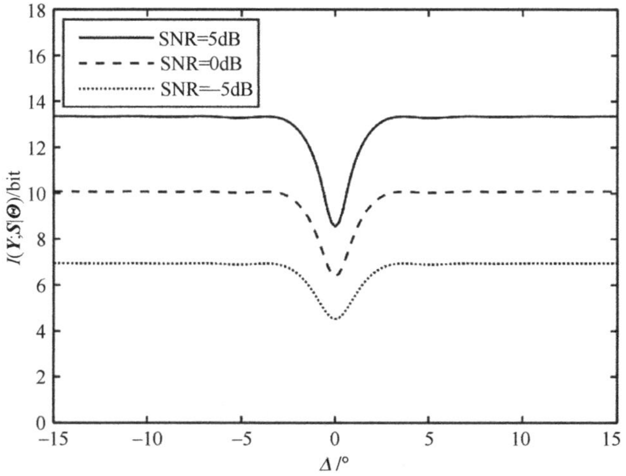

图 7. 14　两个信源散射信息与方向差的关系

7. 5. 3　方向分辨率

方向分辨率是用于评价天线阵列分辨不同信源能力的指标，怎样提高方向分辨率一直是天线阵列信号处理领域的重要研究方向[76]。下面采用信息论的方法研究有关方向分辨率的问题[49]。

考虑存在两个信源的情形，假设两个信源的平均 SNR 相同，即 $\rho_1^2=\rho_2^2=\rho^2$，则在给定 DOA 信息时的协方差矩阵为

$$\boldsymbol{R}=N_0(\rho^2\boldsymbol{A}(\boldsymbol{\theta})\boldsymbol{A}^{\mathrm{H}}(\boldsymbol{\theta})+\boldsymbol{I}) \tag{7.121}$$

在给定方向时，散射信息为

$$\boldsymbol{I}(\boldsymbol{Y};\boldsymbol{S}\,|\,\boldsymbol{\Theta}=\boldsymbol{\theta})=\log|\boldsymbol{I}+\rho^2\boldsymbol{A}(\theta)\boldsymbol{A}^{\mathrm{H}}(\boldsymbol{\theta})| \tag{7.122}$$

由于 $\boldsymbol{A}(\boldsymbol{\theta})\boldsymbol{A}^{\mathrm{H}}(\boldsymbol{\theta})$ 与 $\boldsymbol{A}(\boldsymbol{\theta})^{\mathrm{H}}\boldsymbol{A}(\boldsymbol{\theta})$ 具有相同的特征值，因此有

$$\boldsymbol{I}(\boldsymbol{Y};\boldsymbol{S}\,|\,\boldsymbol{\Theta}=\boldsymbol{\theta})=\log|\boldsymbol{I}+\rho^2\boldsymbol{A}^{\mathrm{H}}(\boldsymbol{\theta})\boldsymbol{A}(\boldsymbol{\theta})| \tag{7.123}$$

对 2×2 酉对称矩阵 $\boldsymbol{A}(\boldsymbol{\theta})^{\mathrm{H}}\boldsymbol{A}(\boldsymbol{\theta})$ 进行特征值分解，有

$$\boldsymbol{A}(\boldsymbol{\theta})^{\mathrm{H}}\boldsymbol{A}(\boldsymbol{\theta})=\boldsymbol{Q}^{\mathrm{H}}(\boldsymbol{\theta})\boldsymbol{D}\boldsymbol{Q}(\boldsymbol{\theta}) \tag{7.124}$$

$$\boldsymbol{D}=\begin{bmatrix}\lambda_1 & 0\\ 0 & \lambda_2\end{bmatrix} \tag{7.125}$$

式中

$$\begin{cases}\lambda_1=M+G(\beta_{\theta_1}-\beta_{\theta_2})\\ \lambda_2=M-G(\beta_{\theta_1}-\beta_{\theta_2})\end{cases} \tag{7.126}$$

$$G(\beta_{\theta_1}-\beta_{\theta_2})=\frac{\sin(M\pi\mathrm{d}(\sin\theta_1-\sin\theta_2)/\lambda)}{\sin(\pi\mathrm{d}(\sin\theta_1-\sin\theta_2)/\lambda)} \tag{7.127}$$

代入（7.123），可得

$$I(\boldsymbol{Y};\boldsymbol{S}\,|\,\boldsymbol{\Theta}=\boldsymbol{\theta})=\log(1+\rho^2\lambda_1)+\log(1+\rho^2\lambda_2) \tag{7.128}$$

式中，第 1 项被称为同相信道的信息；第 2 项被称为正交信道的信息。散射信息与信源之间的方向差有关，当信源间隔很远时，信源之间的影响很小，由前述定理，总散射信息等于各信源散射信息之和。随着信源之间方向差逐渐减小，相互作用不断加强，表现为同相信道的信息逐渐增加，正交信道的信息逐渐减小，直到两个信源的 DOA 信息完全重合，同相信道的信息达到最大值，正交信道的信息减小为 0。

正交信道容量反映两个信源的方向差，即方向差越大，获得的信息越多，越容易分辨；反之，获得的信息越少，越难以分辨。方向分辨率为两个信源将分未分的临界情形，有如下定义。

定义 7.2 【方向分辨率】假设两个信源的平均 SNR 相同，即 $\rho_1^2=\rho_2^2=\rho^2$，则将满足

$$\log(1+\rho^2\lambda_2)=1 \tag{7.129}$$

时两个信源的方向差 $\Delta\theta=|\theta_1-\theta_2|$定义为方向分辨率。

由定义有

$$M-G(\beta_{\theta_1}-\beta_{\theta_2})=\frac{1}{\rho^2} \tag{7.130}$$

当$|\theta_1-\theta_2|<1$ 时，利用泰勒级数展开，忽略高次项，有

$$\Delta\theta=\sqrt{\frac{2}{M\rho^2\mathcal{L}^2}} \tag{7.131}$$

方向分辨率与等效孔径和 SNR 成反比，当 SNR 足够大时，将远小于 $1/\mathcal{L}$。方向分辨率从理论上说明了超分辨的可能性。方向分辨率与传统分辨率并不

矛盾。方向分辨率问题在理论上属于多维匹配滤波问题。传统分辨率是一维匹配滤波的分辨率。

下面将采用二维最大似然估计算法来仿真两个信源的方向分辨率。二维最大似然估计算法与一维最大似然估计算法不同，是将信源 1 的方位搜索和信源 2 的方位搜索放在两个维度上进行二维峰值搜索，可得到概率分布，能够更加清晰地分辨两个信源。

假设散射信息为复高斯分布，两个信源的能量均为 1，天线阵列的归一化孔径 $L=Md/\lambda$。在下面的仿真中给出的方向均为归一化方向 $\Delta\times L$。两个仿真分别是采用 DOA 信息推导后验概率分布和最大似然估计算法统计方向分布，根据方向分布中相关峰值的位置来衡量分辨能力。

根据 DOA 信息的后验概率分布来观察分辨率，由图 7.15 可知，DOA 信息越少，信源越难分辨，在 SNR 为 5dB 的情形下，当两个信源的归一化 DOA 为 0.22

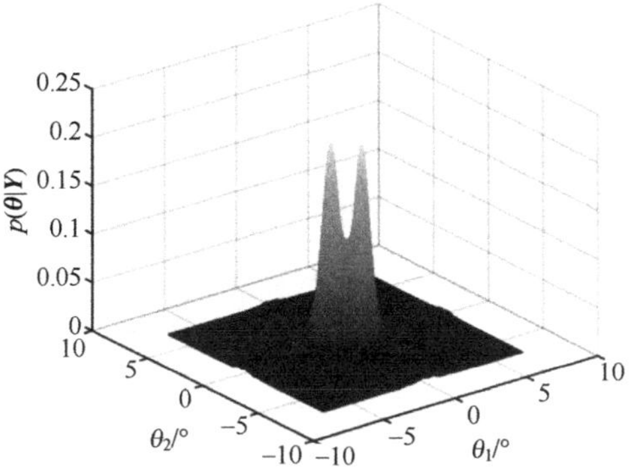

（a）SNR=5dB, $\Delta\times L=0.34$

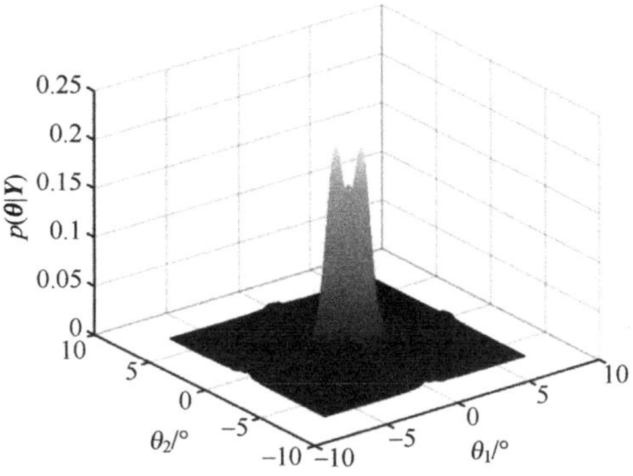

（b）SNR=5dB, $\Delta\times L=0.28$

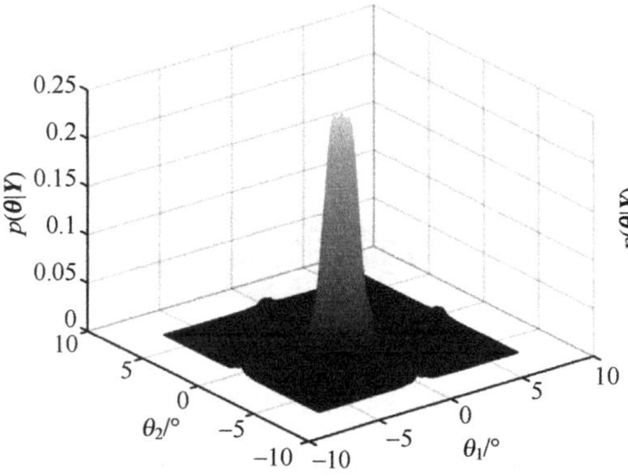

（c）SNR=5dB, $\Delta\times L=0.22$

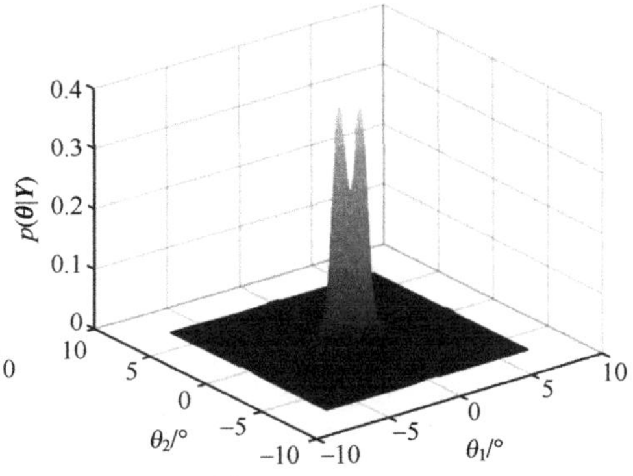

（d）SNR=10dB, $\Delta\times L=0.22$

图 7.15　DOA 信息的后验概率分布

（DOA 间隔为 0.8°）时，已无法分辨两个信源，通过增大 SNR，可以提高分辨能力。该结论也进一步说明了从信息论的角度定义分辨率是合理的。

图 7.16 为采用最大似然估计算法进行一维/二维峰值搜索，估计 DOA 信息并统计概率密度所得的概率谱。由图可知，用一维/二维最大似然估计算法可以分辨在物理孔径内的两个信源，随着 DOA 间隔的不断减小，信源越来越难分辨。在两个信源的归一化 DOA 为 0.45（DOA 间隔为 1.6°）时，一维最大似然估计算法已经无法分辨两个邻近的信源，二维最大似然估计算法仍然可以分辨。可见，通过二维峰值搜索能提高天线阵列的方向分辨率，当两个信源的归一化 DOA 为 0.34（DOA 间隔为 1.2°）、SNR 为 5dB 时，已经难以分辨两个信源，此时将 SNR 增大到 10dB，两个信源可以再次被分辨，验证了方向分辨率与 SNR 的相关结论，与理论分析的结果一致。

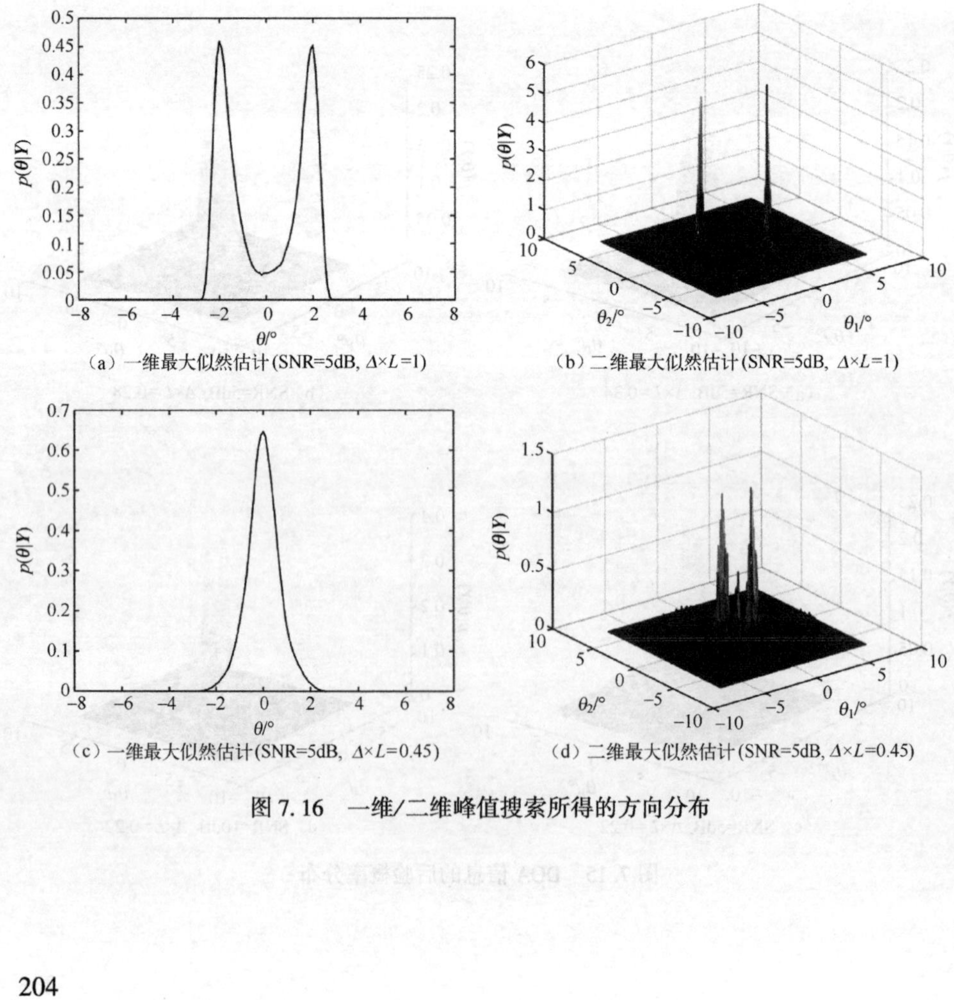

（a）一维最大似然估计 (SNR=5dB, $\Delta\times L=1$)

（b）二维最大似然估计 (SNR=5dB, $\Delta\times L=1$)

（c）一维最大似然估计 (SNR=5dB, $\Delta\times L=0.45$)

（d）二维最大似然估计 (SNR=5dB, $\Delta\times L=0.45$)

图 7.16　一维/二维峰值搜索所得的方向分布

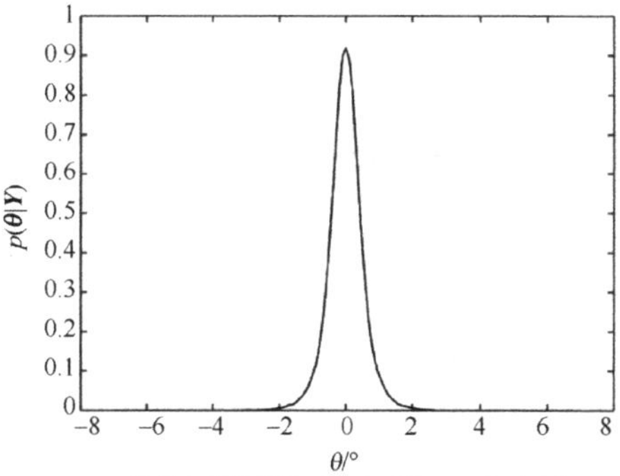

（e）一维最大似然估计 (SNR=5dB, $\Delta\times L=0.34$)

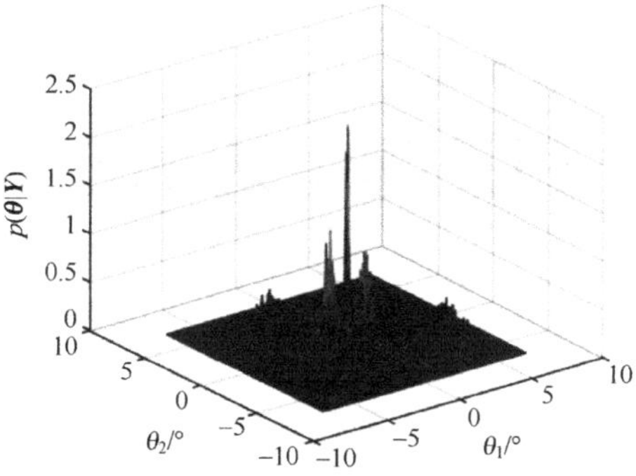

（f）二维最大似然估计 (SNR=5dB, $\Delta\times L=0.34$)

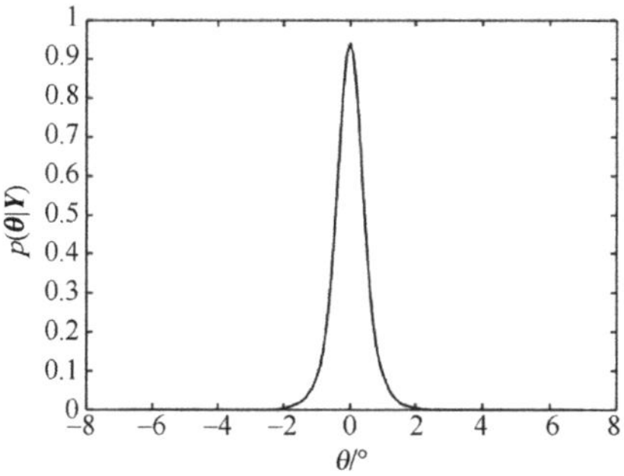

（g）一维最大似然估计(SNR=10dB, $\Delta\times L=0.34$)

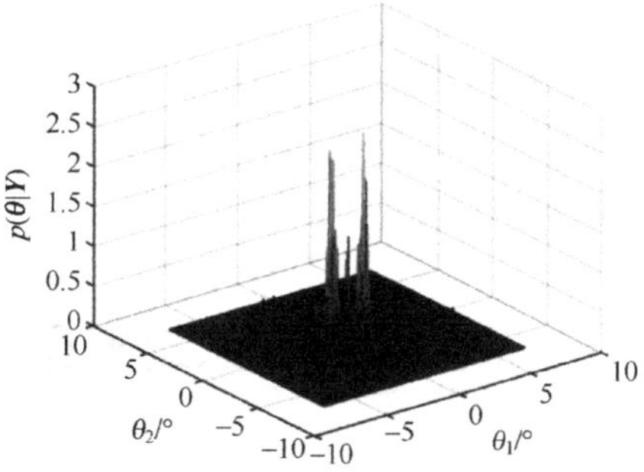

（h）二维最大似然估计 (SNR=10dB, $\Delta\times L=0.34$)

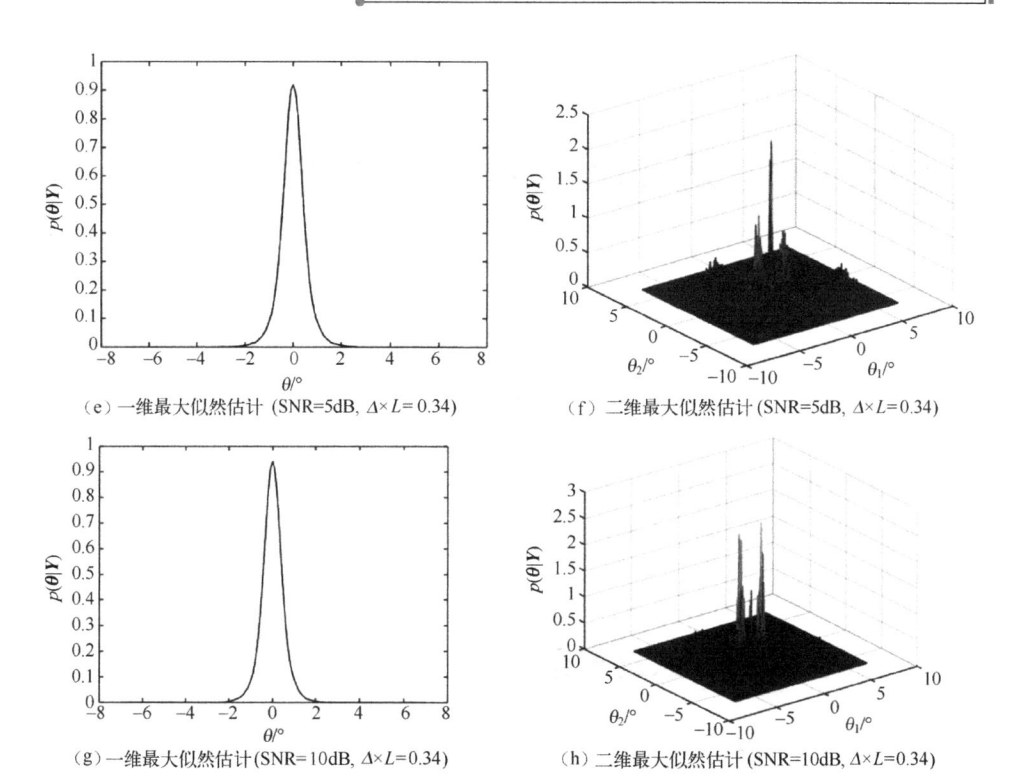

图 7.16　一维/二维峰值搜索所得的方向分布（续）

第 8 章 相控阵雷达的空间信息理论

相控阵雷达兼具测距和测向能力，是目前最常用的雷达类型。本章将研究相控阵雷达的空间信息理论，建立相控阵雷达系统模型，将相控阵雷达的空间信息定义为接收信号和目标位置-散射的联合互信息[45]，位置信息又被分为距离信息和方向信息；推导目标位置信息的二维后验概率分布及位置信息和熵误差的闭合表达式；分析熵误差与克拉美罗界的关系，证明克拉美罗界是熵误差在高 SNR 情形下的特例；推导目标散射信息表达式和相控阵雷达的二维分辨率方程。

8.1 相控阵雷达系统模型

假设相控阵雷达的天线是由 M 个均匀分布的阵元组成的线阵列。每个阵元发射相干信号，独立接收回波信号。采用极坐标刻画的相控阵雷达系统模型如图 8.1 所示。

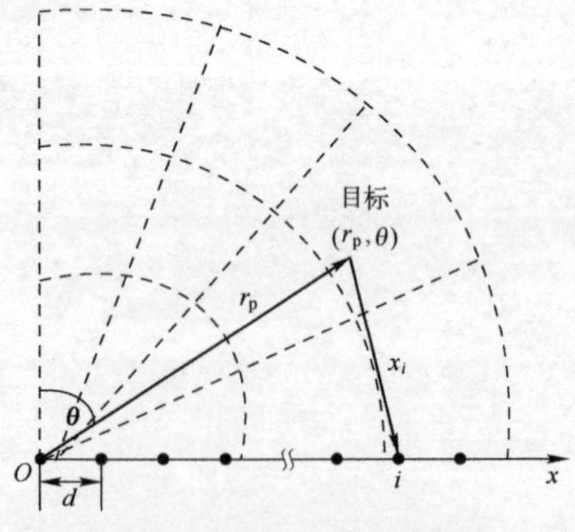

图 8.1 相控阵雷达系统模型

令阵元间距 d 为波长的一半，即$d=\lambda/2$，λ 为发射信号的波长。以第一个阵元作为参考点，目标与参考点的距离为 r_p，与极坐标法线的夹角为 θ，由余弦定理，可以得到目标与第 i 个阵元的距离 x_i为

$$x_i=\sqrt{r_{\mathrm{p}}^2+i^2d^2-2r_{\mathrm{p}}id\sin\theta} \tag{8.1}$$

第 i 个阵元的发射信号到目标的单程时延为

$$\tau(r_{\mathrm{p}},\theta,i)=\frac{r_{\mathrm{p}}}{c}\sqrt{1+i^2\left(\frac{d}{r_{\mathrm{p}}}\right)^2-2i\frac{d}{r_{\mathrm{p}}}\sin\theta} \tag{8.2}$$

式中，c 为光速。

假设目标处于远场，即相控阵雷达孔径 Md 远小于目标与阵元之间的距离，$Md\ll r_{\mathrm{p}}$，则可忽略式（8.2）中的二次项，有

$$\tau(r_{\mathrm{p}},\theta,i)\approx\frac{r_{\mathrm{p}}}{c}\sqrt{1-2i\frac{d}{r_{\mathrm{p}}}\sin\theta} \tag{8.3}$$

采用指数级数展开$(1-d/r_{\mathrm{p}})^{1/2}\approx1-d/2r_{\mathrm{p}}$，则式（8.3）可简写为

$$\tau(r_{\mathrm{p}},\theta,i)\approx\frac{r_{\mathrm{p}}-id\sin\theta}{c} \tag{8.4}$$

假设 $\psi_i(t)$ 是由第 i 个阵元发射的带宽为 $B/2$ 的基带信号，当载波频率为 f_{c}、初始相位为 φ_0 时，第 i 个阵元的发射信号可以表示为 $\psi_i(t)\mathrm{e}^{\mathrm{j}(2\pi f_{\mathrm{c}}t+\varphi_0)}$。再假设目标散射信息的幅值为 α，由于每个阵元的发射信号均经目标反射，并在接收阵元处叠加，因此不考虑噪声，第 m 个阵元的接收信号为

$$r_m(t)=\sum_{i=1}^{M}\alpha\omega_i\psi_i(t-\tau(r,\theta,i,m))\mathrm{e}^{\mathrm{j}(2\pi f_{\mathrm{c}}(t-\tau(r,\theta,i,m))+\varphi_0)} \tag{8.5}$$

式中，$\tau(r,\theta,i,m)$ 表示第 i 个阵元的发射信号，经目标反射后，由第 m 个阵元接收产生的双程时延；ω_i 为由第 i 个阵元发射信号形成的加权值。

将接收信号下变频，并进行低通滤波，得到的基带信号为

$$y_m(t)=\sum_{i=1}^{M}\alpha\mathrm{e}^{\mathrm{j}\varphi_0}\omega_i\psi_i(t-\tau(r,\theta,i,m))\mathrm{e}^{-\mathrm{j}2\pi f_{\mathrm{c}}\tau(r,\theta,i,m)}+w_m(t) \tag{8.6}$$

式中，$w_m(t)$ 为第 m 个阵元接收的带宽为 $B/2$、均值为 0 的复加性高斯白噪声随机变量，实部和虚部的功率谱密度均为 $N_0/2$。

根据奈奎斯特采样定理，以速率 B 对接收信号 $y_m(t)$ 进行采样，即 $t=n/B$，得到式（8.6）的离散形式为

$$y_m\left(\frac{n}{B}\right)=\sum_{i=1}^{M}\alpha\mathrm{e}^{\mathrm{j}\varphi_0}\omega_i\psi_i\left(\frac{n-B\tau(r,\theta,i,m)}{B}\right)\mathrm{e}^{-\mathrm{j}2\pi f_{\mathrm{c}}\tau(r,\theta,i,m)}+w_m\left(\frac{n}{B}\right) \tag{8.7}$$

令 $\tau_{im}=B\tau(r,\theta,i,m)$，即采用奈奎斯特采样速率将目标的时延进行归一化处

理，进而可将 $y_m(t)$ 重写为采样序列，即

$$y_m(n) = \sum_{i=1}^{M} \alpha e^{j\varphi_0} \omega_i \psi_i(n - \tau_{im}) e^{\frac{-j2\pi\tau_{im}}{K}} + w_m(n) \tag{8.8}$$

式中，$K=B/f_c$ 为信号带宽与载波频率之比；$w_m(n)$ 为噪声采样值，是均值为 0、方差为 N_0 的复高斯随机变量。在奈奎斯特采样条件下，不同阵元、不同时刻的噪声采样值相互独立。

将归一化时延 τ_{im} 分为发射时延 τ_i 和反射时延 τ_m 两个部分，即 $\tau_{im}=\tau_i+\tau_m$，在远场假设条件下，由式（8.2），$\tau_i=B\tau(r,\theta,i)=\dfrac{K(r_p-id\sin\theta)}{\lambda}$，将 $d=\lambda/2$ 和归一化径向距离 $r=r_p/d$ 代入，可以得到发射时延为

$$\tau_i \approx \frac{K(r-i\sin\theta)}{2} \tag{8.9}$$

双程归一化时延 τ_{im} 可以写为

$$\tau_{im}=Kr-\left(K\frac{i+m}{2}\sin\theta\right) \tag{8.10}$$

式中，第二项不大于 KM。

假设基带信号 $\psi_i(t)$ 为窄带信号，$B\ll f_c$，即 $K\ll 1$，由窄带条件和远场条件，不同收发阵元产生的时延在信号包络上的差异可忽略不计，有

$$\psi_i(n-\tau_{im}) \approx \psi_i(n-Kr) \tag{8.11}$$

接收信号可表示为

$$Y_m(n)=\alpha e^{j\varphi} e^{j\pi m\sin\theta} \psi_i(n-Kr) \boldsymbol{\omega}^T \boldsymbol{a}(\theta)+w_m(n) \tag{8.12}$$

或

$$y_m(n)=s e^{j\pi m\sin\theta} \psi_i(n-Kr) \boldsymbol{\omega}^T \boldsymbol{a}(\theta)+w_m(n) \tag{8.13}$$

式中，$s=\alpha e^{j\varphi}$ 为目标的复散射系数，简称为散射信息；α 为散射信息的幅值；$\varphi=\varphi_0-2\pi Kr$ 为目标的散射相位；$\boldsymbol{\omega}=[\omega_0,\omega_1,\cdots,\omega_{M-1}]^T$ 为波束矢量；$\boldsymbol{a}(\theta)=[1,e^{j\pi\sin\theta},\cdots,e^{j\pi(M-1)\sin\theta}]$ 为发射信号方向矢量，分量为发射阵元的序号。

为了方便进行理论分析，假设参考点位于观测区间的中心，目标的归一化距离维观测区间为 $[-D/2,D/2)$，方向观测区间为 $[-\Omega/2,\Omega/2)$。

假设各阵元发射相同的理想低通信号，即

$$\psi_i(t)=\text{sinc}(t)=\frac{\sin(\pi Bt)}{\pi Bt} \tag{8.14}$$

对应的频谱为

$$B_i(f)=\begin{cases}\dfrac{1}{B}, & |f|\leqslant\dfrac{B}{2}\\ 0, & \text{其他}\end{cases} \tag{8.15}$$

后面经常用到 sinc 函数的均方带宽 β，被定义为

$$\beta^2=\frac{(2\pi)^2\int_{-B/2}^{B/2}f^2\,|B_i(f)|^2\mathrm{d}f}{\int_{-B/2}^{B/2}|B_i(f)|^2\mathrm{d}f}=\frac{\pi^2}{3}B^2 \tag{8.16}$$

为了在实际 DOA 的 θ_0时获得最大的增益，采用常规波束形成方法，令 $\boldsymbol{\omega}=\boldsymbol{a}^*(\theta_0)$，有

$$\boldsymbol{\omega}^{\mathrm{T}}\boldsymbol{a}(\theta)=\mathrm{e}^{\frac{\mathrm{j}(M-1)(\beta_\theta-\beta_{\theta_0})}{2}}\frac{\sin(M(\beta_\theta-\beta_{\theta_0})/2)}{\sin((\beta_\theta-\beta_{\theta_0})/2)} \tag{8.17}$$

式中，$\beta_\theta=2\pi d\sin\theta/\lambda=\pi\sin\theta$ 为空间频率。

$G(\beta_\theta-\beta_{\theta_0})$ 为 θ_0指向阵列方向图，被定义为

$$G(\beta_\theta-\beta_{\theta_0})=\mathrm{e}^{\frac{\mathrm{j}(M-1)(\beta_\theta-\beta_{\theta_0})}{2}}\frac{\sin(M(\beta_\theta-\beta_{\theta_0})/2)}{\sin((\beta_\theta-\beta_{\theta_0})/2)} \tag{8.18}$$

在阵列宽度大于波长的条件下，由 $\left|\dfrac{1}{M}G(\beta_\theta-\beta_{\theta_0})\right|^2=1/2$，可以得到阵列方向图的半功率波束宽度为

$$\mathrm{BW}_{0.5}\approx0.89\frac{\lambda}{Md}\cdot\frac{1}{\cos\theta_0}=\frac{1.78}{M\cos\theta_0} \tag{8.19}$$

接收信号可重写为

$$y_m(n)=\alpha\mathrm{e}^{\mathrm{j}\varphi}\mathrm{e}^{\mathrm{j}m\beta_\theta}\mathrm{sinc}(n-Kr)G(\beta_\theta-\beta_{\theta_0})+w_m(n) \tag{8.20}$$

式（8.20）就是离散形式的相控阵雷达系统方程，为了方便，还可写成矩阵形式，即

$$\boldsymbol{Y}=\alpha\mathrm{e}^{\mathrm{j}\varphi}G(\beta_\theta-\beta_{\theta_0})\boldsymbol{U}(r,\theta)+\boldsymbol{W} \tag{8.21}$$

式中，$\boldsymbol{Y}=[\boldsymbol{Y}_0,\boldsymbol{Y}_1,\cdots,\boldsymbol{Y}_{M-1}]$，第 m 列 $\boldsymbol{Y}_m=\left[y_m\left(-\frac{N}{2}\right),y_m\left(-\frac{N}{2}+1\right),\cdots,y_m\left(\frac{N}{2}-1\right)\right]^{\mathrm{T}}$ 代表第 m 个阵元的采样序列；$\boldsymbol{U}(r,\theta)=\boldsymbol{\psi}(r)\boldsymbol{b}^{\mathrm{T}}(\theta)$ 被称为目标距离-方向矩阵，简称为位置矩阵；$\boldsymbol{\psi}(r)$ 为延迟基带信号的采样序列，即距离维的基带矢量，有

$$\boldsymbol{\psi}(r)=\left[\mathrm{sinc}\left(-\frac{N}{2}-Kr\right),\mathrm{sinc}\left(-\frac{N}{2}+1-Kr\right),\cdots,\mathrm{sinc}\left(\frac{N}{2}-1-Kr\right)\right]^{\mathrm{T}} \tag{8.22}$$

$\boldsymbol{b}(\theta)=[1,\mathrm{e}^{\mathrm{j}\beta_\theta},\cdots,\mathrm{e}^{\mathrm{j}(M-1)\beta_\theta}]^{\mathrm{T}}$ 为接收信号方向矢量。

$N\times M$ 噪声矩阵

$$\boldsymbol{W}=\begin{bmatrix} w_0\left(-\frac{N}{2}\right) & \cdots & w_{M-1}\left(-\frac{N}{2}\right) \\ \vdots & \ddots & \vdots \\ w_0\left(\frac{N}{2}-1\right) & \cdots & w_{M-1}\left(\frac{N}{2}-1\right) \end{bmatrix} \tag{8.23}$$

中的元素 $w_m(n)$ 是第 m 个阵元的第 n 个高斯噪声的采样值。

矩阵形式系统方程的优点是保留了信号的空间结构，可以直观呈现距离-方向两个维度的信息。

8.2 相控阵雷达的感知信道模型

8.2.1 感知信源的统计模型

首先建立感知信源的统计模型，即先验概率分布，由于检测的是位于远场的扇形区域，因此为了方便描述，假设参考点位于扇形区域的中心，目标在扇形区域内服从均匀分布，距离变量 R 在距离维区域 $[-D/2,D/2)$ 内服从均匀分布，有

$$\pi(r)=\frac{1}{D} \tag{8.24}$$

方向变量 Θ 在方向维区域 $[-\Omega/2,\Omega/2)$ 内服从均匀分布，有

$$\pi(\theta)=\frac{1}{\Omega} \tag{8.25}$$

从信息论的角度，均匀分布的熵最大，是一种无信息先验分布，表示雷达对位置信息没有任何先验知识。

目标的距离 r 和方向 θ 被统称为目标位置信息，假设目标的距离和方向的先验分布相互独立，即 $\pi(r,\theta)=\pi(r)\pi(\theta)$。

目标的散射特性通常随着距离的增加而衰减，为了方便分析，假设观测区间较小，目标的散射特性 $s=\alpha e^{j\varphi}$ 与目标的位置无关，用 $\pi(s)$ 表示散射特性的 PDF，通常构建雷达-目标的散射模型，目标的位置信息和散射信息互不相关，有

$$\pi(r,\theta,s)=\pi(r,\theta)\pi(s) \tag{8.26}$$

对于恒模散射模型，α 为常数，有

$$\pi(\alpha)=\delta(\alpha-\alpha_0) \tag{8.27}$$

对于恒模散射相位 φ，由于发射信号的载波频率通常很高，微小的时延抖动就会造成远大于 2π 的相移，因此可以假设 φ 在$[0,2\pi]$范围内服从均匀分布，先验 PDF 可表示为

$$\pi(\varphi)=\frac{1}{2\pi} \tag{8.28}$$

8.2.2　感知信道的统计模型

信道加性噪声 $\boldsymbol{W}$ 为复高斯矩阵。在奈奎斯特采样条件下，阵元在不同时刻的噪声样本相互独立，都是均值为 0、方差为 N_0 的复高斯随机变量。在 $\boldsymbol{W}$ 噪声矩阵中，元素 w_{nm} 表示第 n 个阵元接收的噪声序号为 m 的采样点，则 w_{nm} 的概率密度函数为

$$p(w_{nm})=\frac{1}{\pi N_0}\exp\left(-\frac{1}{N_0}|w_{nm}|^2\right) \tag{8.29}$$

对于 $N\times M$ 维 $\boldsymbol{W}$ 噪声矩阵，概率密度函数为

$$p(\boldsymbol{W})=\frac{1}{(\pi N_0)^{NM}}\exp\left(-\frac{1}{N_0}\sum_n\sum_m|w_{nm}|^2\right) \tag{8.30}$$

根据 Wishart 矩阵的性质，$\boldsymbol{W}$ 的概率密度函数可写为

$$p(\boldsymbol{W})=\frac{1}{(\pi N_0)^{NM}}\exp\left(-\frac{1}{N_0}\mathrm{tr}(\boldsymbol{W}\boldsymbol{W}^{\mathrm{H}})\right) \tag{8.31}$$

式中，tr(·)表示矩阵的迹。在给定目标的距离信息、方向信息和散射信息的情形下，接收信号矩阵 $\boldsymbol{Y}$ 的多维概率密度函数为

$$p(\boldsymbol{y}|r,\theta,\varphi)=\frac{1}{(\pi N_0)^{NM}}\exp\left(-\frac{1}{N_0}\mathrm{tr}\left((\boldsymbol{Y}-\alpha\mathrm{e}^{\mathrm{j}\varphi}G(\beta_\theta-\beta_{\theta_0})\boldsymbol{U})(\boldsymbol{Y}-\alpha\mathrm{e}^{\mathrm{j}\varphi}G(\beta_\theta-\beta_{\theta_0})\boldsymbol{U})^{\mathrm{H}}\right)\right) \tag{8.32}$$

式中，$\boldsymbol{U}$ 为距离-方向矩阵 $\boldsymbol{U}(r,\theta)$ 的简写。

展开式（8.32）中的 Wishart 矩阵，有

$$\begin{aligned}&(\boldsymbol{Y}-\alpha\mathrm{e}^{\mathrm{j}\varphi}G(\beta_\theta-\beta_{\theta_0})\boldsymbol{U})(\boldsymbol{Y}-\alpha\mathrm{e}^{\mathrm{j}\varphi}G(\beta_\theta-\beta_{\theta_0})\boldsymbol{U})^{\mathrm{H}}\\&=\boldsymbol{YY}^{\mathrm{H}}+\alpha^2M|G(\beta_\theta-\beta_{\theta_0})|^2\boldsymbol{u}(r)\boldsymbol{u}^{\mathrm{H}}(r)-2\alpha\mathrm{Re}(\mathrm{e}^{-\mathrm{j}\varphi}G(\beta_\theta-\beta_{\theta_0})\boldsymbol{YU}^{\mathrm{H}})\end{aligned} \tag{8.33}$$

式中，Re(·)代表取实部，即

$$\boldsymbol{\psi}(r)\boldsymbol{\psi}^{\mathrm{H}}(r)=\begin{bmatrix}\mathrm{sinc}^2\left(-\frac{N}{2}-Kr\right) & \cdots & \mathrm{sinc}\left(-\frac{N}{2}-Kr\right)\mathrm{sinc}\left(\frac{N}{2}-1-Kr\right)\\ \vdots & \ddots & \vdots\\ \mathrm{sinc}\left(\frac{N}{2}-1-Kr\right)\mathrm{sinc}\left(-\frac{N}{2}-Kr\right) & \cdots & \mathrm{sinc}^2\left(\frac{N}{2}-1-Kr\right)\end{bmatrix} \tag{8.34}$$

有

$$\mathrm{tr}(\boldsymbol{\psi}(r)\boldsymbol{\psi}^{\mathrm{H}}(r))=\sum_{n=-N/2}^{N/2-1}\mathrm{sinc}^2(n-Kr)\approx 1 \tag{8.35}$$

式（8.32）中的 tr(·)可简化为

$$\mathrm{tr}(\cdot)=\alpha^2M|G(\beta_\theta-\beta_{\theta_0})|^2+\mathrm{tr}(\boldsymbol{YY}^{\mathrm{H}})-2\alpha\mathrm{tr}(\mathrm{Re}(\mathrm{e}^{-\mathrm{j}\varphi}G(\beta_\theta-\beta_{\theta_0})\boldsymbol{YU}^{\mathrm{H}})) \tag{8.36}$$

式中，$\mathrm{tr}(\boldsymbol{YU}^{\mathrm{H}})$ 代表接收信号与位置矩阵的二维匹配滤波，代入式（8.32），可得

$$p(\boldsymbol{y}|r,\theta,\varphi)=\frac{1}{(\pi N_0)^{NM}}\exp\left\{-\frac{1}{N_0}[\alpha^2M|G(\beta_\theta-\beta_{\theta_0})|^2+\mathrm{tr}(\boldsymbol{YY}^{\mathrm{H}})-2\alpha\mathrm{tr}(\mathrm{Re}(\mathrm{e}^{-\mathrm{j}\varphi}G(\beta_\theta-\beta_{\theta_0})\boldsymbol{YU}^{\mathrm{H}}))]\right\} \tag{8.37}$$

式（8.37）就是感知信道的统计模型。信道的输入是目标的参数，输出是

接收信号矩阵。参数估计的目的就是从接收信号矩阵中估计目标的位置信息和散射信息，估计的性能既可以用获得的空间信息来评价，也可以用熵误差来评价。

8.2.3　位置信息的后验概率分布

由于随机变量 R、Θ 和 Φ 的先验是相互独立的，因此有

$$\begin{aligned} p(\boldsymbol{Y};r,\theta,\varphi) &= p(\boldsymbol{Y}\mid r,\theta,\varphi)\pi(r,\theta,\varphi) \\ &= p(\boldsymbol{Y}\mid r,\theta,\varphi)\pi(r)\pi(\theta)\pi(\varphi) \end{aligned} \tag{8.38}$$

一般来说，我们更关心目标的位置信息，因此先对目标的随机相位进行平均，根据贝叶斯公式，有

$$p(\boldsymbol{Y};r,\theta) = \int_0^{2\pi} p(\varphi)p(\boldsymbol{Y};r,\theta\mid\varphi)\mathrm{d}\varphi \tag{8.39}$$

得到目标位置信息的后验概率密度函数为

$$\begin{aligned} p(r,\theta\mid\boldsymbol{Y}) &= \frac{p(\boldsymbol{Y};r,\theta)}{\oiint p(\boldsymbol{y};r,\theta)\mathrm{d}r\mathrm{d}\theta} \\ &= \frac{\exp\left(-\dfrac{1}{N_0}\alpha^2 M\mid G(\theta)\mid^2\right)\displaystyle\int_0^{2\pi}\exp\left(\dfrac{2\alpha}{N_0}\mathrm{tr}(\mathrm{Re}(\mathrm{e}^{\mathrm{j}\varphi}G(\boldsymbol{\beta}_\theta-\boldsymbol{\beta}_{\theta_0})\boldsymbol{Y}\boldsymbol{U}^{\mathrm{H}}))\right)\mathrm{d}\varphi}{\displaystyle\int_{r_0-\frac{D}{2}}^{r_0+\frac{D}{2}}\int_{\theta_0-\frac{\Omega}{2}}^{\theta_0+\frac{\Omega}{2}}\exp\left(-\dfrac{1}{N_0}\alpha^2 M\mid G(\theta)\mid^2\right)\int_0^{2\pi}\exp\left(\dfrac{2\alpha}{N_0}\mathrm{tr}(\mathrm{Re}(\mathrm{e}^{\mathrm{j}\varphi}G(\boldsymbol{\beta}_\theta-\boldsymbol{\beta}_{\theta_0})\boldsymbol{Y}\boldsymbol{U}^{\mathrm{H}}))\right)\mathrm{d}\varphi\mathrm{d}\theta\mathrm{d}r} \end{aligned} \tag{8.40}$$

可以看出，式（8.37）中的 $\mathrm{tr}(\boldsymbol{Y}\boldsymbol{Y}^{\mathrm{H}})$ 已被消去，因为在已知条件下，该项为常数，由迹的性质 $\mathrm{tr}(\mathrm{Re}(\cdot))=\mathrm{Re}(\mathrm{tr}(\cdot))$，可得

$$\begin{aligned} &\int_0^{2\pi}\exp\left(\frac{2\alpha}{N_0}\mathrm{tr}(\mathrm{Re}(\mathrm{e}^{\mathrm{j}\varphi}G(\boldsymbol{\beta}_\theta-\boldsymbol{\beta}_{\theta_0})\boldsymbol{Y}\boldsymbol{U}^{\mathrm{H}}))\right)\mathrm{d}\varphi \\ &= \int_0^{2\pi}\exp\left(\frac{2\alpha}{N_0}\mathrm{Re}(\mathrm{e}^{\mathrm{j}\varphi}G(\boldsymbol{\beta}_\theta-\boldsymbol{\beta}_{\theta_0})\mathrm{tr}(\boldsymbol{Y}\boldsymbol{U}^{\mathrm{H}}))\right)\mathrm{d}\varphi \\ &= 2\pi I_0\left(\frac{2\alpha}{N_0}\mid G(\boldsymbol{\beta}_\theta-\boldsymbol{\beta}_{\theta_0})\mathrm{tr}(\boldsymbol{Y}\boldsymbol{U}^{\mathrm{H}})\mid\right) \end{aligned} \tag{8.41}$$

式中，$I_0(\cdot)$ 表示第一类零阶修正贝塞尔函数，代入后验分布，可得

$$p(r,\theta|\boldsymbol{Y})=\frac{\exp\left(-\frac{M\alpha^2}{N_0}|G(\theta)|^2\right)I_0\left(\frac{2\alpha}{N_0}|G(\beta_\theta-\beta_{\theta_0})\mathrm{tr}(\boldsymbol{YU}^{\mathrm{H}})|\right)}{\int_{r_0-\frac{D}{2}}^{r_0+\frac{D}{2}}\int_{\theta_0-\frac{\Omega}{2}}^{\theta_0+\frac{\Omega}{2}}\exp\left(-\frac{M\alpha^2}{N_0}|G(\theta)|^2\right)I_0\left(\frac{2\alpha}{N_0}|G(\beta_\theta-\beta_{\theta_0})\mathrm{tr}(\boldsymbol{YU}^{\mathrm{H}})|\right)\mathrm{d}\theta\mathrm{d}r}\tag{8.42}$$

注意，式（8.42）中的分母是归一化常数，后验分布 $p(r,\theta|\boldsymbol{Y})$ 的形状主要由分子决定。

在式（8.42）中，由于 $\mathrm{tr}(\boldsymbol{YU}^{\mathrm{H}})$ 为接收信号与位置矩阵的二维匹配滤波，因此相控阵雷达的后验分布仍取决于二维匹配滤波。

下面将推导一种物理意义更清晰的位置信息分布。假设当前快拍的目标位于 (r_0,θ_0)，散射信息为 $\alpha\mathrm{e}^{\mathrm{j}\varphi_0}$，代入系统方程，可得

$$\boldsymbol{Y}=\alpha\mathrm{e}^{\mathrm{j}\varphi_0}\boldsymbol{U}_0+\boldsymbol{W}\tag{8.43}$$

二维匹配滤波器的输出为

$$\begin{aligned}\mathrm{tr}(\boldsymbol{YU}^{\mathrm{H}})&=\alpha\mathrm{e}^{\mathrm{j}\varphi_0}\mathrm{tr}(\boldsymbol{U}_0\boldsymbol{U}^{\mathrm{H}})+\mathrm{tr}(\boldsymbol{WU}^{\mathrm{H}})\\&=\alpha\mathrm{e}^{\mathrm{j}\varphi_0}\mathrm{tr}(\boldsymbol{\psi}(r_0)\boldsymbol{b}^{\mathrm{T}}(\theta_0)\boldsymbol{b}^*(\theta)\boldsymbol{\psi}^{\mathrm{H}}(r))+\mathrm{tr}(\boldsymbol{WU}^{\mathrm{H}})\\&=\alpha\mathrm{e}^{\mathrm{j}\varphi_0}MG(\beta_\theta-\beta_{\theta_0})\mathrm{tr}(\boldsymbol{\psi}(r_0)\boldsymbol{\psi}^{\mathrm{H}}(r))+\mathrm{tr}(\boldsymbol{WU}^{\mathrm{H}})\\&=\alpha\mathrm{e}^{\mathrm{j}\varphi_0}MG(\beta_\theta-\beta_{\theta_0})\boldsymbol{\psi}^{\mathrm{H}}(r)\boldsymbol{\psi}(r_0)+\mathrm{tr}(\boldsymbol{WU}^{\mathrm{H}})\\&=\alpha\mathrm{e}^{\mathrm{j}\varphi_0}MG(\beta_\theta-\beta_{\theta_0})\mathrm{sinc}(r-r_0)+\mathrm{tr}(\boldsymbol{WU}^{\mathrm{H}})\end{aligned}\tag{8.44}$$

则后验分布可写为

$$p(r,\theta|\boldsymbol{W})=\frac{P(\theta)I_0(|T(r,\theta)+F_{\boldsymbol{W}}(r,\theta)|)}{\int_{r_0-\frac{D}{2}}^{r_0+\frac{D}{2}}\int_{\theta_0-\frac{\Omega}{2}}^{\theta_0+\frac{\Omega}{2}}P(\theta)I_0(|T(r,\theta)+F_{\boldsymbol{W}}(r,\theta)|)\mathrm{d}\theta\mathrm{d}r}\tag{8.45}$$

式中

$$P(\theta)=\exp(-M\rho^2|G(\beta_\theta-\beta_{\theta_0})|^2)\tag{8.46}$$

$\rho^2=\dfrac{\alpha^2}{N_0}$为信噪比；信号项

$$T(r,\theta)=2M\rho^2G^2(\beta_\theta-\beta_{\theta_0})\mathrm{sinc}(K(r-r_0))\tag{8.47}$$

噪声项

$$F_{W}(r,\theta)=\frac{2\alpha}{N_0}\mathrm{e}^{-\mathrm{j}\varphi_0}G(\beta_\theta-\beta_{\theta_0})\,\mathrm{tr}(\boldsymbol{W}\boldsymbol{U}^{\mathrm{H}}) \tag{8.48}$$

的统计特性取决于噪声矩阵 $\boldsymbol{W}$。

为了能够直观了解后验分布的几何形状，我们画出了目标的距离信息-方向信息的联合概率分布和区间划分，如图 8.2 所示。均匀线阵列天线的阵元数目 $M=32$，观测区间的角度范围是阵列方向图的半功率波束宽度 $\Omega=[\mathrm{BW}_{0.5}/2,-\mathrm{BW}_{0.5}/2)$，距离范围 $D=[100,500)$，目标位于$(r_0,\theta_0)=(300,0)$的远场区域，角度单位为 rad，相控阵雷达的波束指向 θ_0。为了满足窄带假设，将带宽与载频之比 K 设置为 1/100，信噪比设置为-25dB，距离维采样点 $N=32$。

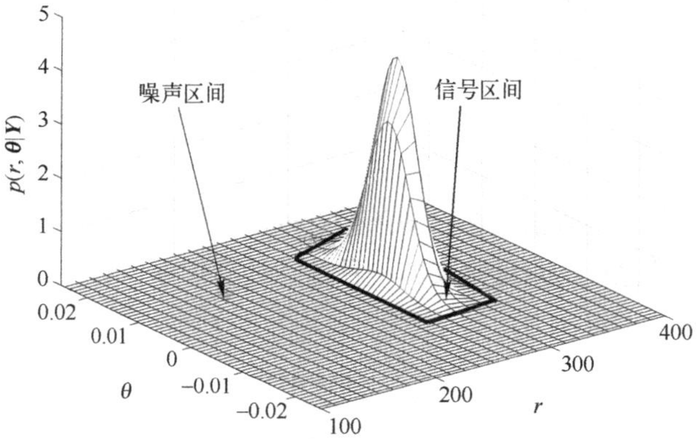

图 8.2　距离信息-方向信息的联合概率分布和区间划分

由图可知，联合概率分布是以目标位置(r_0,θ_0)为中心的草帽形状分布，整个区间大体分为两个部分：峰值邻域的黑框部分被称为信号区间；信号区间以外的部分被称为噪声区间。信号的峰值越高，草帽形状越尖，目标位置的不确定性越小，估计性能越高。由于目标位置的后验概率分布以(r_0,θ_0)为中心对称，因此以后验概率分布为基础的 MAP 估计方法和 SAP 估计方法都是无偏的。

8.2.4　位置信息和熵误差

1. 位置信息的定义

我们将接收信号 $\boldsymbol{Y}$ 与目标距离 $\boldsymbol{R}$ 和方向 $\boldsymbol{\Theta}$ 的联合互信息称为目标的位置信息，有

$$I(\boldsymbol{Y};\boldsymbol{R},\boldsymbol{\Theta})=h(\boldsymbol{R},\boldsymbol{\Theta})-h(\boldsymbol{R},\boldsymbol{\Theta}|\boldsymbol{Y}) \tag{8.49}$$

式中，$h(\boldsymbol{R},\boldsymbol{\Theta})$为目标位置的先验微分熵，取决于目标参数的先验假设。因为目标的距离和方向在观测区间内服从均匀分布，且相互独立，所以先验微分熵为

$$h(\boldsymbol{R},\boldsymbol{\Theta})=\log D+\log \Omega \tag{8.50}$$

$h(\boldsymbol{R},\boldsymbol{\Theta}|\boldsymbol{Y})$是目标位置的后验微分熵，有

$$h(\boldsymbol{R},\boldsymbol{\Theta}|\boldsymbol{Y})=E_{\boldsymbol{Y}}\left[-\int_{r_0-\frac{D}{2}}^{r_0+\frac{D}{2}}\int_{\theta_0-\frac{\Omega}{2}}^{\theta_0+\frac{\Omega}{2}}p(r,\theta|\boldsymbol{y})\log p(r,\theta|\boldsymbol{y})\mathrm{d}\theta\mathrm{d}r\right] \tag{8.51}$$

则式（8.49）可重写为

$$I(\boldsymbol{Y};\boldsymbol{R},\boldsymbol{\Theta})=\log D+\log \Omega-E_{\boldsymbol{Y}}\left[-\int_{r_0-\frac{D}{2}}^{r_0+\frac{D}{2}}\int_{\theta_0-\frac{\Omega}{2}}^{\theta_0+\frac{\Omega}{2}}p(r,\theta|\boldsymbol{y})\log p(r,\theta|\boldsymbol{y})\mathrm{d}\theta\mathrm{d}r\right] \tag{8.52}$$

2. 熵误差的定义

后验微分熵表示接收信号在已知条件下被估计的不确定性。熵误差就是利用后验微分熵，从信息论的角度定义的一种估计性能指标。对于相控阵雷达位置估计的二维熵误差，可定义为

$$\sigma_{\mathrm{EE}}^2=\frac{2^{2h(\boldsymbol{R},\boldsymbol{\Theta}|\boldsymbol{Y})}}{(2\pi\mathrm{e})^2} \tag{8.53}$$

8.3 位置信息闭合表达式

相控阵雷达目标位置信息的理论表达式存在多维积分，需要对多次快拍结果求均值，不仅计算、仿真过程十分复杂，而且不能直观看出各物理量的作用。本节将推导位置信息闭合表达式[51]。

8.3.1 一般的位置信息闭合表达式

我们先推导后验微分熵的一般表达式。在信号区间δ_s，令$V_s=P(\theta)I_0(|T(r,\theta)+F_w(r,\theta)|)$，既考虑了信号的影响，也考虑了噪声的影响。在噪声区间δ_w，令$V_w=P(\theta)I_0(|F_w(r,\theta)|)$，只考虑了噪声的影响，没有考虑信号的影响。后验分布$p(r,\theta|\boldsymbol{w})$的分母可写为

$$\int_{r_0-\frac{D}{2}}^{r_0+\frac{D}{2}}\int_{\theta_0-\frac{\Omega}{2}}^{\theta_0+\frac{\Omega}{2}} P(\theta)I_0(|T(r,\theta)+F_w(r,\theta)|)\mathrm{d}\theta\mathrm{d}r \approx \iint_s V_s\mathrm{d}\delta_s + \iint_w V_w\mathrm{d}\delta_w \tag{8.54}$$

简写为

$$p(r,\theta|\boldsymbol{w})=\frac{V_s}{\Gamma_s+\Gamma_w} \tag{8.55}$$

式中，$\Gamma_s=\iint_s V_s\mathrm{d}\delta_s$ 为 V_s 在信号区间对 δ_s 的积分；$\Gamma_w=\iint_w V_w\mathrm{d}\delta_w$ 为 V_w 在噪声区间对 δ_w 的积分。

后验微分熵 $h(\boldsymbol{R},\boldsymbol{\Theta}|\boldsymbol{Y})$ 可写为

$$\begin{aligned} h(\boldsymbol{R},\boldsymbol{\Theta}|\boldsymbol{Y}) &= -\iint \frac{V_s}{\Gamma_s+\Gamma_w}\log\frac{V_s}{\Gamma_s+\Gamma_w}\mathrm{d}\theta\mathrm{d}r \\ &\approx -\iint_s \frac{V_s}{\Gamma_s+\Gamma_w}\log\frac{V_s}{\Gamma_s+\Gamma_w}\mathrm{d}\delta_s - \iint_w \frac{V_w}{\Gamma_s+\Gamma_w}\log\frac{V_w}{\Gamma_s+\Gamma_w}\mathrm{d}\delta_w \end{aligned} \tag{8.56}$$

式中，第一项为

$$\begin{aligned} -\iint_s \frac{V_s}{\Gamma_s+\Gamma_w}\log\frac{V_s}{\Gamma_s+\Gamma_w}\mathrm{d}\delta_s &= -\iint_s \frac{V_s}{\Gamma_s+\Gamma_w}\log\frac{V_s}{\Gamma_s}\mathrm{d}\delta_s - \iint_s \frac{V_s}{\Gamma_s+\Gamma_w}\log\frac{\Gamma_s}{\Gamma_s+\Gamma_w}\mathrm{d}\delta_s \\ &= \frac{\Gamma_s}{\Gamma_s+\Gamma_w}\left(-\iint_s \frac{V_s}{\Gamma_s}\log\frac{V_s}{\Gamma_s}\mathrm{d}\delta_s\right) - \frac{\Gamma_s}{\Gamma_s+\Gamma_w}\log\frac{\Gamma_s}{\Gamma_s+\Gamma_w} \\ &= \kappa H_s - \kappa\log\kappa \end{aligned} \tag{8.57}$$

式中

$$H_s=-\iint_s \frac{V_s}{\Gamma_s}\log\frac{V_s}{\Gamma_s}\mathrm{d}\delta_s \tag{8.58}$$

表示在信号区间的后验微分熵；

$$\kappa=\frac{\Gamma_s}{\Gamma_s+\Gamma_w} \tag{8.59}$$

表示目标位置估计落入信号区间的概率，也就是位于 (r_0,θ_0) 附近的可能性。

式（8.56）中的第二项为

$$
\begin{aligned}
-\iint_w \frac{V_w}{\Gamma_s+\Gamma_w}\log\frac{V_w}{\Gamma_s+\Gamma_w}\mathrm{d}\delta_w &= -\iint_w \frac{V_w}{\Gamma_s+\Gamma_w}\log\frac{V_w}{\Gamma_w}\mathrm{d}\delta_w - \iint_w \frac{V_w}{\Gamma_s+\Gamma_w}\log\frac{\Gamma_w}{\Gamma_s+\Gamma_w}\mathrm{d}\delta_w \\
&= \frac{\Gamma_w}{\Gamma_s+\Gamma_w}\left(-\iint_w \frac{V_w}{\Gamma_w}\log\frac{V_w}{\Gamma_w}\mathrm{d}\delta_w\right) - \frac{\Gamma_w}{\Gamma_s+\Gamma_w}\log\frac{\Gamma_w}{\Gamma_s+\Gamma_w} \\
&= (1-\kappa)H_w-(1-\kappa)\log(1-\kappa)
\end{aligned}
\tag{8.60}
$$

式中

$$H_w=-\iint_w \frac{V_w}{\Gamma_w}\log\frac{V_w}{\Gamma_w}\mathrm{d}\delta_w \tag{8.61}$$

表示在噪声区间的后验微分熵；

$$1-\kappa=\frac{\Gamma_w}{\Gamma_s+\Gamma_w} \tag{8.62}$$

表示目标位置估计落入噪声区间的概率。

将式（8.57）和式（8.60）代入式（8.56），则后验微分熵 $h(\boldsymbol{R},\boldsymbol{\Theta}|\boldsymbol{Y})$ 可简化为

$$h(\boldsymbol{R},\boldsymbol{\Theta}|\boldsymbol{Y})=\kappa H_s+(1-\kappa)H_w+H(\kappa) \tag{8.63}$$

式中

$$H(\kappa)=-\kappa\log\kappa-(1-\kappa)\log(1-\kappa) \tag{8.64}$$

为目标位置估计是否位于 (r_0,θ_0) 附近的不确定性。将式（8.63）代入式（8.49），可得位置信息闭合表达式为

$$I(\boldsymbol{Y};\boldsymbol{R},\boldsymbol{\Theta})=\log D\Omega-\kappa H_s-(1-\kappa)H_w-H(\kappa) \tag{8.65}$$

8.3.2 后验微分熵近似表达式

首先推导 Γ_w、H_w、Γ_s 和 H_s 的近似表达式，在此基础上，推导后验微分熵的近似表达式。先讨论噪声区间的情况，为了方便，下面采用自然对数进行推导。

1. $\boldsymbol{H_w}$ 和 $\boldsymbol{\Gamma_w}$ 的近似计算

在噪声区间，式（8.45）的后验概率密度函数可以表示为

$$P_w=\upsilon P(\theta)I_0(|F_w(r,\theta)|)=\upsilon V_w \tag{8.66}$$

式中，υ 是在低信噪比时的归一化系数。注意，$F_w(r,\theta)$ 本质上是一个复高斯噪声项，实部和虚部独立且同分布。为了计算 $F_w(r,\theta)$ 的均方差，式（8.48）中的 $\mathrm{tr}(\boldsymbol{W}\boldsymbol{U}^{\mathrm{H}})$ 可展开为

$$\begin{aligned}\mathrm{tr}(\boldsymbol{W}\boldsymbol{U}^{\mathrm{H}}) &= \sum_{m=0}^{M-1}\sum_{n=-N/2}^{N/2-1} w_m(n)\,\mathrm{sinc}(n-Kr)\,\mathrm{e}^{-\mathrm{j}m\beta_\theta} \\ &= \sum_{m=0}^{M-1} w_m(Kr)\,\mathrm{e}^{-\mathrm{j}m\beta_\theta} \\ &= \boldsymbol{b}^{\mathrm{T}}(\theta)\boldsymbol{w}\end{aligned} \tag{8.67}$$

式中，$\boldsymbol{w}=(w_1(Kr),w_2(Kr),\cdots,w_M(Kr))^{\mathrm{T}}$ 是 M 维复高斯噪声矢量。容易得到 $F_w(r,\theta)$ 的实部和虚部的均方差为

$$\begin{aligned}\overline{\mathrm{Re}\,\{F_w(r,\theta)\}^2} = \overline{\mathrm{Im}\,\{F_w(r,\theta)\}^2} &= \frac{2\alpha^2}{N_0^2}\,|G(\beta_\theta-\beta_{\theta_0})|^2 MN_0 \\ &= 2M\rho^2\,|G(\beta_\theta-\beta_{\theta_0})|^2\end{aligned} \tag{8.68}$$

式中，$\mathrm{Im}\{\cdot\}$ 表示取虚部。为了方便推导，记 $\varepsilon=|F_w(r,\theta)|$。已知 $|F_w(r,\theta)|$ 服从瑞利分布，则概率密度函数可表示为

$$f(\varepsilon)=\frac{\varepsilon}{2M\rho^2\,|G(\beta_\theta-\beta_{\theta_0})|^2}\exp\left(-\frac{\varepsilon}{4M\rho^2\,|G(\beta_\theta-\beta_{\theta_0})|^2}\right) \tag{8.69}$$

我们发现，$|F_w(r,\theta)|$ 的概率密度函数在观测区间内是平坦的，与二维变量 (r,θ) 无关。由于平稳随机过程的时间平均等于集合平均，因此 Γ_w 可以写为

$$\begin{aligned}\Gamma_w &= \iint_w P(\theta)I_0(\varepsilon)\,\mathrm{d}r\mathrm{d}\theta \\ &= E_\varepsilon\left[\iint_w P(\theta)I_0(\varepsilon)\,\mathrm{d}r\mathrm{d}\theta\right]\end{aligned} \tag{8.70}$$

式（8.70）的精确计算因为涉及贝塞尔函数而变得十分困难，所以利用修正贝塞尔函数，有

$$I_0(\varepsilon)\approx\frac{\mathrm{e}^x}{\sqrt{2\pi x}}\left(1+\frac{1}{8x}+O\left(\frac{1}{x^2}\right)\right) \tag{8.71}$$

的近似表达式，只考虑一次项，有

$$
\begin{aligned}
\Gamma_w &\approx \iint_w E_\varepsilon[P(\theta)I_0(\varepsilon)]\mathrm{d}\theta\mathrm{d}r \\
&= \iint_w \int_0^\infty P(\theta)I_0(\varepsilon)f(\varepsilon)\mathrm{d}\varepsilon\mathrm{d}\theta\mathrm{d}r \\
&\approx \iint_w P(\theta)\mathrm{e}^{M\rho^2|G(\beta_\theta-\beta_{\theta_0})|^2}\mathrm{d}\theta\mathrm{d}r \\
&= D\Omega
\end{aligned} \tag{8.72}
$$

在噪声区间，有

$$
\begin{aligned}
H_w &= -\iint_w \upsilon P(\theta)I_0(\varepsilon)\ln\{\upsilon P(\theta)I_0(\varepsilon)\}\mathrm{d}\theta\mathrm{d}r \\
&\approx -\iint_w E_\varepsilon[\upsilon P(\theta)I_0(\varepsilon)\ln\{\upsilon P(\theta)I_0(\varepsilon)\}]\mathrm{d}\theta\mathrm{d}r \\
&= -\iint_w \left[\int \upsilon P(\theta)I_0(\varepsilon)f(\varepsilon)\ln\{\upsilon P(\theta)I_0(\varepsilon)\}\mathrm{d}\varepsilon\right]\mathrm{d}\theta\mathrm{d}r
\end{aligned} \tag{8.73}
$$

再次将贝塞尔函数近似表达式（8.71）代入，可得

$$
H_w = -\upsilon\ln P(\theta) - \upsilon P(\theta)\int_0^\infty I_0(\varepsilon)f(\varepsilon)\ln\left(\frac{\upsilon}{\sqrt{2\pi}}\mathrm{e}^\varepsilon\frac{1}{\sqrt{\varepsilon}}\right)\mathrm{d}\varepsilon \tag{8.74}
$$

将积分项中的对数拆分成三项分别进行计算，有

$$
\begin{aligned}
&\upsilon P(\theta)\int_0^\infty I_0(\varepsilon)f(\varepsilon)\ln\left(\frac{\upsilon}{\sqrt{2\pi}}\mathrm{e}^\varepsilon\frac{1}{\sqrt{\varepsilon}}\right)\mathrm{d}\varepsilon \\
&\approx \upsilon\left\{\ln\frac{k}{\sqrt{2\pi}} + 2M\rho^2|G(\beta_\theta-\beta_{\theta_0})|^2 + \frac{1}{2} + \ln\frac{1}{\sqrt{2M\rho^2|G(\beta_\theta-\beta_{\theta_0})|^2}}\right\}
\end{aligned} \tag{8.75}
$$

结合式（8.74）、式（8.75）和归一化系数 $\upsilon=\dfrac{1}{\Gamma_w}$，可以推导出在噪声区间的微分熵，有

$$
H_w \approx \ln\frac{2D\Omega\sqrt{\pi M^3\rho^2}}{\mathrm{e}^{M^3\rho^2+\frac{1}{2}}} \tag{8.76}
$$

2. H_s和Γ_s的近似计算

在信号区间，后验概率分布的峰值在目标位置(r_0,θ_0)附近，将 $\mathrm{sinc}(K(r-r_0))$在 $r=r_0$处进行泰勒级数展开，有

$$\operatorname{sinc}(K(r-r_0)) \approx 1-\frac{\pi^2K^2}{6}(r-r_0)^2+O(r-r_0)^2 \tag{8.77}$$

将 $G(\beta_\theta-\beta_{\theta_0})^2$ 在 $\theta=\theta_0$ 处进行泰勒级数展开，有

$$G(\beta_\theta-\beta_{\theta_0})^2 \approx M^2-M^2\mathcal{L}^2(\theta-\theta_0)^2+O(\theta-\theta_0)^2 \tag{8.78}$$

式中，$\mathcal{L}^2=\pi^2\cos^2\theta_0(M^2-1)/12$，$\mathcal{L}$ 是波束方向图的等效孔径；$\cos\theta_0$ 为方向余弦，由波束指向的角度决定。进一步将 $T(r,\theta)$ 进行泰勒级数展开为

$$\begin{aligned} T(r,\theta) &= 2M^3\rho^2\operatorname{sinc}(K(r-r_0))\,|G(\gamma_\theta-\gamma_{\theta_0})|^2 \\ &\approx 2M^3\rho^2\left[1-\frac{1}{6}\pi^2K^2(r-r_0)^2-\mathcal{L}^2(\theta-\theta_0)^2\right] \end{aligned} \tag{8.79}$$

此外，将 $F_w(r,\theta)$ 的实部和虚部分别在 (r_0,θ_0) 处进行泰勒级数展开，有

$$\begin{aligned} F_w(r,\theta) &= \xi+\mathrm{j}\eta \\ &\approx \{\xi_0+\xi_1'(r-r_0)+\xi_2'(\theta-\theta_0)\}+\mathrm{j}\{\eta_0+\eta_1'(r-r_0)+\eta_2'(\theta-\theta_0)\} \end{aligned} \tag{8.80}$$

式中，ξ_0、η_0、ξ_1'、η_1'、ξ_2' 和 η_2' 均是服从 0 均值高斯分布的随机变量。根据式（8.68），可以得到

$$\begin{aligned} E(\xi_0^2) &= E(\eta_0^2) \\ &= 2M\,|G(\beta_{\theta_0}-\beta_{\theta_0})|^2\rho^2 \\ &= 2M^3\rho^2 \end{aligned} \tag{8.81}$$

根据类似的推导，易得

$$\begin{aligned} E(\xi_1'^2) &= E(\eta_1'^2) \\ &= \frac{\partial F_w^{\mathrm{H}}(r,\theta_0)}{\partial r}\times\frac{\partial F_w(r,\theta_0)}{\partial r} \\ &= 2M^3\rho^2\beta^2K^2 \end{aligned} \tag{8.82}$$

$$\begin{aligned} E(\xi_2'^2) &= E(\eta_2'^2) \\ &= \frac{\partial F_w^{\mathrm{H}}(r_0,\theta)}{\partial \theta}\times\frac{\partial F_w(r_0,\theta)}{\partial \theta} \\ &= M^3(M^2-1)\rho^2\beta^2\cos^2\theta_0 \end{aligned} \tag{8.83}$$

结合式（8.79）和式（8.80），可以推导出

$$|T(r,\theta)+F_w(r,\theta)| \approx 2M^3\rho^2+\xi_0+\eta_0+\frac{3\xi_1'^2}{4\pi^2K^2M^3\rho^2}-\frac{1}{3}\pi^2K^2M^3\rho^2\left(r-r_0-\frac{3\xi_1'}{2\pi^2K^2M^3\rho^2}\right)^2+ \frac{\xi_2'^2}{8M^3\rho^2\mathcal{L}^2}-2M^3\rho^2\mathcal{L}^2\left(\theta-\theta_0-\frac{\xi_2'}{4M^3\rho^2\mathcal{L}^2}\right)^2+\frac{\eta_0^2}{4M^3\rho^2} \tag{8.84}$$

简化为

$$|T(r,\theta)+F_w(r,\theta)| \approx 2M^3\rho^2+\chi-\frac{1}{3}\pi^2K^2M^3\rho^2(r-r_m)^2-2M^3\rho^2\mathcal{L}^2(\theta-\theta_m)^2 \tag{8.85}$$

式中

$$\chi=\xi_0+\eta_0+\frac{3\xi_1'^2}{4\pi^2K^2M^3\rho^2}+\frac{\xi_2'^2}{8M^3\rho^2\mathcal{L}^2}+\frac{\eta_0^2}{4M^3\rho^2} \tag{8.86}$$

$$E(\chi)=\frac{3}{2} \tag{8.87}$$

$$E(r_m)=r_0 \tag{8.88}$$

$$E(\theta_m)=\theta_0 \tag{8.89}$$

将 $P(\theta)$ 在 $\theta=\theta_0$ 处进行泰勒级数展开，可以得到

$$V_s\approx\exp\{-M^3\rho^2+M^3\rho^2\mathcal{L}^2(\theta-\theta_0)^2\}\times I_0\left[2M^3\rho^2+\frac{3}{2}-\beta^2K^2M^3\rho^2(r-r_0)^2-2M^3\rho^2\mathcal{L}^2(\theta-\theta_0)^2\right] \tag{8.90}$$

利用式（8.71），可得

$$\Gamma_s=\iint_s V_s\mathrm{d}\theta\mathrm{d}r\approx\frac{\sqrt{\pi\mathrm{e}}\,\mathrm{e}^{M^3\rho^2+1}}{2K\mathcal{L}\beta\sqrt{M^9\rho^6}} \tag{8.91}$$

在高 SNR 的情形下，由式（8.90）可得位置信息的后验概率密度函数为

$$p(r,\theta|\boldsymbol{w})=\frac{\exp(-K^2M^3\rho^2\beta^2(r-r_0)^2-M^3\rho^2\mathcal{L}^2(\theta-\theta_0)^2)}{\iint_s\exp(-K^2M^3\rho^2\beta^2(r-r_0)^2-M^3\rho^2\mathcal{L}^2(\theta-\theta_0)^2)\mathrm{d}\theta\mathrm{d}r} \tag{8.92}$$

式（8.92）是二维联合高斯分布，有

$$p(r,\theta|\boldsymbol{w})=\frac{1}{2\pi\sqrt{|\boldsymbol{C}_{\boldsymbol{R},\boldsymbol{\Theta}}|}}\exp\left(\frac{-(\boldsymbol{\mu}-\boldsymbol{m}_{\boldsymbol{\mu}})^{\mathrm{T}}\boldsymbol{C}_{\boldsymbol{R},\boldsymbol{\Theta}}^{-1}(\boldsymbol{\mu}-\boldsymbol{m}_{\boldsymbol{\mu}})}{2}\right) \tag{8.93}$$

式中，均值 $\boldsymbol{m}_{\boldsymbol{\mu}}=[r_0,\theta_0]^{\mathrm{T}}$为目标位置信息；协方差矩阵

$$\boldsymbol{C}_{\boldsymbol{R},\boldsymbol{\Theta}}=\begin{bmatrix}\sigma_{\mathrm{EE}}^2(r|\boldsymbol{Y}) & 0\\ 0 & \sigma_{\mathrm{EE}}^2(\theta|\boldsymbol{Y})\end{bmatrix} \tag{8.94}$$

式中，$\sigma_{\mathrm{EE}}^2(r|\boldsymbol{Y})=\dfrac{1}{2M^3\rho^2K^2\beta^2}$为距离熵误差；$\sigma_{\mathrm{EE}}^2(\theta|\boldsymbol{Y})=\dfrac{1}{2M^3\rho^2\mathcal{L}^2}$为角度熵误差。由高斯矢量的微分熵公式，可以推导出在信号区间的后验微分熵，有

$$H_s\approx\ln(2\pi\mathrm{e}|\boldsymbol{C}_{\boldsymbol{R},\boldsymbol{\Theta}}|^{1/2})=\ln\left(\frac{\pi\mathrm{e}}{M^3\rho^2K\beta\mathcal{L}}\right) \tag{8.95}$$

3. $\boldsymbol{\kappa}$ 的计算

将 $\varGamma_w$和 $\varGamma_s$代入式（8.59），可得

$$\kappa=\frac{\mathrm{e}^{M^3\rho^2+1}}{2D\Omega K\mathcal{L}\beta\sqrt{\dfrac{M^9\rho^6}{\pi\mathrm{e}}}+\mathrm{e}^{M^3\rho^2+1}} \tag{8.96}$$

4. 后验微分熵的近似表达式

将 H_w、H_s和 κ 的近似结果代入后验微分熵表达式，可得

$$\begin{aligned}h(\boldsymbol{R},\boldsymbol{\Theta}|\boldsymbol{Y})&=\ln\pi\mathrm{e}+\ln\left(\frac{1}{M^3\rho^2K\beta\mathcal{L}}\right)^{\kappa}\left(\frac{2DQ\sqrt{M^3\rho^2}}{\sqrt{\pi\mathrm{e}}\,\mathrm{e}^{M^3\rho^2+1}}\right)^{1-\kappa}\left(\frac{1}{\kappa}\right)^{\kappa}\left(\frac{1}{1-\kappa}\right)^{1-\kappa}\\&=\ln\pi\mathrm{e}+\ln\left(\frac{1}{M^3\rho^2K\beta\mathcal{L}\kappa}\right)^{\kappa}\left(\frac{1}{M^3\rho^2K\mathcal{L}\beta\kappa}\right)^{1-\kappa}\\&=\ln\left(\frac{\pi\mathrm{e}}{M^3\rho^2K\beta\mathcal{L}\kappa}\right)\end{aligned} \tag{8.97}$$

有趣的是，虽然推导过程非常复杂，但后验微分熵的近似表达式却十分简洁。

8.4　位置信息上界和熵误差下界

有了后验微分熵的近似表达式，就可以得出如下几个结论[51]。

8.4.1 位置信息和熵误差的闭合表达式

定理 8.1 假设目标在观测区间内服从均匀分布，则相控阵雷达的位置信息和熵误差分别为

$$I(\boldsymbol{Y};R,\Theta)=\ln\left(\frac{D\Omega M^3\rho^2K\beta\mathcal{L}\kappa}{\pi\mathrm{e}}\right) \tag{8.98}$$

$$\sigma_{\mathrm{EE}}^2(R,\Theta\mid\boldsymbol{Y})=\frac{1}{4M^6\rho^4K^2\beta^2\mathcal{L}^2\kappa^2} \tag{8.99}$$

证明： 当目标在观测区间内服从均匀分布时，位置信息的先验微分熵为 $h(R,\Theta)=\ln DQ$，将后验微分熵近似表达式代入位置信息，可得

$$\begin{aligned}I(\boldsymbol{Y};R,\Theta)&=\ln D\Omega-h(R,\Theta\mid\boldsymbol{Y})\\&=\ln D\Omega-\ln\left(\frac{\pi\mathrm{e}}{M^3\rho^2K\beta\mathcal{L}\kappa}\right)\\&=\ln\left(\frac{D\Omega M^3\rho^2K\beta\mathcal{L}\kappa}{\pi\mathrm{e}}\right)\end{aligned} \tag{8.100}$$

同样，由二维位置信息的熵误差定义，有

$$\begin{aligned}\sigma_{\mathrm{EE}}^2(R,\Theta\mid\boldsymbol{Y})&=\frac{1}{(2\pi\mathrm{e})^2}\mathrm{e}^{2\ln\left(\frac{\pi\mathrm{e}}{M^3\rho^2K\beta\mathcal{L}\kappa}\right)}\\&=\frac{1}{4M^6\rho^4K^2\beta^2\mathcal{L}^2\kappa^2}\end{aligned} \tag{8.101}$$

证毕。

由于定理 8.1 的结论是在最优波形条件下通过贝叶斯公式得到的，因此根据参数估计定理，位置信息是可达的理论上界，熵误差是可达的理论下界。

推论 8.1 在高 SNR 情形下，联合熵误差为

$$\sigma_{\mathrm{EE}}^2(R,\Theta\mid\boldsymbol{Y})=\frac{1}{4M^6\rho^4K^2\beta^2\mathcal{L}^2} \tag{8.102}$$

联合熵误差等于距离熵误差和方向熵误差的积，有

$$\sigma_{\mathrm{EE}}^2(R,\Theta\mid\boldsymbol{Y})=\sigma_{\mathrm{EE}}^2(R\mid\boldsymbol{Y})\sigma_{\mathrm{EE}}^2(\Theta\mid\boldsymbol{Y}) \tag{8.103}$$

证明： 根据 κ 的表达式，当 $\rho^2\to\infty$、$\kappa\to1$ 时，将距离熵误差和方向熵误差的表达式与联合熵误差进行比较即可得到式（8.103）。

推论 8.2　在高 SNR 情形下，联合位置信息为

$$I(\boldsymbol{Y};R,\Theta)=\ln\left(\frac{D\Omega M^3\rho^2K\beta\mathcal{L}}{\pi\mathrm{e}}\right) \tag{8.104}$$

联合位置信息等于距离信息和方向信息的和，有

$$I(\boldsymbol{Y};R,\Theta)=\ln\left(\frac{DM^{3/2}\rho K\beta}{\sqrt{\pi\mathrm{e}}}\right)+\ln\left(\frac{\Omega M^{3/2}\rho\mathcal{L}}{\sqrt{\pi\mathrm{e}}}\right) \tag{8.105}$$

证明过程与推论 8.1 类似，在此不再赘述。

8.4.2　克拉美罗界与 Fisher 信息矩阵

与一维参数估计的极限性能可以用 CRB 和 Fisher 信息矩阵进行刻画一样，距离信息和方向信息二维联合估计的极限性能也可以用 CRB 和 Fisher 信息矩阵进行刻画。依据参数估计理论，克拉美罗界是无偏估计均方误差的下界，在某种角度决定着系统的极限性能。在相控阵雷达的距离信息和方向信息两个维度的估计中，我们可以通过似然函数来计算 Fisher 信息矩阵，以确定二维克拉美罗界。通过式（8.32）、式（8.33）和式（8.41），可求得对数似然函数为

$$\begin{aligned}\ln p(\boldsymbol{y}\mid r,\theta)&=C-M\rho^2\mid G(\beta_\theta-\beta_{\theta_0})\mid^2+\ln\left(\frac{2\alpha}{N_0}\mid\mathrm{tr}(G(\beta_\theta-\beta_{\theta_0})\boldsymbol{YU}^{\mathrm{H}})\mid\right)\\&\approx C-M\rho^2\mid G(\beta_\theta-\beta_{\theta_0})\mid^2+\mid T(r,\theta)+F_W(r,\theta)\mid\end{aligned} \tag{8.106}$$

式中，C 是与变量 r 和 θ 无关的常数。为了方便计算，由于 Fisher 信息矩阵中元素计算公式的期望和求导次序交换不影响最终结果，因此有

$$\begin{aligned}E[\ln p(\boldsymbol{y}\mid r,\theta)]&=C-M\rho^2\mid G(\beta_\theta-\beta_{\theta_0})\mid^2+\ln\left(\frac{2\alpha}{N_0}\mid\mathrm{tr}(G(\beta_\theta-\beta_{\theta_0})\boldsymbol{YU}^{\mathrm{H}})\mid\right)\\&\approx C-M\rho^2\mid G(\beta_\theta-\beta_{\theta_0})\mid^2+E[\,\mid T(r,\theta)+F_W(r,\theta)\mid\,]\end{aligned} \tag{8.107}$$

结合式（8.47）和式（8.48），当信噪比足够大时，$|T(r,\theta)+F_W(r,\theta)|$是服从均值为$|T(r,\theta)|$的高斯分布，式（8.107）可简化为

$$\begin{aligned}E[\ln p(\boldsymbol{y}\mid r,\theta)]&=C-M\rho^2\mid G(\beta_\theta-\beta_{\theta_0})\mid^2+2M\rho^2\mid G(\beta_\theta-\beta_{\theta_0})\mid^2\mathrm{sinc}(K(r-r_0))\\&=C+M\rho^2\mid G(\beta_\theta-\beta_{\theta_0})\mid^2(2\mathrm{sinc}(K(r-r_0))-1)\end{aligned} \tag{8.108}$$

按照泰勒级数展开式（8.77）和式（8.78），将$|G(\beta_\theta-\beta_{\theta_0})|^2$和$\mathrm{sinc}(K(r-r_0))$分别在$r=r_0$和$\theta=\theta_0$处进行展开，忽略$r-r_0$和$\theta-\theta_0$的高阶项，可以得到相应的Fisher信息矩阵为

$$\boldsymbol{F}=\begin{bmatrix}2M^3\rho^2K^2\beta^2 & 0\\ 0 & 2M^3\rho^2\mathcal{L}^2\end{bmatrix} \tag{8.109}$$

克拉美罗界矩阵为

$$\mathbf{CRB}=\boldsymbol{F}^{-1}=\begin{bmatrix}\dfrac{1}{2M^3\rho^2K^2\beta^2} & 0\\ 0 & \dfrac{1}{2M^3\rho^2\mathcal{L}^2}\end{bmatrix} \tag{8.110}$$

矩阵主对角线上的两个元素分别是只含有距离信息和方向信息的参数，这是在高信噪比情形下，由信号模型和噪声模型时空分离结构导致的。

值得注意的是，在高信噪比情形下，熵误差的下界等于克拉美罗界矩阵的行列式，有

$$\lim_{\rho^2\to\infty}\sigma_{\mathrm{EE}}^2=|\mathbf{CRB}| \tag{8.111}$$

这是因为$\boldsymbol{r}$和$\boldsymbol{\theta}$的联合后验概率分布在高信噪比情形下服从高斯分布，协方差矩阵和克拉美罗界矩阵是一样的，利用二维高斯分布可以计算微分熵，进而得到熵误差的下界等于协方差矩阵行列式的值，即克拉美罗界矩阵行列式的值。

8.4.3 仿真结果

目标概率$\boldsymbol{\kappa}$随着SNR的变化关系如图8.3所示。在感兴趣的SNR范围，通过$\boldsymbol{\kappa}$获得的计算结果都有足够的精度，在极低SNR范围，$\boldsymbol{\kappa}$的计算结果不再适用，因为近似计算的条件不成立。总体上，随着SNR的增长，$\boldsymbol{\kappa}$逐渐增加到1，目标的确定性不断提高。

图8.4绘制了相控阵雷达目标位置信息的理论值、近似值及其上界。由图可知，设置阵元数目M分别为24和32，由于仿真精度所限，因此理论值在信噪比极高时与上界有些许差异，近似值与理论值基本一致，误差在可接受范围内，阵元数目越多，信噪比越大，近似值与理论值吻合得越好，在高SNR区间，近似值、理论值与上界完全一致。

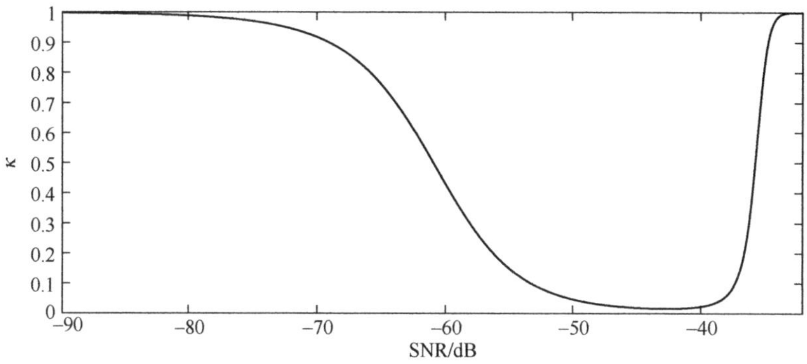

图 8.3　目标概率 κ 随着 SNR 的变化关系

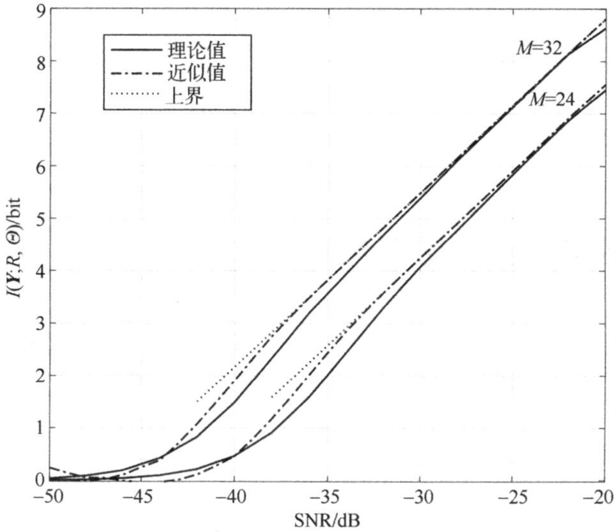

图 8.4　目标位置信息的理论值、近似值及其上界

图 8.5 给出了熵误差的理论值、近似值、最大似然均方误差及 CRB。由图可知，熵误差的近似值在信噪比的全范围内都与理论值基本一致，只有在中间微小的信噪比范围内有较小误差，也在可接受范围内。随着信噪比的增大，熵误差逐渐逼近 CRB，验证了式（8.111）结论的正确性。仿真结果再一次表明，CRB 只适用于高 SNR 的情形，是熵误差在高 SNR 情形下的特例。在图 8.5 中还给出了最大似然均方误差。结果表明，在中低信噪比范围，最大似然估计的性能与理论值尚有明显差距；在高 SNR 范围，最大似然估计的性能逼近最优理论值。

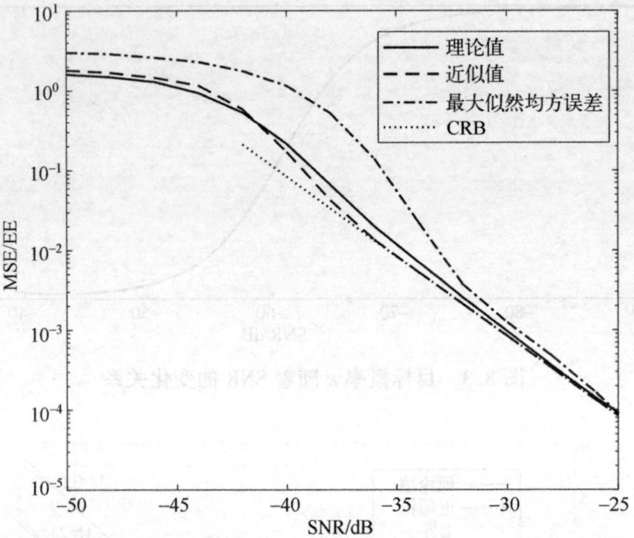

图 8.5　熵误差的理论值、近似值、最大似然均方误差及 CRB

8.5　相控阵雷达的散射信息

假设在观测区间内有 L 个目标，散射信息矢量为 $\boldsymbol{S}$，第 l 个目标位于(r_l,θ_l)，位置矩阵 $\boldsymbol{U}(\boldsymbol{r},\boldsymbol{\theta})=(\cdots,G(\beta_{\theta_l}-\beta_{\theta_0})\boldsymbol{u}(r_l,\theta_l),\cdots)$，$\boldsymbol{u}(r_l,\theta_l)=\boldsymbol{b}(\theta_l)\otimes\boldsymbol{\psi}(r_l)$为第 l 个目标的位置信息矢量；$\boldsymbol{\psi}(r_l)=\left[\operatorname{sinc}\left(-\dfrac{N}{2}-Kr_l\right),\operatorname{sinc}\left(-\dfrac{N}{2}+1-Kr_l\right),\cdots,\operatorname{sinc}\left(\dfrac{N}{2}-1-Kr_l\right)\right]^{\mathrm{T}}$为波形采样矢量；$\boldsymbol{b}(\theta_l)=[1,\mathrm{e}^{\mathrm{j}\beta_{\theta_l}},\cdots,\mathrm{e}^{\mathrm{j}(M-1)\beta_{\theta_l}}]^{\mathrm{T}}$为接收信号方向矢量；$\otimes$为 Kronecker 积。

令 $\boldsymbol{Y}=[\boldsymbol{Y}_0^{\mathrm{T}},\boldsymbol{Y}_1^{\mathrm{T}},\cdots,\boldsymbol{Y}_{M-1}^{\mathrm{T}}]^{\mathrm{T}}$，第 m 列 $\boldsymbol{Y}_m=\left[y_m\left(-\dfrac{N}{2}\right),y_m\left(-\dfrac{N}{2}+1\right),\cdots,y_m\left(\dfrac{N}{2}-1\right)\right]^{\mathrm{T}}$，则系统方程可改写为

$$\boldsymbol{Y}=\boldsymbol{U}(\boldsymbol{r},\boldsymbol{\theta})\boldsymbol{S}+\boldsymbol{W} \tag{8.112}$$

在单目标情形下，系统方程转化为

$$\boldsymbol{Y}=G(\beta_\theta-\beta_{\theta_0})\boldsymbol{u}(r,\theta)\boldsymbol{S}+\boldsymbol{W} \tag{8.113}$$

8.5.1　单个恒模散射目标的散射信息

对于单个恒模散射目标，散射信息 $I(\boldsymbol{Y};S|R,\Theta)$等同于$I(\boldsymbol{Y};\Phi|R,\Theta)$，在已

知距离参数 R、方向参数 $\boldsymbol{\Theta}$ 和相位参数 $\boldsymbol{\Phi}$ 的条件下，$\boldsymbol{Y}$ 的多维概率密度函数为

$$p(\boldsymbol{y}\mid r,\theta,\varphi)=\frac{1}{(\pi N_0)^{NM}}\exp\left(-\frac{1}{N_0}\left\|\boldsymbol{y}-\alpha\mathrm{e}^{\mathrm{j}\varphi}G(\beta_\theta-\beta_{\theta_0})\boldsymbol{b}(\theta)\otimes\boldsymbol{\psi}(r)\right\|^2\right) \tag{8.114}$$

在各参数服从均匀分布的情形下，相位参数 $\boldsymbol{\Phi}$ 的条件概率密度为

$$p(\varphi\mid r,\theta,\boldsymbol{y})=\frac{\exp\left(\dfrac{2\alpha}{N_0}\mathrm{Re}(\alpha\mathrm{e}^{\mathrm{j}\varphi}G(\beta_\theta-\beta_{\theta_0})\boldsymbol{y}^{\mathrm{H}}\boldsymbol{b}(\theta)\otimes\boldsymbol{\psi}(r))\right)}{2\pi I_0\left(\dfrac{2\alpha}{N_0}\left|G(\beta_\theta-\beta_{\theta_0})\boldsymbol{y}^{\mathrm{H}}\boldsymbol{b}(\theta)\otimes\boldsymbol{\psi}(r)\right|\right)} \tag{8.115}$$

假设目标位于(r_0,θ_0)，则

$$\begin{aligned}\boldsymbol{y}&=\boldsymbol{M}\boldsymbol{u}(r_0,\theta_0)s+\boldsymbol{w}\\&=\boldsymbol{M}\boldsymbol{b}(\theta_0)\otimes\boldsymbol{\psi}(r_0)\alpha\mathrm{e}^{\mathrm{j}\varphi_0}+\boldsymbol{w}\end{aligned} \tag{8.116}$$

经过匹配滤波，有

$$\begin{aligned}\boldsymbol{y}^{\mathrm{H}}\boldsymbol{b}(\theta)\otimes\boldsymbol{\psi}(r)&=\boldsymbol{M}\boldsymbol{b}^{\mathrm{H}}(\theta_0)\otimes\boldsymbol{\psi}^{\mathrm{H}}(r_0)\alpha\mathrm{e}^{-\mathrm{j}\varphi_0}\boldsymbol{b}(\theta)\otimes\boldsymbol{\psi}(r)+\boldsymbol{w}^{\mathrm{H}}\boldsymbol{b}(\theta)\otimes\boldsymbol{\psi}(r)\\&=M\alpha\mathrm{e}^{-\mathrm{j}\varphi_0}(\boldsymbol{b}^{\mathrm{H}}(\theta_0)\boldsymbol{b}(\theta))\otimes(\boldsymbol{\psi}^{\mathrm{H}}(r_0)\boldsymbol{\psi}(r))+\boldsymbol{w}^{\mathrm{H}}\boldsymbol{b}(\theta)\otimes\boldsymbol{\psi}(r)\\&=\alpha\mathrm{e}^{-\mathrm{j}\varphi_0}MG(\beta_\theta-\beta_{\theta_0})\mathrm{sinc}(K(r-r_0))+\boldsymbol{w}^{\mathrm{H}}\boldsymbol{b}(\theta)\otimes\boldsymbol{\psi}(r)\end{aligned} \tag{8.117}$$

代入式（8.115），有

$$\begin{aligned}p(\varphi\mid r,\theta,\boldsymbol{y})&=\nu\exp\left(\mathrm{Re}\left(2\rho^2\mathrm{e}^{\mathrm{j}(\varphi-\varphi_0)}M\mathrm{sinc}(K(r-r_0))G^2(\beta_\theta-\beta_{\theta_0})+\frac{2\alpha}{N_0}G(\beta_\theta-\beta_{\theta_0})F_{\mathrm{w}}\right)\right)\\&=\nu\exp\left(2M\rho^2\cos(\varphi-\varphi_0)\mathrm{sinc}(K(r-r_0))G^2(\beta_\theta-\beta_{\theta_0})+\mathrm{Re}\left(\frac{2\alpha}{N_0}\mathrm{e}^{\mathrm{j}\varphi}G(\beta_\theta-\beta_{\theta_0})F_{\mathrm{w}}\right)\right)\end{aligned} \tag{8.118}$$

式中，$F_{\mathrm{w}}=\boldsymbol{w}^{\mathrm{H}}\boldsymbol{b}(\theta)\otimes\boldsymbol{\psi}(r)$为噪声分量；$\nu$ 为归一化常数。

根据互信息的性质，可得到目标的相位信息。

定理 8.2　恒模散射目标的散射信息为

$$\begin{aligned}I(\boldsymbol{Y};\boldsymbol{\Phi}\mid R,\boldsymbol{\Theta})&=h(\boldsymbol{\Phi}\mid R,\boldsymbol{\Theta})-h(\boldsymbol{\Phi}\mid\boldsymbol{Y};R,\boldsymbol{\Theta})\\&=\log(2\pi)-E_{\boldsymbol{w},r,\theta}[h(\boldsymbol{\Phi}\mid\boldsymbol{w},r,\theta)]\end{aligned} \tag{8.119}$$

8.5.2 单个复高斯散射目标的散射信息

对于单个复高斯散射目标，散射信息 S 可视为复高斯变量，接收信号 $\boldsymbol{Y}$ 也为高斯矢量，则协方差矩阵为

$$\begin{aligned}E[\boldsymbol{Y}\boldsymbol{Y}^{\mathrm{H}}]&=E[|S|^2]G^2(\beta_{\theta_l}-\beta_{\theta_0})\boldsymbol{u}(r,\theta)\boldsymbol{u}^{\mathrm{H}}(r,\theta)+N_0\boldsymbol{I}\\&=N_0[\rho^2G^2(\beta_{\theta_l}-\beta_{\theta_0})\boldsymbol{u}(r,\theta)\boldsymbol{u}^{\mathrm{H}}(r,\theta)+\boldsymbol{I}]\end{aligned}\tag{8.120}$$

式（8.120）是 NM 维方阵，$\rho^2=E[|S|^2]/N_0$为平均 SNR。

注意，$\boldsymbol{\psi}^{\mathrm{H}}(r)\boldsymbol{\psi}(r)=1$，$\boldsymbol{u}^{\mathrm{H}}(r,\theta)\boldsymbol{u}(r,\theta)=M$，在给定 R、Θ 时，$\boldsymbol{Y}$ 的条件微分熵为

$$\begin{aligned}h(\boldsymbol{Y}|r,\theta)&=NM[\log(\pi\mathrm{e})+\log|E[|S|^2]G^2(\beta_{\theta_l}-\beta_{\theta_0})\boldsymbol{u}(r,\theta)\boldsymbol{u}^{\mathrm{H}}(r,\theta)+N_0\boldsymbol{I}|]\\&=NM[\log(\pi\mathrm{e}N_0)+\log|\rho^2G^2(\beta_{\theta_l}-\beta_{\theta_0})\boldsymbol{u}^{\mathrm{H}}(r,\theta)\boldsymbol{u}(r,\theta)+\boldsymbol{I}|]\\&=NM[\log(\pi\mathrm{e}N_0)+\log(1+M\rho^2G^2(\beta_\theta-\beta_{\theta_0}))]\end{aligned}\tag{8.121}$$

根据微分熵的平移不变特性，在给定距离信息、方向信息和散射信息的情形下，$\boldsymbol{Y}$ 的条件微分熵为

$$\begin{aligned}h(\boldsymbol{Y}|r,\theta,S)&=h(\boldsymbol{W})\\&=NM\log(\pi\mathrm{e}N_0)\end{aligned}\tag{8.122}$$

当 $R=r$、$\Theta=\theta$ 时，散射信息为

$$\begin{aligned}I(\boldsymbol{Y};S|r,\theta)&=h(S|r,\theta)-h(S|\boldsymbol{Y},r,\theta)\\&=\log(1+M\rho^2G^2(\beta_\theta-\beta_{\theta_0}))\end{aligned}\tag{8.123}$$

式（8.123）就是复高斯散射目标的散射信息表达式。式中，$M\rho^2$ 是阵列的 SNR。由式（8.123）可知，目标的散射信息与方向信息有关，与距离信息无关，导致这一结果的原因在于观测区间内的 SNR 不变。这个假设只在距离观测区间较小时成立，当距离观测区间较大时，需要将 ρ^2 改为 $\rho^2(r)$。

当方向信息服从均匀分布时，散射信息为

$$\begin{aligned}I(\boldsymbol{Y};S|R,\Theta)&=E_\theta[\log(1+M\rho^2|G(\beta_\theta-\beta_{\theta_0})|^2)]\\&=\frac{1}{\Omega}\int_{\theta_0-\frac{\Omega}{2}}^{\theta_0+\frac{\Omega}{2}}\log(1+M\rho^2|G(\beta_\theta-\beta_{\theta_0})|^2)\,\mathrm{d}\theta\end{aligned}\tag{8.124}$$

将 $G(\beta_\theta-\beta_{\theta_0})$ 在 θ_0 邻域内展开，可得

$$I(\boldsymbol{Y};S\,|\,R,\Theta)=\frac{1}{\Omega}\int_{-\frac{\Omega}{2}}^{\frac{\Omega}{2}}\log(1+\rho^2M^3-\rho^2M^3\mathcal{L}^2\theta^2)\,\mathrm{d}\theta \tag{8.125}$$

对式（8.125）进行分部积分法可得如下定理。

定理 8.3　复高斯散射目标的散射信息[47]为

$$\begin{aligned}&I(\boldsymbol{Y};S\,|\,R,\Theta)\\&=\log\left(1+M^3\rho^2-\frac{M^3\rho^2\mathcal{L}^2\Omega^2}{4}\right)-\frac{2}{\ln 2}+\frac{2\mu}{\Omega\ln 2}\ln|(\Omega+2\mu)/(\Omega-2\mu)|\end{aligned} \tag{8.126}$$

式中，$\mu=\sqrt{\dfrac{1+M^3\rho^2}{M^3\rho^2\mathcal{L}^2}}$。

恒模散射目标和复高斯散射目标两种情形时的散射信息仿真如图 8.6 所示。由图可知，在目标服从复高斯分布时，相比 α 为常数时的情形，由于额外的不确定性，因此获得的散射信息显著增加。

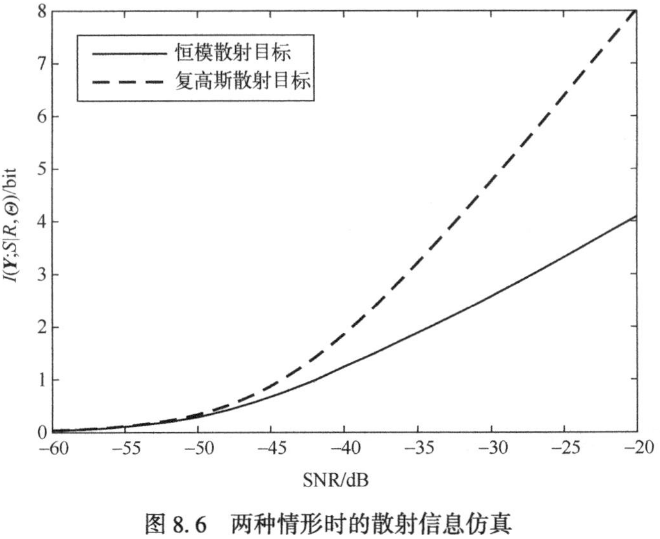

图 8.6　两种情形时的散射信息仿真

8.5.3　两个复高斯散射目标的散射信息

由系统方程，当有两个复高斯散射目标时，接收信号仍然是复高斯矢量，协方差矩阵为

$$
\begin{aligned}
E[\boldsymbol{YY}^{\mathrm{H}}] &= \boldsymbol{U}(\boldsymbol{r},\boldsymbol{\theta})E[\boldsymbol{SS}^{\mathrm{H}}]\boldsymbol{U}^{\mathrm{H}}(\boldsymbol{r},\boldsymbol{\theta})+N_0\boldsymbol{I} \\
&= N_0[\boldsymbol{I}+\rho^2\boldsymbol{U}(\boldsymbol{r},\boldsymbol{\theta})\boldsymbol{U}^{\mathrm{H}}(\boldsymbol{r},\boldsymbol{\theta})]
\end{aligned} \tag{8.127}
$$

假设两目标的 SNR 相同，则 $\boldsymbol{Y}$ 的微分熵为

$$
\begin{aligned}
h(\boldsymbol{Y}) &= MN\log\pi \mathrm{e}N_0+\log|\boldsymbol{I}+\rho^2\boldsymbol{U}(\boldsymbol{r},\boldsymbol{\theta})\boldsymbol{U}^{\mathrm{H}}(\boldsymbol{r},\boldsymbol{\theta})| \\
&= MN\log\pi \mathrm{e}N_0+\log|\boldsymbol{I}+\rho^2\boldsymbol{U}^{\mathrm{H}}(\boldsymbol{r},\boldsymbol{\theta})\boldsymbol{U}(\boldsymbol{r},\boldsymbol{\theta})|
\end{aligned} \tag{8.128}
$$

两个复高斯散射目标的散射信息为

$$
I(\boldsymbol{Y};\boldsymbol{S}) = \log|\boldsymbol{I}+\rho^2\boldsymbol{U}^{\mathrm{H}}(\boldsymbol{r},\boldsymbol{\theta})\boldsymbol{U}(\boldsymbol{r},\boldsymbol{\theta})| \tag{8.129}
$$

不同目标位置信息矢量的内积为

$$
\begin{aligned}
\boldsymbol{u}^{\mathrm{H}}(\boldsymbol{r}_l,\boldsymbol{\theta}_l)\boldsymbol{u}(\boldsymbol{r}_k,\boldsymbol{\theta}_k) &= \boldsymbol{b}^{\mathrm{H}}(\theta_l)\otimes\boldsymbol{\psi}^{\mathrm{H}}(r_l)\boldsymbol{b}(\theta_k)\otimes\boldsymbol{\psi}(r_k) \\
&= \boldsymbol{b}^{\mathrm{H}}(\theta_l)\boldsymbol{b}(\theta_k)\otimes\boldsymbol{\psi}^{\mathrm{H}}(r_l)\boldsymbol{\psi}(r_k) \\
&= G(\beta_{\theta_k}-\beta_{\theta_l})\operatorname{sinc}(K(r_k-r_l))
\end{aligned} \tag{8.130}
$$

因此有

$$
\boldsymbol{U}^{\mathrm{H}}(\boldsymbol{r},\boldsymbol{\theta})\boldsymbol{U}(\boldsymbol{r},\boldsymbol{\theta}) = \begin{bmatrix}
MG^2(\beta_{\theta_1}-\beta_{\theta_0}) & \begin{array}{c} G^*(\beta_{\theta_1}-\beta_{\theta_0})G(\beta_{\theta_2}-\beta_{\theta_0}) \\ \cdot\, G(\beta_{\theta_2}-\beta_{\theta_1})\operatorname{sinc}(K(r_2-r_1)) \end{array} \\
\begin{array}{c} G(\beta_{\theta_1}-\beta_{\theta_0})G^*(\beta_{\theta_2}-\beta_{\theta_0}) \\ \cdot\, G(\beta_{\theta_1}-\beta_{\theta_2})\operatorname{sinc}(K(r_1-r_2)) \end{array} & MG^2(\beta_{\theta_2}-\beta_{\theta_0})
\end{bmatrix} \tag{8.131}
$$

代入式（8.129），可得到两目标的散射信息。

8.6 相控阵雷达的分辨率方程

分辨率是雷达的基本性能指标。相控阵雷达的分辨率涉及两目标在距离和方向两个维度上的联合分辨问题。感知信息论为相控阵雷达的分辨率问题提供了简洁的分析方法[53]。

由两目标的散射信息表达式，有

$$
I(\boldsymbol{Y};\boldsymbol{S}) = \log(1+\rho^2\lambda_1)+\log(1+\rho^2\lambda_2) \tag{8.132}
$$

式中，λ_1和λ_2是 Hermite 矩阵 $\boldsymbol{U}^{\mathrm{H}}(\boldsymbol{r},\boldsymbol{\theta})\boldsymbol{U}(\boldsymbol{r},\boldsymbol{\theta})$的特征值。

令两目标的方向关于波束形成方向 θ_0 左右对称，$\Delta\theta=\theta_2-\theta_1$，$\Delta r=r_2-r_1$，主对角线上的元素 $MG^2(\beta_{\theta_1}-\beta_{\theta_0})=MG^2(\beta_{\theta_2}-\beta_{\theta_0})$，可得 $\boldsymbol{U}^{\mathrm{H}}(\boldsymbol{r},\boldsymbol{\theta})\boldsymbol{U}(\boldsymbol{r},\boldsymbol{\theta})$ 的特征值为

$$\begin{aligned}\lambda_1&=MG^2(\beta_{\theta_1}-\beta_{\theta_0})+G(\beta_{\theta_1}-\beta_{\theta_0})G(\beta_{\theta_2}-\beta_{\theta_0})G(\beta_{\theta_2}-\beta_{\theta_1})\operatorname{sinc}(K(r_2-r_1))\\ \lambda_2&=MG^2(\beta_{\theta_1}-\beta_{\theta_0})-G(\beta_{\theta_1}-\beta_{\theta_0})G(\beta_{\theta_2}-\beta_{\theta_0})G(\beta_{\theta_2}-\beta_{\theta_1})\operatorname{sinc}(K(r_2-r_1))\end{aligned}\tag{8.133}$$

随着两目标逐渐接近，特征值 λ_1 不断增大，λ_2 不断减小。我们称 λ_1 表征一个同相信道，λ_2 表征一个正交信道。正交信道容量可反映两目标可分辨的程度，定义满足

$$\log(1+\rho^2\lambda_2)=1\tag{8.134}$$

的目标间隔 $(\Delta r,\Delta\theta)$ 为相控阵雷达的分辨率，则

$$\lambda_2=\frac{1}{\rho^2}\tag{8.135}$$

我们注意到

$$\begin{aligned}\sin\theta_2-\sin\theta_1&=2\sin\frac{1}{2}\Delta\theta\cos\theta_0\\ &\approx\sin(\Delta\theta)\cos\theta_0\\ &\approx\cos\theta_0\Delta\theta\end{aligned}\tag{8.136}$$

将阵列方向图在波束方向 θ_0 上进行泰勒级数展开，有

$$\begin{aligned}G(\beta_{\theta_1}-\beta_{\theta_0})&\approx M-M\frac{1}{2}\mathcal{L}^2\left(\frac{1}{2}\Delta\theta\right)^2\\ G^2(\beta_{\theta_1}-\beta_{\theta_0})&\approx M^2-M^2\mathcal{L}^2\left(\frac{1}{2}\Delta\theta\right)^2\\ G(\beta_{\theta_2}-\beta_{\theta_1})&\approx M-M\frac{1}{2}\mathcal{L}^2(\Delta\theta)^2\end{aligned}\tag{8.137}$$

$$\operatorname{sinc}(K(r_2-r_1))=1-\frac{1}{2}K^2\beta^2(\Delta r)^2\tag{8.138}$$

代入式（8.133）和式（8.135），经整理，可得

$$K^2\beta^2(\Delta r)^2+\mathcal{L}^2(\Delta\theta)^2=\frac{2}{M^3\rho^2}\tag{8.139}$$

式（8.139）即为相控阵雷达的分辨率方程。

分辨率方程成立的前提条件是目标位于相控阵雷达的波束方向以内。我们又一次看到，分辨率不仅与系统的带宽、阵列的等效孔径有关，还与 SNR 有关。由于相控阵雷达的能量具有集中效应，因此等效 SNR 提高了 M^3 倍。

当 $\Delta\theta=0$ 时，距离维分辨率为

$$(\Delta r)^2=\frac{2}{M^3\rho^2K^2\beta^2} \tag{8.140}$$

当 $M=1$、$K=1$ 时，式（8.140）退化为单个天线雷达的距离分辨率。

当 $\Delta r=0$ 时，方向维分辨率为

$$(\Delta\theta)^2=\frac{2}{M^3\rho^2\mathcal{L}^2} \tag{8.141}$$

与天线阵列无源感知的分辨率相比，SNR 从 $M\rho^2$ 提高到了 $M^3\rho^2$。

第 9 章 脉冲多普勒雷达的空间信息理论

脉冲多普勒雷达是一种利用多普勒效应来测量目标速度的雷达系统。本章将研究脉冲多普勒雷达的信息理论，建立脉冲多普勒雷达系统模型，分析脉冲多普勒雷达的距离-多普勒信息、散射信息和多普勒分辨率，推导目标多普勒散射信息表达式。目标多普勒散射信息表达式在形式上与香农信道容量表达式相同，不同之处是用多普勒带宽代替了系统带宽。本章还推导出了距离-多普勒联合后验概率密度函数和距离-多普勒信息闭合表达式，分析了克拉美罗界与距离-多普勒熵误差界的关系，以及两目标多普勒散射信息表达式和距离-多普勒分辨率方程。

9.1 脉冲多普勒雷达系统模型

当脉冲多普勒雷达和目标进行相对移动时，目标散射信号的频率可能产生偏移。这种现象被称为多普勒效应。多普勒效应由目标散射信号的频率和目标的移动速度决定。由于目标散射信号的频率相对于目标的移动速度不是一个恒定的常数，是随机变化的，因此散射信号是随着时间变化的随机过程。

假设脉冲多普勒雷达发射 M 个采样脉冲，T_{R} 为采样脉冲周期。我们称在一个采样脉冲周期内采样为快时间采样，在不同采样脉冲周期之间采样为慢时间采样[62]。

假设在观测区间内有 K 个移动的目标，带限基带信号为 $\psi(t)$，则接收信号复包络可表示为

$$y(t)=\sum_{k=1}^{K}\sum_{m=0}^{M-1}s_k(t)\psi(t-mT_{\mathrm{R}}-\tau_k)+w(t) \tag{9.1}$$

式中，$s_k(t)$ 为第 k 个目标的散射信号；τ_k 为双程时延；$w(t)$ 为均值为 0、方差为 N_0 的高斯白噪声过程。

为了研究脉冲多普勒雷达的感知信息，假设目标的散射信号满足准静态条件，即散射信号的频率在快时间采样期间保持不变，在慢时间采样期间是变化的，则式（9.1）可简化为

$$y(t)=\sum_{k=1}^{K}\sum_{m=0}^{M-1}s_{km}\psi(t-mT_{\mathrm{R}}-\tau_k)+w(t) \tag{9.2}$$

式中，s_{km}是第k个目标在第m个慢时间采样时的散射信号。

对连续接收信号$y(t)$进行采样，如果采样间隔为Δt，则

$$\begin{aligned}y(n\Delta t)&=\sum_{k=1}^{K}\sum_{m=0}^{M-1}s_{km}\psi(n\Delta t-mT_{\mathrm{R}}-\tau_k)+w(n\Delta t)\\&=\sum_{k=1}^{K}\sum_{m=0}^{M-1}s_{km}\psi((n-mT_{\mathrm{R}}/\Delta t-\tau_k/\Delta t)\Delta t)+w(n\Delta t)\end{aligned} \tag{9.3}$$

假设$\psi(t)$是带宽为$B/2$的理想低通信号，若采用奈奎斯特采样频率，即$\Delta t=1/B$，则采样序列可写为

$$y(n)=\sum_{k=1}^{K}\sum_{m=0}^{M-1}s_{km}\psi(n-mT_{\mathrm{R}}B-x_k)+w(n) \tag{9.4}$$

式中，$x_k=B\tau_k$为归一化时延；在不同时刻，噪声采样值$w(n)$相互独立，功率谱密度为N_0。

9.2 脉冲多普勒雷达的多普勒散射信息

当脉冲多普勒雷达的视线方向与目标的速度方向存在角度ϑ时，多普勒频移将变为

$$f_{\mathrm{d}}=\frac{2v\cos\vartheta}{\lambda} \tag{9.5}$$

式中，λ为脉冲多普勒雷达的工作波长。在实际应用过程中，由于目标速度的大小和方向是未知的，多普勒频移会使接收信号的散射信息和相位信息表现出随机性，因此将目标的散射特性看作关于时间的平稳随机过程。一种典型的场景是，目标的移动速度很慢，在多次快拍期间（慢时间采样），目标可被看作准静止状态。

下面将研究在给定距离的条件下，通过多次快拍获得的散射信息，即多普勒散射信息。

不失一般性，假设目标散射特性的自相关函数为$R_{\mathrm{c}}(\tau)$，相干时间为T_{c}，当$\tau>T_{\mathrm{c}}$时，$R_{\mathrm{c}}(\tau)=0$，根据自相关函数，可以通过傅里叶变换得到多普勒功率谱$S_{\mathrm{c}}(f)$，则多普勒带宽为

$$B_{\rm d}=\frac{1}{T_{\rm c}} \tag{9.6}$$

为了简化分析，假设只有单目标，则第 m 个采样脉冲的接收序列为

$$\boldsymbol{y}_m=\boldsymbol{\psi}(x)s_m+\boldsymbol{w}_m,\ m=0,1,\cdots,M-1 \tag{9.7}$$

式中，s_m为第 m 个采样脉冲检测的散射信号，在快拍时间内保持不变；$\boldsymbol{w}_m$为高斯噪声矢量；$\boldsymbol{\psi}(x)$为 N 个快时间采样波形矢量，有

$$\boldsymbol{\psi}(x)=\left[\operatorname{sinc}\left(-\frac{N}{2}-mT_{\rm R}B-x\right),\quad\cdots\quad,\operatorname{sinc}\left(\frac{N}{2}-1-mT_{\rm R}B-x\right)\right]^{\rm T} \tag{9.8}$$

由于脉冲多普勒雷达是在每次慢时间采样开始时发射脉冲，因此采样波形 $\boldsymbol{\psi}(n-mT_{\rm R}B-x_k)$与 m 无关，M 个采样脉冲的接收序列为

$$\begin{aligned}\boldsymbol{y}&=[s_1\boldsymbol{\psi}(x)^{\rm T},\cdots,s_M\boldsymbol{\psi}(x)^{\rm T}]^{\rm T}+\boldsymbol{w}\\&=\boldsymbol{s}\otimes\boldsymbol{\psi}(x)+\boldsymbol{w}\end{aligned} \tag{9.9}$$

式中，$\boldsymbol{y}=[\boldsymbol{y}_1^{\rm T},\boldsymbol{y}_2^{\rm T},\cdots,\boldsymbol{y}_M^{\rm T}]^{\rm T}$；$\boldsymbol{s}=[s_1,s_2,\cdots,s_M]^{\rm T}$为目标的散射信号序列；$\otimes$为 Kronecker 积。

根据互信息的定义，在给定目标位置 $X=x$ 时，多普勒散射信息为

$$I(\boldsymbol{Y};\boldsymbol{S}\,|\,X=x)=h(\boldsymbol{Y}\,|\,x)-h(\boldsymbol{Y}\,|\,x,\boldsymbol{S}) \tag{9.10}$$

在给定目标的位置和散射特性时，$\boldsymbol{Y}$ 的条件微分熵为

$$\begin{aligned}h(\boldsymbol{Y}\,|\,x,\boldsymbol{S})&=h(\boldsymbol{W})\\&=MN\log(\pi \mathrm{e}N_0)\end{aligned} \tag{9.11}$$

假设目标的散射特性服从复高斯分布，则接收信号也服从均值为 0 的复高斯分布，协方差矩阵为

$$\begin{aligned}\boldsymbol{R}_Y&=E[\boldsymbol{Y}\boldsymbol{Y}^{\rm H}]\\&=E[(\boldsymbol{S}\otimes\boldsymbol{\psi}(x)+\boldsymbol{W})(\boldsymbol{S}\otimes\boldsymbol{\psi}(x)+\boldsymbol{W})^{\rm H}]\\&=\boldsymbol{R}_{\rm S}\otimes\boldsymbol{\psi}(x)\boldsymbol{\psi}(x)^{\rm H}+N_0\boldsymbol{I}\end{aligned} \tag{9.12}$$

式中，$\boldsymbol{R}_{\rm S}$为 $\boldsymbol{S}$ 的协方差矩阵，有

$$\begin{aligned}\boldsymbol{R}_{\rm S}&=E[\boldsymbol{S}\boldsymbol{S}^{\rm H}]\\&=\begin{bmatrix}R_{\rm c}(0) & R_{\rm c}(T_{\rm R}) & \cdots & R_{\rm c}((M-1)T_{\rm R})\\ R_{\rm c}(T_{\rm R}) & R_{\rm c}(0) & \cdots & \cdots\\ \cdots & \cdots & \ddots & R_{\rm c}(T_{\rm R})\\ R_{\rm c}((M-1)T_{\rm R}) & \cdots & R_{\rm c}(T_{\rm R}) & R_{\rm c}(0)\end{bmatrix}\end{aligned} \tag{9.13}$$

$\boldsymbol{Y}$ 的条件微分熵进一步可写为

$$h(\boldsymbol{Y}|X=x)=\log|\boldsymbol{R}_{\boldsymbol{Y}}|+MN\log(\pi\mathrm{e}) \tag{9.14}$$

计算行列式 $|\boldsymbol{R}_{\boldsymbol{Y}}|$ 需要借助 Kronecker 积的运算性质[70]。

性质 9.1 若矩阵 $\boldsymbol{A}$、$\boldsymbol{B}$ 有奇异值分解，即

$$\boldsymbol{A}=\boldsymbol{U}_1\boldsymbol{\Sigma}_1\boldsymbol{V}_1$$

$$\boldsymbol{B}=\boldsymbol{U}_2\boldsymbol{\Sigma}_2\boldsymbol{V}_2$$

则

$$\boldsymbol{A}\otimes\boldsymbol{B}=(\boldsymbol{U}_1\otimes\boldsymbol{U}_2)^{\mathrm{H}}(\boldsymbol{\Sigma}_1\otimes\boldsymbol{\Sigma}_2)(\boldsymbol{V}_1\otimes\boldsymbol{V}_2) \tag{9.15}$$

性质 9.2 若矩阵 $\boldsymbol{A}$、$\boldsymbol{B}$ 为酉矩阵，则 $\boldsymbol{A}\otimes\boldsymbol{B}$ 也为酉矩阵。

由于 $\boldsymbol{R}_{\mathrm{S}}$ 和 $\boldsymbol{\psi}(x)\boldsymbol{\psi}^{\mathrm{H}}(x)$ 都为酉矩阵，因此对式（9.12）进行奇异值分解，可得

$$\begin{aligned}\boldsymbol{R}_{\boldsymbol{Y}}&=\boldsymbol{R}_{\mathrm{S}}\otimes\boldsymbol{\psi}(x)\boldsymbol{\psi}^{\mathrm{H}}(x)+N_0\boldsymbol{I}\\&=\boldsymbol{Q}^{\mathrm{H}}(\boldsymbol{\Sigma}_{R_{\mathrm{S}}}\otimes\boldsymbol{\Sigma}_{\boldsymbol{\psi}(x)\boldsymbol{\psi}^{\mathrm{H}}(x)}+N_0\boldsymbol{I})\boldsymbol{Q}\end{aligned} \tag{9.16}$$

式中，$\boldsymbol{Q}$ 为酉矩阵；$\boldsymbol{\Sigma}_{R_{\mathrm{S}}}$ 和 $\boldsymbol{\Sigma}_{\boldsymbol{\psi}(x)\boldsymbol{\psi}^{\mathrm{H}}(x)}$ 分别为与 $\boldsymbol{R}_{\mathrm{S}}$ 和 $\boldsymbol{\psi}(x)\boldsymbol{\psi}^{\mathrm{H}}(x)$ 特征值分解对应的特征值矩阵。

由于

$$\boldsymbol{\Sigma}_{\boldsymbol{\psi}(x)\boldsymbol{\psi}^{\mathrm{H}}(x)}=\begin{bmatrix}\boldsymbol{\psi}^{\mathrm{H}}(x)\boldsymbol{\psi}(x) & & \\ & 0 & \\ & & \ddots\end{bmatrix}_{N\times N}=\begin{bmatrix}1 & & \\ & 0 & \\ & & \ddots\end{bmatrix}_{N\times N} \tag{9.17}$$

因此 $\boldsymbol{R}_{\boldsymbol{Y}}$ 行列式的值为

$$\begin{aligned}|\boldsymbol{R}_{\boldsymbol{Y}}|&=|\boldsymbol{\Sigma}_{R_{\mathrm{S}}}\otimes\boldsymbol{\Sigma}_{\boldsymbol{\psi}(x)\boldsymbol{\psi}^{\mathrm{H}}(x)}+N_0\boldsymbol{I}|\\&=\left(1+\frac{\lambda_1\boldsymbol{\psi}^{\mathrm{H}}(x)\boldsymbol{\psi}(x)}{N_0}\right)\cdots\left(1+\frac{\lambda_M\boldsymbol{\psi}^{\mathrm{H}}(x)\boldsymbol{\psi}(x)}{N_0}\right)N_0^{MN}\\&=\left(1+\frac{\lambda_1}{N_0}\right)\cdots\left(1+\frac{\lambda_M}{N_0}\right)N_0^{MN}\end{aligned} \tag{9.18}$$

式中，$\lambda_1,\lambda_2,\cdots,\lambda_M$ 为矩阵 $\boldsymbol{R}_{\mathrm{S}}$ 的 M 个特征值；$\boldsymbol{\psi}^{\mathrm{H}}(x)\boldsymbol{\psi}(x)$ 在数值上等于 1，实际意义是归一化带宽后的信号能量。

将式（9.18）代入式（9.10），可得 M 次快拍的多普勒散射信息为

$$
\begin{aligned}
I(\boldsymbol{Y};\boldsymbol{S}|X=x) &= h(\boldsymbol{Y}|X=x) - h(\boldsymbol{Y}|X=x,\boldsymbol{S}) \\
&= \log\left[\left(\frac{\lambda_1}{N_0}+1\right)\cdots\left(\frac{\lambda_M}{N_0}+1\right)\right] \\
&= \sum_{m=1}^{M}\log\left(1+\frac{\lambda_m}{N_0}\right)
\end{aligned}
\tag{9.19}
$$

式（9.19）表明，多普勒散射信息取决于散射信号相关矩阵的特征值，与实际给定的距离 x 无关。如果采样脉冲周期远大于相干时间，即 $T_R \gg T_c$，$T_c = 1/B_d$，则慢时间采样得到的目标散射特性互不相关，且对高斯散射信号相互独立，于是

$$
\begin{aligned}
\boldsymbol{R}_S &= R_c(0)\boldsymbol{I} \\
&= E_S\boldsymbol{I}
\end{aligned}
\tag{9.20}
$$

为对角矩阵。此时，特征值 $\lambda_1=\lambda_2=\cdots=\lambda_M=E_S$ 等于回波信号的平均能量，多普勒散射信息为

$$
I(\boldsymbol{Y},\boldsymbol{S}|X=x) = M\log\left(1+\frac{E_S}{N_0}\right) \tag{9.21}
$$

通过多次检测得到的累积信息，能够更加高效地获取目标信息，当采样脉冲周期满足奈奎斯特采样

$$
T_R = \frac{1}{B_d} \tag{9.22}
$$

时，快拍数 M 是总观测时间 T_M 与多普勒带宽的乘积，即

$$
M = T_M B_d \tag{9.23}
$$

单位时间内获得的多普勒散射信息 I_S 为

$$
I_S = B_d\log\left(1+\frac{E_S}{N_0}\right) \tag{9.24}
$$

此时多普勒散射信息正比于多普勒带宽，与香农信道容量表达式完全一致，从通信系统的角度进行理解，将目标散射信号作为信源，多普勒带宽作为信道带宽，可揭示脉冲多普勒雷达和通信系统在本质上存在的联系。

9.3 距离-多普勒信息与熵误差

9.3.1 距离-多普勒联合后验分布

本节将研究更一般的场景，即目标的散射信号频率在慢时间采样期间保持不变，即准静态条件不再成立。

假设 M 个慢时间采样期间的散射信号表示为 $s(t)=\alpha e^{j(2\pi f_d t+\varphi)}$。其中，$f_d$ 为多普勒频率；α 为常数；散射信号的相位在 $[0,2\pi]$ 范围内服从均匀分布。对应的采样信号为 $s(n)=\alpha e^{j\varphi}e^{j2\pi f_d n\Delta t}$。在下面的讨论中，用 F_d 表示对应的多普勒随机变量，B_d 表示多普勒带宽，$\mathbb{B}_d$ 表示多普勒观测区间。

第 M 个采样脉冲的接收信号为

$$y_m(n)=\alpha e^{j\varphi}\psi(n-mBT_R-x)e^{j2\pi f_d(mBT_R+n)}+w_m(n),\ n=-\frac{BT_R}{2},\cdots,\frac{BT_R}{2}-1 \tag{9.25}$$

令 $\boldsymbol{\psi}_m(x)=(\cdots,\psi(n-mBT_R-x),\cdots)^T$，$\boldsymbol{e}_m=(\cdots,e^{j2\pi f_d(mBT_R+n)},\cdots)^T$，且

$$\begin{aligned}\boldsymbol{u}_m(x,f_d)&=\boldsymbol{\psi}_m(x)*\boldsymbol{e}_m\\&=(\cdots,\psi(n-mBT_R-x)e^{j2\pi f_d(mBT_R+n)},\cdots)^T\end{aligned} \tag{9.26}$$

式中，$*$ 为 Hadamard 积，有

$$\boldsymbol{y}_m=\alpha e^{j\varphi}\boldsymbol{\psi}_m(x)*\boldsymbol{e}_m+\boldsymbol{w}_m \tag{9.27}$$

令 $\boldsymbol{y}=(\cdots,\boldsymbol{y}_m^T,\cdots)^T$，$\boldsymbol{u}(x,f_d)=(\cdots,\boldsymbol{u}_m^T(x,f_d),\cdots)^T$，$\boldsymbol{w}=(\cdots,\boldsymbol{w}_m^T,\cdots)^T$ 都是 MN 维矢量，则系统方程为

$$\boldsymbol{y}=\alpha e^{j\varphi}\boldsymbol{u}(x,f_d)+\boldsymbol{w} \tag{9.28}$$

接收信号矢量 $\boldsymbol{y}$ 的条件概率分布为

$$p(\boldsymbol{y}\mid x,f_d,\varphi)=\frac{1}{(\pi N_0)^{NM}}\exp\left(-\frac{1}{N_0}\|\boldsymbol{y}-\alpha e^{j\varphi}\boldsymbol{u}(x,f_d)\|^2\right) \tag{9.29}$$

展开后，可得

$$\begin{aligned}p(\boldsymbol{y}\mid x,f_d,\varphi)=&\frac{1}{(\pi N_0)^{NM}}\exp\left(-\frac{\|\boldsymbol{y}\|^2}{N_0}-\frac{\alpha^2}{N_0}\|\boldsymbol{u}(x,f_d)\|^2\right)\\&\exp\left\{-\frac{2\alpha}{N_0}\mathrm{Re}[e^{j\varphi}\boldsymbol{y}^H\boldsymbol{\psi}(x,f_d)]\right\}\end{aligned} \tag{9.30}$$

根据 sinc 函数的性质，有

$$\|\boldsymbol{u}(x,f_{\mathrm{d}})\|^2 = \sum_{m=0}^{M-1}\sum_{n=-N/2}^{N/2-1}\mathrm{sinc}^2(n - mT_{\mathrm{R}}B - x) = M \tag{9.31}$$

可知$\|\boldsymbol{y}\|^2$和$\|\boldsymbol{u}(x,f_{\mathrm{d}})\|^2$与变量 x、f_{d}无关，根据边缘概率密度公式

$$p(\boldsymbol{y};x,f_{\mathrm{d}}) = \int_0^{2\pi} p(\boldsymbol{y};x,f_{\mathrm{d}}\mid\varphi)p(\varphi)\mathrm{d}\varphi \tag{9.32}$$

推导后验概率分布为

$$\begin{aligned}p(x,f_{\mathrm{d}}\mid\boldsymbol{y}) &= \frac{p(\boldsymbol{y};x,f_{\mathrm{d}})}{\int_{B_{\mathrm{d}}}\int_X p(\boldsymbol{y};x,f_{\mathrm{d}})\mathrm{d}x\mathrm{d}f_{\mathrm{d}}} \\ &= \frac{\int_0^{2\pi}\exp\left(-\frac{2\alpha}{N_0}\mathrm{Re}(\mathrm{e}^{\mathrm{j}\varphi}\boldsymbol{y}^{\mathrm{H}}\boldsymbol{u}(x,f_{\mathrm{d}}))\right)\mathrm{d}\varphi}{\int_{B_{\mathrm{d}}}\int_X\int_0^{2\pi}\exp\left(-\frac{2\alpha}{N_0}\mathrm{Re}(\mathrm{e}^{\mathrm{j}\varphi}\boldsymbol{y}^{\mathrm{H}}\boldsymbol{u}(x,f_{\mathrm{d}}))\right)\mathrm{d}\varphi\mathrm{d}x\mathrm{d}f_{\mathrm{d}}}\end{aligned} \tag{9.33}$$

式中，与参数无关的项$\|\boldsymbol{y}\|^2$和$\|\boldsymbol{u}(x,f_{\mathrm{d}})\|^2$已被消去。

根据贝塞尔函数的定义，有

$$I_0\left(\frac{2\alpha}{N_0}\left|\boldsymbol{y}^{\mathrm{H}}\boldsymbol{u}(x,f_{\mathrm{d}})\right|\right) = \frac{1}{2\pi}\int_0^{2\pi}\exp\left(\frac{2\alpha}{N_0}\mathrm{Re}(\mathrm{e}^{\mathrm{j}\varphi}\boldsymbol{y}^{\mathrm{H}}\boldsymbol{u}(x,f_{\mathrm{d}}))\right)\mathrm{d}\varphi \tag{9.34}$$

式中，$I_0(\cdot)$代表第一类零阶修正贝塞尔函数，有

$$p(x,f_{\mathrm{d}}\mid\boldsymbol{y}) = \nu I_0\left(\frac{2\alpha}{N_0}\left|\boldsymbol{y}^{\mathrm{H}}\boldsymbol{u}(x,f_{\mathrm{d}})\right|\right) \tag{9.35}$$

式中，ν 是与 x、f_{d}无关的常数；$\boldsymbol{y}^{\mathrm{H}}\boldsymbol{u}(x,f_{\mathrm{d}})$表示距离-多普勒二维匹配滤波。选取使式（9.35）达到最大的参数(x,f_{d})，即为距离-多普勒二维最大后验估计。

假设时延的观测区间$\mathbb{X} = [-T_{\mathrm{R}}B/2,\ T_{\mathrm{R}}B/2]$，参数在观测区间内均服从均匀分布，则归一化时延的先验概率分布 $\pi(x) = \frac{1}{T_{\mathrm{R}}B}$，归一化多普勒先验概率分布$\pi(\lambda) = \frac{B}{B_{\mathrm{d}}}$。

由于先验微分熵为

$$h(X,F_{\mathrm{d}}) = \log(T_{\mathrm{R}}B) + \log\left(\frac{B_{\mathrm{d}}}{B}\right) \tag{9.36}$$

因此距离-多普勒信息的理论表达式为

$$\begin{aligned} I(\boldsymbol{Y};X,F_{\mathrm{d}}) &= h(X,F_{\mathrm{d}}) - h(X,F_{\mathrm{d}}\mid \boldsymbol{Y}) \\ &= \log T_{\mathrm{R}}B + \log\frac{B_{\mathrm{d}}}{B} + E_{\boldsymbol{Y}}\left[\int_{\boldsymbol{F}_{\mathrm{d}}}\int_{\boldsymbol{X}} p(x,f_{\mathrm{d}}\mid \boldsymbol{y})\log p(x,f_{\mathrm{d}}\mid \boldsymbol{y})\,\mathrm{d}x\mathrm{d}f_{\mathrm{d}}\right] \end{aligned} \tag{9.37}$$

只要式（9.35）为已知，就可通过式（9.37）进行计算。

假设目标的实际距离-多普勒信息为 $x=x_0$、$f_{\mathrm{d}}=f_{\mathrm{d0}}$，当快拍接收信号 $y=\alpha\mathrm{e}^{\mathrm{j}\varphi_0}\boldsymbol{u}(x_0,f_{\mathrm{d0}})+\boldsymbol{w}$时，代入后验分布，可得

$$p(x,f_{\mathrm{d}}\mid \boldsymbol{w}) = \nu I_0\left(2\rho^2\left|\boldsymbol{u}^{\mathrm{H}}(x_0,f_{\mathrm{d0}})\boldsymbol{u}(x,f_{\mathrm{d}}) + \frac{2\alpha}{N_0}F_{\mathrm{w}}\right|\right) \tag{9.38}$$

式中，$\rho^2=\alpha^2/N_0$代表信噪比；噪声项 F_{w}为

$$F_{\mathrm{w}} = \mathrm{e}^{-\mathrm{j}\varphi_0}\boldsymbol{u}^{\mathrm{H}}(x,f_{\mathrm{d}})\boldsymbol{W} \tag{9.39}$$

由式（9.38）可知，后验概率分布主要取决于距离-多普勒相关函数。

9.3.2 距离-多普勒相关函数

下面将推导距离-多普勒相关函数的表达式。

定理 9.1 假设多普勒频移远小于系统带宽 $B_{\mathrm{d}}\ll B$，则距离-多普勒相关函数满足

$$\boldsymbol{u}^{\mathrm{H}}(x_0,f_{\mathrm{d0}})\boldsymbol{u}(x,f_{\mathrm{d}}) = \exp[\mathrm{j}2\pi(f_{\mathrm{d}}x-f_{\mathrm{d0}}x_0)]\,\mathrm{sinc}(x-x_0)\frac{\sin[\pi MT_{\mathrm{R}}B(f_{\mathrm{d}}-\lambda_0)]}{\sin[\pi T_{\mathrm{R}}B(f_{\mathrm{d}}-\lambda_0)]} \tag{9.40}$$

证明：根据式（9.26），相关函数可写成

$$\begin{aligned} \boldsymbol{u}^{\mathrm{H}}(x_0,f_{\mathrm{d0}})\boldsymbol{u}(x,f_{\mathrm{d}}) = \sum_{m=0}^{M-1}\sum_{n=-N/2}^{N/2-1} &\mathrm{sinc}(n-mT_{\mathrm{R}}B-x) \\ &\mathrm{sinc}(n-mT_{\mathrm{R}}B-x_0)\exp[\mathrm{j}2\pi(f_{\mathrm{d}}-f_{\mathrm{d0}})n] \end{aligned} \tag{9.41}$$

式中

$$\begin{aligned} &\sum_{n=-N/2}^{N/2-1}\mathrm{sinc}(n-mT_{\mathrm{R}}B-x)\exp(\mathrm{j}2\pi f_{\mathrm{d}}n)\,\mathrm{sinc}(n-mT_{\mathrm{R}}B-x_0)\exp(-\mathrm{j}2\pi f_{\mathrm{d0}}n) \\ &= [\mathrm{sinc}(t-\tau_m)\exp(\mathrm{j}2\pi f_{\mathrm{d}}t)] * [\mathrm{sinc}(t+\tau_{m0})\exp(\mathrm{j}2\pi f_{\mathrm{d0}}t)]\big|_{t=0} \end{aligned} \tag{9.42}$$

式中，$*$ 表示卷积；$\tau_m=mT_\mathrm{R}B+x$；$\tau_{m_0}=mT_\mathrm{R}B+x_0$。

将式（9.42）中的 sinc 函数变换到频域，可得

$$\begin{aligned}&\mathrm{Rec}_1(f-f_\mathrm{d})\exp[-\mathrm{j}2\pi(f-f_\mathrm{d})\tau_m]\mathrm{Rec}_1(f-f_\mathrm{d0})\exp[\mathrm{j}2\pi(f-f_\mathrm{d0})\tau_{m_0}]\\&=\mathrm{Rec}_{1-|f_\mathrm{d}-\lambda_0|}\left(f-\frac{f_\mathrm{d}+\lambda_0}{2}\right)\exp[-\mathrm{j}2\pi f(\tau_m-\tau_{m_0})]\exp[\mathrm{j}2\pi(f_\mathrm{d}\tau_m-f_\mathrm{d0}\tau_{m_0})]\end{aligned}\tag{9.43}$$

式中，$\mathrm{Rec}_1(\cdot)$表示矩形窗函数。由于 $B_\mathrm{d}\ll B$，$|f_\mathrm{d}-f_\mathrm{d0}|\ll 1$，因此矩形窗不重合，宽带变窄，可以被忽略，即 $\mathrm{Rec}_{1-|f_\mathrm{d}-\lambda_0|}\approx\mathrm{Rec}_1$。

将式（9.43）变换到时域，可得

$$\begin{aligned}&\mathrm{Rec}_1\left(f-\frac{f_\mathrm{d}+\lambda_0}{2}\right)\exp[-\mathrm{j}2\pi f(\tau_m-\tau_{m_0})]\exp[(\mathrm{j}2\pi(f_\mathrm{d}\tau_m-f_\mathrm{d0}\tau_{m_0})]\\&\leftrightarrow\mathrm{sinc}[t-(\tau_m-\tau_{m_0})]\exp\left(\mathrm{j}2\pi\frac{f_\mathrm{d}+f_\mathrm{d0}}{2}t\right)\exp[\mathrm{j}2\pi(f_\mathrm{d}\tau_m-f_\mathrm{d0}\tau_{m_0})]\end{aligned}\tag{9.44}$$

相关函数可以表示为

$$\begin{aligned}&\boldsymbol{u}^\mathrm{H}(x_0,f_\mathrm{d0})\boldsymbol{u}(x,f_\mathrm{d})\approx\mathrm{sinc}(x-x_0)\exp[\mathrm{j}2\pi(f_\mathrm{d}x-f_\mathrm{d0}x_0)]\\&\sum_{m=0}^{M-1}\exp[\mathrm{j}2\pi mT_\mathrm{R}B(f_\mathrm{d}-f_\mathrm{d0})]\\&=\exp[\mathrm{j}2\pi(f_\mathrm{d}x-f_\mathrm{d0}x_0)]\mathrm{sinc}(x-x_0)\frac{\sin[\pi MT_\mathrm{R}B(f_\mathrm{d}-f_\mathrm{d0})]}{\sin[\pi T_\mathrm{R}B(f_\mathrm{d}-f_\mathrm{d0})]}\end{aligned}\tag{9.45}$$

证毕。

式（9.45）是 asinc 函数，有

$$\mathrm{asinc}(f_\mathrm{d}-\lambda_0)=\frac{\sin[\pi MT_\mathrm{R}B(f_\mathrm{d}-\lambda_0)]}{\sin[\pi T_\mathrm{R}B(f_\mathrm{d}-\lambda_0)]}\tag{9.46}$$

二维相关函数

$$|\boldsymbol{u}^\mathrm{H}(x_0,f_\mathrm{d0})\boldsymbol{u}(x,f_\mathrm{d})|\approx\mathrm{sinc}(x-x_0)\mathrm{asinc}(f_\mathrm{d}-f_\mathrm{d0})\tag{9.47}$$

等于两个一维相关函数的乘积。

我们知道，模糊函数在多普勒信号处理过程中起着非常重要的作用，距离-多普勒相关函数实际上就是模糊函数。

定理 9.2　在高 SNR 情形下，后验分布近似服从二维高斯分布，有

$$p(x,f_{\mathrm{d}}|\boldsymbol{w})\approx\frac{1}{2\pi\sqrt{|\boldsymbol{C}_{X,F_{\mathrm{d}}}|}}\exp\left(-\frac{1}{2}\begin{pmatrix}x-x_0\\f_{\mathrm{d}}-f_{\mathrm{d0}}\end{pmatrix}^{\mathrm{T}}\boldsymbol{C}_{X,F_{\mathrm{d}}}^{-1}\begin{pmatrix}x-x_0\\f_{\mathrm{d}}-f_{\mathrm{d0}}\end{pmatrix}\right)\tag{9.48}$$

式中，协方差矩阵

$$\boldsymbol{C}_{X,F_{\mathrm{d}}}=\begin{bmatrix}\frac{1}{2M\rho^2\beta^2} & 0\\ 0 & \frac{1}{2M\rho^2\zeta^2}\end{bmatrix}\tag{9.49}$$

式中，$\zeta=\frac{\pi}{\sqrt{3}}\sqrt{M^2-1}\ T_{\mathrm{R}}B$ 表示归一化均方根观测时间。

证明：在高 SNR 情形下，可忽略噪声的影响，后验分布表达式简化为

$$p(x,f_{\mathrm{d}}|\boldsymbol{w})\propto I_0(2\rho^2|\operatorname{sinc}(x-x_0)\operatorname{asinc}(f_{\mathrm{d}}-f_{\mathrm{d0}})|)\tag{9.50}$$

将距离-多普勒相关函数在(x_0,f_{d0})处展开为泰勒级数，有

$$\begin{aligned}\operatorname{sinc}(x-x_0)&=1-\frac{1}{2}\beta^2(x-x_0)^2+O(x-x_0)^2\\ \operatorname{asinc}(f_{\mathrm{d}}-f_{\mathrm{d0}})&=M\left[1-\frac{1}{2}\zeta^2(f_{\mathrm{d}}-f_{\mathrm{d0}})^2+O(f_{\mathrm{d}}-f_{\mathrm{d0}})^2\right]\end{aligned}\tag{9.51}$$

式中，$\beta^2=\frac{\pi^2}{3}$是归一化均方根带宽，且

$$\zeta^2=\frac{1}{3}\pi^2(M^2-1)T_{\mathrm{R}}^2B^2\tag{9.52}$$

ζ 的物理意义：$\sqrt{M^2-1}\ T_{\mathrm{R}}$ 为观测时间；$\frac{\pi}{\sqrt{3}}\sqrt{M^2-1}\ T_{\mathrm{R}}$ 为均方根观测时间；$\frac{\pi}{\sqrt{3}}\sqrt{M^2-1}\,T_{\mathrm{R}}B$为归一化均方根观测时间。

将展开式代入后验分布表达式，忽略高次项，可得

$$p(x,f_{\mathrm{d}}|\boldsymbol{w})\propto\exp\left\{-\frac{1}{2}M\beta^2(x-x_0)^2-\frac{1}{2}M(M^2-1)T_{\mathrm{R}}^2\beta^2(f_{\mathrm{d}}-f_{\mathrm{d0}})^2\right\}\tag{9.53}$$

可见，后验概率分布服从均值为(x_0,f_{d0})的联合高斯分布，协方差矩阵为

$$\boldsymbol{C}_{X,F_{\mathrm{d}}}=\begin{bmatrix}\dfrac{1}{2M\rho^2\beta^2} & 0\\ 0 & \dfrac{1}{2M\rho^2\zeta^2}\end{bmatrix} \tag{9.54}$$

证毕。

式（9.54）就是距离-多普勒联合估计的 CRB。由对角协方差矩阵可知，二维联合高斯分布等于两个一维高斯分布的乘积。

归一化时延估计的 CRB 为

$$\sigma_X^2=\frac{1}{2M\rho^2\beta^2} \tag{9.55}$$

由于 M 个采样脉冲的累积效应，因此等效信噪比 $M\rho^2$ 相比单个采样脉冲提高了 M 倍。

多普勒估计的 CRB 为

$$\sigma_{F_{\mathrm{d}}}^2=\frac{1}{2M\rho^2\zeta^2} \tag{9.56}$$

可见，多普勒估计的方差与累积信噪比 $M\rho^2$ 成反比，与归一化均方根观测时间 ζ 的平方成反比。采样脉冲数目 M 从两个方面影响分辨率：一个方面，使累积 SNR 提高了 M 倍；另一个方面，使观测时间提高了 M 倍。

9.3.3　距离-多普勒信息的上界

根据距离估计的 CRB 和高斯分布的微分熵，可得距离信息的上界为

$$\begin{aligned}I(\boldsymbol{Y};X)&\leqslant\log T_{\mathrm{R}}B-\log\sqrt{2\pi\mathrm{e}\sigma_X^2}\\&=\log\left(\sqrt{\frac{M\rho^2}{\pi\mathrm{e}}}T_{\mathrm{R}}\beta\right)\end{aligned} \tag{9.57}$$

同样，根据多普勒估计的 CRB 和高斯分布的微分熵，有

$$I(\boldsymbol{Y};F_{\mathrm{d}})\leqslant\log\frac{B_{\mathrm{d}}}{B}-\log\sqrt{2\pi\mathrm{e}\sigma_{F_{\mathrm{d}}}^2} \tag{9.58}$$

代入 $\sigma_{F_{\mathrm{d}}}^2$ 的表达式，经整理，可得多普勒信息的上界为

$$
\begin{aligned}
I(\boldsymbol{Y};F_{\mathrm{d}}) &\leqslant \log\sqrt{\frac{M\rho^2 B_{\mathrm{d}}^2\zeta^2}{\pi \mathrm{e} B^2}} \\
&= \log\sqrt{\frac{M\rho^2}{\pi e}}\left(\sqrt{M^2-1}\,T_{\mathrm{R}}\beta_{\mathrm{d}}\right)
\end{aligned} \tag{9.59}
$$

式中，$\beta_{\mathrm{d}}=\frac{\pi}{\sqrt{3}}B_{\mathrm{d}}$为均方根多普勒带宽；$\sqrt{M^2-1}\,T_{\mathrm{R}}$为观测时间。由此可知，距离信息上界和多普勒信息上界在不同维度具有完全对称的结构。

联合距离-多普勒信息可写为

$$
\begin{aligned}
I(\boldsymbol{Y};X,F_{\mathrm{d}}) &= I(\boldsymbol{Y};X\,|\,F_{\mathrm{d}})+I(\boldsymbol{Y};F_{\mathrm{d}}) \\
&= I(\boldsymbol{Y};X)+I(\boldsymbol{Y};F_{\mathrm{d}})
\end{aligned} \tag{9.60}
$$

距离-多普勒信息的上界为

$$
I(\boldsymbol{Y};X,F_{\mathrm{d}}) \leqslant \log\left(\frac{M\sqrt{M^2-1}\rho^2 T_{\mathrm{R}}^2\beta\,\beta_{\mathrm{d}}}{\pi \mathrm{e}}\right) \tag{9.61}
$$

9.3.4 距离-多普勒信息的闭合表达式

联合后验分布如图 9.1 所示，是以(x_0,λ_0)为中心的草帽形状分布，为了推导距离-多普勒信息的闭合表达式，将观测区间划分为信号区间 s 和噪声区间 w。信号区间 s 包含谱峰及其邻域，决定检测精度，信号和噪声都会对后验 PDF 产生影响。除信号区间以外的部分为噪声区间，只有噪声对后验 PDF 产生影响。

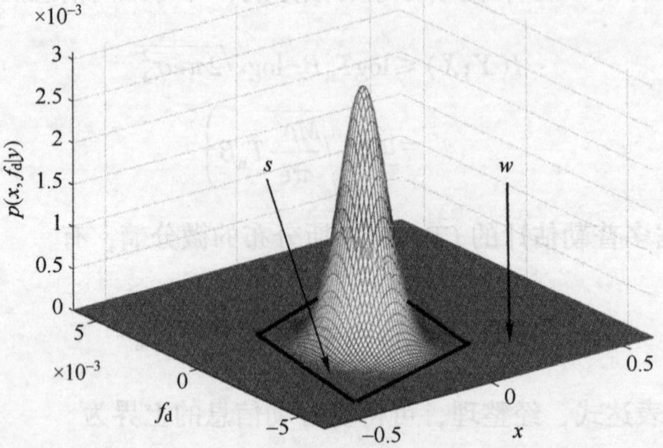

图 9.1　联合后验分布

令

$$V_s = I_0\left[2\rho^2\left|\boldsymbol{u}^{\mathrm{H}}(x_0, f_{\mathrm{d}0})\boldsymbol{u}(x, f_{\mathrm{d}}) + \frac{1}{\alpha}F_w\right|\right] \tag{9.62}$$

$$V_w = I_0\left[2\rho^2\left|\frac{1}{\alpha}F_w\right|\right] \tag{9.63}$$

$$\begin{aligned} \Omega_s &= \iint_s V_s \mathrm{d}x\mathrm{d}f_{\mathrm{d}} \\ \Omega_w &= \iint_w V_w \mathrm{d}x\mathrm{d}f_{\mathrm{d}} \end{aligned} \tag{9.64}$$

$$\kappa = \frac{\Omega_s}{\Omega_s + \Omega_w} \tag{9.65}$$

与相控阵雷达类似，脉冲多普勒雷达的后验微分熵表达式为

$$h(X, F_{\mathrm{d}} \mid \boldsymbol{Y}) = \kappa H_s + (1-\kappa)H_w + H(\kappa) \tag{9.66}$$

式中，H_s为信号区间的微分熵；H_w为噪声区间的微分熵。

忽略复杂的推导过程，直接得到

$$\Omega_w = T_{\mathrm{R}} B_{\mathrm{d}} \mathrm{e}^{M\rho^2} \tag{9.67}$$

$$\Omega_s \approx \frac{\sqrt{\pi\mathrm{e}}\,\mathrm{e}^{2M\rho^2+1}}{M\rho^2\beta\zeta\sqrt{2M\rho^2}} \tag{9.68}$$

$$H_s = \log\left(\frac{\pi\mathrm{e}}{M\rho^2\beta\zeta}\right) \tag{9.69}$$

$$H_w \approx \ln\left[\frac{T_{\mathrm{R}} B_{\mathrm{d}}\sqrt{2\pi\mathrm{e}M\rho^2}}{\exp(M\rho^2+1)}\right] \tag{9.70}$$

$$\kappa = \frac{\sqrt{\pi\mathrm{e}}\exp(M\rho^2+1)}{\sqrt{\pi\mathrm{e}}\exp(M\rho^2+1) + M\rho^2 T_{\mathrm{R}} B_{\mathrm{d}}\beta\zeta\sqrt{2M\rho^2}} \tag{9.71}$$

将 H_w 和 H_s 代入式（9.66），可以得到后验微分熵的闭合表达式为

$$h(X, F_{\mathrm{d}} \mid \boldsymbol{Y}) = \kappa\log\left(\frac{\pi\mathrm{e}}{M\rho^2\beta\zeta}\right) + (1-\kappa)\ln\left[\frac{T_{\mathrm{R}} B_{\mathrm{d}}\sqrt{2\pi\mathrm{e}M\rho^2}}{\exp(M\rho^2+1)}\right] + H(\kappa) \tag{9.72}$$

代入 κ 的表达式，可得

$$h(X,F_d\mid Y)=\kappa\log\left(\frac{\pi e}{M\rho^2\beta\zeta\kappa}\right)+(1-\kappa)\ln\left[\frac{T_RB_d\sqrt{2\pi eM\rho^2}}{\exp(M\rho^2+1)(1-\kappa)}\right]$$

注意到

$$\exp(M\rho^2+1)(1-\kappa)=\frac{M\rho^2T_R\beta\zeta B_d\sqrt{2M\rho^2}}{\sqrt{\pi e}}\kappa$$

代入后验微分熵的闭合表达式，可得到更简洁的表达式，即

$$\begin{aligned}h(X,F_d\mid Y)&=\kappa\log\left(\frac{\pi e}{M\rho^2\beta\zeta\kappa}\right)+(1-\kappa)\log\left[\frac{T_RB_d\sqrt{\pi e}\sqrt{2\pi eM\rho^2}}{M\rho^2T_R\beta\zeta B_d\kappa\sqrt{2M\rho^2}}\right]\\&=\kappa\log\left(\frac{\pi e}{M\rho^2\beta\zeta\kappa}\right)+(1-\kappa)\ln\left[\frac{\pi e}{M\rho^2\beta\zeta\kappa}\right]\\&=\log\left(\frac{\pi e}{M\rho^2\beta\zeta\kappa}\right)\end{aligned}\tag{9.73}$$

距离-多普勒信息为

$$\begin{aligned}I(X,F_d\mid Y)&=\log T_RB_d-\log\left(\frac{\pi e}{M\rho^2\beta\zeta\kappa}\right)\\&=\ln\left(\frac{M\rho^2T_R\beta B_d\zeta\kappa}{\pi e}\right)\end{aligned}\tag{9.74}$$

由式（9.74）可知，当$\rho^2\to+\infty$时，$\kappa\to1,H(\kappa)\to0$，即信噪比较高时，距离-多普勒信息的闭合表达式逐渐逼近上界。

假设$T_RB_d=0.32$，κ与采样脉冲数目、采样脉冲周期及信噪比之间的关系如图9.2所示。由图可知，当信噪比较低时，κ趋于0，目标完全无法被感知；当信噪比较高时，κ趋于1，目标可以被感知。注意，更多的采样脉冲数目和采样脉冲周期会使κ更快地收敛为1，κ在SNR<-20dB时会升高，因为在信噪比很低时，近似条件不再成立，由于脉冲多普勒雷达一般不会工作在极低SNR的情形，因此距离-多普勒信息近似表达式仍然是很有意义的。

9.3.5 距离-多普勒估计熵误差

距离-多普勒估计熵误差被定义为X和F_d后验微分熵的熵幂，即

$$\sigma_{EE}^2(X,F_d\mid Y)=\frac{2^{2h(X,F_d\mid Y)}}{(2\pi e)^2}\tag{9.75}$$

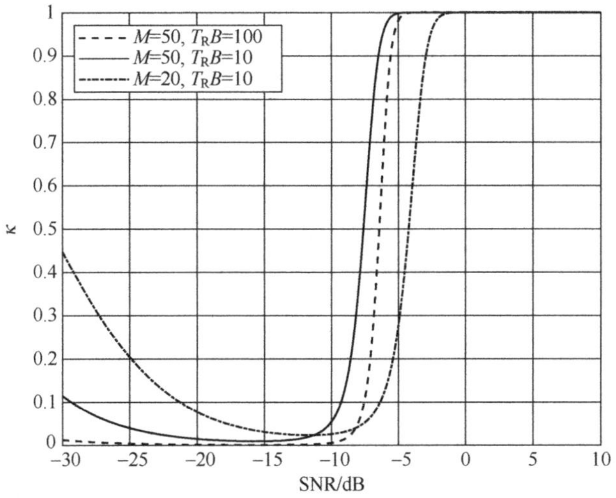

图 9.2　κ 与采样脉冲数目、采样脉冲周期及信噪比之间的关系

代入联合微分熵的表达式，可得

$$\sigma_{\mathrm{EE}}^{2}(X,F_{\mathrm{d}}\mid\boldsymbol{Y})=\frac{1}{4M^{2}\rho^{4}\beta^{2}\zeta^{2}\kappa^{2}} \tag{9.76}$$

令 $\rho^2\to+\infty$，$\kappa\to1$，$H(\kappa)\to0$，可得距离-多普勒估计熵误差的渐近下界，有

$$\sigma_{\mathrm{EE}}^{2}(X,F_{\mathrm{d}}\mid\boldsymbol{Y})=\frac{1}{4M^{2}\rho^{4}\beta^{2}\zeta^{2}} \tag{9.77}$$

显然，距离-多普勒估计熵误差也可以被拆分为距离估计熵误差和多普勒估计熵误差的乘积形式，有

$$\sigma_{\mathrm{EE}}^{2}(X,F_{\mathrm{d}}\mid\boldsymbol{Y})=\sigma_{\mathrm{EE}}^{2}(X\mid\boldsymbol{Y})\cdot\sigma_{\mathrm{EE}}^{2}(F_{\mathrm{d}}\mid\boldsymbol{Y}) \tag{9.78}$$

式中

$$\sigma_{\mathrm{EE}}^{2}(X\mid\boldsymbol{Y})=\frac{1}{2M\rho^{2}\beta^{2}} \tag{9.79}$$

$$\sigma_{\mathrm{EE}}^{2}(F_{\mathrm{d}}\mid\boldsymbol{Y})=\frac{1}{2M\rho^{2}\zeta^{2}} \tag{9.80}$$

可见，在高 SNR 情形下，熵误差退化为均方误差。

9.4 距离-多普勒分辨率

9.4.1 距离-多普勒分辨率的概念

假设采样点数目为 N，则接收信号矢量表达式[50]为

$$\boldsymbol{y}=\boldsymbol{U}(\boldsymbol{x},\boldsymbol{f}_{\mathrm{d}})\boldsymbol{s}+\boldsymbol{w} \tag{9.81}$$

式中

$$\boldsymbol{U}(\boldsymbol{x},\boldsymbol{f}_{\mathrm{d}})=[\cdots,\boldsymbol{u}(x_l,f_{\mathrm{d}l}),\cdots] \tag{9.82}$$

假设两目标的信噪比相同，即 $\rho_1^2=\rho_2^2=\rho^2$，则接收信号的协方差矩阵可以表示为

$$\boldsymbol{R}=N_0[\boldsymbol{I}+\rho^2\boldsymbol{u}(\boldsymbol{x},\boldsymbol{f}_{\mathrm{d}})\boldsymbol{u}^{\mathrm{H}}(\boldsymbol{x},\boldsymbol{f}_{\mathrm{d}})] \tag{9.83}$$

散射信息为

$$\begin{aligned}I(\boldsymbol{Y};\boldsymbol{S})&=\log|\boldsymbol{I}+\rho^2\boldsymbol{U}(\boldsymbol{x},\boldsymbol{f}_{\mathrm{d}})\boldsymbol{U}^{\mathrm{H}}(\boldsymbol{x},\boldsymbol{f}_{\mathrm{d}})|\\&=\log|\boldsymbol{I}+\rho^2\boldsymbol{U}^{\mathrm{H}}(\boldsymbol{x},\boldsymbol{f}_{\mathrm{d}})\boldsymbol{U}(\boldsymbol{x},\boldsymbol{f}_{\mathrm{d}})|\end{aligned}$$

为了方便，将 $\boldsymbol{U}(\boldsymbol{x},\boldsymbol{f}_{\mathrm{d}})$ 简写为 $\boldsymbol{U}$，用 Δx 表示 $|x_2-x_1|$，用 Δf_{d} 表示 $|f_{\mathrm{d2}}-f_{\mathrm{d1}}|$，根据相关函数的性质，$\boldsymbol{U}^{\mathrm{H}}\boldsymbol{U}$ 可以表示为

$$\boldsymbol{U}^{\mathrm{H}}\boldsymbol{U}=\begin{bmatrix}M & \mathrm{e}^{\mathrm{j}2\pi(f_{\mathrm{d2}}x_2-f_{\mathrm{d1}}x_1)}\operatorname{sinc}(\Delta x)\dfrac{\sin(\pi MT_{\mathrm{R}}B\Delta f_{\mathrm{d}})}{\sin(\pi T_{\mathrm{R}}B\Delta f_{\mathrm{d}})}\\ \mathrm{e}^{-\mathrm{j}2\pi(f_{\mathrm{d2}}x_2-f_{\mathrm{d1}}x_1)}\operatorname{sinc}(\Delta x)\dfrac{\sin(\pi MT_{\mathrm{R}}B\Delta f_{\mathrm{d}})}{\sin(\pi T_{\mathrm{R}}B\Delta f_{\mathrm{d}})} & M\end{bmatrix} \tag{9.84}$$

$\boldsymbol{U}^{\mathrm{H}}\boldsymbol{U}$ 的两个特征值分别为

$$\lambda_1=M+\operatorname{sinc}(\Delta x)\frac{\sin(\pi MT_{\mathrm{R}}B\Delta f_{\mathrm{d}})}{\sin(\pi T_{\mathrm{R}}B\Delta f_{\mathrm{d}})} \tag{9.85}$$

$$\lambda_2=M-\operatorname{sinc}(\Delta x)\frac{\sin(\pi MT_{\mathrm{R}}B\Delta f_{\mathrm{d}})}{\sin(\pi T_{\mathrm{R}}B\Delta f_{\mathrm{d}})} \tag{9.86}$$

散射信息可进一步简化为

$$I(\boldsymbol{Y};\boldsymbol{S}\mid \boldsymbol{x},\boldsymbol{f}_{\mathrm{d}})=\log(1+\rho^2\lambda_1)+\log(1+\rho^2\lambda_2) \tag{9.87}$$

采用与前面类似的方法，对于两个具有复高斯散射特性的临近目标，距离-多普勒分辨率被定义为 $\log|1+\lambda_2\rho^2|=1\text{bit}$ 时的距离-多普勒频移$(\Delta x,\Delta f_{\mathrm{d}})$。对于两个信噪比相同的临近目标，距离-多普勒分辨率满足

$$M-\frac{\operatorname{sinc}(\Delta x)\sin(\pi MT_{\mathrm{R}}B\Delta f_{\mathrm{d}})}{\sin(\pi T_{\mathrm{R}}B\Delta f_{\mathrm{d}})}=\frac{1}{\rho^2} \tag{9.88}$$

9.4.2　距离-多普勒分辨率表达式

由联合分辨率的理论表达式，当 $\Delta x\leqslant 1$ 和 $\Delta f_{\mathrm{d}}\leqslant 1$ 时，对联合分辨率的理论表达式进行泰勒级数展开，忽略高次项，可得

$$M-\left[1-\frac{1}{2}\beta^2(\Delta x)^2\right]\left[M-\frac{1}{2}M\zeta^2(\Delta f_{\mathrm{d}})^2\right]=\frac{1}{\rho^2} \tag{9.89}$$

进一步整理，可得

$$\beta^2(\Delta x)^2+\zeta^2(\Delta f_{\mathrm{d}})^2=\frac{2}{M\rho^2} \tag{9.90}$$

式（9.90）就是距离-多普勒分辨率表达式。

下面考虑两种特殊情形：当 $\Delta f_{\mathrm{d}}=0$ 时，距离分辨率为

$$\Delta x=\frac{\sqrt{2}}{\sqrt{M}\beta\rho} \tag{9.91}$$

当 $\Delta x=0$ 时，多普勒分辨率为

$$\Delta f_{\mathrm{d}}=\frac{\sqrt{2}}{\sqrt{M}\zeta\rho} \tag{9.92}$$

多普勒分辨率与等效观测时间成反比，与累积信噪比 $M\rho^2$ 有关，$M\rho^2$ 越大，分辨能力越强。

9.5　仿真结果

9.5.1　多普勒散射信息

在进行多普勒散射信息仿真之前，我们先介绍几种多普勒功率谱。在气象雷

达系统中，单高斯（SGA）功率谱是一种典型的多普勒功率谱[77-78]，多普勒功率谱密度$S(f_d)$可以表示为

$$S(f_d)=\begin{cases}\frac{1}{\sqrt{2\pi\sigma^2}}e^{-\frac{f_d^2}{2\sigma^2}}, & |f_d|\leqslant f_{dm}\\ 0, & |f_d|>f_{dm}\end{cases} \tag{9.93}$$

式中，$\sigma=\sigma_g f_{dm}$为归一化的标准差，自相关函数为

$$\begin{aligned}R(\tau)&=\int_{-\infty}^{\infty}\frac{1}{\sqrt{2\pi\sigma^2}}e^{-\frac{f_d^2}{2\sigma^2}}e^{j2\pi f_d\tau}df_d\\&=\exp(-2\pi^2\sigma^2\tau^2)\end{aligned} \tag{9.94}$$

相比单高斯功率谱，双高斯（DGA）功率谱是一种应用更广泛的多普勒功率谱[79-80]，其$S(f_d)$可以表示为两个高斯函数相加的形式，即

$$S(f_d)=\begin{cases}g_1\frac{1}{\sqrt{2\pi\sigma_1^2}}e^{-\frac{(f-f_{d1})^2}{2\sigma_1^2}}+g_2\frac{1}{\sqrt{2\pi\sigma_2^2}}e^{-\frac{(f-f_{d2})^2}{2\sigma_2^2}}, & |f_d|\leqslant f_{dm}\\ 0, & |f_d|>f_{dm}\end{cases} \tag{9.95}$$

式中，g_1、g_2为功率增益，自相关函数可以表示为

$$R(\tau)=g_1\exp(-2\pi^2\sigma_1^2\tau^2+j2\pi f_{d1}\tau)+g_2\exp(-2\pi^2\sigma_2^2\tau^2+j2\pi f_{d2}\tau) \tag{9.96}$$

在瑞利衰落状态下，Jakes（JA）功率谱[81]是一种典型移动无线信道多普勒功率谱，散射信号的自相关函数为

$$R_c(\tau)=E_sI_0(2\pi f_m\tau) \tag{9.97}$$

式中，$I_0(\cdot)$为第一类零阶贝塞尔函数，有

$$I_0(x)=\frac{1}{2\pi}\int_0^{2\pi}\cos(x\sin\tau)d\tau \tag{9.98}$$

$f_m=v/f_d$为由径向移动速度导致的最大多普勒频移；$E_s=R_c(0)$为能量信号自相关函数在零点时的取值，代表回波信号的平均能量。

对$R_c(\tau)$进行傅里叶变换，可以得到多普勒功率谱密度$S_c(f_d)$，有

$$S_c(f_d)=\begin{cases}\frac{E_s}{\pi f_m}\frac{1}{\sqrt{1-(f_d/f_m)^2}}, & |f_d|\leqslant f_m\\ 0, & |f_d|>f_m\end{cases} \tag{9.99}$$

根据自相关函数和采样脉冲周期 T_R，可以得到散射特性的协方差矩阵，对其进行特征值分解，可以得到多普勒散射信息。针对单高斯功率谱和双高斯功率谱，假设 $M=256$，$E_s=1$，$f_m=1$Hz，采样脉冲周期 T_R 分别为 10^{-2}s、10^{-1}s、10^{5}s 的多普勒散射信息如图 9.3 所示。

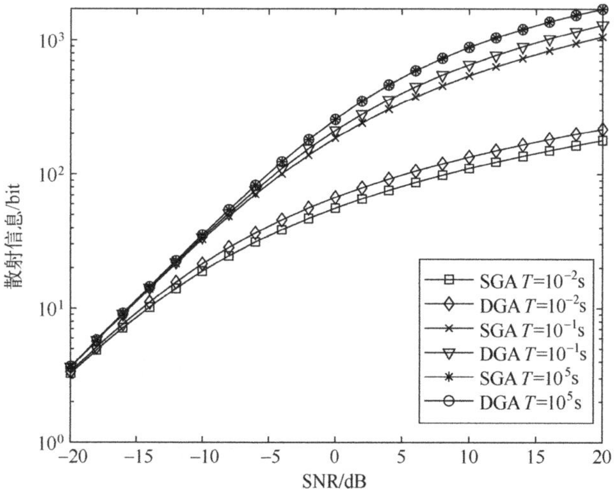

图 9.3　两种功率谱的多普勒散射信息

由图 9.3 可知，当采样脉冲周期增加时，多普勒散射信息增加；当采样脉冲周期为 10^{5}s 时，两种功率谱对应的多普勒散射信息相等，这是因为采样脉冲的散射特性不相关，与高斯散射信号相互独立；当采样脉冲周期减小时，双高斯功率谱散射信息增加。

图 9.4 比较了三种功率谱在不同采样脉冲周期时的多普勒散射信息。由图可知，Jakes 功率谱对应的多普勒散射信息比单高斯功率谱和多高斯功率谱都小，差值随着采样脉冲周期的增加而增大：当采样脉冲周期为 10^{-1}s 时，Jakes 功率谱与单高斯功率谱和双高斯功率谱相比有明显的散射信息差值；当采样脉冲周期为 10^{-3}s 时，三种功率谱的多普勒散射信息差值变小。

当采样脉冲周期很小时，可以认为不同采样脉冲的散射特性完全相同，目标在观测区间内静止，$\boldsymbol{R}_S$满足

$$\boldsymbol{R}_S=\begin{bmatrix} E_S & E_S & \cdots & E_S \\ E_S & E_S & \cdots & E_S \\ \vdots & \vdots & \ddots & \vdots \\ E_S & E_S & \cdots & E_S \end{bmatrix} \tag{9.100}$$

唯一非 0 特征值为 ME_S，多普勒散射信息为

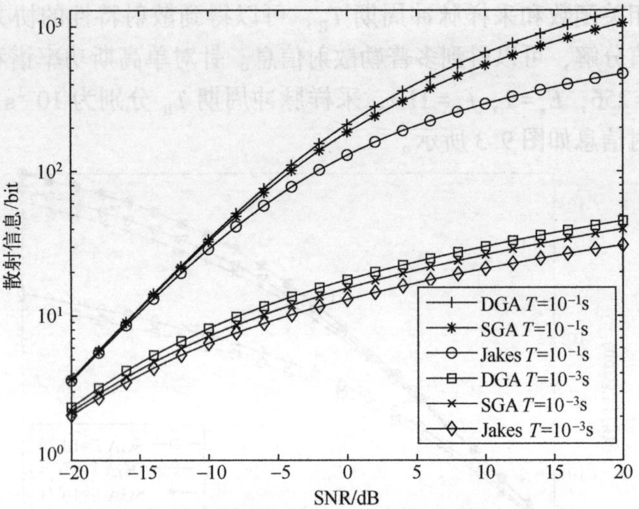

图 9.4　在不同采样脉冲周期时的多普勒散射信息

$$I(\boldsymbol{Y},\boldsymbol{S}\mid X=x)=\log(1+M\rho^2) \tag{9.101}$$

这意味着，对静止目标，多次检测可以达到功率累积的效果。

9.5.2　距离-多普勒信息与熵误差

下面将对匀速运动单目标的距离-多普勒信息进行仿真验证。考虑采样点数目 N 为 256，散射信号幅度 $\alpha_0=1$，观测区间宽度 $T_{\mathrm{R}}B_{\mathrm{d}}=0.32$，采样脉冲周期满足 $T_{\mathrm{R}}B=10$，每组仿真均采用 500 次独立的蒙特卡罗仿真来减小误差。

图 9.5 给出了采样脉冲数目 $M=10$ 时距离-多普勒信息、距离信息、多普勒信息的关系。由图可知，当信噪比 SNR＝10dB 时，距离信息约为 4.5bit，多普勒信息约为 9bit，距离-多普勒信息约为 13.5bit，距离-多普勒信息等于距离信息与多普勒信息之和。

图 9.6 给出了在不同采样脉冲数目 M 的条件下，距离-多普勒信息上界、距离-多普勒信息理论值和距离-多普勒信息近似值的关系。由图可知，较大的 M 能带来更多的信息，这是由于随着采样脉冲数目 M 的增大，脉冲多普勒雷达能够获得更高的信噪比和更佳的多普勒频率分辨率，可带来更多的未知参数信息，当信噪比 SNR>5dB 时，距离-多普勒信息上界和距离-多普勒信息近似值都能准确预测距离-多普勒信息的理论值，不同采样脉冲数目对应的信息差可表示为 $I_1-I_2=\log\dfrac{M_1\sqrt{M_1^2-1}}{M_2\sqrt{M_2^2-1}}$，将 $M=50$、$M=10$ 分别代入，可得 $I_{M=50}-I_{M=10}=4.64\text{bit}$，与仿

真结果一致。在极低信噪比和中等信噪比情形下，距离-多普勒信息的近似值与理论值存在误差：在极低信噪比情形下，存在误差的原因可以在图 9.2 中找到，即 κ 在极低信噪比情形下会升高，导致式（9.74）中的第二项增大；在中等信噪比情形下，误差是因对 H_s 和 H_w 进行近似引入的。

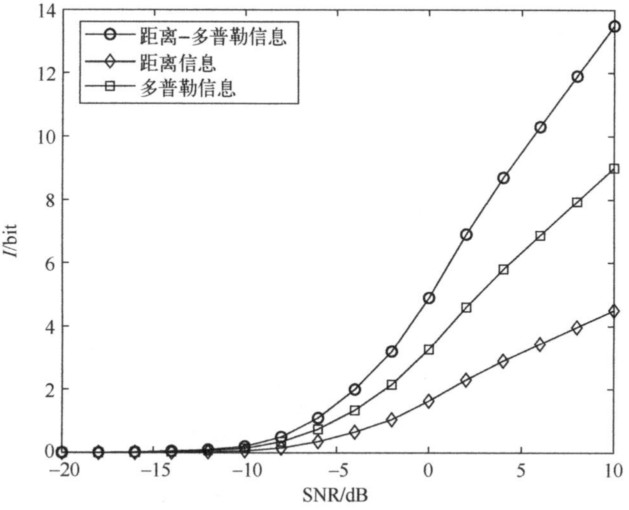

图 9.5　距离-多普勒信息、距离信息、多普勒信息的关系

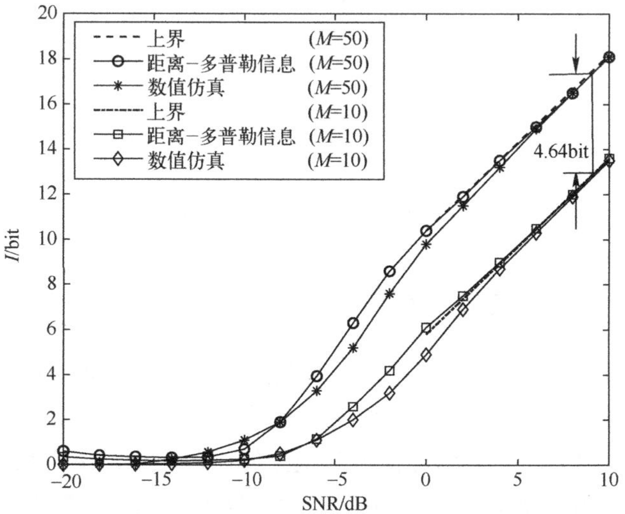

图 9.6　距离-多普勒信息上界、距离-多普勒信息理论值和距离-多普勒信息近似值的关系

下面将距离-多普勒熵误差与ZivZakai界（Ziv Zakai Bound，ZZB）和CRB进行比较。由于ZZB在联合距离-多普勒估计时不存在闭合表达式，因此比较距离-多普勒熵误差的理论值与ZZB的理论值都是通过积分得到的，对后验分布进行二维最大似然估计，所得均方误差和距离-多普勒熵误差如图9.7所示。由图可知，在高信噪比情形下，ZZB和距离-多普勒熵误差都趋于CRB，因为距离-多普勒熵误差是基于高斯分布的微分熵，ZZB和CRB都基于Fisher信息矩阵。在高信噪比情形下，距离-多普勒熵误差和ZZB都退化为CRB。在低信噪比情形下，距离-多普勒熵误差与ZZB重合，因为二者都引入了均匀分布的先验假设。在中等信噪比情形下，距离-多普勒熵误差比ZZB更低，当误差为10^{-8}时，MLE的MSE与ZZB相差2.3dB，MLE的经验距离-多普勒熵误差与理论距离-多普勒熵误差相差0.9dB。因此，在中等信噪比情形下，距离-多普勒熵误差的评估性能更好。

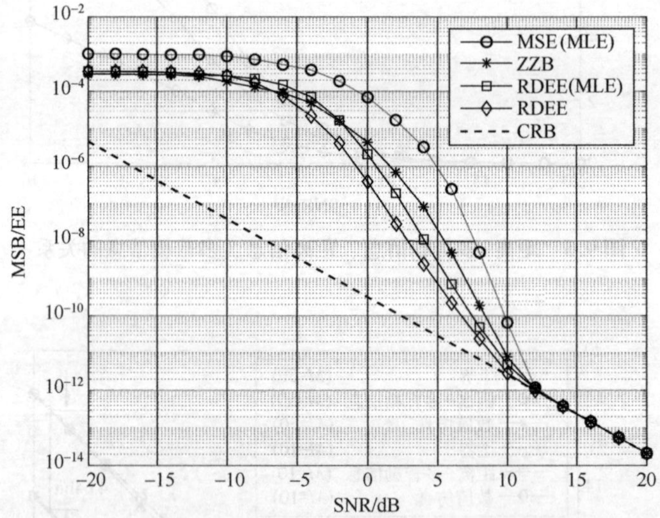

图9.7　距离-多普勒信息与ZZB的比较

9.5.3　距离-多普勒分辨率

图9.8为联合分辨率的理论值和近似值，假设采样脉冲数目$M=2$，脉冲间隔$T_{\mathrm{R}}B=1$，均方带宽满足$\beta^2=\pi^2/3$、$\eta^2=\pi^2$。由图可知，当信噪比SNR=6dB和SNR=10dB时，联合分辨率的近似值与理论值相差较小，说明在信噪比较高时，近似效果较好；当信噪比SNR=3dB时，距离分辨率的近似值比理论值小约0.1，多普勒分辨率的近似值比理论值小约0.05。在实际应用过程中，这样的误差是可以接受的。若对精度有更高的要求，则可以保留更高阶的泰勒级数。

为了验证联合分辨率的有效性，我们引入一种基于后验概率 $C(\omega)$ 的判断可分辨性的方法[82]。假设两目标的参数分别为 ω_1 和 ω_2，对于某一次蒙特卡罗仿真，若 $C(\omega_1)>C[(\omega_1+\omega_2)/2]$，则认为两目标是可分辨的；反之，则认为两目标是不可分辨的。在进行多次蒙特卡罗仿真后，用可分辨的次数除以总的次数，得到可分辨的概率，当可分辨的概率等于 50%时，认为参数间隔为可分辨的极限，假设采样脉冲数目 $M=2$，脉冲间隔 $T_RB=10$。

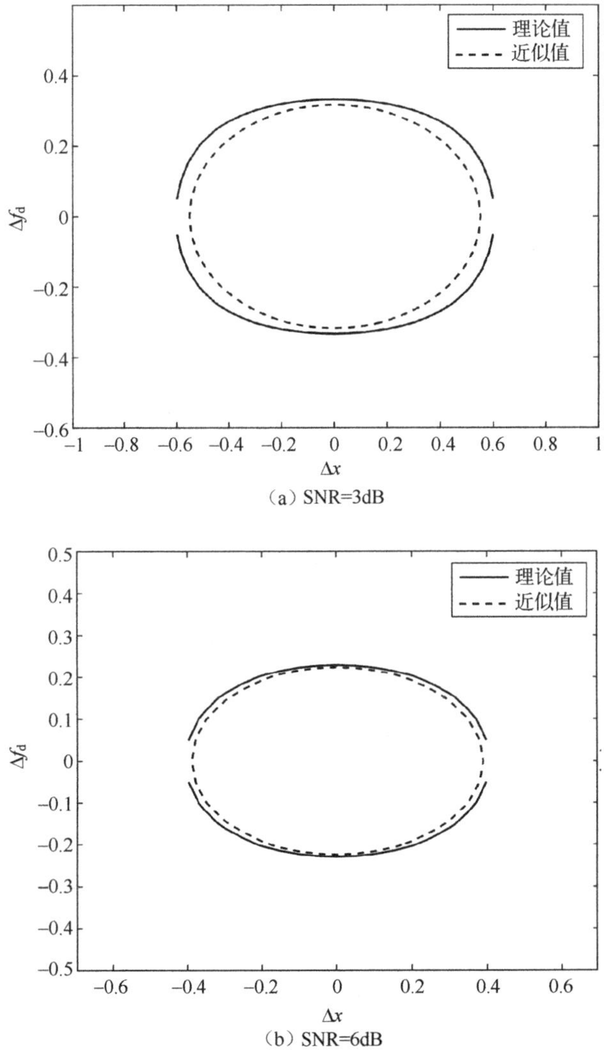

图 9.8　联合分辨率的理论值和近似值

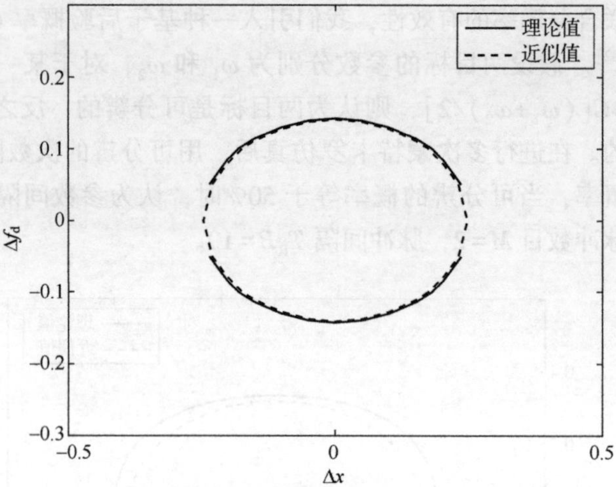

（c）SNR=10dB

图 9.8　联合分辨率的理论值和近似值（续）

如图 9.9 所示，选择在不同信噪比时对应的 4 个点（A、B、C、D）代表不同距离间隔和多普勒间隔，满足

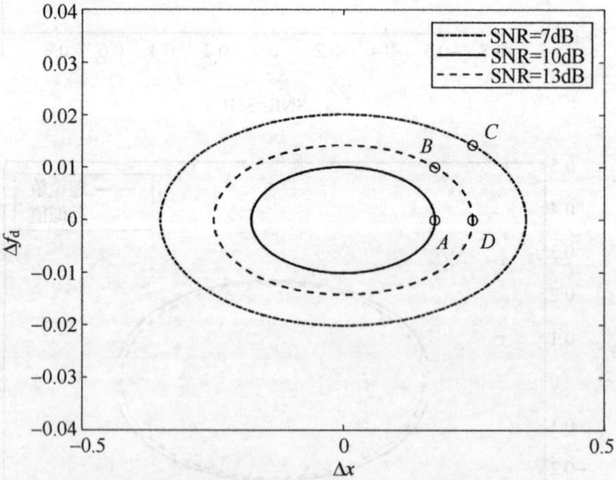

图 9.9　在不同信噪比情形下的理论联合分辨率

$$
\begin{aligned}
&A(\Delta x=0.1743,\Delta f_{\rm d}=0),\ B(\Delta x=0.1743,\Delta f_{\rm d}=0.01),\\
&C(\Delta x=0.2466,\Delta f_{\rm d}=0.01424),\ D(\Delta x=0.2466,\Delta f_{\rm d}=0)
\end{aligned}
\tag{9.102}
$$

我们进行了 500 次蒙特卡罗仿真，并计算了在不同信噪比、距离间隔和多普勒间隔下的分辨率，如图 9.10 所示。由图可知，在预估 SNR 情形下的分辨率大致为 50%，验证了联合分辨率的正确性，对于 B 和 D，分辨率在预估 SNR 情形

下几乎相等，很好地诠释了联合分辨率的正确性，即对于距离-多普勒联合估计，距离间隔和多普勒间隔是相互影响的。

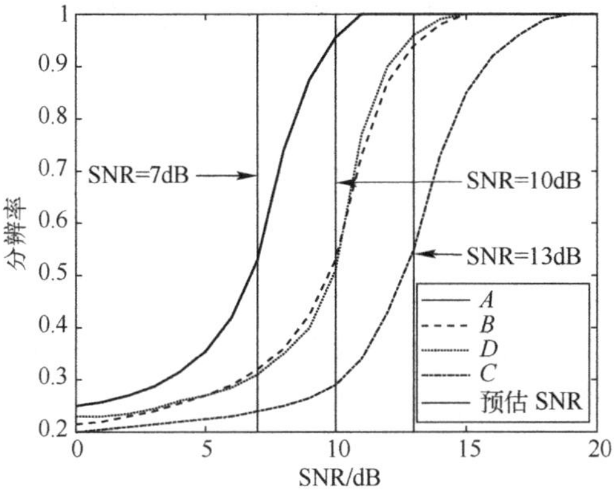

图 9.10　在不同信噪比情形下的分辨率

第 10 章 MIMO 雷达的空间信息理论

MIMO 雷达和相控阵雷达一样兼具测距和测向能力，是近年来出现的一种新型雷达。本章将研究 MIMO 雷达的空间信息理论，建立 MIMO 雷达模型，将 MIMO 雷达的空间信息定义为接收信号和目标位置-散射信息的联合互信息，位置信息分为距离信息和方向信息；推导目标位置的二维后验概率分布及位置信息和熵误差表达式、目标散射信息表达式，并据此推导 MIMO 雷达的二维分辨率方程。

通过分析 MIMO 雷达和相控阵雷达的工作原理和性能差异，我们提出了相控 MIMO 雷达的概念，其兼容相控和 MIMO 两种工作模式，充分发挥多模雷达的优势。

10.1 MIMO 雷达系统模型

根据发射天线阵列和接收天线阵列中各阵元的间距，MIMO 雷达可分为两类：分布式 MIMO 雷达[83]和集中式 MIMO 雷达[84]。分布式 MIMO 雷达的特点是，在收/发天线阵列中，各阵元的间距较大，各阵元从不同视角检测目标，可克服目标雷达截面积闪烁所带来的影响，提高了起伏目标的检测性能。集中式 MIMO 雷达的特点是，在收/发天线阵列中，各阵元的相距较小，各阵元对目标的检测角度近似相等。

本章的研究对象是集中式单基地 MIMO 雷达[85]，结构如图 10.1 所示。发射天线阵列和接收天线阵列相同，都是由 M 个阵元组成的均匀线阵列。目标的波达方向为 θ。每个阵元都发射具有相同带宽和中心频率的正交信号。

MIMO 雷达的阵列结构与相控阵雷达很相似[86]，最大的不同在于：MIMO 雷达的每个阵元同时发射不同信号，不同信号之间相互正交；相控阵雷达的每个阵元发射相同的基带信号，基带信号具有不同的相移。MIMO 雷达的阵元间距 d 为波长的一半，即 $d=\lambda/2$。其中，λ 为发射信号的波长。同时假设感知目标为远场目标，发射信号为窄带信号。

本章采用极坐标建立 MIMO 雷达的感知系统模型，如图 10.2 所示。以第一个阵元为参考点，目标到参考点的距离为 r_{p}，与极坐标法线的夹角为 θ，用下标 m 表示发射阵元的序号，下标 q 表示接收阵元的序号，由图中所示的几何关系，

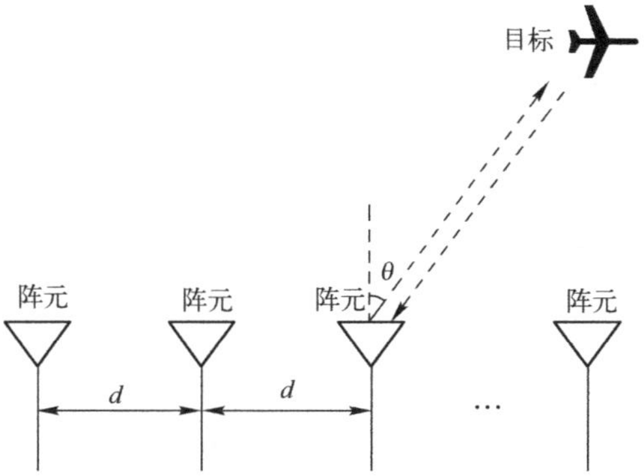

图 10.1　集中式单基地 MIMO 雷达的结构

根据三角定理可以得到，远场目标到第 m 个发射阵元的距离 x_m 可表示为

$$x_m=\sqrt{r_{\mathrm{p}}^2+(md)^2-2mdr_{\mathrm{p}}\sin\theta} \tag{10.1}$$

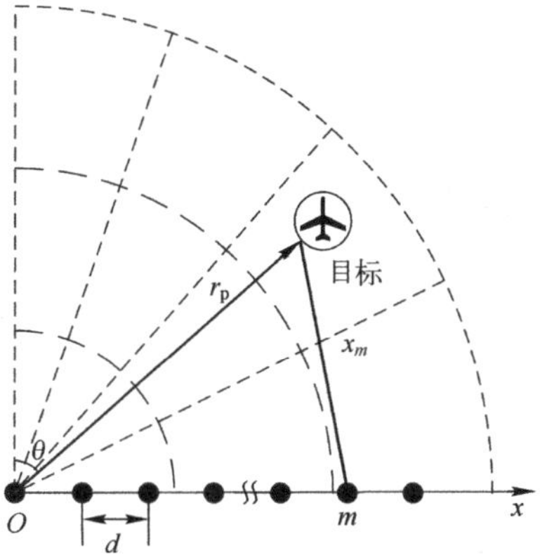

图 10.2　MIMO 雷达的感知系统模型

远场目标与阵元之间的距离远大于 MIMO 雷达的阵列孔径，即 $md/r_{\mathrm{p}} \ll 1$。这里没有把到达各阵元的信号波形看作平行波，远场目标到第 m 个发射阵元的单程时延近似为

$$\begin{aligned}\tau(r_{\mathrm{p}},\theta,m)&=\frac{x_m}{c}\\&=\frac{r_{\mathrm{p}}\sqrt{1+\left(\dfrac{md}{r_{\mathrm{p}}}\right)^2-2\dfrac{md}{r_{\mathrm{p}}}\sin\theta}}{c}\\&\approx\frac{r_{\mathrm{p}}-md\sin\theta}{c}\end{aligned} \tag{10.2}$$

利用了级数展开式，即$(1-x)^{1/2}\approx 1-x/2$，c为信号波的传输速度。可以看出，单程时延与距离、DOA和阵元位置有关。

用$\psi_m(t)$表示第m个发射阵元发射的满足窄带条件且带宽为$B/2$的基带信号，在到达远场目标后被反射，在接收阵元处叠加，若不考虑噪声，则第q个接收阵元的接收信号可表示为

$$y_q(t)=\sum_{m=0}^{M-1}\alpha\psi_m(t-\tau(r_{\mathrm{p}},\theta,m,q))\mathrm{e}^{\mathrm{j}(2\pi f_{\mathrm{c}}(t-\tau(r_{\mathrm{p}},\theta,m,q))+\varphi_0)} \tag{10.3}$$

式中，m表示发射阵元的序号；q表示接收阵元的序号；α为目标散射系数的幅值；φ_0为初始相位；f_{c}为载波频率；$\tau(r_{\mathrm{p}},\theta,m,q)$表示从第$m$个发射阵元发射的信号到达目标后，经目标反射到第$q$个接收阵元的双程时延。

将接收信号下变频为基带信号，有

$$y_q(t)=\sum_{m=0}^{M-1}\alpha\mathrm{e}^{\mathrm{j}\varphi_0}\psi_m(t-\tau(r_{\mathrm{p}},\theta,m,q))\mathrm{e}^{-\mathrm{j}2\pi f_{\mathrm{c}}\tau(r_{\mathrm{p}},\theta,m,q)}+w_q(t) \tag{10.4}$$

式中，$w_q(t)$表示均值为0、带宽为$B/2$的加性复高斯白噪声，实部和虚部的功率谱密度均为$N_0/2$。

以奈奎斯特速率B对信号进行采样，离散形式的接收信号为

$$y_q\left(\frac{n}{B}\right)=\sum_{m=0}^{M-1}\alpha\mathrm{e}^{\mathrm{j}\varphi_0}\psi_m\left(\frac{n-B\tau(r_{\mathrm{p}},\theta,m,q)}{B}\right)\mathrm{e}^{-\mathrm{j}2\pi f_{\mathrm{c}}\tau(r_{\mathrm{p}},\theta,m,q)}+w_q\left(\frac{n}{B}\right) \tag{10.5}$$

为了简化系统模型，用采样率对时延进行归一化处理，令$\tau_{mq}=B\tau(r_{\mathrm{p}},\theta,m,q)$，则

$$y_q(n)=\sum_{m=0}^{M-1}\alpha\mathrm{e}^{\mathrm{j}\varphi_0}\psi_m(n-\tau_{mq})\mathrm{e}^{-\frac{\mathrm{j}2\pi\tau_{mq}}{K}}+w_q(n) \tag{10.6}$$

式中，$K=B/f_{\mathrm{c}}$，为信号带宽与载波频率之比，由于假设发射的是窄带信号，因此K远小于1；$w_q(n)$为采样后的噪声，奈奎斯特采样后对其性质没有影响，仍然是均值为0、方差为N_0的复高斯随机变量，而且不同时刻、不同阵元的噪声采样值相互独立。

将归一化时延分成发射时延τ_m和接收时延τ_q，有

$$\tau_{mq}=\tau_m+\tau_q \tag{10.7}$$

将$r=r_{\mathrm{p}}/d$和$d=\lambda/2$代入，可得

$$\tau_m=\frac{K(r-m\sin\theta)}{2} \tag{10.8}$$

式中，r 是根据阵元间距 d 进行归一化后的结果。

总的归一化时延为

$$\tau_{mq}=Kr-K\frac{m+q}{2}\sin\theta \tag{10.9}$$

式（10.9）中的第二项不会大于 KM，在窄带条件的假设下，$KM\ll 1$，对信号包络在各阵元上产生的差异可忽略不计，有

$$\psi_m(n-\tau_{mq})\approx\psi_m(n-Kr) \tag{10.10}$$

最终离散形式的接收信号可表示为

$$y_q(n)=\alpha\mathrm{e}^{\mathrm{j}\varphi}\mathrm{e}^{\mathrm{j}q\beta_\theta}\sum_{m=0}^{M-1}\psi_m(n-Kr)\mathrm{e}^{\mathrm{j}m\beta_\theta}+w_q(n) \tag{10.11}$$

式中，$\varphi=\varphi_0-2\pi r$ 为由目标引入的散射相位；$\beta_\theta=\pi\sin\theta$ 为空间频率。

由于在处理噪声项时，采用矩阵形式会为问题的分析带来一定的便利，还可以保留 MIMO 雷达的空间特性，因此下面将引入不同接收阵元接收序列的矩阵表达形式。假设每个接收阵元接收信号的采样点数目为 N，定义 $N\times M$ 维基带延时发射信号 $\boldsymbol{S}(r)$ 为

$$\boldsymbol{S}(r)=\begin{bmatrix}\psi_0\left(-\frac{N}{2}-Kr\right) & \cdots & \psi_{M-1}\left(-\frac{N}{2}-Kr\right)\\ \vdots & \ddots & \vdots\\ \psi_0\left(\frac{N}{2}-1-Kr\right) & \cdots & \psi_{M-1}\left(\frac{N}{2}-1-Kr\right)\end{bmatrix} \tag{10.12}$$

则第 q 个接收阵元的接收信号可以重写为

$$y_q(n)=\alpha\mathrm{e}^{\mathrm{j}\varphi}\mathrm{e}^{\mathrm{j}q\beta_\theta}\boldsymbol{S}(r)\boldsymbol{a}(\theta)+w_q(n) \tag{10.13}$$

式中，$\boldsymbol{a}(\theta)=[1,\mathrm{e}^{\mathrm{j}\beta_\theta},\cdots,\mathrm{e}^{\mathrm{j}(M-1)\beta_\theta}]^{\mathrm{T}}$ 为关于 θ 的发射导向矢量；$\boldsymbol{S}(r)$ 为关于归一化距离 r 的矩阵，表示延时基带信号，可得 $N\times M$ 维检测信号矩阵为

$$\boldsymbol{Y}=\alpha\mathrm{e}^{\mathrm{j}\varphi}\boldsymbol{S}(r)\boldsymbol{a}(\theta)\boldsymbol{b}^{\mathrm{T}}(\theta)+\boldsymbol{W} \tag{10.14}$$

式中，$\boldsymbol{b}(\theta)=[1,\mathrm{e}^{\mathrm{j}\beta_\theta},\cdots,\mathrm{e}^{\mathrm{j}(M-1)\beta_\theta}]^{\mathrm{T}}$ 为关于 θ 的接收导向矢量。令

$$\boldsymbol{U}(r,\theta)=\boldsymbol{S}(r)\boldsymbol{a}(\theta)\boldsymbol{b}^{\mathrm{T}}(\theta) \tag{10.15}$$

式中，$\boldsymbol{U}(r,\theta)$ 为发射导向矢量、接收导向矢量及延迟基带信号进行乘积运算后的采样结果，得到最终形式的接收信号矩阵为

$$\boldsymbol{Y}=\alpha e^{j\varphi}\boldsymbol{U}(r,\theta)+\boldsymbol{W} \tag{10.16}$$

式中，$\boldsymbol{Y}=[\boldsymbol{Y}_0,\boldsymbol{Y}_1,\cdots,\boldsymbol{Y}_{M-1}]$，分量 $\boldsymbol{Y}_q=[y_q(-N/2),\cdots,y_q(N/2-1)]^{\mathrm{T}}$ 为第 q 个接收阵元的 N 个采样序列。为了简洁，后续将 $\boldsymbol{U}(r,\theta)$ 缩写为 $\boldsymbol{U}$。噪声的矩阵形式为

$$\boldsymbol{W}=\begin{bmatrix} w_0\left(-\dfrac{N}{2}\right) & \cdots & w_{M-1}\left(-\dfrac{N}{2}\right) \\ \vdots & \ddots & \vdots \\ w_0\left(\dfrac{N}{2}-1\right) & \cdots & w_{M-1}\left(\dfrac{N}{2}-1\right) \end{bmatrix} \tag{10.17}$$

式（10.17）为高斯噪声随机矩阵。

对于 MIMO 雷达，不同发射阵元发射的信号相互正交。假设发射以下形式的多载波信号，即

$$\psi_m(t)=\frac{1}{\sqrt{L_{\mathrm{ZC}}}}\sum_{k=-L_{\mathrm{ZC}}/2}^{L_{\mathrm{ZC}}/2} a_{mk}e^{j2\pi k\Delta ft} \tag{10.18}$$

式中，k 为子载波序号；L_{ZC} 为子载波数目；a_{mk} 为第 m 个阵元的第 k 个子载波携带的 Chu 序列值，时域表达式[87]为

$$a_{mk}=\begin{cases} \exp\left[-j2\pi\dfrac{\mu}{L_{\mathrm{ZC}}}\left(\dfrac{k(k+1)}{2}+gk\right)\right], & L_{\mathrm{ZC}}\text{为奇数} \\ \exp\left[-j2\pi\dfrac{\mu}{L_{\mathrm{ZC}}}\left(\dfrac{k^2}{2}+gk\right)\right], & L_{\mathrm{ZC}}\text{为偶数} \end{cases} \tag{10.19}$$

式中，μ 为任意与 L_{ZC} 互质的整数；g 为任意整数。发射信号的能量满足

$$\begin{aligned} E &= \sum_{n=-N/2}^{N/2-1}\psi_m^*(t)\psi_m(t) \\ &= \frac{1}{L_{\mathrm{ZC}}}\sum_{n=-N/2}^{N/2-1}\sum_{k=-L_{\mathrm{ZC}}/2}^{L_{\mathrm{ZC}}/2-1} a_{mk}^* a_{mk} \\ &= N \end{aligned} \tag{10.20}$$

对发射信号的能量进行归一化后，得到发射信号为

$$\psi_m(t)=\frac{1}{\sqrt{NL_{\mathrm{ZC}}}}\sum_{k=-L_{\mathrm{ZC}}/2}^{L_{\mathrm{ZC}}/2} a_{mk}e^{j2\pi k\Delta ft} \tag{10.21}$$

对时域信号进行采样后，得到采样序列的表达式为

$$\begin{aligned}\psi_m(n)&=\frac{1}{\sqrt{NL_{ZC}}}\sum_{k=-L_{ZC}/2}^{L_{ZC}/2-1}a_{mk}\mathrm{e}^{\mathrm{j}2\pi k\Delta fnT_s}\\&=\frac{1}{\sqrt{NL_{ZC}}}\sum_{k=-L_{ZC}/2}^{L_{ZC}/2-1}a_{mk}\mathrm{e}^{\frac{\mathrm{j}2\pi kn}{L_{ZC}}}\end{aligned}\tag{10.22}$$

式中，$\Delta f=B/L_{ZC}=1/T$ 为子载波间隔；$T_s=T/L_{ZC}$ 为采样周期，有

$$\psi_m(n-Kr)=\frac{1}{\sqrt{NL_{ZC}}}\sum_{k=-L_{ZC}/2}^{L_{ZC}/2-1}a_{mk}\mathrm{e}^{\frac{\mathrm{j}2\pi k(n-Kr)}{L_{ZC}}}\tag{10.23}$$

发射信号的带宽满足 $B=L_{ZC}\Delta f$。发射信号的距离自相关函数 $\Gamma_m(r-r_0)$ 为

$$\begin{aligned}\Gamma_m(r-r_0)&=\sum_{n=-N/2}^{N/2-1}\psi_m^*(n-Kr_0)\psi_m(n-Kr)\\&=\sum_{n=-N/2}^{N/2-1}\left(\frac{1}{\sqrt{NL_{ZC}}}\sum_{k=-L_{ZC}/2}^{L_{ZC}/2-1}a_{mk}^*\mathrm{e}^{-\frac{\mathrm{j}2\pi k(n-Kr_0)}{L_{ZC}}}\right)\left(\frac{1}{\sqrt{NL_{ZC}}}\sum_{l=-L_{ZC}/2}^{L_{ZC}/2-1}a_{ml}\mathrm{e}^{\frac{\mathrm{j}2\pi l(n-Kr)}{L_{ZC}}}\right)\\&=\frac{1}{NL_{ZC}}\left[\sum_{k=-L_{ZC}/2}^{L_{ZC}/2-1}\sum_{l=-L_{ZC}/2}^{L_{ZC}/2-1}a_{mk}^*a_{ml}\mathrm{e}^{\mathrm{j}2\pi K\left[\frac{kr_0}{L_{ZC}}-\frac{lr}{L_{ZC}}\right]}\right]\sum_{n=-N/2}^{N/2-1}\mathrm{e}^{\mathrm{j}2\pi n\left[\frac{l}{L_{ZC}}-\frac{k}{L_{ZC}}\right]}\\&=\frac{1}{NL_{ZC}}\left[\sum_{k=-L_{ZC}/2}^{L_{ZC}/2-1}\sum_{l=-L_{ZC}/2}^{L_{ZC}/2-1}a_{mk}^*a_{ml}\mathrm{e}^{\mathrm{j}2\pi K\left[\frac{kr_0}{L_{ZC}}-\frac{lr}{L_{ZC}}\right]}N\delta(k-l)\right]\\&=\frac{1}{L_{ZC}}\sum_{k=-L_{ZC}/2}^{L_{ZC}/2-1}\mathrm{e}^{-\frac{\mathrm{j}2\pi kK(r-r_0)}{L_{ZC}}}\end{aligned}\tag{10.24}$$

则有

$$\begin{aligned}\Gamma_m(r-r_0)&=\mathrm{e}^{\frac{\mathrm{j}2\pi K(r-r_0)}{L_{ZC}}}\frac{\sin(\pi K(r-r_0))}{L_{ZC}\sin(\pi K(r-r_0)/L_{ZC})}\\&=\mathrm{e}^{\frac{\mathrm{j}2\pi K(r-r_0)}{L_{ZC}}}\operatorname{asinc}(K(r-r_0))\end{aligned}\tag{10.25}$$

式中

$$\operatorname{asinc}(K(r-r_0))=\frac{\sin(\pi K(r-r_0))}{L_{ZC}\sin(\pi K(r-r_0)/L_{ZC})}\tag{10.26}$$

asinc(·)被称为伪 sinc 函数。式（10.26）表明，不同阵元发射信号的自相关函数相同，与阵元序号无关。

由于发射信号的模值是恒定的，因此发射信号的均方根带宽满足

$$\beta = \sqrt{\frac{(2\pi)^2\int_{-B/2}^{B/2} f^2 |S(f)|^2 \mathrm{d}f}{\int_{-B/2}^{B/2} |S(f)|^2 \mathrm{d}f}} = \frac{\pi}{\sqrt{3}}B \tag{10.27}$$

10.2 MIMO 雷达的空间信息

10.2.1 空间信息的定义

雷达感知的目的是希望精确估计目标的距离 R、方向 Θ 和散射 S 等信息。这些信息构成了表征目标空间信息的信息集。

根据香农信息论的思想，MIMO 雷达的空间信息被定义为从接收序列中获得的关于目标距离、方向和散射的联合互信息，有

$$I(\boldsymbol{Y};R,\Theta,S)=E\left[\log\frac{p(\boldsymbol{y}|r,\theta,s)}{p(\boldsymbol{y})}\right] \tag{10.28}$$

由互信息的性质可以证明

$$\begin{aligned} I(\boldsymbol{Y};R,\Theta,S) &= E\left[\log\left(\frac{p(y|r,\theta,s)}{p(y|r,\theta)}\frac{p(y|r,\theta)}{p(y)}\right)\right] \\ &= E\left[\log\left(\frac{p(y|r,\theta,s)}{p(y|r,\theta)}\right)\right]+E\left[\log\left(\frac{p(y|r,\theta)}{p(y)}\right)\right] \\ &= I(\boldsymbol{Y};R,\Theta)+I(\boldsymbol{Y};S|R,\Theta) \end{aligned} \tag{10.29}$$

式中，$I(\boldsymbol{Y};R,\Theta)$ 为目标的位置信息；$I(\boldsymbol{Y};S|R,\Theta)$ 为已知目标位置信息的条件散射信息。由此，空间信息的计算分为两个步骤：第一个步骤，确定目标的位置信息；第二个步骤，在获取目标位置信息和方向信息的条件下，确定目标的散射信息。

根据互信息的性质，MIMO 雷达感知的目标位置信息 $I(\boldsymbol{Y};R,\Theta)$ 为目标位置信息的先验微分熵 $h(R,\Theta)$ 与目标位置信息的后验微分熵 $h(R,\Theta|\boldsymbol{Y})$ 之差，即

$$I(\boldsymbol{Y};R,\Theta)=h(R,\Theta)-h(R,\Theta|\boldsymbol{Y}) \tag{10.30}$$

式中，先验微分熵为

$$h(R,\Theta)=-\iint\pi(r,\theta)\log\pi(r,\theta)\,\mathrm{d}r\mathrm{d}\theta \tag{10.31}$$

后验微分熵为

$$h(R,\Theta|\boldsymbol{Y}) = -E_{y}\left[\iint p(r,\theta|\boldsymbol{y})\log p(r,\theta|\boldsymbol{y})\mathrm{d}r\mathrm{d}\theta\right] \tag{10.32}$$

散射信息为

$$I(\boldsymbol{Y};S|R,\Theta) = h(S|R,\Theta) - h(S|\boldsymbol{Y},R,\Theta) \tag{10.33}$$

式中，$h(S|R,\Theta)$为位置信息已知时，目标散射信息的先验微分熵；$h(S|\boldsymbol{Y},R,\Theta)$为位置信息已知时，目标散射信息的后验微分熵。

10.2.2 目标参数的统计模型

MIMO 雷达的空间信息需要信源的统计特性，也就是目标信息的先验概率分布。首先考虑散射系数 $s=\alpha e^{j\varphi}$，在一般情况下，散射系数幅值 α 会随着距离的增加而减小。为了简化，假设目标的检测范围较小，散射系数幅值的减小可以忽略不计，用 $\pi(s)$表示目标的散射特性，有

$$\pi(r,\theta,s) = \pi(r,\theta)\pi(s) \tag{10.34}$$

对于常见的恒模散射目标，其散射系数的幅值为常数，有

$$\pi(\alpha) = \delta(\alpha-\alpha_0) \tag{10.35}$$

值得注意的是，当载波频率极高时，目标位置信息的微小变化可能导致散射信息相位 φ 的巨大变化，因此假设散射信息相位在$[0,2\pi]$范围内服从均匀分布，有

$$\pi(\varphi) = \frac{1}{2\pi} \tag{10.36}$$

为了方便描述，假设参考点位于检测区域的中心，目标在检测区域内服从均匀分布，则距离变量 R 在区间$[r_0-D/2, r_0+D/2)$内的概率分布为

$$\pi(r) = \frac{1}{D} \tag{10.37}$$

方向变量 Θ 在区间$[\theta_0-\Omega/2, \theta_0+\Omega/2)$内的概率分布为

$$\pi(\theta) = \frac{1}{\Omega} \tag{10.38}$$

目标的距离 r 和方向 θ 被统称为目标位置信息。在没有任何先验信息的情况下，假设目标的距离信息和方向信息相互独立，有

$$\pi(r,\theta) = \pi(r)\pi(\theta) \tag{10.39}$$

10.3 MIMO 雷达的距离-方向信息

10.3.1 距离-方向信息表达式

计算距离-方向信息[52]的关键是要得到空间信息的后验概率分布。如前所述，信道中的加性噪声 $\boldsymbol{W}$ 为复高斯随机矩阵，对于矩阵中的任意一个元素 w_{mn}，即第 m 个接收阵元接收的第 n 个采样点的噪声，是均值为 0、功率谱密度为 N_0 的复高斯随机变量。因为在奈奎斯特采样条件下，不同阵元、不同时刻的噪声样本相互独立，矩阵中的每一个元素都是独立同分布的一维复高斯随机变量，所以 w_{mn} 的概率密度函数为

$$p(w_{mn})=\frac{1}{\pi N_0}\exp\left(-\frac{1}{N_0}|w_{mn}|^2\right) \tag{10.40}$$

矩阵的概率密度函数为

$$p(\boldsymbol{W})=\frac{1}{(\pi N_0)^{MN}}\exp\left(-\frac{1}{N_0}\sum_m\sum_n|w_{mn}|^2\right) \tag{10.41}$$

对于噪声矩阵，利用矩阵运算规则，可得

$$\sum_m\sum_n|w_{mn}|^2=\mathrm{tr}(\boldsymbol{W}^{\mathrm{H}}\boldsymbol{W}) \tag{10.42}$$

有

$$p(\boldsymbol{W})=\frac{1}{(\pi N_0)^{MN}}\exp\left(-\frac{1}{N_0}\mathrm{tr}(\boldsymbol{W}^{\mathrm{H}}\boldsymbol{W})\right) \tag{10.43}$$

式中，$\mathrm{tr}(\cdot)$ 为求矩阵的迹；$(\cdot)^{\mathrm{H}}$ 为矩阵的共轭转置。由此可得在给定目标的距离信息、方向信息和散射信息条件下接收信号 $\boldsymbol{Y}$ 的 PDF。

对于恒模散射目标，PDF 为

$$p(\boldsymbol{y}|r,\theta,\varphi)=\frac{1}{(\pi N_0)^{MN}}\exp\left(-\frac{1}{N_0}\mathrm{tr}((\boldsymbol{Y}-\alpha\mathrm{e}^{\mathrm{j}\varphi}\boldsymbol{U})^{\mathrm{H}}(\boldsymbol{Y}-\alpha\mathrm{e}^{\mathrm{j}\varphi}\boldsymbol{U}))\right) \tag{10.44}$$

展开后，可得

$$p(\boldsymbol{y}|r,\theta,\varphi)=\frac{1}{(\pi N_0)^{MN}}\exp\left(-\frac{1}{N_0}\mathrm{tr}(\boldsymbol{Y}^{\mathrm{H}}\boldsymbol{Y}+\alpha^2\boldsymbol{U}^{\mathrm{H}}\boldsymbol{U}-2\alpha\mathrm{Re}(\mathrm{e}^{\mathrm{j}\varphi}\boldsymbol{Y}^{\mathrm{H}}\boldsymbol{U}))\right) \tag{10.45}$$

式中，Re(·)为对复数取实部。由于在接收信号之前，随机变量 R、Θ 和 Φ 之间是相互独立的，因此有

$$\begin{aligned}p(\boldsymbol{y};r,\theta|\varphi)&=p(\boldsymbol{y}|r,\theta,\varphi)p(r|\theta,\varphi)p(\theta|\varphi)\\&=p(\boldsymbol{y}|r,\theta,\varphi)\pi(r)\pi(\theta)\end{aligned} \tag{10.46}$$

在给定 Φ 时，R、Θ 和 $\boldsymbol{Y}$ 之间的联合概率密度函数为

$$p(\boldsymbol{y};r,\theta|\varphi)=\frac{1}{D\Omega(\pi N_0)^{MN}}\exp\left(-\frac{1}{N_0}\mathrm{tr}(\boldsymbol{Y}^{\mathrm{H}}\boldsymbol{Y}+\alpha^2\boldsymbol{U}^{\mathrm{H}}\boldsymbol{U}-2\alpha\mathrm{Re}(\mathrm{e}^{\mathrm{j}\varphi}\boldsymbol{Y}^{\mathrm{H}}\boldsymbol{U}))\right) \tag{10.47}$$

式中，对接收器来说，$\boldsymbol{Y}^{\mathrm{H}}\boldsymbol{Y}$ 是已知量，$\mathrm{tr}(\boldsymbol{Y}^{\mathrm{H}}\boldsymbol{Y})$ 可以看作一个常量；对于 $\mathrm{tr}(\boldsymbol{U}^{\mathrm{H}}\boldsymbol{U})$，将相关表达式代入，由矩阵求迹的线性性质，有

$$\mathrm{tr}(\boldsymbol{A}+\boldsymbol{B})=\mathrm{tr}(\boldsymbol{A})+\mathrm{tr}(\boldsymbol{B}) \tag{10.48}$$

得到

$$\mathrm{tr}(\boldsymbol{U}^{\mathrm{H}}\boldsymbol{U})=\mathrm{tr}(\boldsymbol{b}^*(\theta)\boldsymbol{a}^{\mathrm{H}}(\theta)\boldsymbol{S}^{\mathrm{H}}(r)\boldsymbol{S}(r)\boldsymbol{a}(\theta)\boldsymbol{b}^{\mathrm{T}}(\theta)) \tag{10.49}$$

对于任意两个序号为 p 和 q 的阵元，发射信号为

$$\begin{aligned}\sum_{n=-N/2}^{N/2-1}\psi_p^*(n-Kr)\psi_q(n-Kr)&=\frac{1}{NL_{\mathrm{ZC}}}\left[\sum_{k=-L_{\mathrm{ZC}}/2}^{L_{\mathrm{ZC}}/2-1}\sum_{l=-L_{\mathrm{ZC}}/2}^{L_{\mathrm{ZC}}/2-1}a_{pk}^*a_{ql}\sum_{n=-N/2}^{N/2-1}\mathrm{e}^{\mathrm{j}\frac{2\pi(l-k)n}{L_{\mathrm{ZC}}}}\right]\\&=\frac{1}{L_{\mathrm{ZC}}}\left[\sum_{k=-L_{\mathrm{ZC}}/2}^{L_{\mathrm{ZC}}/2-1}\sum_{l=-L_{\mathrm{ZC}}/2}^{L_{\mathrm{ZC}}/2-1}a_{pk}^*a_{ql}\right]\\&=\begin{cases}1, & p=q\\0, & p\neq q\end{cases}\end{aligned} \tag{10.50}$$

可以得到

$$\boldsymbol{S}^{\mathrm{H}}(r)\boldsymbol{S}(r)=\boldsymbol{I}_M \tag{10.51}$$

式中，$\boldsymbol{I}_M$ 为单位矩阵，有

$$\boldsymbol{U}^{\mathrm{H}}\boldsymbol{U}=\boldsymbol{M}\begin{bmatrix}1 & \cdots & \mathrm{e}^{\mathrm{j}(M-1)\beta_\theta}\\ \vdots & \ddots & \vdots\\ \mathrm{e}^{-\mathrm{j}(M-1)\beta_\theta} & \cdots & 1\end{bmatrix} \tag{10.52}$$

则

$$\mathrm{tr}(\boldsymbol{U}^{\mathrm{H}}\boldsymbol{U})=M^2 \tag{10.53}$$

仍然是一个常数。

根据贝叶斯公式，后验 PDF 为

$$p(r,\theta|\boldsymbol{y})=\frac{p(\boldsymbol{y};r,\theta)}{p(\boldsymbol{y})}=\frac{\int_{\Phi}p(\boldsymbol{y};r,\theta|\varphi)\pi(\varphi)\mathrm{d}\varphi}{\int_{\Theta}\int_{R}\int_{\Phi}p(\boldsymbol{y};r,\theta|\varphi)\pi(\varphi)\mathrm{d}\varphi\mathrm{d}r\mathrm{d}\theta} \tag{10.54}$$

代入相关表达式，化简后，可得

$$p(r,\theta|\boldsymbol{y})=\frac{\int_{\Phi}\exp\left(\frac{2\alpha}{N_0}\mathrm{tr}(\mathrm{Re}(\mathrm{e}^{\mathrm{j}\varphi}\boldsymbol{Y}^{\mathrm{H}}\boldsymbol{U}))\right)\mathrm{d}\varphi}{\int_{\Theta}\int_{R}\int_{\Phi}\exp\left(\frac{2\alpha}{N_0}\mathrm{tr}(\mathrm{Re}(\mathrm{e}^{\mathrm{j}\varphi}\boldsymbol{Y}^{\mathrm{H}}\boldsymbol{U}))\right)\mathrm{d}\varphi\mathrm{d}r\mathrm{d}\theta} \tag{10.55}$$

由于 $\mathrm{tr}(\mathrm{Re}(\cdot))=\mathrm{Re}(\mathrm{tr}(\cdot))$，则

$$\int_0^{2\pi}\exp\left(\frac{2\alpha}{N_0}\mathrm{tr}(\mathrm{Re}(\mathrm{e}^{\mathrm{j}\varphi}\boldsymbol{Y}^{\mathrm{H}}\boldsymbol{U}))\right)\mathrm{d}\varphi=2\pi I_0\left(\frac{2\alpha}{N_0}|\mathrm{tr}(\boldsymbol{Y}^{\mathrm{H}}\boldsymbol{U})|\right) \tag{10.56}$$

式中，$I_0(\cdot)$为第一类零阶修正贝塞尔函数，将结果代入，得到后验 PDF 为

$$p(r,\theta|\boldsymbol{y})=\frac{I_0\left(\frac{2\alpha}{N_0}|\mathrm{tr}(\boldsymbol{Y}^{\mathrm{H}}\boldsymbol{U})|\right)}{\int_{\theta_0-\frac{\Omega}{2}}^{\theta_0+\frac{\Omega}{2}}\int_{r_0-\frac{D}{2}}^{r_0+\frac{D}{2}}I_0\left(\frac{2\alpha}{N_0}|\mathrm{tr}(\boldsymbol{Y}^{\mathrm{H}}\boldsymbol{U})|\right)\mathrm{d}r\mathrm{d}\theta} \tag{10.57}$$

式（10.57）即为在已知接收信号时，目标的距离信息和方向信息的联合后验概率分布，分母是归一化常数，进一步简化为

$$p(r,\theta|\boldsymbol{y})=\nu\cdot I_0\left(\frac{2\alpha}{N_0}|\mathrm{tr}(\boldsymbol{Y}^{\mathrm{H}}\boldsymbol{U})|\right) \tag{10.58}$$

后验概率分布的形状由分子决定，其中的 $\mathrm{tr}(\boldsymbol{Y}^{\mathrm{H}}\boldsymbol{U})$为接收信号矩阵与位置信息矩阵对距离维和方向维进行匹配滤波。

最大后验概率估计就是寻找 r、θ 使后验概率分布最大化。在先验概率分布服从均匀分布的条件下，最大后验概率估计等价于最大似然估计。由此可知，感知信息论与雷达信号处理的结论是一致的。

根据先验概率分布，R 和 Θ 的先验微分熵为

$$h(R,\Theta)=\log D+\log\Omega \tag{10.59}$$

对于单目标场景，假设目标的距离信息和方向信息在观测区间内服从均匀分布，且相互独立，则目标的距离-方向信息为

$$I(\boldsymbol{Y};R,\Theta)=\log D\Omega+E_{\boldsymbol{y}}\left[\iint p(r,\theta|\boldsymbol{y})\log p(r,\theta|\boldsymbol{y})\mathrm{d}r\mathrm{d}\theta\right] \tag{10.60}$$

由于多维积分的存在，很难求出闭合解，因此可以通过数值仿真得到结果，在特殊情况下，如高信噪比，则可以求其渐近上界。

10.3.2　距离–方向信息的渐近上界

假设特定快拍的接收信号由目标的真实位置(r_0,θ_0)得到，则接收信号可写为

$$\boldsymbol{Y}=\alpha\mathrm{e}^{\mathrm{j}\varphi_0}\boldsymbol{U}_0+\boldsymbol{W} \tag{10.61}$$

式中

$$\boldsymbol{U}_0=\boldsymbol{S}(r_0)\boldsymbol{a}(\theta_0)\boldsymbol{b}^{\mathrm{T}}(\theta_0) \tag{10.62}$$

可得

$$\boldsymbol{Y}^{\mathrm{H}}\boldsymbol{U}=\alpha\mathrm{e}^{-\mathrm{j}\varphi_0}\boldsymbol{U}_0^{\mathrm{H}}\boldsymbol{U}+\boldsymbol{W}^{\mathrm{H}}\boldsymbol{U} \tag{10.63}$$

式中，$\boldsymbol{U}_0^{\mathrm{H}}\boldsymbol{U}$被称为二维相关矩阵，表达式为

$$\boldsymbol{U}_0^{\mathrm{H}}\boldsymbol{U}=\boldsymbol{b}^*(\theta_0)\boldsymbol{a}^{\mathrm{H}}(\theta_0)\boldsymbol{S}^{\mathrm{H}}(r_0)\boldsymbol{S}(r)\boldsymbol{a}(\theta)\boldsymbol{b}^{\mathrm{T}}(\theta) \tag{10.64}$$

经进一步简化，可得

$$\boldsymbol{S}^{\mathrm{H}}(r_0)\boldsymbol{S}(r)=\begin{bmatrix}\boldsymbol{\Gamma}_{0,0}(r-r_0) & \cdots & \boldsymbol{\Gamma}_{0,M-1}(r-r_0)\\ \vdots & \ddots & \vdots\\ \boldsymbol{\Gamma}_{M-1,0}(r-r_0) & \cdots & \boldsymbol{\Gamma}_{M-1,M-1}(r-r_0)\end{bmatrix} \tag{10.65}$$

式中，$\boldsymbol{\Gamma}_{p,q}(r-r_0)$为第$p$个和第$q$个发射阵元的发射信号之间的相关函数，表达式为

$$\boldsymbol{\Gamma}_{p,q}(r-r_0)=\sum_{n=-N/2}^{N/2-1}\psi_p^*(n-Kr_0)\psi_q(n-Kr) \tag{10.66}$$

代入发射信号表达式，得到

$$\begin{aligned}\boldsymbol{\Gamma}_{p,q}(r-r_0)&=\sum_{n=-N/2}^{N/2-1}\left(\frac{1}{\sqrt{NL_{\mathrm{ZC}}}}\sum_{k=-L_{\mathrm{ZC}}/2}^{L_{\mathrm{ZC}}/2-1}\left(a_{pk}^*\mathrm{e}^{-\frac{\mathrm{j}2\pi k(n-Kr_0)}{L_{\mathrm{ZC}}}}\right)\right)\left(\frac{1}{\sqrt{NL_{\mathrm{ZC}}}}\sum_{l=-L_{\mathrm{ZC}}/2}^{L_{\mathrm{ZC}}/2-1}\left(a_{ql}\mathrm{e}^{\frac{\mathrm{j}2\pi l(n-Kr)}{L_{\mathrm{ZC}}}}\right)\right)\\&=\frac{1}{NL_{\mathrm{ZC}}}\left(\sum_{k=-L_{\mathrm{ZC}}/2}^{L_{\mathrm{ZC}}/2-1}\sum_{l=-L_{\mathrm{ZC}}/2}^{L_{\mathrm{ZC}}/2-1}a_{pk}^*a_{ql}\mathrm{e}^{\mathrm{j}2\pi K\left[\frac{kr_0}{L_{\mathrm{ZC}}}-\frac{lr}{L_{\mathrm{ZC}}}\right]}\right)\sum_{n=-N/2}^{N/2-1}\mathrm{e}^{\mathrm{j}2\pi n\left[\frac{l}{L_{\mathrm{ZC}}}-\frac{k}{L_{\mathrm{ZC}}}\right]}\\&=\frac{1}{NL_{\mathrm{ZC}}}\left(\sum_{k=-L_{\mathrm{ZC}}/2}^{L_{\mathrm{ZC}}/2-1}\sum_{l=-L_{\mathrm{ZC}}/2}^{L_{\mathrm{ZC}}/2-1}a_{pk}^*a_{ql}\mathrm{e}^{\mathrm{j}2\pi K\left[\frac{kr_0}{L_{\mathrm{ZC}}}-\frac{lr}{L_{\mathrm{ZC}}}\right]}N\delta(k-l)\right)\end{aligned}$$

$$= \frac{1}{L_{ZC}}\left(\sum_{k=-L_{ZC}/2}^{L_{ZC}/2-1} a_{pk}^{*} a_{qk} \mathrm{e}^{-\frac{\mathrm{j}2\pi kK(r-r_0)}{L_{ZC}}}\right) \tag{10.67}$$

式（10.67）的形式复杂，在窄带条件下，K 远小于 1，为了简化，进一步假设检测距离 R 较小，满足

$$2\pi K(r-r_0)\approx 0 \tag{10.68}$$

被称为窄距假设。

当 $p=q$ 时，发射信号的相关函数为

$$\begin{aligned}\boldsymbol{\Gamma}_{p,q}(r-r_0) &= \frac{1}{L_{ZC}}\sum_{k=-L_{ZC}/2}^{L_{ZC}/2-1} \mathrm{e}^{-\mathrm{j}\frac{2\pi kK(r-r_0)}{L_{ZC}}}\\ &= \boldsymbol{\Gamma}(r-r_0)\end{aligned} \tag{10.69}$$

与具体阵元无关。

当 $p\neq q$ 时，发射信号的相关函数为

$$\begin{aligned}\boldsymbol{\Gamma}_{p,q}(r-r_0) &= \sum_{k=-L_{ZC}/2}^{L_{ZC}/2-1} \left(a_{pk} a_{qk}^{*} \mathrm{e}^{-\mathrm{j}\frac{2\pi kK(r-r_0)}{L_{ZC}}}\right)\\ &\approx 0\end{aligned} \tag{10.70}$$

综上所述，有

$$\boldsymbol{\Gamma}_{p,q}(r-r_0)=\begin{cases}\boldsymbol{\Gamma}(r-r_0), & p=q\\ 0, & p\neq q\end{cases} \tag{10.71}$$

则

$$\boldsymbol{S}^{\mathrm{H}}(r_0)\boldsymbol{S}(r)=\boldsymbol{\Gamma}(r-r_0)\boldsymbol{I}_M \tag{10.72}$$

MIMO 雷达的二维相关函数为

$$\boldsymbol{U}_0^{\mathrm{H}}\boldsymbol{U}=\mathrm{e}^{\frac{\mathrm{j}(M-1)(\beta_\theta-\beta_{\theta_0})}{2}} G(\beta_\theta-\beta_{\theta_0})\begin{bmatrix}\boldsymbol{\Gamma}(r-r_0) & \cdots & \mathrm{e}^{-\mathrm{j}(M-1)\beta_{\theta_0}}\\ \vdots & \ddots & \vdots\\ \mathrm{e}^{\mathrm{j}(M-1)\beta_\theta} & \cdots & \boldsymbol{\Gamma}(r-r_0)\mathrm{e}^{\mathrm{j}(M-1)(\beta_\theta-\beta_{\theta_0})}\end{bmatrix} \tag{10.73}$$

式中

$$G(\beta_\theta-\beta_{\theta_0})=\frac{\sin(M(\beta_\theta-\beta_{\theta_0})/2)}{\sin((\beta_\theta-\beta_{\theta_0})/2)} \tag{10.74}$$

为发射波束方向图，是由发射导向矢量 $\boldsymbol{a}(\theta)$ 经运算得到的，有

$$\mathrm{tr}(\boldsymbol{U}_0^{\mathrm{H}}\boldsymbol{U})=\mathrm{e}^{\mathrm{j}(M-1)(\beta_\theta-\beta_{\theta_0})}G^2(\beta_\theta-\beta_{\theta_0})\Gamma(r-r_0) \tag{10.75}$$

式中，$G(\beta_\theta-\beta_{\theta_0})$是由接收导向矢量$\boldsymbol{b}(\theta)$产生的，含义为接收波束方向图。

由此可得目标位置信息的二维后验概率分布为

$$p(r,\theta|\boldsymbol{W})=\nu\cdot I_0(|2\rho^2G^2(\beta_\theta-\beta_{\theta_0})\Gamma(r-r_0)+F_{\boldsymbol{W}}|) \tag{10.76}$$

式中，$\rho^2=\alpha^2/N_0$为信噪比，表示信号能量与噪声功率谱密度之比；$F_{\boldsymbol{W}}=2\alpha\mathrm{e}^{-\mathrm{j}\varphi_0}\mathrm{tr}(\boldsymbol{W}^{\mathrm{H}}\boldsymbol{U})/N_0$为二维高斯噪声。

相位因子被引入噪声相位，由于噪声相位是随机的，因此引入一个相移，并不能改变统计特性。

后验概率分布是以目标实际位置为中心对称的草帽形状分布，统计特性主要由信号分量决定。由于不同次快拍的噪声具有随机性，后验概率分布也具有随机性，因此基于后验概率分布参数估计方法的性能需要对多次快拍的结果进行平均处理。

在高信噪比时，回波信号中的有用信号将占主要地位，可以忽略接收信号中的噪声项，根据贝塞尔函数近似表达式，可以得到后验 PDF 近似为

$$p(r,\theta|\boldsymbol{w})=\nu\cdot\exp(\rho^2|G^2(\beta_\theta-\beta_{\theta_0})\Gamma(r-r_0)|) \tag{10.77}$$

将$G^2(\beta_\theta-\beta_{\theta_0})$、$\Gamma(r-r_0)$进行泰勒级数展开，有

$$|G^2(\beta_\theta-\beta_{\theta_0})|\approx M^2-M^2\mathcal{L}^2(\theta-\theta_0)^2+O(\theta-\theta_0)^2 \tag{10.78}$$

$$|\Gamma(r-r_0)|\approx 1-\frac{1}{2}K^2\beta^2(r-r_0)^2+O(r-r_0)^2 \tag{10.79}$$

式中，$\beta^2=\pi^2/3$为归一化均方带宽；$\mathcal{L}^2=\pi^2(M^2-1)\cos^2\theta_0/12$为等效孔径。将展开式代入，忽略高次项，可得

$$|G^2(\beta_\theta-\beta_{\theta_0})\Gamma_m(r-r_0)|\approx M^2-\frac{1}{2}M^2K^2\beta^2(r-r_0)^2-M^2\mathcal{L}^2(\theta-\theta_0)^2 \tag{10.80}$$

代入后验概率分布表达式，经简化，可得

$$\begin{aligned}p(r,\theta|\boldsymbol{w})&=\nu\cdot\exp\left(-\frac{1}{2}\rho^2K^2\beta^2M^2(r-r_0)^2-\rho^2M^2\mathcal{L}^2(\theta-\theta_0)^2\right)\\&=\frac{1}{2\pi\sqrt{|\boldsymbol{C}_{R,\Theta}|}}\exp\left(\frac{-(\boldsymbol{\mu}-\boldsymbol{m}_{\boldsymbol{\mu}})^{\mathrm{T}}\boldsymbol{C}_{R,\Theta}^{-1}(\boldsymbol{\mu}-\boldsymbol{m}_{\boldsymbol{\mu}})}{2}\right)\end{aligned} \tag{10.81}$$

式中，$\boldsymbol{\mu}=[r,\theta]^{\mathrm{T}}$；均值$\boldsymbol{m}_{\boldsymbol{\mu}}=[r_0,\theta_0]^{\mathrm{T}}$；协方差矩阵为

$$\boldsymbol{C}_{R,\Theta}=\begin{bmatrix}\dfrac{1}{2\rho^2K^2\beta^2M^2} & 0\\ 0 & \dfrac{1}{4\rho^2M^2\mathcal{L}^2}\end{bmatrix} \tag{10.82}$$

在窄距条件下，恒模散射目标距离-方向信息的上界[52]为

$$\begin{aligned}I(\boldsymbol{Y};R,\Theta)&\leqslant\log D\Omega-\log(2\pi\mathrm{e}\,|\boldsymbol{C}_{R,\Theta}|^{1/2})\\&=\log\left(\frac{\sqrt{2}\,D\Omega K\beta\mathcal{L}M^2\rho^2}{\pi\mathrm{e}}\right)\end{aligned} \tag{10.83}$$

我们注意到，对于由 M 个阵元组成的天线阵列，MIMO 雷达在整个观测区间可获得 M^2 倍的信噪比，相控阵雷达对波束内目标比 MIMO 雷达的增益高 M 倍，对波束外目标则无能为力，如图 10.3 所示。

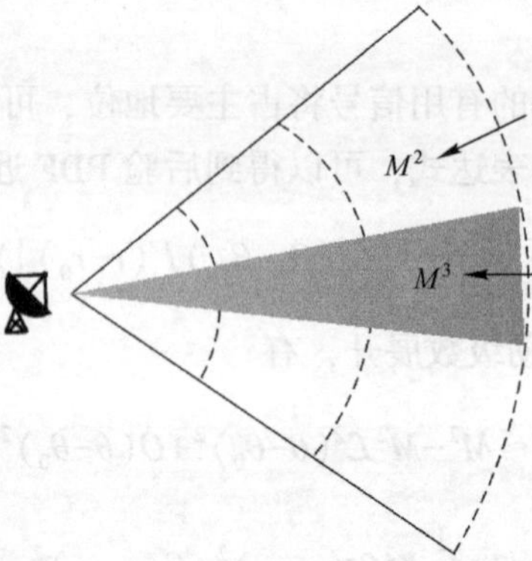

图 10.3　MIMO 雷达和相控阵雷达的 SNR 增益

由以上分析可知，MIMO 雷达和相控阵雷达可以看作雷达的两种工作模式，具有互补关系。MIMO 雷达的特点是一次快拍可以覆盖整个观测区间，感知范围大，可以及时发现目标。若存在感兴趣的区域，则可以切换到相控阵雷达模式，以实现更高精度的感知。

对于恒模散射信源，通过仿真可以对上述分析进行验证。图 10.4 为 MIMO 雷达的后验概率密度函数二维曲线图，阵元数目 $M=12$，采样点数目为 64，带宽载频比 $K=1/1000$。假设散射系数为 1，目标位于远场位置 $r_0=1000$、$\theta_0=0\text{rad}$ 处，角度搜索范围为半功率波束宽度 $\text{BW}_{0.5}$ 内，距离搜索范围为[700,1300]，单位为 m。由图可知，目标以很高的概率位于真实位置附近。

图 10.5 和图 10.6 分别为在不同信噪比情形下给定距离的方向维和给定方向的距离维后验概率分布。由图可知，当信噪比较高时，雷达容易感知目标所在位置；当信噪比很低时，信号完全淹没在噪声中，雷达感知不到目标位置。

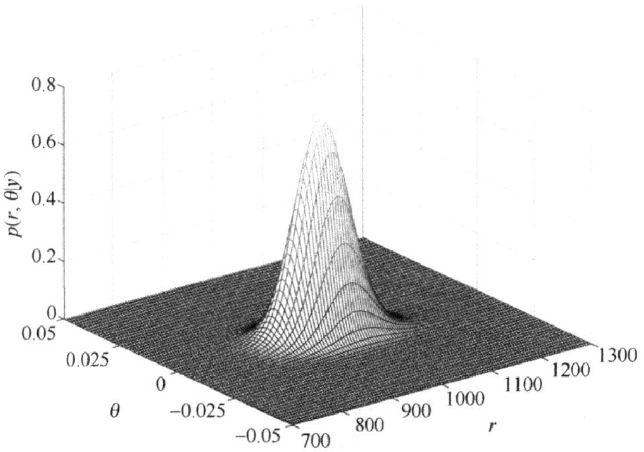

图 10.4　MIMO 雷达的后验概率密度函数二维曲线图

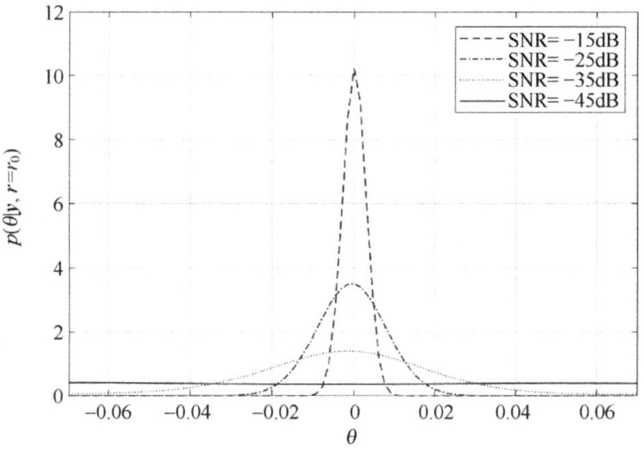

图 10.5　在不同信噪比情形下给定距离的方向维后验概率分布

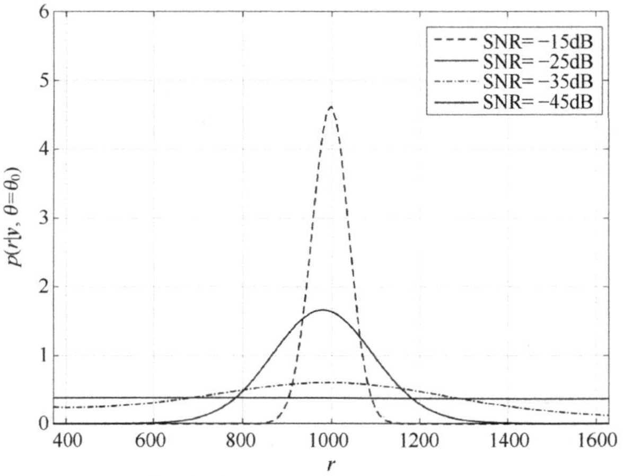

图 10.6　在不同信噪比情形下给定方向的距离维后验概率分布

图 10.7 为在窄距假设条件下，阵元数目 $M=32$ 时的二维信号相关矩阵 $\boldsymbol{S}^{\mathrm{H}}(r_0)\boldsymbol{S}(r)$ 的计算结果：图（a）是实部二维图；图（b）为虚部二维图。由图可知，在信号相关矩阵中，对角线上的元素起主要作用，其他元素的值趋于 0。

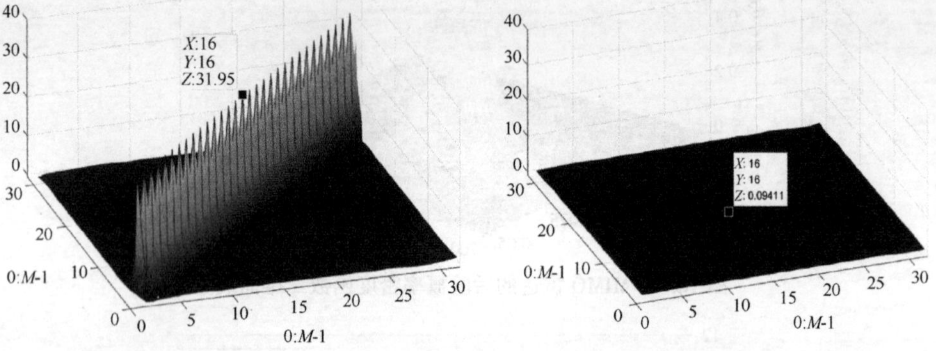

（a）实部　　（b）虚部

图 10.7　二维信号相关矩阵 $\boldsymbol{S}^{\mathrm{H}}(r_0)\boldsymbol{S}(r)$ 的计算结果

图 10.8 为当 $N=64$、M 分别为 8 和 16 时，恒模散射目标的距离-方向信息及其上界的仿真结果，展示了距离-方向信息与信噪比 ρ^2、阵元数目 M 之间的关系，以及不同 M 对应的距离-方向信息上界，上界曲线与理论曲线贴合，验证了上界表达式的正确性。根据距离-方向信息上界表达式，距离-方向信息是 M^2 的对数，当信噪比较高时，阵元数目 M 每提高一倍，距离-方向信息提高 2bit。当信噪比为-25dB、M 为 16 时，距离-方向信息为 8bit，比 M 为 8 时的距离-方向信息 6bit 提高了 2bit，验证了推导的正确性和合理性。

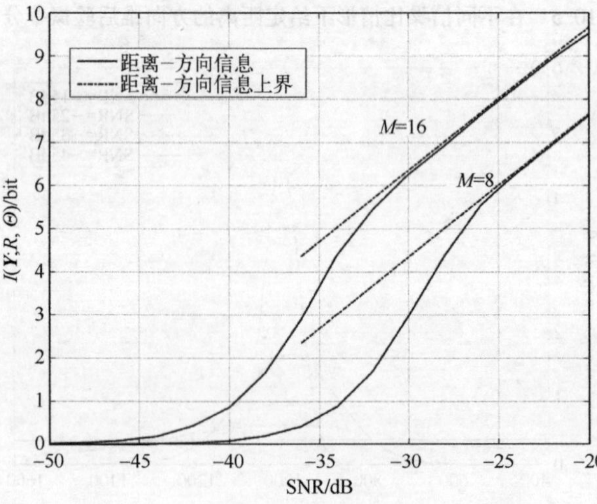

图 10.8　距离-方向信息及其上界的仿真结果

10.4 MIMO雷达距离-方向信息的近似表达式

下面将采用推导相控阵雷达距离-方向信息近似表达式的方法，推导 MIMO 雷达距离-方向信息的近似表达式[52]。

已知 MIMO 雷达的联合后验概率分布是以 (x_0,θ_0) 为中心的草帽形状分布，见图 10.4。现将观测区间划分为信号区间 s 和噪声区间 w 两个部分。信号区间 s 包含谱峰及其邻域。在这个区间，我们同时考虑信号和噪声对后验 PDF 的影响。除信号区间以外的部分为噪声区间。在这个区间，我们只考虑噪声对后验 PDF 的影响。

令

$$V_s=\nu\cdot I_0\left(\left|\rho^2G^2(\beta_\theta-\beta_{\theta_0})\Gamma(r-r_0)+\frac{2\alpha}{N_0}\mathrm{e}^{-\mathrm{j}\varphi_0}\mathrm{tr}(\boldsymbol{W}^{\mathrm{H}}\boldsymbol{U})\right|\right) \tag{10.84}$$

$$V_w=\nu I_0\left(\left|\frac{2\alpha}{N_0}\mathrm{e}^{-\mathrm{j}\varphi_0}\mathrm{tr}(\boldsymbol{W}^{\mathrm{H}}\boldsymbol{U})\right|\right),(r,\theta)\in w \tag{10.85}$$

$$\Omega_s=\iint_s V_s\mathrm{d}x\mathrm{d}\theta \tag{10.86}$$

$$\Omega_w=\iint_w V_w\mathrm{d}x\mathrm{d}\theta \tag{10.87}$$

$$\kappa=\frac{\Omega_s}{\Omega_s+\Omega_w} \tag{10.88}$$

与相控阵雷达类似，后验微分熵的表达式为

$$h(R,\Theta\mid\boldsymbol{Y})=\kappa H_s+(1-\kappa)H_w+H(\kappa) \tag{10.89}$$

式中，H_s 为信号区间的微分熵；H_w 为噪声区域的微分熵。

忽略复杂的推导过程，直接得到

$$\Omega_w=D\Omega\mathrm{e}^{M^2\rho^2} \tag{10.90}$$

$$\Omega_s\approx\frac{\mathrm{e}^{2M^2\rho^2+1}\sqrt{\pi\mathrm{e}}}{2\mathcal{L}K\beta\sqrt{2M^6\rho^6}} \tag{10.91}$$

$$H_s\approx\log\frac{\pi\mathrm{e}}{\sqrt{2}M^2\rho^2\mathcal{L}K\beta} \tag{10.92}$$

$$H_w \approx \log\left[\frac{2M\rho D\Omega\sqrt{\pi e}}{e^{M^2\rho^2+1}}\right] \tag{10.93}$$

$$\kappa = \frac{e^{M^2\rho^2+1}\sqrt{\pi e}}{e^{M^2\rho^2+1}\sqrt{\pi e}+2D\Omega\mathcal{L}K\beta\sqrt{2M^6\rho^6}} \tag{10.94}$$

将 H_w 和 H_s 代入式（10.89），得到后验微分熵的闭合表达式为

$$h(X,\boldsymbol{\Theta}\mid \boldsymbol{Y}) = \kappa\log\frac{\pi e}{\sqrt{2}M^2\rho^2\mathcal{L}K\beta}+(1-\kappa)\log\left[\frac{2M\rho D\Omega\sqrt{\pi e}}{e^{M^2\rho^2+1}}\right]+H(\kappa) \tag{10.95}$$

在高 SNR 情形下，$\kappa\to 1$，后验微分熵取决于信号微分熵 H_s，有

$$h(X,\boldsymbol{\Theta}\mid \boldsymbol{Y}) = \log\frac{\pi e}{\sqrt{2}M^2\rho^2\mathcal{L}K\beta} \tag{10.96}$$

反之，在低 SNR 情形下，$\kappa\to 0$，后验微分熵取决于噪声微分熵 H_w，有

$$h(X,\boldsymbol{\Theta}\mid \boldsymbol{Y}) = \log\left[\frac{2M\rho D\Omega\sqrt{\pi e}}{e^{M^2\rho^2+1}}\right] \tag{10.97}$$

值得注意的是，以上表达式在极低 SNR(<-30dB)情形下不适用，因为在推导时，近似条件在极低 SNR 情形下不成立。

将 κ 的表达式代入式（10.95），可得

$$h(R,\boldsymbol{\Theta}\mid \boldsymbol{Y}) = \kappa\log\frac{\pi e}{\sqrt{2}M^2\rho^2\mathcal{L}K\beta\kappa}+(1-\kappa)\log\left[\frac{2M\rho D\Omega\sqrt{\pi e}}{e^{M^2\rho^2+1}(1-\kappa)}\right] \tag{10.98}$$

注意到

$$e^{M^2\rho^2+1}(1-\kappa) = \frac{2D\Omega\mathcal{L}K\beta\sqrt{2M^6\rho^6}}{\sqrt{\pi e}}\kappa \tag{10.99}$$

代入式（10.96），得到距离-方向信息后验微分熵的简化表达式为

$$h(X,\boldsymbol{\Theta}\mid \boldsymbol{Y}) = \log\frac{\pi e}{\sqrt{2}M^2\rho^2\mathcal{L}K\beta\kappa} \tag{10.100}$$

由此，距离-方向信息的近似表达式为

$$\begin{aligned} I(\boldsymbol{Y};R,\boldsymbol{\Theta}) &= \log D\Omega-\log\frac{\pi e}{\sqrt{2}M^2\rho^2\mathcal{L}K\beta\kappa} \\ &= \ln\left(\frac{\sqrt{2}M^2\rho^2 D\Omega\mathcal{L}K\beta\kappa}{\pi e}\right) \end{aligned} \tag{10.101}$$

在高 SNR 情形下，$\kappa \to 1$，距离-方向信息的近似表达式简化为

$$I(\boldsymbol{Y};R,\Theta)=\log\left(\frac{M\rho DK\beta}{\sqrt{\pi \mathrm{e}}}\right)+\log\left(\frac{\sqrt{2}M\rho\Omega\mathcal{L}}{\sqrt{\pi \mathrm{e}}}\right) \tag{10.102}$$

式中，第一项是距离信息，即

$$I(\boldsymbol{Y};R)=\log\left(\frac{M\rho DK\beta}{\sqrt{\pi \mathrm{e}}}\right) \tag{10.103}$$

第二项是方向信息，即

$$I(\boldsymbol{Y};\Theta)=\log\left(\frac{\sqrt{2}M\rho\Omega\mathcal{L}}{\sqrt{\pi \mathrm{e}}}\right) \tag{10.104}$$

由熵误差的定义，进一步得到距离-方向信息的熵误差表达式为

$$\sigma_{\mathrm{EE}}^2(R,\Theta\,|\,\boldsymbol{Y})=\sigma_{\mathrm{EE}}^2(R\,|\,\boldsymbol{Y})\cdot\sigma_{\mathrm{EE}}^2(\Theta\,|\,\boldsymbol{Y}) \tag{10.105}$$

式中，距离信息的熵误差为

$$\sigma_{\mathrm{EE}}^2(R\,|\,\boldsymbol{Y})=\frac{1}{2M^2\rho^2K^2\beta^2} \tag{10.106}$$

在高 SNR 情形下，距离信息熵误差退化为距离维 MSE。

方向信息的熵误差为

$$\sigma_{\mathrm{EE}}^2(\Theta\,|\,\boldsymbol{Y})=\frac{1}{4M^2\rho^2\mathcal{L}^2} \tag{10.107}$$

在高 SNR 情形下，方向信息的熵误差退化为方向维 MSE。

10.5　MIMO 雷达的散射信息

10.5.1　恒模散射

信源的空间信息由距离-方向信息组成的位置信息和散射信息两个部分组成。前面详细讨论了在恒模散射条件下单信源的距离-方向信息。下面将研究单信源的散射信息。

对于恒模散射信源，散射系数的幅值为常数 α，散射信息只与散射相位 φ 有关。散射信息 $I(\boldsymbol{Y};S\,|\,R,\Theta)$ 简化为相位信息 $I(\boldsymbol{Y};\Phi\,|\,R,\Theta)$。根据信息论，恒模散

射信源的散射信息为先验微分熵与后验微分熵的差，即

$$I(\boldsymbol{Y};\boldsymbol{\Phi}|R,\boldsymbol{\Theta})=h(\boldsymbol{\Phi}|R,\boldsymbol{\Theta})-h(\boldsymbol{\Phi}|\boldsymbol{Y};R,\boldsymbol{\Theta}) \tag{10.108}$$

式中，先验微分熵为

$$h(\boldsymbol{\Phi}|R,\boldsymbol{\Theta})=\log(2\pi) \tag{10.109}$$

在已知距离 R、方向 $\boldsymbol{\Theta}$ 和相位 $\boldsymbol{\Phi}$ 的条件下，$\boldsymbol{Y}$ 的概率密度函数为

$$p(\boldsymbol{y}|r,\theta,\varphi)=\frac{1}{(\pi N_0)^{MN}}\exp\left(-\frac{1}{N_0}\text{tr}((\boldsymbol{Y}-\alpha \text{e}^{\text{j}\varphi}\boldsymbol{U})^{\text{H}}(\boldsymbol{Y}-\alpha \text{e}^{\text{j}\varphi}\boldsymbol{U}))\right) \tag{10.110}$$

后验概率分布为

$$\begin{aligned}p(\varphi|\boldsymbol{y},r,\theta)&=\frac{p(\boldsymbol{y};\varphi|r,\theta)}{p(\boldsymbol{y}|r,\theta)}\\&=\frac{p(\boldsymbol{y}|r,\theta,\varphi)\pi(\varphi)}{\int_0^{2\pi}p(\boldsymbol{y}|r,\theta,\varphi)\pi(\varphi)\text{d}\varphi}\end{aligned} \tag{10.111}$$

代入相关公式，消去无关变量，有

$$p(\varphi|\boldsymbol{y},r,\theta)=\frac{\exp\left(\frac{2\alpha}{N_0}\text{tr}(\text{Re}(\text{e}^{\text{j}\varphi}\boldsymbol{Y}^{\text{H}}\boldsymbol{U}))\right)}{\int_0^{2\pi}\exp\left(\frac{2\alpha}{N_0}\text{tr}(\text{Re}(\text{e}^{\text{j}\varphi}\boldsymbol{Y}^{\text{H}}\boldsymbol{U}))\right)\text{d}\varphi} \tag{10.112}$$

根据贝塞尔函数的定义，由分母

$$\int_0^{2\pi}\exp\left(\frac{2\alpha}{N_0}\text{tr}(\text{Re}(\text{e}^{\text{j}\varphi}\boldsymbol{Y}^{\text{H}}\boldsymbol{U}))\right)\text{d}\varphi=2\pi I_0\left(\frac{2\alpha}{N_0}\text{tr}(|\boldsymbol{Y}^{\text{H}}\boldsymbol{U}|)\right) \tag{10.113}$$

有

$$p(\varphi|\boldsymbol{y},r,\theta)=\frac{\exp\left(\frac{2\alpha}{N_0}\text{tr}(\text{Re}(\text{e}^{\text{j}\varphi}\boldsymbol{Y}^{\text{H}}\boldsymbol{U}))\right)}{2\pi I_0\left(\frac{2\alpha}{N_0}\text{tr}(|\boldsymbol{Y}^{\text{H}}\boldsymbol{U}|)\right)} \tag{10.114}$$

恒模散射信源的散射信息为

$$I(\boldsymbol{Y};\boldsymbol{\Phi}|R,\boldsymbol{\Theta})=\log(2\pi)-E_{\boldsymbol{y},r,\theta}[h(\varphi|\boldsymbol{y},r,\theta)] \tag{10.115}$$

式中

$$h(\varphi|\boldsymbol{y};r,\theta)=-\int_0^{2\pi}p(\varphi|\boldsymbol{y},r,\theta)\log p(\varphi|\boldsymbol{y},r,\theta)\mathrm{d}\varphi \tag{10.116}$$

10.5.2 复高斯散射

假设在 MIMO 雷达的观测区间有 L 个目标，每个目标具有相同的平均 SNR。由于要考虑多目标，因此需要建立多目标的系统方程，首先将前述矩阵形式的系统方程进行矢量化。

MIMO 雷达的接收序列可以写为 $MN\times1$ 维检测矢量形式，有

$$\boldsymbol{y}=s\boldsymbol{u}(r,\theta)+\boldsymbol{w} \tag{10.117}$$

式中

$$\boldsymbol{u}(r,\theta)=\boldsymbol{b}(\theta)\otimes(\boldsymbol{S}(r)\boldsymbol{a}(\theta)) \tag{10.118}$$

式中，$\otimes$代表 Kronecker 积。

L 个目标的系统方程可写为

$$\boldsymbol{Y}=\boldsymbol{U}(\boldsymbol{r},\boldsymbol{\theta})\boldsymbol{S}+\boldsymbol{W} \tag{10.119}$$

式中

$$\boldsymbol{U}(r,\theta)=(\boldsymbol{u}(r_1,\theta_1),\boldsymbol{u}(r_2,\theta_2),\cdots,\boldsymbol{u}(r_L,\theta_L)) \tag{10.120}$$

是 $MN\times L$ 维位置信息矩阵。

MIMO 雷达散射信息的推导过程与相控阵雷达类似，在给定距离和方向$(\boldsymbol{r},\boldsymbol{\theta})$时，$L$ 个目标的散射信息为

$$I(\boldsymbol{Y};\boldsymbol{S}|\boldsymbol{r},\boldsymbol{\theta})=\log|I+\rho^2\boldsymbol{U}^{\mathrm{H}}(\boldsymbol{r},\boldsymbol{\theta})\boldsymbol{U}(\boldsymbol{r},\boldsymbol{\theta})| \tag{10.121}$$

式中，Hermite 矩阵 $\boldsymbol{U}^{\mathrm{H}}(\boldsymbol{r},\boldsymbol{\theta})\boldsymbol{U}(\boldsymbol{r},\boldsymbol{\theta})$的第$(l,k)$个元素由下式确定，即

$$\begin{aligned}\boldsymbol{u}^{\mathrm{H}}(r_l,\theta_l)\boldsymbol{u}(r_k,\theta_k)&=(\boldsymbol{b}^{\mathrm{H}}(\theta_l)\otimes(\boldsymbol{S}(r_l)\boldsymbol{a}(\theta_l))^{\mathrm{H}})(\boldsymbol{b}(\theta_k)\otimes(\boldsymbol{S}(r_k)\boldsymbol{a}(\theta_k)))\\&=(\boldsymbol{b}^{\mathrm{H}}(\theta_l)\boldsymbol{b}(\theta_k))\otimes(\boldsymbol{a}^{\mathrm{H}}(\theta_l)\boldsymbol{S}^{\mathrm{H}}(r_l)(\boldsymbol{S}(r_k)\boldsymbol{a}(\theta_k)))\\&=G^2(\beta_{\theta_k}-\beta_{\theta_l})\operatorname{asinc}(K(r_k-r_l))\end{aligned} \tag{10.122}$$

只有一个目标时的散射信息为

$$I(\boldsymbol{Y};S|r,\theta)=\log(1+M^2\rho^2) \tag{10.123}$$

上述结果表明，M 个阵元的 SNR 为 $M^2\rho^2$，散射信息只与信噪比和阵元数目有关，与目标的位置无关，与香农信道容量公式完全一致，说明通信信息在本质上类似于散射信息。

恒模散射和复高斯散射两种信源的散射信息如图 10.9 所示。由图可知，复高斯散射信源的散射信息一直高于恒模散射信源的散射信息。因为复高斯散射信源的散射信息幅值和相位同时变化，相当于幅值和相位联合调制，恒模散射信源的散射信息只有相位变化，相当于只有相位调制。

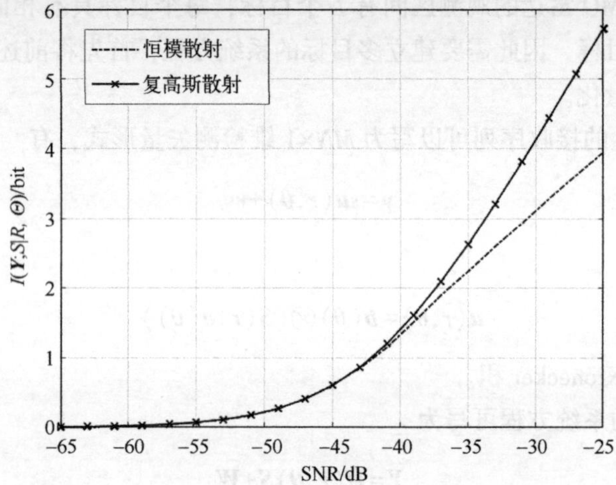

图 10.9　恒模散射和复高斯散射两种信源的散射信息

两个信源的 Hermite 矩阵为

$$\boldsymbol{U}^{\mathrm{H}}\boldsymbol{U}=\begin{bmatrix} M^2 & G^2(\beta_{\theta_2}-\beta_{\theta_1})\,\mathrm{asinc}(K(r_2-r_1)) \\ G^2(\beta_{\theta_1}-\beta_{\theta_2})\,\mathrm{asinc}(K(r_1-r_2)) & M^2 \end{bmatrix} \tag{10.124}$$

式（10.124）的特征值有闭式解，即

$$\begin{cases} \lambda_1=M^2+G^2(\beta_{\theta_2}-\beta_{\theta_1})\,\mathrm{asinc}(K(r_2-r_1)) \\ \lambda_2=M^2-G^2(\beta_{\theta_2}-\beta_{\theta_1})\,\mathrm{asinc}(K(r_2-r_1)) \end{cases} \tag{10.125}$$

两个信源的散射信息为

$$I(\boldsymbol{Y};\boldsymbol{S}\,|\,\boldsymbol{r},\boldsymbol{\theta})=\log(1+\rho^2\lambda_1)+\log(1+\rho^2\lambda_2) \tag{10.126}$$

10.6　MIMO 雷达的距离−方向分辨率

在两个信源的散射信息表达式中，假设信源 1 为参考信源，位于(r_0,θ_0)，信源 2 位于(r,θ)，令两个信源的方向间距 $\Delta\theta=\theta-\theta_0$，距离间距 $\Delta r=r-r_0$，有

$$\lambda_2 = M^2 - G^2(\beta_\theta - \beta_{\theta_0})\operatorname{asinc}(K(r-r_0)) \tag{10.127}$$

定义满足

$$\log(1+\rho^2\lambda_2) = 1 \tag{10.128}$$

的信源间隔$(\Delta r, \Delta\theta)$为距离-方向分辨率，有

$$M^2 - G^2(\beta_\theta - \beta_{\theta_0})\operatorname{asinc}(K(r-r_0)) = \frac{1}{\rho^2} \tag{10.129}$$

将阵列方向图在参考方向 θ_0 上进行泰勒级数展开，忽略高次项，有

$$\begin{cases} G(\beta_\theta - \beta_{\theta_0}) \approx M - M\dfrac{1}{2}\mathcal{L}^2(\Delta\theta)^2 \\ G^2(\beta_\theta - \beta_{\theta_0}) \approx M^2 - M^2\mathcal{L}^2(\Delta\theta)^2 \end{cases} \tag{10.130}$$

将 asinc 函数在 r_0 处展开，有

$$\operatorname{asinc}(K(r-r_0)) = 1 - \frac{1}{2}K^2\beta^2(\Delta r)^2 \tag{10.131}$$

将式（10.130）和式（10.131）代入式（10.129），有

$$M^2 - (M^2 - M^2\mathcal{L}^2(\Delta\theta)^2)\left(1 - \frac{1}{2}K^2\beta^2(\Delta r)^2\right) = \frac{1}{\rho^2} \tag{10.132}$$

忽略高次项，经整理，可得

$$\frac{1}{2}K^2\beta^2(\Delta r)^2 + \mathcal{L}^2(\Delta\theta)^2 = \frac{1}{M^2\rho^2} \tag{10.133}$$

式（10.133）为 MIMO 雷达的分辨率方程。

相控阵雷达的分辨率方程只有在信源处于阵列的波束方向之内时才成立。MIMO 雷达的分辨率方程在整个观测区间均成立。

分辨率不仅与系统的带宽、阵列的等效孔径有关，还与 SNR 有关。由于 MIMO 雷达具有能量集中效应，因此其等效 SNR 提高了 M^2 倍。

当 $\Delta\theta=0$ 时，距离维分辨率为

$$\Delta r = \frac{\sqrt{2}}{M\rho K\beta} \tag{10.134}$$

当 $M=1$、$K=1$ 时，式（10.134）退化为单天线的距离分辨率。

当 $\Delta r=0$ 时，方向维分辨率为

$$\Delta\theta=\frac{1}{M\rho\mathcal{L}} \tag{10.135}$$

与天线阵列无源感知的分辨率相比，SNR 从 $M\rho^2$ 提高到了 $M^2\rho^2$。

图 10.10 为正交信道容量随着距离间隔和 DOA 间隔的变化：正交信道容量等于 1bit 是一个临界状态平面，如图 10.10（a）所示；将临界状态平面切出一个类椭圆区域，如图 10.10（b）所示，该椭圆反映阵列的距离-方向二维分辨率方程。

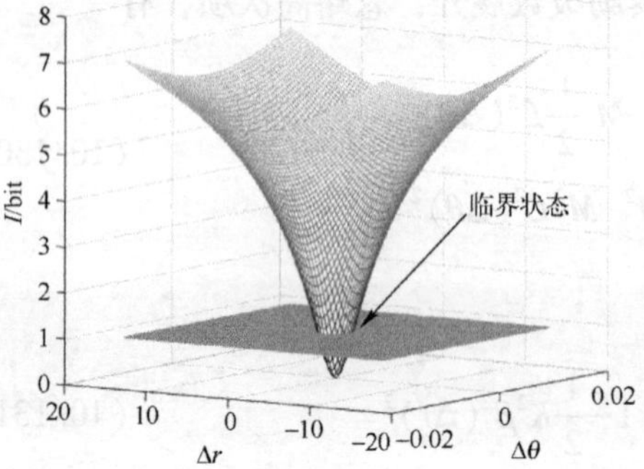

（a）

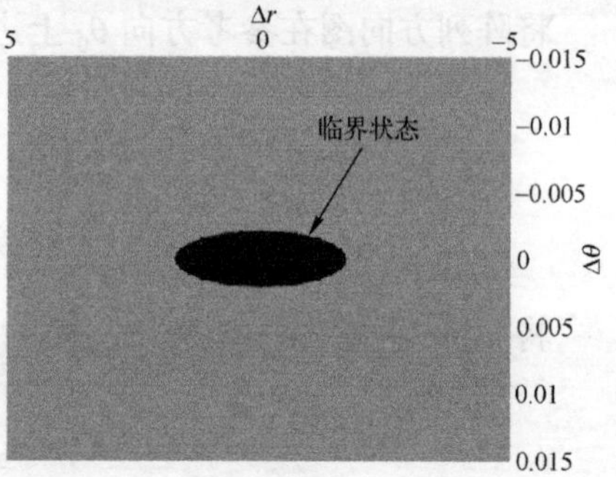

（b）

图 10.10　正交信道容量随着距离间隔和 DOA 间隔的变化

第 11 章 目标检测的空间信息理论

目标检测和参数估计是雷达感知的两个基本问题。前面各章节主要研究了参数估计的空间信息理论。本章将主要研究目标检测的空间信息理论，通过引入目标存在的状态变量，建立了结合目标检测和参数估计的统一系统模型，给出了感知信息的严格定义，证明了感知信息是目标检测信息与已知目标存在状态的空间信息之和，从理论上解决了感知信息的定量问题。

11.1 目标检测的评价指标

雷达感知的主要任务是目标检测、参数估计和成像。由于在成像之后仍然需要进行目标检测，因此目标检测不仅是雷达感知的关键问题，更是雷达感知的首要环节，对后续的信号处理环节将产生重要影响。

目标检测通常采用虚警概率-检测概率指标体系作为评价标准，即在给定虚警概率的条件下，使检测概率最大化。已证明，在虚警概率-检测概率指标体系下，奈曼-皮尔逊（NP）准则是最佳的。NP 准则在目标检测中一直占有统治地位，特别是在恒虚警条件下对不同应用场景最佳检测器的设计[88-90]。Sangston 等人[91]指出，在复高斯杂波环境下，最佳检测器的阈值取决于匹配滤波器的输出。Liu 等人[92]在高斯噪声且协方差未知的情形下，采用广义似然比检验检测分布式目标，推导了虚警概率的近似解析表达式，便于检测器设置检测阈值。最近，NP 准则还被用于 MIMO 雷达或相控阵雷达相关领域的最佳检测器设计[93-95]及提高分集增益等[96]。

信息论在目标检测领域具有广泛的应用。1988 年，Bell 首先将互信息测度用于雷达的波形设计，以接收信号和目标冲激响应之间的互信息为测度，证明了最佳波形设计对应于信道容量的最优功率注水解。该结论与通信系统中的最优功率分配问题一致。在 Bell 的系统模型中，目标的距离信息隐含在目标冲激响应中。在实际环境中，由于目标位置是不断变化的，因此必须采用自适应的波形设计方法。由于 Bell 的工作是针对目标检测问题提出来的，系统模型不区分目标，因此从本质上说，互信息测度就是空间信息中的散射信息。

2017 年，我们提出了雷达参数估计的空间信息概念，将空间信息定义为接收信号与目标的位置和散射的联合互信息。目标检测就是根据雷达的接收信号判断是否存在目标。

目标检测能否在信息论的基础上进行统一描述和刻画呢?

本章将通过引入目标存在的状态变量,建立结合目标检测和参数估计的统一系统模型[42,97],给出感知信息的严格定义,证明感知信息是目标检测信息与已知目标存在状态的空间信息之和,从理论上可解决感知信息的定量问题,并推导出目标在匹配和非匹配条件下检测信息的理论表达式,进一步提出抽样后验概率检测方法。该方法是一种随机目标检测方法,平均检测性能取决于后验概率分布,在此基础上,最终证明了目标检测定理[55],即检测信息是可达的;反之,任何检测器的经验检测信息不大于检测信息。

检测信息作为目标检测的评价标准,与虚警概率-检测概率指标体系不同。通过对信息论方法和 NP 准则的比较可知,信息论方法的检测概率虽小于 NP 准则的检测概率,但检测信息大于 NP 检测器。目标检测的信息理论突破了传统的 NP 准则,为目标检测的系统理论和设计方法开辟了新的方向。

11.2 目标检测系统模型

假设在观测区间存在 K 个目标,目标之间相互独立,目标的位置和散射相互独立,雷达发射的基带信号 $\psi(t)=\text{sinc}(Bt)$,是带宽为 $B/2$ 的理想低通信号,则接收信号为

$$y(t)=\sum_{k=1}^{K}v_k s_k \psi(t-\tau_k)+w(t) \tag{11.1}$$

式中,$v_k\in\{0,1\}$ 表示第 k 个目标存在的状态变量,$v_k=1$ 表示目标存在,$v_k=0$ 表示目标不存在;s_k 表示第 k 个目标的散射信号;τ_k 表示第 k 个目标产生的时延;$w(t)$ 表示带宽为 $B/2$ 的复加性高斯白噪声,实部和虚部的功率谱密度均为 $N_0/2$。

假设信号能量几乎全部在观测区间,参考点位于观测区间的中点。根据 Shannon-Nyquist 采样定理,以速率 B 对接收信号进行采样,则离散形式的接收信号为

$$y(n)=\sum_{k=1}^{K}v_k s_k \text{sinc}(n-x_k)+w(n),\ n=-\frac{N}{2},\cdots,\frac{N}{2}-1 \tag{11.2}$$

式中,$x_k=B\tau_k$ 表示归一化时延,各噪声采样值相互独立,实部和虚部也相互独立。

为了方便描述,将式(11.2)写成矢量形式,即

$$y=\boldsymbol{\Psi}(x)Vs+w \tag{11.3}$$

式中

$$V=\begin{bmatrix} v_1 & 0 & \cdots & 0 \\ 0 & v_2 & \cdots & 0 \\ \vdots & \vdots & \ddots & \vdots \\ 0 & 0 & \cdots & v_K \end{bmatrix} \tag{11.4}$$

是目标存在状态变量 $\boldsymbol{v}=(v_1,v_2,\cdots,v_K)$ 的对角矩阵；$\boldsymbol{\Psi}(\boldsymbol{x})=[\cdots,\boldsymbol{\psi}(x_k),\cdots]$ 为目标位置信息矩阵；$\boldsymbol{\psi}^{\mathrm{T}}(x_k)=(\cdots,\mathrm{sinc}(n-x_k),\cdots)$ 为第 k 个目标的采样波形。式（11.3）又被称为目标检测系统方程，简称检测方程。检测方程的主要特征是引入了目标存在状态变量，是多目标感知系统模型的推广。

11.3　目标检测信息的定义

下面将采用统计观点处理目标检测系统方程，令 $\boldsymbol{V}$ 表示目标是否存在的随机变量，$\boldsymbol{Y}$ 表示接收信号的随机变量，定义检测信息如下。

定义 11.1【理论检测信息】假设目标存在状态变量的概率分布为 $\pi(\boldsymbol{v})$，则将目标的检测信息定义为接收信号与目标存在状态变量之间的互信息，即

$$I(\boldsymbol{Y};\boldsymbol{V})=E\left[\log\frac{p(\boldsymbol{y}\mid\boldsymbol{v})}{p(\boldsymbol{y})}\right] \tag{11.5}$$

式中，$E[\cdot]$表示数学期望。

11.4　目标检测信息的计算

下面将介绍在目标完全匹配和非匹配两种场景下，复高斯散射目标和恒模散射目标检测信息的计算方法。

11.4.1　一般复高斯散射目标检测信息的计算

对于复高斯散射目标，假设各散射信号的平均功率均为 P，也就是各散射信号服从均值为 0、方差为 P 的复高斯分布。在给定目标存在状态变量 $\boldsymbol{V}$ 和归一化时延 $\boldsymbol{X}$ 的条件下，接收信号 $\boldsymbol{Y}$ 也是复高斯变量，协方差矩阵为

$$
\begin{aligned}
\boldsymbol{R}_V(\boldsymbol{x}) &= E_{SW}[\boldsymbol{Y}\boldsymbol{Y}^{\mathrm{H}}] \\
&= E_{SW}[(\boldsymbol{\Psi}(\boldsymbol{x})\boldsymbol{V}\boldsymbol{S}+\boldsymbol{W})(\boldsymbol{\Psi}(\boldsymbol{x})\boldsymbol{V}\boldsymbol{S}+\boldsymbol{W})^{\mathrm{H}}] \\
&= \boldsymbol{\Psi}(\boldsymbol{x})\boldsymbol{V}E_S[\boldsymbol{S}\boldsymbol{S}^{\mathrm{H}}]\boldsymbol{V}^{\mathrm{H}}\boldsymbol{\Psi}^{\mathrm{H}}(\boldsymbol{x})+E_W[\boldsymbol{W}\boldsymbol{W}^{\mathrm{H}}] \\
&= N_0\boldsymbol{I}+P\boldsymbol{\Psi}(\boldsymbol{x})\boldsymbol{V}\boldsymbol{\Psi}^{\mathrm{H}}(\boldsymbol{x}) \\
&= N_0[\boldsymbol{I}+\rho^2\boldsymbol{\Psi}(\boldsymbol{x})\boldsymbol{V}\boldsymbol{\Psi}^{\mathrm{H}}(\boldsymbol{x})]
\end{aligned} \tag{11.6}
$$

式中，$\rho^2=P/N_0$ 表示散射信号平均功率与总的噪声功率之比。在给定 $\boldsymbol{V}$ 和 $\boldsymbol{X}$ 时的条件 PDF 为

$$
p(\boldsymbol{y}\mid \boldsymbol{v}\boldsymbol{x})=\frac{1}{\pi^N\left|\boldsymbol{R}_V(\boldsymbol{x})\right|}\exp(-\boldsymbol{y}^{\mathrm{H}}\boldsymbol{R}_V^{-1}(\boldsymbol{x})\boldsymbol{y}) \tag{11.7}
$$

对归一化时延求期望，可得在给定 $\boldsymbol{V}$ 时的条件 PDF 为

$$
p(\boldsymbol{y}\mid \boldsymbol{v})=\oint\frac{1}{\pi^N\left|\boldsymbol{R}_V(\boldsymbol{x})\right|}\pi(\boldsymbol{x})\exp(-\boldsymbol{y}^{\mathrm{H}}\boldsymbol{R}_V^{-1}(\boldsymbol{x})\boldsymbol{y})\,\mathrm{d}\boldsymbol{x} \tag{11.8}
$$

式（11.8）描述了一个目标检测信道，由贝叶斯公式，可得后验 PDF 为

$$
P(\boldsymbol{v}\mid \boldsymbol{y})=\frac{\pi(\boldsymbol{v})\oint\frac{1}{\left|\boldsymbol{R}_V(\boldsymbol{x})\right|}\pi(\boldsymbol{x})\exp(-\boldsymbol{y}^{\mathrm{H}}\boldsymbol{R}_V^{-1}(\boldsymbol{x})\boldsymbol{y})\,\mathrm{d}\boldsymbol{x}}{\sum_{\boldsymbol{v}}\pi(\boldsymbol{v})\oint\frac{1}{\left|\boldsymbol{R}_V(\boldsymbol{x})\right|}\pi(\boldsymbol{x})\exp(-\boldsymbol{y}^{\mathrm{H}}\boldsymbol{R}_V^{-1}(\boldsymbol{x})\boldsymbol{y})\,\mathrm{d}\boldsymbol{x}} \tag{11.9}
$$

如果目标在观测区间内服从均匀分布，相互独立，则式（11.9）可简化为

$$
P(\boldsymbol{v}\mid \boldsymbol{y})=\frac{\pi(\boldsymbol{v})\oint\frac{1}{\left|\boldsymbol{R}_V(\boldsymbol{x})\right|}\exp(-\boldsymbol{y}^{\mathrm{H}}\boldsymbol{R}_V^{-1}(\boldsymbol{x})\boldsymbol{y})\,\mathrm{d}\boldsymbol{x}}{\sum_{\boldsymbol{v}}\pi(\boldsymbol{v})\oint\frac{1}{\left|\boldsymbol{R}_V(\boldsymbol{x})\right|}\exp(-\boldsymbol{y}^{\mathrm{H}}\boldsymbol{R}_V^{-1}(\boldsymbol{x})\boldsymbol{y})\,\mathrm{d}\boldsymbol{x}} \tag{11.10}
$$

式（11.10）是从信息论角度推导出的后验概率分布，代表检测器所能达到的理论极限，与检测器的具体结构和检测方法无关。

定义 11.2【抽样后验检测】对后验概率分布 $P(v\mid \boldsymbol{y})$ 进行抽样产生的估计 $\hat{v}$，被称为目标存在状态变量的 SAP 概率检测，记为 $\hat{v}_{\mathrm{SAP}}$，有

$$
\hat{v}_{\mathrm{SAP}}=\arg\underset{v}{\mathrm{smp}}\{P(v\mid \boldsymbol{y})\} \tag{11.11}
$$

式中，$\mathrm{smp}\{\cdot\}$ 表示抽样函数。

SAP 检测器被称为抽样后验概率检测器，是一种随机检测器，在给定接收信号时，检测结果并不确定，平均性能由后验概率分布 $P(\hat{v}\mid \boldsymbol{y})$ 确定。

由后验 PDF 可得目标检测信息为

$$I(\boldsymbol{Y};\boldsymbol{V})=H(\boldsymbol{V})-H(\boldsymbol{V}|\boldsymbol{Y}) \tag{11.12}$$

式中，$H(\boldsymbol{V})$为先验熵，有

$$H(\boldsymbol{V})=-\sum_{\boldsymbol{v}}\pi(\boldsymbol{v})\log\pi(\boldsymbol{v}) \tag{11.13}$$

$H(\boldsymbol{V}|\boldsymbol{Y})$为后验熵，有

$$H(\boldsymbol{V}|\boldsymbol{Y})=E_y\left[-\sum_{\boldsymbol{v}}P(\boldsymbol{v}|\boldsymbol{y})\log P(\boldsymbol{v}|\boldsymbol{y})\right] \tag{11.14}$$

式中，$E_y[\cdot]$表示对所有接收信号求期望。

11.4.2　单个复高斯散射目标检测信息的计算

对于单个复高斯散射目标，协方差矩阵为

$$\boldsymbol{R}_V=N_0(\boldsymbol{I}+v\rho^2\boldsymbol{\psi}(x)\boldsymbol{\psi}^{\mathrm{H}}(x)) \tag{11.15}$$

行列式为

$$|\boldsymbol{R}_V|=N_0^N(1+v\rho^2) \tag{11.16}$$

与目标位置信息无关。由矩阵求逆公式，协方差矩阵的逆为

$$\boldsymbol{R}_V^{-1}(x)=\frac{1}{N_0}\left(I-\frac{v\rho^2\boldsymbol{\psi}(x)\boldsymbol{\psi}^{\mathrm{H}}(x)}{1+v\rho^2}\right) \tag{11.17}$$

故有

$$p(\boldsymbol{y}|v,x)=\frac{1}{(\pi N_0)^N(1+v\rho^2)}\exp\left(-\frac{1}{N_0}\boldsymbol{y}^{\mathrm{H}}\boldsymbol{y}\right)\exp\left(\frac{1}{N_0}\frac{v\rho^2}{v\rho^2+1}|\boldsymbol{y}^{\mathrm{H}}\boldsymbol{\psi}(x)|^2\right) \tag{11.18}$$

假设目标在观测区间内均匀分布，对目标位置信息求期望，可得条件 PDF 为

$$p(\boldsymbol{y}|v)=\frac{1}{(\pi N_0)^N(1+v\rho^2)}\frac{1}{N}\int_{-N/2}^{N/2}\exp\left(-\frac{1}{N_0}\boldsymbol{y}^{\mathrm{H}}\boldsymbol{y}\right)\exp\left(\frac{1}{N_0}\frac{v\rho^2}{v\rho^2+1}|\boldsymbol{y}^{\mathrm{H}}\boldsymbol{\psi}(x)|^2\right)\mathrm{d}x \tag{11.19}$$

由贝叶斯公式，后验 PDF 为

$$P(v|\boldsymbol{y})=\frac{\pi(v)\dfrac{1}{1+v\rho^2}\dfrac{1}{N}\displaystyle\int_{-N/2}^{N/2}\exp\left(\frac{1}{N_0}\frac{v\rho^2}{v\rho^2+1}|\boldsymbol{y}^{\mathrm{H}}\boldsymbol{\psi}(x)|^2\right)\mathrm{d}x}{\displaystyle\sum_v\frac{1}{1+v\rho^2}\pi(v)\frac{1}{N}\int_{-N/2}^{N/2}\exp\left(\frac{1}{N_0}\frac{v\rho^2}{v\rho^2+1}|\boldsymbol{y}^{\mathrm{H}}\boldsymbol{\psi}(x)|^2\right)\mathrm{d}x} \tag{11.20}$$

或

$$P(v|\boldsymbol{y})=\frac{\pi(v)Y_{\mathrm{CG}}(v,\boldsymbol{y})}{\pi(0)+\pi(1)Y_{\mathrm{CG}}(1,\boldsymbol{y})} \tag{11.21}$$

式中

$$Y_{\mathrm{CG}}(v,\boldsymbol{y})=\frac{1}{1+v\rho^2}\frac{1}{N}\int_{-N/2}^{N/2}\exp\left(\frac{1}{N_0}\frac{v\rho^2}{v\rho^2+1}|\boldsymbol{y}^{\mathrm{H}}\boldsymbol{\psi}(x)|^2\right)\mathrm{d}x \tag{11.22}$$

表示复高斯散射目标的检测统计量；$|\boldsymbol{y}^{\mathrm{H}}\boldsymbol{\psi}(x)|$为匹配滤波器输出的模值；$Y_{\mathrm{CG}}(v,\boldsymbol{y})$为$|\boldsymbol{y}^{\mathrm{H}}\boldsymbol{\psi}(x)|^2$的指数函数在观测区间内的时间平均。显然，$Y_{\mathrm{CG}}(v,\boldsymbol{y})$与普通的能量检测器不同，也就是说，在已知目标散射信息和信道的统计特性后，能量检测器已不是最佳检测器。

11.4.3 已知目标位置时复高斯散射目标检测信息的计算

下面将介绍在已知目标位置时检测信息的计算，对应匹配滤波器与目标位置完全匹配的场景。严格来说，已知目标位置的假设是欠合理的，因为目标检测的任务是检测目标是否存在，当然不知道目标位置。然而，在信噪比较高时，在完全匹配的场景下，相关峰值通常最大，将最大峰值用作检测指标也是合理的，只不过不适用于低信噪比的情形。另外，已知目标位置的情形比较简单，更容易分析检测信息与系统参数之间的关系，并易于与 NP 准则的性能进行比较。

在已知目标位置 x_0 时，条件 PDF 为

$$p(\boldsymbol{y}|v,x_0)=\frac{1}{(\pi N_0)^N(1+v\rho^2)}\exp\left(-\frac{1}{N_0}\boldsymbol{y}^{\mathrm{H}}\boldsymbol{y}\right)\exp\left(\frac{1}{N_0}\frac{v\rho^2}{v\rho^2+1}|\boldsymbol{y}^{\mathrm{H}}\boldsymbol{\psi}(x_0)|^2\right) \tag{11.23}$$

由贝叶斯公式，可得

$$p(v|\boldsymbol{y},x_0)=\frac{\pi(v)\dfrac{1}{1+v\rho^2}\exp\left(\dfrac{1}{N_0}\dfrac{v\rho^2}{v\rho^2+1}|\boldsymbol{y}^{\mathrm{H}}\boldsymbol{\psi}(x_0)|^2\right)}{\pi(0)+\pi(1)\dfrac{1}{1+\rho^2}\exp\left(\dfrac{1}{N_0}\dfrac{\rho^2}{\rho^2+1}|\boldsymbol{y}^{\mathrm{H}}\boldsymbol{\psi}(x_0)|^2\right)} \tag{11.24}$$

或

$$p(v|\boldsymbol{y},x_0)=\frac{\pi(v)Y_{\mathrm{CG}}(v,\boldsymbol{y},x_0)}{\pi(0)+\pi(1)Y_{\mathrm{CG}}(1,\boldsymbol{y},x_0)} \tag{11.25}$$

式中

$$Y_{\mathrm{CG}}(v,\boldsymbol{y},x_0)=\frac{1}{1+v\rho^2}\exp\left(\frac{1}{N_0}\frac{v\rho^2}{v\rho^2+1}|\boldsymbol{y}^{\mathrm{H}}\boldsymbol{\psi}(x_0)|^2\right) \tag{11.26}$$

检测信息为

$$I(\boldsymbol{Y};V)=H(V)-H(V|\boldsymbol{Y},x_0) \tag{11.27}$$

11.4.4 恒模散射目标检测信息的计算

由于多个恒模散射目标检测信息的计算十分复杂，因此下面将介绍单个恒模散射目标检测信息的计算。令 $s=\alpha\mathrm{e}^{\mathrm{j}\varphi}$，模为常数，相位服从均匀分布，条件 PDF 为

$$\begin{aligned}p(\boldsymbol{y}|v,x,\varphi)&=\left(\frac{1}{\pi N_0}\right)^N\exp\left(-\frac{1}{N_0}(\boldsymbol{y}-\boldsymbol{\psi}(x)v\alpha\mathrm{e}^{\mathrm{j}\varphi})^{\mathrm{H}}(\boldsymbol{y}-\boldsymbol{\psi}(x)v\alpha\mathrm{e}^{\mathrm{j}\varphi})\right)\\&=\left(\frac{1}{\pi N_0}\right)^N\exp\left[-\frac{1}{N_0}(\boldsymbol{y}^{\mathrm{H}}\boldsymbol{y}+v\alpha^2)\right]\exp\left\{\frac{2}{N_0}\mathrm{Re}[v\alpha\mathrm{e}^{-\mathrm{j}\varphi}\boldsymbol{\psi}^{\mathrm{H}}(x)\boldsymbol{y}]\right\}\end{aligned} \tag{11.28}$$

对随机相位求期望，可得

$$\begin{aligned}p(\boldsymbol{y}|v,x)&=\left(\frac{1}{\pi N_0}\right)^N\exp\left[-\frac{1}{N_0}(\boldsymbol{y}^{\mathrm{H}}\boldsymbol{y}+v\alpha^2)\right]\frac{1}{2\pi}\int_0^{2\pi}\exp\\&\quad\left\{\frac{2}{N_0}\mathrm{Re}[v\alpha\mathrm{e}^{-\mathrm{j}\varphi}\boldsymbol{\psi}^{\mathrm{H}}(x)\boldsymbol{y}]\right\}\mathrm{d}\varphi\\&=\left(\frac{1}{\pi N_0}\right)^N\exp\left[-\frac{1}{N_0}(\boldsymbol{y}^{\mathrm{H}}\boldsymbol{y}+v\alpha^2)\right]I_0\left(\frac{2v\alpha}{N_0}|\boldsymbol{\psi}^{\mathrm{H}}(x)\boldsymbol{y}|\right)\end{aligned} \tag{11.29}$$

式中

$$I_0\left[\frac{2v\alpha}{N_0}|\boldsymbol{\psi}^{\mathrm{H}}(x)\boldsymbol{y}|\right]=\frac{1}{2\pi}\int_0^{2\pi}\exp\left\{\frac{2}{N_0}\mathrm{Re}[v\alpha\mathrm{e}^{-\mathrm{j}\varphi}\boldsymbol{\psi}^{\mathrm{H}}(x)\boldsymbol{y}]\right\}\mathrm{d}\varphi \tag{11.30}$$

$I_0[\cdot]$表示第一类零阶修正贝塞尔函数；$\mathrm{Re}[\cdot]$表示取实部。

假设目标在观测区间内服从均匀分布，在观测区间内对目标位置求期望，可得

$$p(\boldsymbol{y}|v)=\left(\frac{1}{\pi N_0}\right)^N\exp\left[-\frac{1}{N_0}(\boldsymbol{y}^{\mathrm{H}}\boldsymbol{y}+v\alpha^2)\right]\frac{1}{N}\int_{-N/2}^{N/2}I_0\left[\frac{2v\alpha}{N_0}|\boldsymbol{\psi}^{\mathrm{H}}(x)\boldsymbol{y}|\right]\mathrm{d}x \tag{11.31}$$

由贝叶斯公式，可得后验 PDF 为

$$P(v|\boldsymbol{y})=\frac{\pi(v)\exp\left(-\dfrac{v\alpha^2}{N_0}\right)\dfrac{1}{N}\displaystyle\int_{-N/2}^{N/2}I_0\left[\frac{2v\alpha}{N_0}|\boldsymbol{\psi}^{\mathrm{H}}(x)\boldsymbol{y}|\right]\mathrm{d}x}{\displaystyle\sum_v\pi(v)\exp\left(-\frac{v\alpha^2}{N_0}\right)\frac{1}{N}\int_{-N/2}^{N/2}I_0\left[\frac{2v\alpha}{N_0}|\boldsymbol{\psi}^{\mathrm{H}}(x)\boldsymbol{y}|\right]\mathrm{d}x} \tag{11.32}$$

或

$$P(v|\boldsymbol{y})=\frac{\pi(v)\,Y_{\mathrm{CM}}(v,\boldsymbol{y})}{\pi(0)+\pi(1)\,Y_{\mathrm{CM}}(1,\boldsymbol{y})} \tag{11.33}$$

式中

$$Y_{\mathrm{CM}}(v,\boldsymbol{y})=\exp(-v\rho^2)\frac{1}{N}\int_{-N/2}^{N/2}I_0\left(\frac{2v\alpha}{N_0}\left|\boldsymbol{\psi}^{\mathrm{H}}(x)\boldsymbol{y}\right|\right)\mathrm{d}x \tag{11.34}$$

表示恒模散射目标的检测信息统计量，代入互信息公式，可得检测信息。

11.4.5 已知目标位置时恒模散射目标检测信息的计算

在已知目标位置时，恒模散射目标的条件 PDF 为

$$p(\boldsymbol{y}|v,x_0,\varphi)=\left(\frac{1}{\pi N_0}\right)^N\exp\left[-\frac{1}{N_0}(\boldsymbol{y}^{\mathrm{H}}\boldsymbol{y}+v\alpha^2)\right]\exp\left\{\frac{2}{N_0}\mathrm{Re}\left[v\alpha\mathrm{e}^{-\mathrm{j}\varphi}\boldsymbol{\psi}^{\mathrm{H}}(x_0)\boldsymbol{y}\right]\right\} \tag{11.35}$$

对随机相位求期望，可得

$$\begin{aligned}p(\boldsymbol{y}|v,x_0)&=\left(\frac{1}{\pi N_0}\right)^N\exp\left[-\frac{1}{N_0}(\boldsymbol{y}^{\mathrm{H}}\boldsymbol{y}+v\alpha^2)\right]\frac{1}{2\pi}\int_0^{2\pi}\exp\\&\quad\left\{\frac{2}{N_0}\mathrm{Re}\left[v\alpha\mathrm{e}^{-\mathrm{j}\varphi}\boldsymbol{\psi}^{\mathrm{H}}(x_0)\boldsymbol{y}\right]\right\}\mathrm{d}\varphi\\&=\left(\frac{1}{\pi N_0}\right)^N\exp\left[-\frac{1}{N_0}(\boldsymbol{y}^{\mathrm{H}}\boldsymbol{y}+v\alpha^2)\right]I_0\left(\frac{2v\alpha}{N_0}\left|\boldsymbol{\psi}^{\mathrm{H}}(x_0)\boldsymbol{y}\right|\right)\end{aligned} \tag{11.36}$$

由贝叶斯公式，可得后验 PDF 为

$$P(v|\boldsymbol{y})=\frac{\pi(v)\exp\left(-\frac{v\alpha^2}{N_0}\right)I_0\left(\frac{2v\alpha}{N_0}\left|\boldsymbol{\psi}^{\mathrm{H}}(x_0)\boldsymbol{y}\right|\right)}{\sum\limits_v\pi(v)\exp\left(-\frac{v\alpha^2}{N_0}\right)I_0\left(\frac{2v\alpha}{N_0}\left|\boldsymbol{\psi}^{\mathrm{H}}(x_0)\boldsymbol{y}\right|\right)} \tag{11.37}$$

或

$$P(v|\boldsymbol{y},x_0)=\frac{\pi(v)\,Y_{\mathrm{CM}}(v,\boldsymbol{y},x_0)}{\pi(0)+\pi(1)\,Y_{\mathrm{CM}}(v,\boldsymbol{y},x_0)} \tag{11.38}$$

式中

$$Y_{\mathrm{CM}}(v,\boldsymbol{y},x_0)=\exp(-v\rho^2)I_0\left[2v\rho\left|\boldsymbol{\psi}^{\mathrm{H}}(x_0)\boldsymbol{y}/\sqrt{N_0}\right|\right] \tag{11.39}$$

表示在已知目标位置时的检测统计量，代入互信息公式，可得检测信息。

11.5　检测熵数

目标存在状态是离散信源，其熵偏差是一个新的概念。为了分析离散信源熵偏差的物理意义，针对一般离散信源，我们给出如下定义。

定义 11.3　将离散信源 V 的熵数定义为 $N_H = 2^{H(V)}$。其中，$H(V)$ 是离散信源的熵。

算例 1. n 元等概率离散信源的熵数 $N_H = n$。

因为等概率离散信源的熵为 $\log n$，故熵数为 n。

算例 2. n 元确定性离散信源的熵数 $N_H = 1$。

因为确定性离散信源的熵为 0，故熵数为 1。

算例 3. 离散信源 $V \in \{1, 2, 3, \cdots\}$ 的概率分布 $P(V=i) = \dfrac{1}{2^i}$，熵数 $N_H = 4$。离散信源 V 的熵 $H(V) = 2$，熵数 $N_H = 4$。

由 3 个算例可知，熵数用于表示离散信源中元素的有效个数，概率分布越均匀，熵数越大；概率分布差异越大，熵数越小。一般 $1 \leqslant N_H \leqslant \text{Card}$。这里，Card 表示集合中元素的个数，即基数。算例 3 的离散信源虽有无穷多个元素，基数为无穷大，但由于概率分布不均匀，因此熵数为有限值。

在目标检测过程中，我们定义检测器的熵偏差为后验微分熵的熵数。熵数越小，表明检测器的性能越好。如果熵数为 1，则表明不存在任何不确定性。

11.6　检测信息准则下的虚警概率和检测概率

目标检测器的性能通常采用虚警概率和检测概率指标体系进行评价。在保证虚警概率的条件下，采用 NP 准则可使检测概率最大，采用 NP 准则进行检测的检测器被称为 NP 检测器。为了与 NP 检测器进行性能比较，下面将推导检测信息准则下的虚警概率和检测概率。

11.6.1　单个复高斯散射目标的虚警概率和检测概率

令 $\boldsymbol{y}_0$ 和 $\boldsymbol{y}_1$ 分别表示在无目标和有目标时的接收信号，有

$$\begin{cases} \boldsymbol{y}_0 = \boldsymbol{w} \\ \boldsymbol{y}_1 = \boldsymbol{\psi}(x_0)s_0 + \boldsymbol{w} \end{cases} \tag{11.40}$$

式中，x_0 为目标的实际位置，则匹配滤波器的输出分别为

$$\begin{cases} \boldsymbol{y}_0^{\mathrm{H}}\boldsymbol{\psi}(x) = w(x) \\ \boldsymbol{y}_1^{\mathrm{H}}\boldsymbol{\psi}(x) = s_0\mathrm{sinc}(x - x_0) + w(x) \end{cases} \tag{11.41}$$

后验概率分布分别为

$$\begin{aligned} P(v|\boldsymbol{y}_0) &= \frac{\pi(v)\dfrac{1}{1+v\rho^2}\dfrac{1}{N}\displaystyle\int_{-N/2}^{N/2}\exp\left(\dfrac{v\rho^2}{v\rho^2+1}\left|\dfrac{w(x)}{\sqrt{N_0}}\right|^2\right)\mathrm{d}x}{\pi(0)+\pi(1)\dfrac{1}{1+\rho^2}\dfrac{1}{N}\displaystyle\int_{-N/2}^{N/2}\exp\left(\dfrac{\rho^2}{\rho^2+1}\left|\dfrac{w(x)}{\sqrt{N_0}}\right|^2\right)\mathrm{d}x} \\ &= \frac{\pi(v)\dfrac{1}{1+v\rho^2}\dfrac{1}{N}\displaystyle\int_{-N/2}^{N/2}\exp\left(\dfrac{v\rho^2}{v\rho^2+1}|\mu(x)|^2\right)\mathrm{d}x}{\pi(0)+\pi(1)\dfrac{1}{1+\rho^2}\dfrac{1}{N}\displaystyle\int_{-N/2}^{N/2}\exp\left(\dfrac{\rho^2}{\rho^2+1}|\mu(x)|^2\right)\mathrm{d}x} \end{aligned} \tag{11.42}$$

$$\begin{aligned} P(v|\boldsymbol{y}_1) &= \frac{\pi(v)\dfrac{1}{1+v\rho^2}\dfrac{1}{N}\displaystyle\int_{-N/2}^{N/2}\exp\left(\dfrac{1}{N_0}\dfrac{v\rho^2}{v\rho^2+1}|s_0\mathrm{sinc}(x-x_0)+w(x)|^2\right)\mathrm{d}x}{\pi(0)+\pi(1)\dfrac{1}{1+\rho^2}\dfrac{1}{N}\displaystyle\int_{-N/2}^{N/2}\exp\left(\dfrac{1}{N_0}\dfrac{\rho^2}{\rho^2+1}|s_0\mathrm{sinc}(x-x_0)+w(x)|^2\right)\mathrm{d}x} \\ &= \frac{\pi(v)\dfrac{1}{1+v\rho^2}\dfrac{1}{N}\displaystyle\int_{-N/2}^{N/2}\exp\left(\dfrac{v\rho^2}{v\rho^2+1}|\rho_0\mathrm{sinc}(x-x_0)+\mu(x)|^2\right)\mathrm{d}x}{\pi(0)+\pi(1)\dfrac{1}{1+\rho^2}\dfrac{1}{N}\displaystyle\int_{-N/2}^{N/2}\exp\left(\dfrac{\rho^2}{\rho^2+1}|\rho_0\mathrm{sinc}(x-x_0)+\mu(x)|^2\right)\mathrm{d}x} \end{aligned} \tag{11.43}$$

式中，$\rho_0 = s_0/\sqrt{N_0}$ 为当前快拍瞬时 SNR 的平方根；$\mu(x)$ 为标准复高斯随机过程。

1. 复高斯散射目标的虚警概率

虚警概率是检测目标存在而实际目标不存在的概率，后验概率分布为

$$P(1|\boldsymbol{y}_0) = \frac{\pi(1)Y_{\mathrm{CG}}(1,\boldsymbol{y}_0)}{\pi(0)+\pi(1)Y_{\mathrm{CG}}(1,\boldsymbol{y}_0)} \tag{11.44}$$

式中

$$Y_{\mathrm{CG}}(1,\boldsymbol{y}_0)=\frac{1}{1+\rho^2}\frac{1}{N}\int_{-N/2}^{N/2}\exp\left(\frac{\rho^2}{\rho^2+1}|\mu(x)|^2\right)\mathrm{d}x \tag{11.45}$$

表示白噪声随机过程的指数函数在观测区间内的时间平均。假设观测区间足够大，则平稳过程的时间平均等于集合平均，有

$$Y_{\mathrm{CG}}(1,\boldsymbol{y}_0)=E_w\left[\frac{1}{\rho^2+1}\exp\left(\frac{\rho^2}{\rho^2+1}|\mu(x)|^2\right)\right] \tag{11.46}$$

已知 $\xi=|\mu(x)|^2$ 服从参数为 1 的指数分布，则

$$\begin{aligned}Y_{\mathrm{CG}}(1,\boldsymbol{y}_0)&=\int_0^{\infty}\frac{1}{\rho^2+1}\mathrm{e}^{\frac{\rho^2}{\rho^2+1}\xi}\mathrm{e}^{-\xi}\mathrm{d}\xi\\&=\frac{1}{\rho^2+1}\int_0^{\infty}\mathrm{e}^{-\frac{1}{\rho^2+1}\xi}\mathrm{d}\xi\\&=1\end{aligned} \tag{11.47}$$

由此可得

$$P(1|\boldsymbol{y}_0)=\frac{\pi(1)}{\pi(0)+\pi(1)}=\pi(1)$$

上面推导可总结为如下定理。

定理 11.1　假设信道为 CAWGN 信道，复高斯散射目标的位置信息在观测区间内服从均匀分布，如果观测区间足够大，则给定接收信号的虚警概率等于目标存在的先验概率，即

$$P(1|\boldsymbol{y}_0)=\pi(1) \tag{11.48}$$

由虚警概率的定义，有

$$P_{\mathrm{FA}}=E_{\boldsymbol{y}_0}[P(1|\boldsymbol{y}_0)] \tag{11.49}$$

可得出如下推论。

推论 11.1　在定理 11.1 的条件下，虚警概率等于目标存在的先验概率，即

$$P_{\mathrm{FA}}=\pi(1) \tag{11.50}$$

为了验证上述推论，图 11.1 给出了在不同信噪比情形下虚警概率与先验概率之间的关系。由图可知，在低信噪比（SNR = 0dB）情形下，即使观测区间较小（N=64），虚警概率与先验概率也吻合得很好；在中等信噪比（SNR = 5dB）情形下，只有在观测区间足够大时，虚警概率与先验概率才能吻合得很好。现代

雷达感知系统一次快拍的抽样点数可达数万个以上，通常都能满足推论的条件。

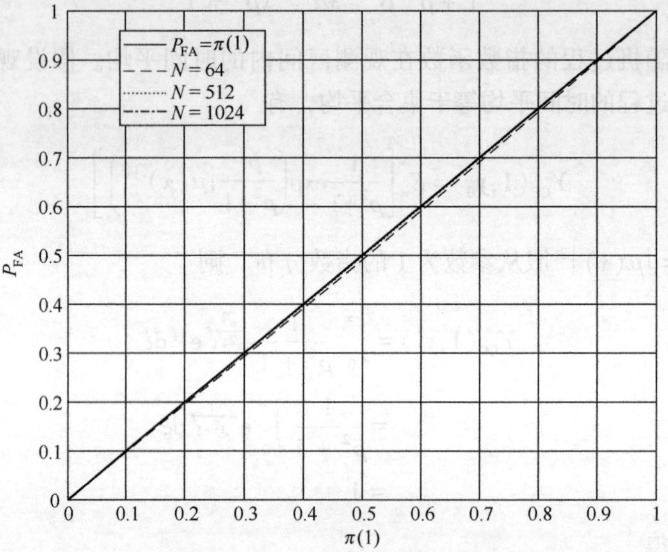

（a）SNR=0dB

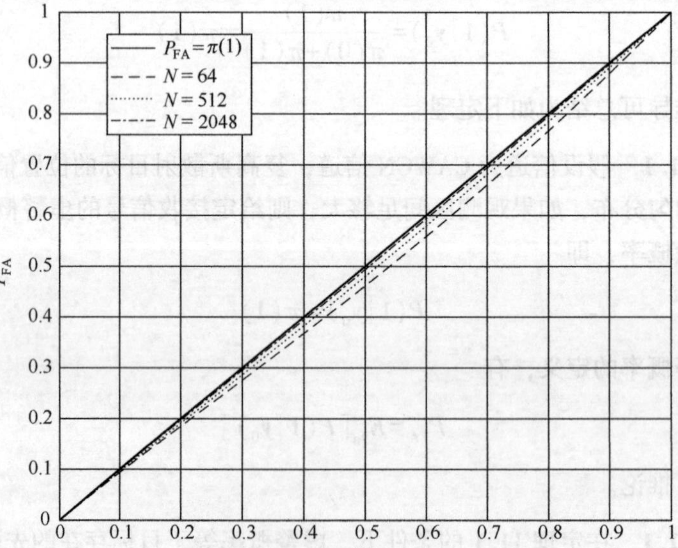

（b）SNR=5dB

图 11.1　在不同信噪比情形下虚警概率与先验概率之间的关系

2. 复高斯散射目标的检测概率

检测概率是在目标实际存在时能够检测到目标的概率。在目标实际存在时，给定接收信号的检测概率为

$$P(1|\boldsymbol{y}_1)=\frac{\pi(1)Y_{\mathrm{CG}}(1,\boldsymbol{y}_1)}{\pi(0)+\pi(1)Y_{\mathrm{CG}}(1,\boldsymbol{y}_1)} \tag{11.51}$$

式中

$$Y_{\mathrm{CG}}(1,\boldsymbol{y}_1)=\frac{1}{N}\int_{-N/2}^{N/2}\frac{1}{\rho^2+1}\exp\left(\frac{\rho^2}{\rho^2+1}|\rho_0\mathrm{sinc}(x-x_0)+\mu(x)|^2\right)\mathrm{d}x \tag{11.52}$$

则检测概率为

$$P_{\mathrm{D}}=E_{\boldsymbol{y}_1}[P(1|\boldsymbol{y}_1)]=E_{\boldsymbol{y}_1}\left[\frac{\pi(1)Y_{\mathrm{CG}}(1,\boldsymbol{y}_1)}{\pi(0)+\pi(1)Y_{\mathrm{CG}}(1,\boldsymbol{y}_1)}\right] \tag{11.53}$$

11.6.2　已知复高斯散射目标位置时的虚警概率和检测概率

已知目标位置 $x=x_0$，接收信号为 $\boldsymbol{y}_0$，检测到目标存在的概率为

$$P(1|\boldsymbol{y}_0,x_0)=\frac{\pi(1)\frac{1}{1+\rho^2}\exp\left(\frac{\rho^2}{\rho^2+1}|\mu(x_0)|^2\right)}{\pi(0)+\pi(1)\frac{1}{1+\rho^2}\exp\left(\frac{\rho^2}{\rho^2+1}|\mu(x_0)|^2\right)} \tag{11.54}$$

则虚警概率为

$$P_{\mathrm{FA}}=E\left[\frac{\pi(1)\frac{1}{1+\rho^2}\exp\left(\frac{\rho^2}{\rho^2+1}|\mu(x_0)|^2\right)}{\pi(0)+\pi(1)\frac{1}{1+\rho^2}\exp\left(\frac{\rho^2}{\rho^2+1}|\mu(x_0)|^2\right)}\right] \tag{11.55}$$

接收信号为 $\boldsymbol{y}_1$ 且检测目标存在的概率为

$$p(1|\boldsymbol{y}_1,x_0)=\frac{\pi(1)\frac{1}{1+\rho^2}\exp\left(\frac{\rho^2}{\rho^2+1}|\rho_0+\mu(x_0)|^2\right)}{\pi(0)+\pi(1)\frac{1}{1+\rho^2}\exp\left(\frac{\rho^2}{\rho^2+1}|\rho_0+\mu(x_0)|^2\right)} \tag{11.56}$$

则检测概率为

$$P_{\mathrm{D}}=E\left[\frac{\pi(1)\frac{1}{1+\rho^2}\exp\left(\frac{\rho^2}{\rho^2+1}|\rho_0+\mu(x_0)|^2\right)}{\pi(0)+\pi(1)\frac{1}{1+\rho^2}\exp\left(\frac{\rho^2}{\rho^2+1}|\rho_0+\mu(x_0)|^2\right)}\right] \tag{11.57}$$

11.6.3 恒模散射目标的虚警概率和检测概率

令 $\boldsymbol{y}_0$ 和 $\boldsymbol{y}_1$ 分别表示在无目标和有目标时的接收信号，有

$$\begin{cases}\boldsymbol{y}_0=\boldsymbol{w}\\ \boldsymbol{y}_1=\boldsymbol{\psi}(x_0)\alpha e^{j\varphi}+\boldsymbol{w}\end{cases} \tag{11.58}$$

匹配滤波器的输出为

$$\begin{cases}\boldsymbol{\psi}^{H}(x)\boldsymbol{y}_0=w(x)\\ \boldsymbol{\psi}^{H}(x)\boldsymbol{y}_1=\alpha e^{j\varphi}\operatorname{sinc}(x-x_0)+w(x)\end{cases} \tag{11.59}$$

对应的检测信息统计量为

$$\begin{cases}\Upsilon_{CM}(v,\boldsymbol{y}_0)=\exp(-v\rho^2)\dfrac{1}{N}\displaystyle\int_{-N/2}^{N/2}I_0(2v\rho\,|\mu(x)|)\,dx\\ \Upsilon_{CM}(v,\boldsymbol{y}_1)=\exp(-v\rho^2)\dfrac{1}{N}\displaystyle\int_{-N/2}^{N/2}I_0[2v\rho\,|\rho e^{j\varphi}\operatorname{sinc}(x-x_0)+\mu(x)|]\,dx\end{cases} \tag{11.60}$$

下面将证明任意目标散射特性的虚警概率定理。

定理 11.2【虚警概率定理】假设信道为 CAWGN 信道，目标位置信息在观测区间内均匀分布，如果观测区间足够大，则对任意目标的散射特性，给定接收信号的虚警概率等于目标存在时的先验概率，即

$$P(1\,|\,\boldsymbol{y}_0)=\pi(1) \tag{11.61}$$

证明：对任意散射信号 s，接收信号为 $\boldsymbol{y}=\boldsymbol{\psi}(x)vs+\boldsymbol{w}$，条件概率分布为

$$\begin{aligned}p(\boldsymbol{y}\,|\,v,x,s)&=\left(\frac{1}{\pi N_0}\right)^N\exp\left(-\frac{1}{N_0}(\boldsymbol{y}-\boldsymbol{\psi}(x)vs)^{H}(\boldsymbol{y}-\boldsymbol{\psi}(x)vs)\right)\\ &=\left(\frac{1}{\pi N_0}\right)^N\exp\left[-\frac{1}{N_0}(\boldsymbol{y}^{H}\boldsymbol{y}+v|s|^2)\right]\exp\left\{\frac{2}{N_0}\operatorname{Re}[vs^*\boldsymbol{\psi}^{H}(x)\boldsymbol{y}]\right\}\end{aligned} \tag{11.62}$$

对散射信号求期望，可得

$$p(\boldsymbol{y}\,|\,v,x)=\left(\frac{1}{\pi N_0}\right)^N\exp\left[-\frac{1}{N_0}(\boldsymbol{y}^{H}\boldsymbol{y})\right]\int\exp\left(-\frac{v|s|^2}{N_0}\right)\exp\left\{\frac{2}{N_0}\operatorname{Re}[vs^*\boldsymbol{\psi}^{H}(x)\boldsymbol{y}]\right\}\pi(s)\,ds \tag{11.63}$$

在观测区间内对目标位置信息求期望，可得

$$p(\boldsymbol{y}|v,x)=\left(\frac{1}{\pi N_0}\right)^N \exp\left[-\frac{1}{N_0}(\boldsymbol{y}^{\mathrm{H}}\boldsymbol{y})\right]$$
$$\oiint \exp\left(-\frac{v|s|^2}{N_0}\right)\pi(s)\frac{1}{N}\int_{-N/2}^{N/2}\exp\left\{\frac{2}{N_0}\mathrm{Re}[vs^*\boldsymbol{\psi}^{\mathrm{H}}(x)\boldsymbol{y}]\right\}\mathrm{d}x\mathrm{d}s \tag{11.64}$$

由贝叶斯公式，可得后验 PDF 为

$$P(v|\boldsymbol{y})=\frac{\pi(v)\int\exp\left(-\frac{v|s|^2}{N_0}\right)\pi(s)\frac{1}{N}\int_{-N/2}^{N/2}\exp\left\{\frac{2}{N_0}\mathrm{Re}[vs^*\boldsymbol{\psi}^{\mathrm{H}}(x)\boldsymbol{y}]\right\}\mathrm{d}x\mathrm{d}s}{\sum_v\pi(v)\int\exp\left(-\frac{v|s|^2}{N_0}\right)\pi(s)\frac{1}{N}\int_{-N/2}^{N/2}\exp\left\{\frac{2}{N_0}\mathrm{Re}[vs^*\boldsymbol{\psi}^{\mathrm{H}}(x)\boldsymbol{y}]\right\}\mathrm{d}x\mathrm{d}s} \tag{11.65}$$

或

$$P(v|\boldsymbol{y})=\frac{\pi(v)Y(v,\boldsymbol{y})}{\pi(0)+\pi(1)Y(1,\boldsymbol{y})} \tag{11.66}$$

式中

$$Y(v,\boldsymbol{y})=\int\exp\left(-\frac{v|s|^2}{N_0}\right)\pi(s)\frac{1}{N}\int_{-N/2}^{N/2}\exp\left\{\frac{2}{N_0}\mathrm{Re}[vs^*\boldsymbol{\psi}^{\mathrm{H}}(x)\boldsymbol{y}]\right\}\mathrm{d}x\mathrm{d}s \tag{11.67}$$

当接收信号为 $\boldsymbol{y}_0$ 时，$\boldsymbol{\psi}^{\mathrm{H}}(x)\boldsymbol{y}=w(x)$，有

$$Y(1,\boldsymbol{y}_0)=\int\exp\left(-\frac{|s|^2}{N_0}\right)\pi(s)\frac{1}{N}\int_{-N/2}^{N/2}\exp\left\{\frac{2}{N_0}\mathrm{Re}[s^*w(x)]\right\}\mathrm{d}x\mathrm{d}s \tag{11.68}$$

由于观测区间足够大，因此平稳过程的时间平均等于集合平均，有

$$Y(1,\boldsymbol{y}_0)=\int_{-N/2}^{N/2}\exp\left(-\frac{|s|^2}{N_0}\right)\pi(s)E_{\mathrm{w}}\left[\exp\left\{\frac{2}{N_0}\mathrm{Re}[s^*w(x)]\right\}\right]\mathrm{d}s \tag{11.69}$$

由于噪声服从均值为 0、方差为 N_0 的复高斯分布，因此可以证明

$$E_{\mathrm{w}}\left[\exp\left\{\frac{2}{N_0}\mathrm{Re}[s^*w(x)]\right\}\right]=\exp\left(\frac{|s|^2}{N_0}\right) \tag{11.70}$$

则

$$\begin{aligned}Y(1,\boldsymbol{y}_0)&=\int\exp\left(-\frac{|s|^2}{N_0}\right)\pi(s)\exp\left(\frac{|s|^2}{N_0}\right)\mathrm{d}s\\&=\int\pi(s)\mathrm{d}s\\&=1\end{aligned} \tag{11.71}$$

代入后验概率分布表达式，有

$$\begin{aligned} P(1|\boldsymbol{y}_0) &= \frac{\pi(1)Y(1,\boldsymbol{y}_0)}{\pi(0)+\pi(1)Y(1,\boldsymbol{y}_0)} \\ &= \frac{\pi(1)}{\pi(0)+\pi(1)} \\ &= \pi(1) \end{aligned} \tag{11.72}$$

证毕。

由虚警概率的定义，有

$$P_{\mathrm{FA}} = E_{\boldsymbol{y}_0}[P(1|\boldsymbol{y}_0)] \tag{11.73}$$

可得到如下推论。

推论 11.2 假设信道为 CAWGN 信道，目标位置信息在观测区间内服从均匀分布，如果观测区间足够大，则对任意目标的散射特性，虚警概率等于目标存在时的先验概率，即

$$P_{\mathrm{FA}} = \pi(1) \tag{11.74}$$

评注：虚警概率定理不仅在形式上非常简洁，而且具有认识论上的意义。我们知道，先验知识代表历史和经验，由于人类认识的局限性，因此先验知识总是不充分的。虚警代表根据先验知识和事实给出的错误决策。虚警概率定理揭示了错误决策在本质上来源于人类认识的局限性。

检测信息依赖于先验概率分布。NP 检测器有虚警概率和检测概率两个性能指标。虚警概率定理成为信息论方法和 NP 准则之间的桥梁。只要令 $P_{\mathrm{FA}}=\pi(1)$，则信息论方法和 NP 准则的前提条件就完全一致了，即可对两种方法的性能进行客观比较。

图 11.2 给出了恒模散射目标虚警概率与先验概率之间的关系。由图可知，恒模散射目标相比复高斯散射目标，虚警概率与先验概率吻合得更好。

当已知接收信号为 $\boldsymbol{y}_1$ 时，目标存在的概率为

$$P(1|\boldsymbol{y}_1) = \frac{\pi(1)Y(1,\boldsymbol{y}_1)}{\pi(0)+\pi(1)Y(1,\boldsymbol{y}_1)} \tag{11.75}$$

式中

$$\begin{aligned} Y(1,\boldsymbol{y}_1) &= \exp(-\rho^2)\,\frac{1}{N}\int_{-N/2}^{N/2} I_0\left[\frac{2\alpha}{N_0}\left|\alpha \mathrm{e}^{\mathrm{j}\varphi}\mathrm{sinc}(x-x_0)+w(x)\right|\right]\mathrm{d}x \\ &= \exp(-\rho^2)\,\frac{1}{N}\int_{-N/2}^{N/2} I_0\left[\frac{2\alpha}{N_0}\left|\alpha\,\mathrm{sinc}(x-x_0)+\mathrm{e}^{-\mathrm{j}\varphi}w(x)\right|\right]\mathrm{d}x \end{aligned} \tag{11.76}$$

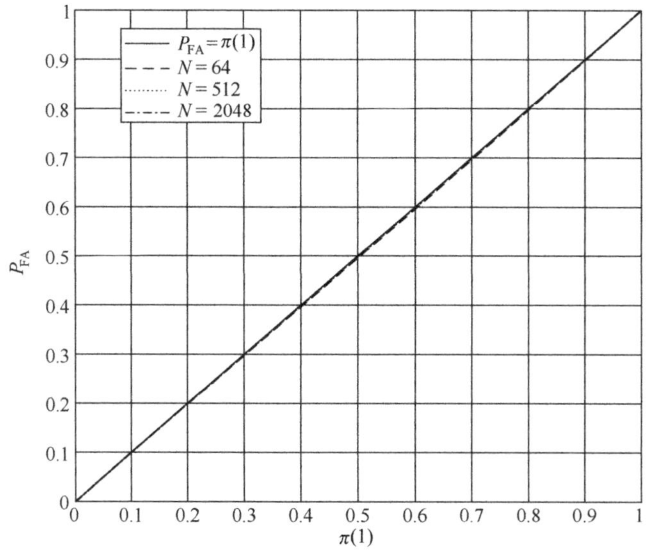

（a）SNR=0dB

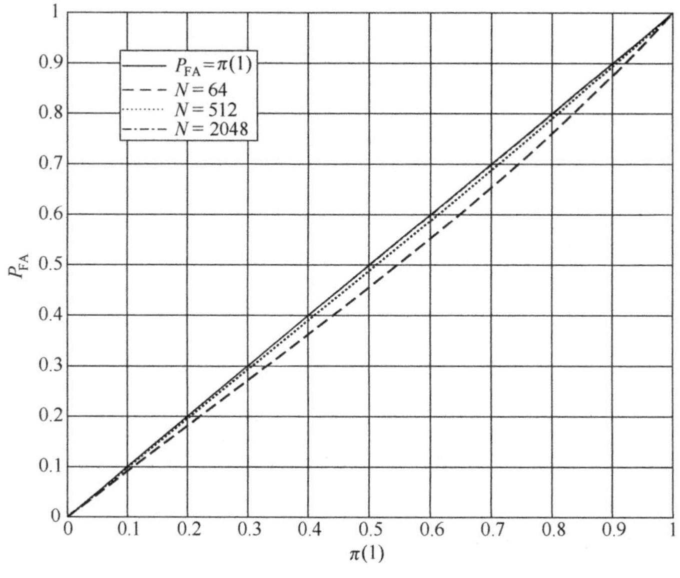

（b）SNR=5dB

图 11.2　恒模散射目标虚警概率与先验概率之间的关系

式（11.76）可简化为

$$Y_{CM}(1,\boldsymbol{y}_1)=\exp(-\rho^2)\frac{1}{N}\int_{-N/2}^{N/2}I_0[2\rho\,|\rho\mathrm{sinc}(x-x_0)+\mu(x)|]\mathrm{d}x \quad (11.77)$$

检测概率为

$$P_{\mathrm{D}}=E_{\boldsymbol{y}_1}\left[\frac{\pi(1)Y(1,\boldsymbol{y}_1)}{\pi(0)+\pi(1)Y(1,\boldsymbol{y}_1)}\right] \tag{11.78}$$

11.6.4 已知恒模散射目标位置时的虚警概率和检测概率

当目标位置已知、接收信号为 $\boldsymbol{y}_0$ 时，检测目标存在的概率为

$$P(1\mid\boldsymbol{y}_0,x_0)=\frac{\pi(1)Y_{\mathrm{CM}}(1,\boldsymbol{y}_0,x_0)}{\pi(0)+\pi(1)Y_{\mathrm{CM}}(1,\boldsymbol{y}_0,x_0)} \tag{11.79}$$

式中

$$Y_{\mathrm{CM}}(1,\boldsymbol{y}_0,x_0)=\exp(-\rho^2)I_0(2\alpha\,|\mu(x_0)|) \tag{11.80}$$

虚警概率为

$$P_{\mathrm{FA}}=E_{\boldsymbol{y}_0}\left[\frac{\pi(1)Y_{\mathrm{CM}}(1,\boldsymbol{y}_0,x_0)}{\pi(0)+\pi(1)Y_{\mathrm{CM}}(1,\boldsymbol{y}_0,x_0)}\right] \tag{11.81}$$

同理，当接收信号为 $\boldsymbol{y}_1$ 时，检测目标存在的概率为

$$P(1\mid\boldsymbol{y}_1,x_0)=\frac{\pi(1)Y_{\mathrm{CM}}(1,\boldsymbol{y}_1,x_0)}{\pi(0)+\pi(1)Y_{\mathrm{CM}}(1,\boldsymbol{y}_1,x_0)} \tag{11.82}$$

式中

$$Y_{\mathrm{CM}}(1,\boldsymbol{y}_1,x_0)=\exp(-\rho^2)I_0(2\rho\,|\rho+\mu(x_0)|) \tag{11.83}$$

检测概率为

$$\begin{aligned}P_{\mathrm{D}}&=E_{\boldsymbol{y}_1}[P(1\mid\boldsymbol{y}_1,x_0)]\\&=E_{\boldsymbol{y}_1}\left[\frac{\pi(1)Y_{\mathrm{CM}}(1,\boldsymbol{y}_1,x_0)}{\pi(0)+\pi(1)Y_{\mathrm{CM}}(1,\boldsymbol{y}_1,x_0)}\right]\end{aligned} \tag{11.84}$$

11.7 目标检测的无偏性

参数估计方法存在无偏性问题。对于一个估计方法，如果大量估计值的统计平均逼近真值，则称该方法是无偏的。在目标检测过程中很少提到无偏性。目标检测方法是否存在无偏性呢？

针对恒模散射模型和复高斯散射模型的检测概率和虚警概率的表达式，当 SNR 趋于 0 时，检测统计量趋于 1，虚警概率 P_{FA} 和检测概率 P_{D} 均收敛为目标状态的先验概率 $\pi(1)$。这不是偶然的，因为 SNR 趋于 0 等价于没有任何信息，

P_{FA}、P_D 和先验概率 $\pi(1)$ 的意义是相同的。为此，我们给出如下定义。

定义 11.4【无偏性】记 SNR 为 ρ^2 时，虚警概率和检测概率分别为 $P_{FA}(\rho^2)$ 和 $P_D(\rho^2)$，如果一个检测方法满足

$$\lim_{\rho^2\to 0} P_{FA}(\rho^2) = \pi(1)$$

$$\lim_{\rho^2\to 0} P_D(\rho^2) = \pi(1)$$

则称该方法是无偏的，对应的检测器为无偏检测器。

随着 SNR 的变化，虚警概率 P_{FA} 和检测概率 P_D 与目标状态先验概率 $\pi(1)$ 的关系如图 11.3 所示：当 SNR 为 0 时，三者相等；随着 SNR 的增大，P_D 逐渐增大并逼近最大值 1，P_{FA} 逐渐减小。

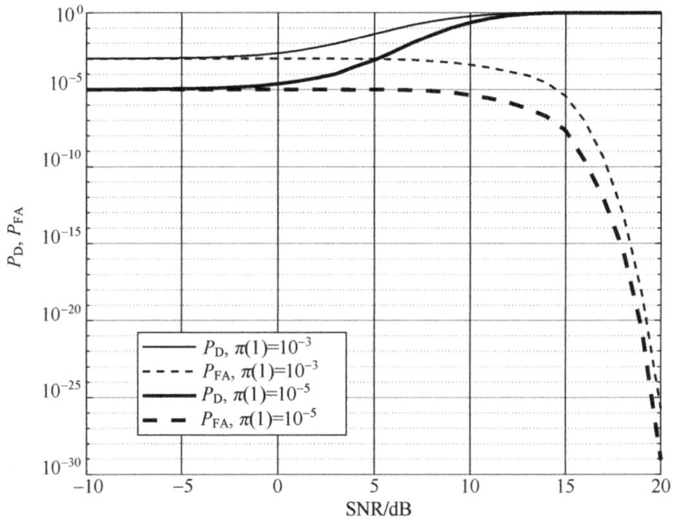

图 11.3　P_{FA} 和 P_D 与 $\pi(1)$ 的关系

在雷达目标检测过程中，先验概率 $\pi(1)$ 通常非常小，一般假设在 $10^{-3}\sim10^{-6}$ 的范围内。这种极小的先验概率在实际应用中是很难获得的，导致最大后验检测方法无法使用。NP 准则通过假定虚警概率，回避了先验概率的问题。

虚警概率定理给出了一种获得先验概率的方法，就是用虚警概率作为先验概率。这实际上是根据应用需求来决定先验概率，带来的好处是可以使用最大后验概率检测器进行检测。

11.8 NP 检测器的虚警概率和检测概率

前面基于信息论推导的检测信息表达式和检测器的具体结构均与检测方法无关，同样，虚警概率与检测概率也与具体的检测器无关。NP 检测器是一种似然比检测器。为了便于比较，下面只给出 NP 检测器的主要结论。

11.8.1 复高斯散射目标 NP 检测器的虚警概率和检测概率

由前面的推导可知，复高斯散射目标的似然函数为

$$p(\boldsymbol{y}|0)=\frac{1}{(\pi N_0)^N}\exp\left(-\frac{1}{N_0}\boldsymbol{y}^{\mathrm{H}}\boldsymbol{y}\right)$$

$$p(\boldsymbol{y}|1)=\frac{1}{(\pi N_0)^N(1+\rho^2)}\exp\left(-\frac{1}{N_0}\boldsymbol{y}^{\mathrm{H}}\boldsymbol{y}\right)\frac{1}{N}\int\exp\left(\frac{1}{N_0}\frac{\rho^2}{\rho^2+1}|\boldsymbol{y}^{\mathrm{H}}\boldsymbol{\psi}(x)|^2\right)\mathrm{d}x \tag{11.85}$$

似然比为

$$\frac{p(\boldsymbol{y}|1)}{p(\boldsymbol{y}|0)}=\frac{1}{1+\rho^2}\frac{1}{N}\int_{-N/2}^{N/2}\exp\left(\frac{1}{N_0}\frac{\rho^2}{\rho^2+1}|\boldsymbol{y}^{\mathrm{H}}\boldsymbol{\psi}(x)|^2\right)\mathrm{d}x \tag{11.86}$$

式（11.86）就是当目标位置信息在观测区间内服从均匀分布时的检测信息统计量，有

$$Y_{\mathrm{CG}}(1,\boldsymbol{y})=\frac{1}{1+\rho^2}\frac{1}{N}\int_{-N/2}^{N/2}\exp\left(\frac{1}{N_0}\frac{\rho^2}{\rho^2+1}|\boldsymbol{y}^{\mathrm{H}}\boldsymbol{\psi}(x)|^2\right)\mathrm{d}x \tag{11.87}$$

假设 H_0 为目标不存在，H_1 为目标存在，则检测器会根据接收信号进行判决。NP 检测器将检测统计量与一个阈值进行比较，有

$$\begin{cases}Y_{\mathrm{CG}}(1,\boldsymbol{y})<T_{\mathrm{h}}\Rightarrow H_0\\ Y_{\mathrm{CG}}(1,\boldsymbol{y})>T_{\mathrm{h}}\Rightarrow H_1\end{cases} \tag{11.88}$$

式中，判断目标出现而实际目标不存在的检测信息统计量为

$$Y_{\mathrm{CG}}(1,\boldsymbol{y}_0)=\frac{1}{1+\rho^2}\frac{1}{N}\int_{-N/2}^{N/2}\exp\left(\frac{\rho^2}{\rho^2+1}|\mu(x)|^2\right)\mathrm{d}x \tag{11.89}$$

前已证明，当观测区间足够大时，式（11.89）逼近 1，NP 检测器不能工作，也就是不存在适用于整个观测区间的 NP 检测器

11.8.2　已知复高斯散射目标位置时 NP 检测器的虚警概率和检测概率

当已知目标位置 x_0 时，NP 检测器的阈值由虚警概率确定，即

$$T_{\mathrm{h}}=-N_0\ln P_{\mathrm{FA}} \tag{11.90}$$

检测概率为

$$P_{\mathrm{D}}=\mathrm{e}^{-\frac{1}{P+N_0}T_{\mathrm{h}}} \tag{11.91}$$

由此可得检测概率与虚警概率之间的关系为

$$P_{\mathrm{D}}=P_{\mathrm{FA}}^{\frac{1}{1+\rho^2}} \tag{11.92}$$

11.8.3　恒模散射目标 NP 检测器的虚警概率和检测概率

恒模散射目标的似然函数为

$$\begin{aligned}
p(\boldsymbol{y}|0)&=\left(\frac{1}{\pi N_0}\right)^N\exp\left[-\frac{1}{N_0}\boldsymbol{y}^{\mathrm{H}}\boldsymbol{y}\right]\\
p(\boldsymbol{y}|1)&=\left(\frac{1}{\pi N_0}\right)^N\exp\left[-\frac{1}{N_0}(\boldsymbol{y}^{\mathrm{H}}\boldsymbol{y}+\alpha^2)\right]\frac{1}{N}\int_{-N/2}^{N/2}I_0\left(\frac{2\alpha}{N_0}|\boldsymbol{\psi}^{\mathrm{H}}(x)\boldsymbol{y}|\right)\mathrm{d}x
\end{aligned} \tag{11.93}$$

似然比为

$$\frac{p(\boldsymbol{y}|1)}{p(\boldsymbol{y}|0)}=\exp(-\rho^2)\frac{1}{N}\int_{-N/2}^{N/2}I_0\left(\frac{2\alpha}{N_0}|\boldsymbol{\psi}^{\mathrm{H}}(x)\boldsymbol{y}|\right)\mathrm{d}x \tag{11.94}$$

式（11.94）就是当目标位置信息在观测区间内服从均匀分布时的检测统计量，有

$$Y_{\mathrm{CM}}(1,\boldsymbol{y})=\exp(-\rho^2)\frac{1}{N}\int_{-N/2}^{N/2}I_0\left(\frac{2\alpha}{N_0}|\boldsymbol{\psi}^{\mathrm{H}}(x)\boldsymbol{y}|\right)\mathrm{d}x \tag{11.95}$$

式中，判断目标出现而实际目标不存在的检测统计量为

$$Y_{\mathrm{CM}}(1,\boldsymbol{y}_0)=\exp(-\rho^2)\frac{1}{N}\int_{-N/2}^{N/2}I_0(2\rho|\mu(x)|)\mathrm{d}x \tag{11.96}$$

前已证明，当观测区间足够大时，式（11.96）逼近 1，NP 检测器不能工作，也就是不存在适用于整个观测区间的 NP 检测器。

11.8.4 已知恒模散射目标位置时 NP 检测器的虚警概率和检测概率

由前面的推导可知，当已知恒模散射目标位置时的似然函数为

$$
\begin{aligned}
p(\boldsymbol{y}|0) &= \left(\frac{1}{\pi N_0}\right)^N \exp\left[-\frac{1}{N_0}\boldsymbol{y}^{\mathrm{H}}\boldsymbol{y}\right] \\
p(\boldsymbol{y}|1,x_0) &= \left(\frac{1}{\pi N_0}\right)^N \exp\left[-\frac{1}{N_0}(\boldsymbol{y}^{\mathrm{H}}\boldsymbol{y}+\alpha^2)\right] I_0\left[\frac{2\alpha}{N_0}|\boldsymbol{\psi}^{\mathrm{H}}(x_0)\boldsymbol{y}|\right]
\end{aligned}
\tag{11.97}
$$

似然比为

$$
\frac{p(\boldsymbol{y}|1,x_0)}{p(\boldsymbol{y}|0)} = \exp(-\rho^2) I_0\left[\frac{2\alpha}{N_0}|\boldsymbol{\psi}^{\mathrm{H}}(x_0)\boldsymbol{y}|\right] \tag{11.98}
$$

由贝塞尔函数的单调性，式（11.98）的检测信息统计量等价于 $Y_{\mathrm{CM}}(\boldsymbol{y},x_0)=|\boldsymbol{y}^{\mathrm{H}}\boldsymbol{\psi}(x_0)|$，NP 检测器将检测信息统计量与一个阈值进行比较，有

$$
\begin{cases}
|\boldsymbol{y}^{\mathrm{H}}\boldsymbol{\psi}(x_0)| < T_{\mathrm{h}} \Rightarrow H_0 \\
|\boldsymbol{y}^{\mathrm{H}}\boldsymbol{\psi}(x_0)| > T_{\mathrm{h}} \Rightarrow H_1
\end{cases}
\tag{11.99}
$$

式中，阈值由虚警概率确定，即

$$
P_{\mathrm{FA}} = P\{|\boldsymbol{y}_0^{\mathrm{H}}\boldsymbol{\psi}(x_0)| > T_{\mathrm{h}}\} \tag{11.100}
$$

也就是

$$
P_{\mathrm{FA}} = P\{|w(x_0)| > T_{\mathrm{h}}\} \tag{11.101}
$$

由于高斯噪声的模值服从瑞利分布，即

$$
p(|w(x_0)|) = \frac{2|w(x_0)|}{N_0} \mathrm{e}^{-\frac{|w(x_0)|^2}{N_0}} \tag{11.102}
$$

虚警概率为

$$
P_{\mathrm{FA}} = \int_{T_{\mathrm{h}}}^{\infty} \frac{2|w(x_0)|}{N_0} \mathrm{e}^{-\frac{|w(x_0)|^2}{N_0}} \mathrm{d}|w(x_0)| = \mathrm{e}^{-\frac{T_{\mathrm{h}}^2}{N_0}} \tag{11.103}
$$

因此可得阈值与虚警概率和噪声功率的关系为

$$
T_{\mathrm{h}} = \sqrt{-N_0 \ln P_{\mathrm{FA}}} \tag{11.104}
$$

在确定判决阈值后，即可得到检测概率。在 H_1 的假设下，检测统计量

$$v = |\boldsymbol{y}_1^{\mathrm{H}}\boldsymbol{\psi}(x_0)| = |\alpha + w(x_0)\mathrm{e}^{\mathrm{j}\varphi}| \tag{11.105}$$

服从莱斯分布，有

$$p(v) = \begin{cases} \dfrac{2v}{N_0}\exp\left[-\dfrac{1}{N_0}(v^2+1)\right]I_0\left(\dfrac{2v}{N_0}\right), & v \geqslant 0 \\ 0, & v < 0 \end{cases} \tag{11.106}$$

检测概率为

$$\begin{aligned} P_{\mathrm{D}} &= \int_{T_{\mathrm{h}}}^{\infty} \frac{2v}{N_0}\exp\left[-\frac{1}{N_0}(v^2+1)\right]I_0\left(\frac{2v}{N_0}\right)\mathrm{d}v \\ &= Q_{\mathrm{M}}(\sqrt{2\rho^2}, \sqrt{-2\ln P_{\mathrm{FA}}}) \end{aligned} \tag{11.107}$$

式中

$$Q_{\mathrm{M}}(\alpha, \gamma) = \int_{\gamma}^{\infty} t\exp\left[-\frac{1}{2}(t^2+\alpha^2)\right]I_0(\alpha t)\mathrm{d}t \tag{11.108}$$

被称为 Marcum 函数。

11.9　MAP 检测器的虚警概率和检测概率

11.9.1　复高斯散射目标 MAP 检测器的虚警概率和检测概率

由前面的推导可知，复高斯散射目标的后验概率分别为

$$P(1|\boldsymbol{y}) = \frac{\pi(1)\dfrac{1}{1+\rho^2}\dfrac{1}{N}\displaystyle\int_{-N/2}^{N/2}\exp\left(\frac{1}{N_0}\frac{\rho^2}{\rho^2+1}|\boldsymbol{y}^{\mathrm{H}}\boldsymbol{\psi}(x)|^2\right)\mathrm{d}x}{\pi(0)+\pi(1)\dfrac{1}{1+\rho^2}\dfrac{1}{N}\displaystyle\int_{-N/2}^{N/2}\exp\left(\frac{1}{N_0}\frac{\rho^2}{\rho^2+1}|\boldsymbol{y}^{\mathrm{H}}\boldsymbol{\psi}(x)|^2\right)\mathrm{d}x} \tag{11.109}$$

和

$$P(0|\boldsymbol{y}) = \frac{\pi(0)}{\pi(0)+\pi(1)\dfrac{1}{1+\rho^2}\dfrac{1}{N}\displaystyle\int_{-N/2}^{N/2}\exp\left(\frac{1}{N_0}\frac{\rho^2}{\rho^2+1}|\boldsymbol{y}^{\mathrm{H}}\boldsymbol{\psi}(x)|^2\right)\mathrm{d}x} \tag{11.110}$$

则后验概率之比为

$$\frac{P(1|\boldsymbol{y})}{P(0|\boldsymbol{y})}=\frac{\pi(1)}{\pi(0)}\frac{1}{1+\rho^2}\frac{1}{N}\int_{-N/2}^{N/2}\exp\left(\frac{1}{N_0}\frac{\rho^2}{\rho^2+1}|\boldsymbol{y}^{\mathrm{H}}\boldsymbol{\psi}(x)|^2\right)\mathrm{d}x$$
$$=\frac{\pi(1)}{\pi(0)}Y_{\mathrm{CG}}(1,\boldsymbol{y}) \tag{11.111}$$

MAP 检测器的判决规则为

$$\begin{cases}\dfrac{\pi(1)}{\pi(0)}Y_{\mathrm{CG}}(1,\boldsymbol{y})>1\Rightarrow H_1\\[2mm]\dfrac{\pi(1)}{\pi(0)}Y_{\mathrm{CG}}(1,\boldsymbol{y})<1\Rightarrow H_0\end{cases} \tag{11.112}$$

虚警概率和检测概率分别为

$$\begin{aligned}P_{\mathrm{FA}}&=P\left\{\frac{\pi(1)}{\pi(0)}Y_{\mathrm{CG}}(1,\boldsymbol{y}_0)>1\right\}\\P_{\mathrm{D}}&=P\left\{\frac{\pi(1)}{\pi(0)}Y_{\mathrm{CG}}(1,\boldsymbol{y}_1)>1\right\}\end{aligned} \tag{11.113}$$

式中

$$\begin{cases}Y_{\mathrm{CG}}(1,\boldsymbol{y}_0)=\dfrac{1}{1+\rho^2}\dfrac{1}{N}\displaystyle\int_{-N/2}^{N/2}\exp\left(\frac{1}{N_0}\frac{\rho^2}{\rho^2+1}|\boldsymbol{y}_0^{\mathrm{H}}\boldsymbol{\psi}(x)|^2\right)\mathrm{d}x\\[2mm]Y_{\mathrm{CG}}(1,\boldsymbol{y}_1)=\dfrac{1}{1+\rho^2}\dfrac{1}{N}\displaystyle\int_{-N/2}^{N/2}\exp\left(\frac{1}{N_0}\frac{\rho^2}{\rho^2+1}|\boldsymbol{y}_1^{\mathrm{H}}\boldsymbol{\psi}(x)|^2\right)\mathrm{d}x\end{cases} \tag{11.114}$$

由于检测统计量的复杂性，MAP 检测器的性能指标尚无闭合表达式，需要借助计算机获得结果。

11.9.2 已知复高斯散射目标位置时 MAP 检测器的虚警概率和检测概率

当已知目标位置 x_0 时，复高斯散射目标的后验概率分别为

$$P(1|\boldsymbol{y},x_0)=\frac{\pi(1)\dfrac{1}{1+\rho^2}\exp\left(\dfrac{1}{N_0}\dfrac{\rho^2}{\rho^2+1}|\boldsymbol{y}^{\mathrm{H}}\boldsymbol{\psi}(x_0)|^2\right)}{\pi(0)+\pi(1)\dfrac{1}{1+\rho^2}\exp\left(\dfrac{1}{N_0}\dfrac{\rho^2}{\rho^2+1}|\boldsymbol{y}^{\mathrm{H}}\boldsymbol{\psi}(x_0)|^2\right)} \tag{11.115}$$

和

$$P(0|\boldsymbol{y},x_0)=\frac{\pi(0)}{\pi(0)+\pi(1)\dfrac{1}{1+\rho^2}\exp\left(\dfrac{1}{N_0}\dfrac{\rho^2}{\rho^2+1}|\boldsymbol{y}^{\mathrm{H}}\boldsymbol{\psi}(x_0)|^2\right)} \tag{11.116}$$

后验概率之比为

$$\begin{aligned}\frac{P(1|\boldsymbol{y},x_0)}{P(0|\boldsymbol{y},x_0)}&=\frac{\pi(1)}{\pi(0)}\frac{1}{1+\rho^2}\exp\left(\frac{1}{N_0}\frac{\rho^2}{\rho^2+1}|\boldsymbol{y}^{\mathrm{H}}\boldsymbol{\psi}(x_0)|^2\right)\\&=\frac{\pi(1)}{\pi(0)}Y_{\mathrm{CG}}(1,\boldsymbol{y},x_0)\end{aligned} \tag{11.117}$$

最大后验概率检测器为

$$\frac{\pi(1)}{\pi(0)}Y_{\mathrm{CG}}(1,\boldsymbol{y},x_0)\underset{H_0}{\overset{H_1}{\gtrless}}1 \tag{11.118}$$

对式（11.118）进行整理，可得

$$|\boldsymbol{y}^{\mathrm{H}}\boldsymbol{\psi}(x_0)|^2\underset{H_0}{\overset{H_1}{\gtrless}}\frac{N_0(\rho^2+1)}{\rho^2}\ln\left[(1+\rho^2)\frac{\pi(0)}{\pi(1)}\right]=T_{\mathrm{h}} \tag{11.119}$$

匹配滤波器的输出为

$$\begin{cases}\boldsymbol{\psi}^{\mathrm{H}}(x)\boldsymbol{y}_0=w(x)\\ \boldsymbol{\psi}^{\mathrm{H}}(x)\boldsymbol{y}_1=\alpha\mathrm{e}^{\mathrm{j}\varphi}\operatorname{sinc}(x-x_0)+w(x)\end{cases} \tag{11.120}$$

在无目标信号时，令 $Y=|\boldsymbol{w}(x)|^2$，可知 Y 在$(2N_0,4N_0^2)$区间内服从指数分布，则 Y 的条件概率密度函数为

$$p(Y|H_0)=\begin{cases}\dfrac{1}{2N_0}\exp\left(-\dfrac{1}{2N_0}Y\right), & Y\geqslant 0\\ 0, & Y<0\end{cases} \tag{11.121}$$

虚警概率为

$$P_{\mathrm{FA}}=\int_{T_{\mathrm{h}}}^{+\infty}p(Y|H_0)\mathrm{d}Y=\mathrm{e}^{-\frac{1}{2N_0}T_{\mathrm{h}}} \tag{11.122}$$

由此可得阈值和虚警概率的关系为

$$T_{\mathrm{h}}=-2N_0\ln(P_{\mathrm{FA}}) \tag{11.123}$$

当有目标信号时，$Y=|\alpha e^{j\varphi}\operatorname{sinc}(x-x_0)+w(x)|^2$ 在$(2(\alpha^2+N_0), 4(\alpha^2+N_0)^2)$区间内服从指数分布，则 Y 的条件概率密度函数为

$$p(Y|H_1)=\begin{cases}\dfrac{1}{2(\alpha^2+N_0)}\exp\left(-\dfrac{1}{2(\alpha^2+N_0)}Y\right), & Y\geqslant 0\\ 0, & Y<0\end{cases} \tag{11.124}$$

检测概率为

$$\begin{aligned}P_{\mathrm{D}}&=\int_{T_{\mathrm{h}}}^{+\infty}p(Y|H_1)\mathrm{d}Y\\&=\exp\left[-\frac{1}{2(\alpha^2+N_0)}T_{\mathrm{h}}\right]\\&=P_{\mathrm{FA}}^{\frac{1}{1+\rho^2}}\end{aligned} \tag{11.125}$$

通过比较式（11.125）与式（11.92）可知，对于已知位置的复高斯散射目标，虽然 MAP 检测器与 NP 检测器的检测机制不同，阈值不同，但在给定虚警概率时，MAP 检测器和 NP 检测器的检测概率是相同的。也就是说，根据接收机工作特性曲线（ROC），两者的性能是一致的。

11.9.3 恒模散射目标 MAP 检测器的虚警概率和检测概率

由前面的推导可知，恒模散射目标的后验概率分别为

$$P(1|\boldsymbol{y})=\frac{\pi(1)\exp(-\rho^2)\dfrac{1}{N}\displaystyle\int_{-N/2}^{N/2}I_0\left(\frac{2\rho^2}{\alpha}|\boldsymbol{\psi}^{\mathrm{H}}(x)\boldsymbol{y}|\right)\mathrm{d}x}{\pi(0)+\pi(1)\exp(-\rho^2)\dfrac{1}{N}\displaystyle\int_{-N/2}^{N/2}I_0\left(\frac{2\rho^2}{\alpha}|\boldsymbol{\psi}^{\mathrm{H}}(x)\boldsymbol{y}|\right)\mathrm{d}x} \tag{11.126}$$

和

$$P(0|\boldsymbol{y})=\frac{\pi(0)}{\pi(0)+\pi(1)\exp(-\rho^2)\dfrac{1}{N}\displaystyle\int_{-N/2}^{N/2}I_0\left(\frac{2\rho^2}{\alpha}|\boldsymbol{\psi}^{\mathrm{H}}(x)\boldsymbol{y}|\right)\mathrm{d}x} \tag{11.127}$$

则后验概率之比为

$$\begin{aligned}\frac{P(1|\boldsymbol{y})}{P(0|\boldsymbol{y})}&=\frac{\pi(1)}{\pi(0)}\exp(-\rho^2)\frac{1}{N}\int_{-N/2}^{N/2}I_0\left(\frac{2\rho^2}{\alpha}|\boldsymbol{\psi}^{\mathrm{H}}(x)\boldsymbol{y}|\right)\mathrm{d}x\\&=\frac{\pi(1)}{\pi(0)}Y_{\mathrm{CM}}(1,\boldsymbol{y})\end{aligned} \tag{11.128}$$

MAP 检测器为

$$\begin{cases}\dfrac{\pi(1)}{\pi(0)}Y_{\mathrm{CM}}(1,\boldsymbol{y})>1\Rightarrow H_1\\[2ex]\dfrac{\pi(1)}{\pi(0)}Y_{\mathrm{CM}}(1,\boldsymbol{y})<1\Rightarrow H_0\end{cases}\tag{11.129}$$

虚警概率和检测概率分别为

$$\begin{aligned}P_{\mathrm{FA}}&=P\left\{\frac{\pi(1)}{\pi(0)}Y_{\mathrm{CM}}(1,\boldsymbol{y}_0)>1\right\}\\P_{\mathrm{D}}&=P\left\{\frac{\pi(1)}{\pi(0)}Y_{\mathrm{CM}}(1,\boldsymbol{y}_1)>1\right\}\end{aligned}\tag{11.130}$$

式中

$$\begin{cases}Y_{\mathrm{CM}}(1,\boldsymbol{y}_0)=\exp(-\rho^2)\dfrac{1}{N}\displaystyle\int_{-N/2}^{N/2}I_0\left(\frac{2\rho^2}{\alpha}|\boldsymbol{\psi}^{\mathrm{H}}(x)\boldsymbol{y}_0|\right)\mathrm{d}x\\[2ex]Y_{\mathrm{CM}}(1,\boldsymbol{y}_1)=\exp(-\rho^2)\dfrac{1}{N}\displaystyle\int_{-N/2}^{N/2}I_0\left(\frac{2\rho^2}{\alpha}|\boldsymbol{\psi}^{\mathrm{H}}(x)\boldsymbol{y}_1|\right)\mathrm{d}x\end{cases}\tag{11.131}$$

由于检测统计量的复杂性，MAP 检测器的性能指标尚无闭合表达式，需要借助计算机获得结果。

11.9.4 已知恒模散射目标位置时 MAP 检测器的虚警概率和检测概率

恒模散射目标的后验概率分别为

$$P(1|\boldsymbol{y},x_0)=\frac{\pi(1)\exp(-\rho^2)I_0(2\rho^2|\boldsymbol{\psi}^{\mathrm{H}}(x_0)\boldsymbol{y}|/\alpha)}{\pi(0)+\pi(1)\exp(-\rho^2)I_0(2\rho^2|\boldsymbol{\psi}^{\mathrm{H}}(x_0)\boldsymbol{y}|/\alpha)}\tag{11.132}$$

和

$$P(0|\boldsymbol{y},x_0)=\frac{\pi(0)}{\pi(0)+\pi(1)\exp(-\rho^2)I_0(2\rho^2|\boldsymbol{\psi}^{\mathrm{H}}(x_0)\boldsymbol{y}|/\alpha)}\tag{11.133}$$

则后验概率之比为

$$\frac{p(1|\boldsymbol{y},x_0)}{p(0|\boldsymbol{y},x_0)}=\frac{\pi(1)}{\pi(0)}\exp(-\rho^2)I_0(2\rho^2|\boldsymbol{\psi}^{\mathrm{H}}(x_0)\boldsymbol{y}|/\alpha)\tag{11.134}$$

由于 MAP 检测器的判决需要最大后验概率，因此有

$$\frac{\pi(1)}{\pi(0)}\exp(-\rho^2)I_0(2\rho^2|\boldsymbol{\psi}^{\mathrm{H}}(x_0)\boldsymbol{y}|/\alpha)\underset{H_0}{\overset{H_1}{\gtrless}}1 \tag{11.135}$$

对式（11.135）进行整理，可得

$$\ln\left[I_0\left(\frac{2\rho^2}{\alpha}|\boldsymbol{\psi}^{\mathrm{H}}(x_0)\boldsymbol{y}|\right)\right]=\rho^2-\ln\left[\frac{\pi(1)}{\pi(0)}\right]=T_{\mathrm{h}} \tag{11.136}$$

因为 $\ln[I_0(\,)]$ 是单调递增的，因此式（11.136）可简化为

$$\frac{2\rho^2}{\alpha}|\boldsymbol{\psi}^{\mathrm{H}}(x_0)\boldsymbol{y}|\underset{H_0}{\overset{H_1}{\gtrless}}T'_{\mathrm{h}} \tag{11.137}$$

匹配滤波器的输出为

$$\begin{cases}\boldsymbol{\psi}^{\mathrm{H}}(x)\boldsymbol{y}_0=w(x)\\ \boldsymbol{\psi}^{\mathrm{H}}(x)\boldsymbol{y}_1=\alpha\mathrm{e}^{\mathrm{j}\varphi}\operatorname{sinc}(x-x_0)+w(x)\end{cases} \tag{11.138}$$

当无目标信号时，令 $Y=\frac{2\rho^2}{\alpha}|w(x)|$，$Y$ 服从均值为 0、方差为 $4\rho^2$ 的瑞利分布，则 Y 的条件概率密度函数为

$$p(Y|H_0)=\begin{cases}\frac{Y}{2\rho^2}\exp\left(-\frac{Y^2}{4\rho^2}\right), & Y\geqslant 0\\ 0, & Y<0\end{cases} \tag{11.139}$$

虚警概率为

$$P_{\mathrm{FA}}=\int_{T_{\mathrm{h}}}^{+\infty}p(Y|H_0)\,\mathrm{d}Y=\exp\left(-\frac{T_{\mathrm{h}}^2}{4\rho^2}\right) \tag{11.140}$$

由此可得阈值和虚警概率的关系为

$$T_{\mathrm{h}}=\sqrt{-4\rho^2\ln P_{\mathrm{FA}}} \tag{11.141}$$

当有目标信号时，$Y=2\rho^2\left|\operatorname{sinc}(x-x_0)+\frac{1}{\alpha}w(x)\right|$ 服从莱斯分布，实部和虚部的统计特征分别为 $(2\rho^2,2\rho^2)$ 和 $(0,2\rho^2)$。此时，Y 的条件概率密度函数为

$$p(Y|H_1)=\begin{cases}\frac{Y}{2\rho^2}\exp\left(-\frac{1}{4\rho^2}(Y^2+4(\rho^2)^2)\right)I_0(Y), & Y\geqslant 0\\ 0, & Y<0\end{cases} \tag{11.142}$$

检测概率为

$$
\begin{aligned}
P_{\mathrm{D}} &= \int_{T_{\mathrm{h}}}^{+\infty} \frac{Y}{2\rho^2} \exp\left(-\frac{1}{4\rho^2}(Y^2 + 4(\rho^2)^2)\right) I_0(Y)\,\mathrm{d}Y \\
&= Q_{\mathrm{M}}\left(\sqrt{2\rho^2}, \frac{T_{\mathrm{h}}}{\sqrt{2\rho^2}}\right) \\
&= Q_{\mathrm{M}}(\sqrt{2\rho^2}, \sqrt{-2\ln P_{\mathrm{FA}}})
\end{aligned}
\tag{11.143}
$$

通过比较式（11.143）与式（11.107）可知，对于已知位置的恒模散射目标，虽然 MAP 检测器与 NP 检测器的检测机制不同，阈值不同，但在给定虚警概率时，MAP 检测器和 NP 检测器的检测概率是相同的。也就是说，根据接收机工作特性曲线，两者的性能是一致的。

11.10　NP 检测器和 MAP 检测器的检测信息

Kondo[98]提出了检测器检测信息的计算方法。NP 检测器的检测信息被定义为目标先验状态 V 与已知接收信号后验状态 $\hat{V}$ 之间的互信息。在已知目标位置时，NP 检测器的检测信息为

$$
\begin{aligned}
I(V;\hat{V}) &= H(V) - H(V|\hat{V}) \\
&= -P(1)\log P(1) - (1-P(1))\log(1-P(1)) - \\
&\quad (P(1)P_{\mathrm{D}} - P(1)P_{\mathrm{FA}} + P_{\mathrm{FA}})(-A\log A - (1-A)\log(1-A)) - \\
&\quad (1 - P(1)P_{\mathrm{D}} + P(1)P_{\mathrm{FA}} - P_{\mathrm{FA}})(-D\log D - (1-D)\log(1-D))
\end{aligned}
\tag{11.144}
$$

式中

$$
A = \frac{P(1)P_{\mathrm{D}}}{P(1)P_{\mathrm{D}} - P(1)P_{\mathrm{FA}} + P_{\mathrm{FA}}} \tag{11.145}
$$

$$
D = \frac{(1-P(1))(1-P_{\mathrm{FA}})}{1 - P(1)P_{\mathrm{D}} + P(1)P_{\mathrm{FA}} - P_{\mathrm{FA}}} \tag{11.146}
$$

根据 MAP 检测器的检测原理，检测信息的计算方法与 NP 检测器检测信息的计算方法一致。根据前面的分析，在给定虚警概率时，MAP 检测器的检测概率与 NP 检测器的检测概率相等。根据式（11.144），两个检测器的检测信息也是相等的。

11.11 仿真结果

为了验证检测器的有效性，下面采用蒙特卡罗仿真实验对 SAP 检测器、MAP 检测器和 NP 检测器的检测信息进行仿真，仿真次数为 10000（下面图中的检测信息均已进行归一化）。

11.11.1 基于先验概率的性能比较

对于恒模散射目标和复高斯散射目标，以目标存在状态的先验概率为参数，令信噪比等于 5dB，检测信息的理论值及 SAP 检测器、MAP 检测器、NP 检测器检测信息的检测结果如图 11.4 所示。由于 NP 检测器的检测信息与虚警概率有关，因此在给定先验概率的条件下，检测结果是对所有虚警概率搜索达到的最大值。换句话说，虚线以下的部分是 NP 检测器的可达区域。由图可知，无论 SAP 检测器、MAP 检测器还是 NP 检测器，它们的检测结果都不超过检测信息的理论值。这是可以预料的，因为检测信息的理论值是由信息论方法给出的。

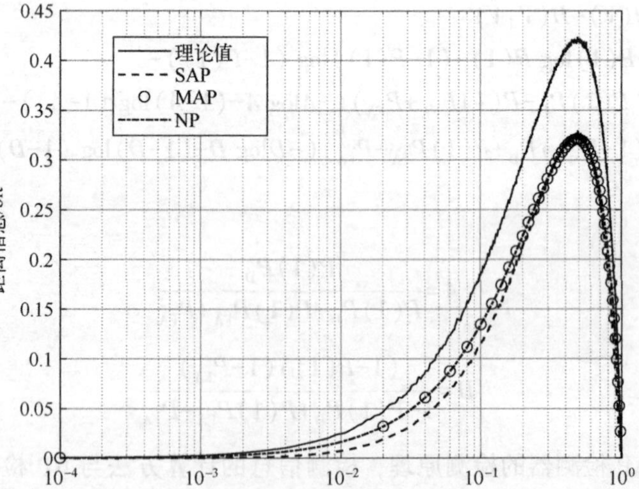

(a) 恒模散射目标(SNR=5dB)

图 11.4 检测信息的理论值和检测结果

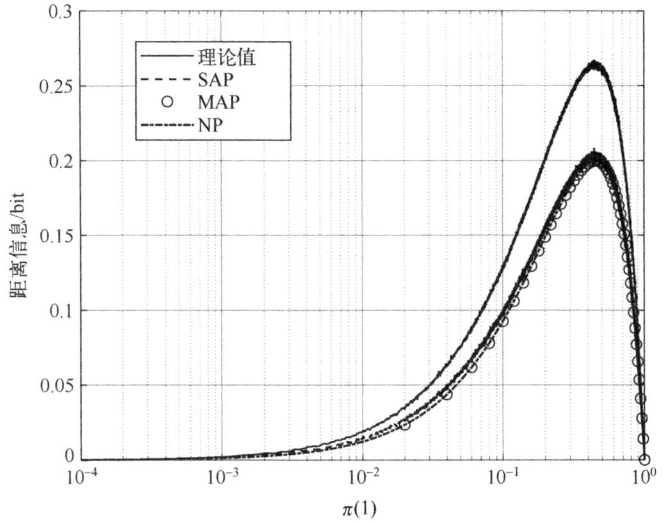

（b）复高斯散射目标（SNR=5dB）

图 11.4　检测信息的理论值和检测结果（续）

11.11.2　检测信息与信噪比的关系

对于恒模散射目标和复高斯散射目标，当 $\pi(1)=10^{-3}$时，检测信息的归一化理论值及 SAP 检测器、MAP 检测器、NP 检测器检测信息的归一化检测结果如图 11.5 所示。SAP 检测器因具有随机抽样的特性，所以当信噪比较低时，检测信息低于 NP 检测器和 MAP 检测器的检测信息。随着 SNR 的增大，SAP 检测器的检测信息逐渐接近 NP 检测器和 MAP 检测器的检测信息。当 SNR 达到约 5dB 时，三个检测器的检测信息相当。当 SNR 继续增大时，SAP 检测器先于 NP 检测器和 MAP 检测器逼近检测信息的理论值

11.11.3　目标位置已知和未知时的检测信息

对于恒模散射目标和复高斯散射目标，在已知目标位置和未知目标位置时的检测信息理论值如图 11.6 所示。由图可知，在已知目标位置时的检测信息明显大于在未知目标位置时的检测信息。这是显然的，因为当已经确定了目标在观测区间的具体位置时，检测器不需要搜索目标。这是目标检测的一种特殊情况。

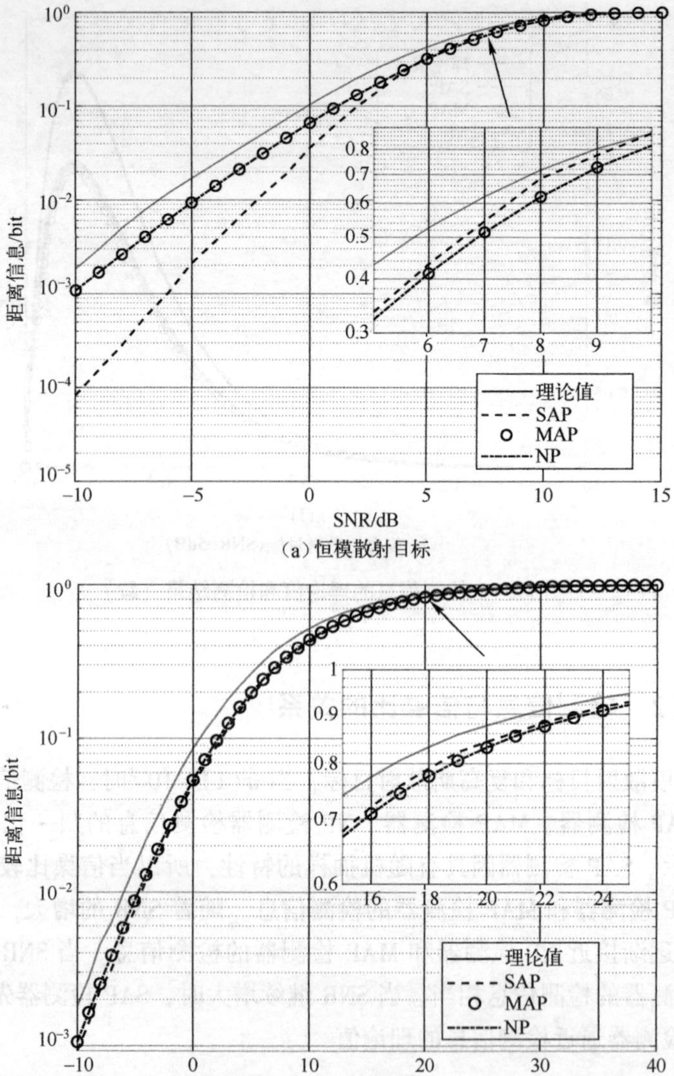

(a) 恒模散射目标

(b) 复高斯散射目标

图 11.5　检测信息的归一化理论值和归一化检测结果

11.11.4　两种检测器工作特性的比较

对于恒模散射目标和复高斯散射目标，以 SNR 为参数，信息论准则和 NP 检测器的接收机工作特性曲线如图 11.7 所示。由图可知，在两种信噪比情形下，当虚警概率相同时，NP 检测器的检测概率高于信息论准则的检测概率。这也是可以预料的，因为在虚警概率-检测概率指标体系下，NP 检测器是最优的。

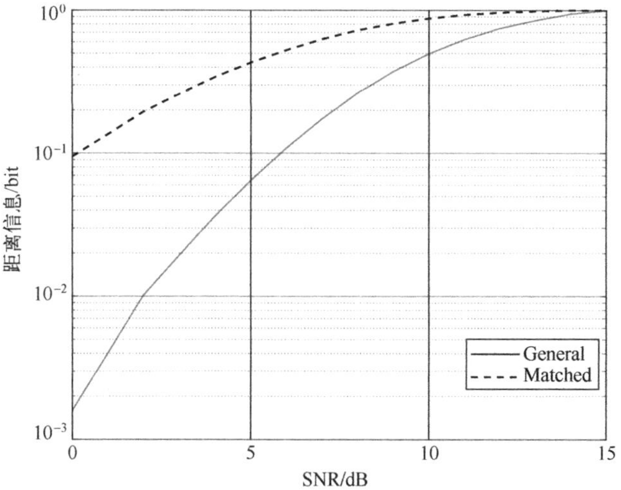

（a）恒模散射目标

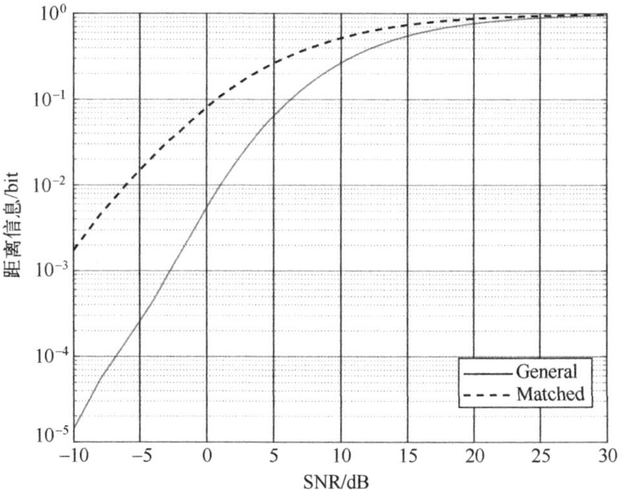

（b）复高斯散射目标

图 11.6　在已知目标位置和未知目标位置时的检测信息理论值

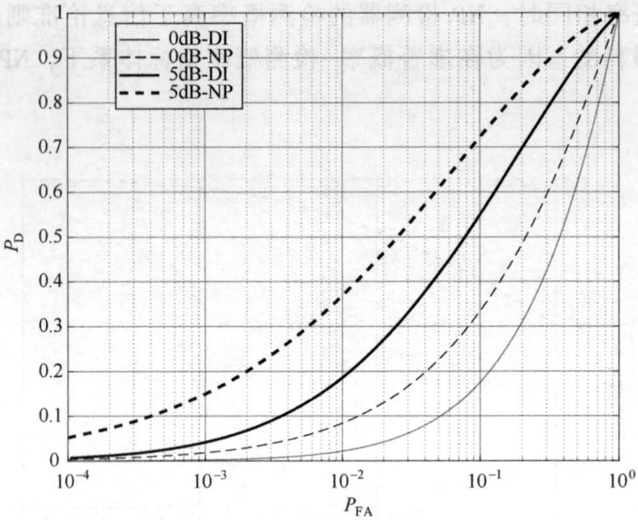

（a）恒模散射目标

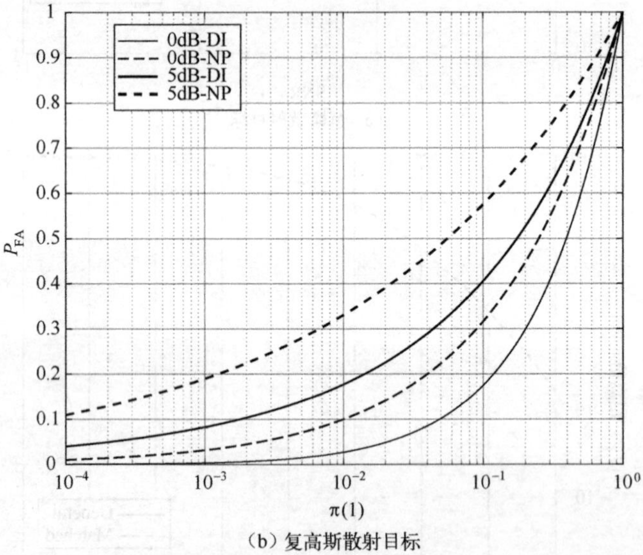

（b）复高斯散射目标

图 11.7　信息论准则和 NP 检测器的接收机工作特性曲线

第 12 章 目标检测定理

最优目标检测问题涉及如下子问题：

- 目标检测是否存在一个普适的评价指标，该指标与具体检测方法无关；
- 目标检测是否存在一个理论极限，理论极限是不是可达。

目标检测定理是对最优目标检测问题的肯定回答，检测信息是目标检测可达的理论上界。目标检测既是感知的基本问题，也是统计学的重要分支，即假设检验。因此，目标检测定理也回答了最优假设检验问题。

12.1 目标检测定理的直观解释

假设目标检测系统为$(\mathbb{V},\pi(v),p(\boldsymbol{y}|v),\mathbb{Y})$。其中，$\mathbb{V}$为输入目标状态集；$\mathbb{Y}$为输出信号集；$\pi(v)$为目标状态 V（信源）的概率分布；$p(\boldsymbol{y}|v)$为检测信道的条件转移概率分布。将 m 次扩展系统记为$(\mathbb{V}^m,\pi(v^m),p(\boldsymbol{y}^m|v^m),\mathbb{Y}^m)$，无记忆扩展的目标检测系统模型如图 12.1 所示。其中，$\mathbb{V}^m$为输入目标状态集；$\mathbb{Y}^m$为输出信号集；$\pi(v^m)$为目标状态 V^m（信源）的概率分布；$p(\boldsymbol{y}^m|v^m)$为检测信道的条件转移概率分布。输入序列 $V^m=v^m\in\mathbb{V}^m$经过检测信道 $p(\boldsymbol{y}^m|v^m)$后，生成接收序列 $\boldsymbol{Y}^m=\boldsymbol{y}^m$，检测器通过接收序列获得对输入序列的判决$\hat{V}^m=\hat{v}^m\in\mathbb{Y}^m$。

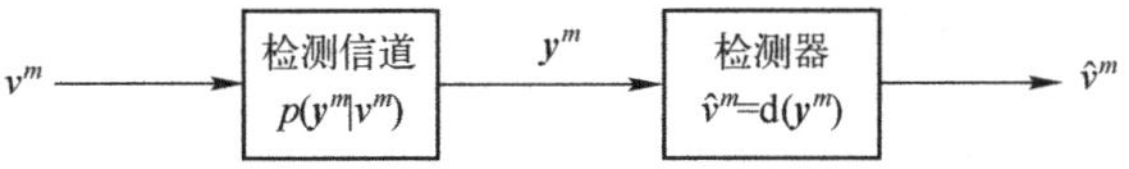

图 12.1　无记忆扩展的目标检测系统模型

下面从信息论的角度解释目标检测定理。

根据典型集的等概率原理，输入典型集的基数为 $2^{m\pi(V)}$。对任意接收典型序列 $\boldsymbol{Y}^m$，与 $\boldsymbol{Y}^m$ 构成联合典型输入序列 V^m 的数目大约为 $2^{mh(V|\boldsymbol{Y})}$个，即输入条件典型集的基数为 $2^{mh(V|\boldsymbol{Y})}$，且典型集中序列发送的概率几乎相同。如果采用联合典型检测器，检测器的后验微分熵为$\frac{1}{m}\log 2^{mh(V|\boldsymbol{Y})}=h(V|\boldsymbol{Y})$，则从接收序列 $\boldsymbol{Y}^m$ 中获得的检测信息为 $h(V)-h(V|\boldsymbol{Y})=\boldsymbol{I}(V;\boldsymbol{Y})$。换一种说法，将输入典型集分割为

$2^{mH(V)}/2^{mh(V|Y)}=2^{mI(V;Y)}$个子集，目标检测就是确定 V^m 属于哪一个典型集。由于标记子集需要$m\boldsymbol{I}(V;\boldsymbol{Y})$信息，因此一次检测将可获得标记 V^m 所在位置的 $m\boldsymbol{I}(V;\boldsymbol{Y})$ 信息，折算为每个子集的检测信息为 $\boldsymbol{I}(V;\boldsymbol{Y})$。显然，检测信息$\boldsymbol{I}(V;\boldsymbol{Y})$越大，条件典型集的基数越小，检测准确度越高。

12.2 离散随机变量的渐近等分特性及典型集

渐近等分特性（AEP）是香农编码定理的理论基础，也是目标检测定理的理论基础。下面将介绍目标检测定理需要用到的相关结论[59-60]。

12.2.1 弱大数定律与渐近等分特性

渐近等分特性对目标检测定理的证明具有重要意义。

引理 12.1【弱大数定律】令 $\boldsymbol{Y}_1,\boldsymbol{Y}_2,\cdots,\boldsymbol{Y}_m$ 表示均值为μ、方差为 σ^2 的 IID 随机变量，样本均值 $\overline{\boldsymbol{Y}}_m=\frac{1}{m}\sum_{i=1}^{m}\boldsymbol{Y}_i$，则

$$\Pr\{|\overline{\boldsymbol{Y}}_m-\mu|>\varepsilon\}\leqslant\frac{\sigma^2}{m\varepsilon^2} \tag{12.1}$$

引理 12.2【渐近等分特性】若随机序列 $V_1,V_2,\cdots,V_m$ 中各元素相互独立，且均服从概率分布 $\pi(v)$，则

$$-\frac{1}{m}\log\pi(V_1,V_2,\cdots,V_m)\to E[-\log\pi(V)]=H(V) \tag{12.2}$$

证明：可由弱大数定律直接推出。

12.2.2 典型集

定义 12.1【典型集】若 $V_1,V_2,\cdots,V_m$ 是服从 $\pi(v)$ 的 IID 随机序列，对任意 $\varepsilon>0$，典型集$\mathbb{A}_\varepsilon^{(m)}(V)$为

$$\mathbb{A}_\varepsilon^{(m)}(V)=\left\{(v_1,v_2,\cdots,v_m)\in V^m:\left|-\frac{1}{m}\log\pi(v_1,v_2,\cdots,v_m)-H(V)\right|<\varepsilon\right\} \tag{12.3}$$

式中，$\pi(v_1,v_2,\cdots,v_m)=\prod_{i=1}^{m}\pi(v_i)$。

根据典型集的定义，联合概率密度满足

$$2^{-m[H(V)+\varepsilon]}<\pi(v_1,v_2,\cdots,v_m)<2^{-m[H(V)-\varepsilon]} \tag{12.4}$$

也就是说，在典型集中，联合概率密度分布近似服从密度为 $2^{-mH(V)}$ 的均匀分布。

定理 12.1 对于任意 $\varepsilon>0$，当 m 足够大时，有

（1）$\Pr\{v^m\in\mathbb{A}_\varepsilon^{(m)}(V)\}>1-\varepsilon$；

（2）$2^{-m[H(V)+\varepsilon]}<\pi(v)<2^{-m[H(V)-\varepsilon]}$；

（3）$(1-\varepsilon)2^{m[H(V)+\varepsilon]}<\|\mathbb{A}_\varepsilon^{(m)}(V)\|<2^{m[H(V)+\varepsilon]}$。

式中，$\|\mathbb{A}_\varepsilon^{(m)}(V)\|$表示典型集的基数，即典型集$\mathbb{A}_\varepsilon^{(m)}(V)$中包含典型序列的数目。

证明：（1）定理 12.1 中的（1）可以根据引理 12.2 推出。

（2）根据引理 12.2，有

$$\lim_{m\to\infty}\Pr\{v^m\in\mathbb{A}_\varepsilon^{(m)}(V)\}=1 \tag{12.5}$$

则对于任意 $\varepsilon>0$，均存在 m_0，当 $m>m_0$ 时，有

$$\Pr\{v^m\in\mathbb{A}_\varepsilon^{(m)}(V)\}>1-\varepsilon \tag{12.6}$$

根据定义 12.1，定理 12.1 中的（2）得证。

（3）由于

$$\begin{aligned}1&=\sum_{V^m}\pi(v_1,v_2,\cdots,v_m)\\&>\sum_{\mathbb{A}_\varepsilon^{(m)}(V)}\pi(v_1,v_2,\cdots,v_m)\\&>\sum_{\mathbb{A}_\varepsilon^{(m)}(V)}2^{-m(H(V)+\varepsilon)}\\&=2^{-m(H(V)+\varepsilon)}\|\mathbb{A}_\varepsilon^{(m)}(V)\|\end{aligned} \tag{12.7}$$

因此定理 12.1 中的（3），右边不等式得证，由

$$\begin{aligned}1-\varepsilon&<\sum_{\mathbb{A}_\varepsilon^{(m)}(V)}\pi(v_1,v_2,\cdots,v_m)\\&<\sum_{\mathbb{A}_\varepsilon^{(m)}(V)}2^{-m(H(V)-\varepsilon)}\\&=2^{-m(H(V)+\varepsilon)}\|\mathbb{A}_\varepsilon^{(m)}(V)\|\end{aligned} \tag{12.8}$$

定理 12.1 中的（3），左边不等式得证。

12.3 联合典型序列

联合典型序列在目标检测定理的证明过程中占有十分重要的地位。下面将论述目标检测系统的联合典型序列。

联合典型序列中$(v,\boldsymbol{y})$的状态是离散的，接收序列是连续的，为了方便，虽然仍然采用联合分布$p(v,\boldsymbol{y})$这一标记，但意义与普通联合PDF略有不同，是离散概率分布$\pi(v)$与条件概率密度函数$p(\boldsymbol{y}|v)$的乘积，即$p(v,\boldsymbol{y})=\pi(v)p(\boldsymbol{y}|v)$。

定义12.2【联合典型序列】由服从联合分布$p(v,\boldsymbol{y})$的联合典型序列$(v^m,\boldsymbol{y}^m)$构成的集合$\mathbb{A}_\varepsilon^{(m)}(V,\boldsymbol{Y})$是由$m$长序列对构成的，其经验熵与真实熵之差小于$\varepsilon$，有

$$\begin{aligned}\mathbb{A}_\varepsilon^{(m)}(V,\boldsymbol{Y})=\Big\{&(v^m,\boldsymbol{y}^m)\in\mathbb{V}^m\times\mathbb{Y}^m:\\ &\left|-\frac{1}{m}\log\pi(v^m)-H(V)\right|<\varepsilon\\ &\left|-\frac{1}{m}\log p(\boldsymbol{y}^m)-h(\boldsymbol{Y})\right|<\varepsilon\\ &\left|-\frac{1}{m}\log p(v^m,\boldsymbol{y}^m)-h(V,\boldsymbol{Y})\right|<\varepsilon\Big\}\end{aligned} \tag{12.9}$$

式中

$$p(v^m,\boldsymbol{y}^m)=\prod_{i=1}^{m}p(v_i,\boldsymbol{y}_i) \tag{12.10}$$

下面的分析将会用到联合空间体积的概念，给出如下定义。

定义12.3【体积】假设扩展联合典型序列$(v^m,\boldsymbol{y}^m)\in\mathbb{V}^m\times\mathbb{Y}^m$，则将$\mathbb{V}^m\times\mathbb{Y}^m$的体积定义为

$$\|\mathbb{V}^m\times\mathbb{Y}^m\|=\|\mathbb{V}^m\|\times\|\mathbb{Y}^m\| \tag{12.11}$$

也就是说，联合空间体积等于状态空间的基数与连续空间体积的乘积。

根据联合典型序列的概念，引出联合AEP的定理。

定理12.2【联合AEP】假设$(V^m,\boldsymbol{Y}^m)$是服从$p(v^m,\boldsymbol{y}^m)=\prod_{i=1}^{m}p(v_i,\boldsymbol{y}_i)$的IID的$m$长序列，则对于任意$\varepsilon>0$，当$m$足够大时，有

(1) $\Pr\{(V^m,\boldsymbol{Y}^m)\in\mathbb{A}_\varepsilon^{(m)}(V,\boldsymbol{Y})\}\geqslant1-\varepsilon$；

（2）$2^{-m[h(V,\boldsymbol{Y})+\varepsilon]}<p(v^m,\boldsymbol{y}^m)<2^{-m[h(V,\boldsymbol{Y})-\varepsilon]}$；

（3）$(1-\varepsilon)2^{m[h(V,\boldsymbol{Y})-\varepsilon]}<\|\mathbb{A}_\varepsilon^{(m)}(V,\boldsymbol{Y})\|<2^{m[h(V,\boldsymbol{Y})+\varepsilon]}$。

证明：（1）根据联合典型序列的定义，有

$$\left|-\frac{1}{m}\log p(v^m,\boldsymbol{y}^m)-h(V,\boldsymbol{Y})\right|<\varepsilon \tag{12.12}$$

根据弱大数定律，有

$$-\frac{1}{m}\log p(v^m,\boldsymbol{y}^m)\to E[\log p(v^m,\boldsymbol{y}^m)]=h(V,\boldsymbol{Y}) \tag{12.13}$$

因此，对于任意 $\varepsilon>0$，有

$$\lim_{m\to\infty}\Pr\{(V^m,\boldsymbol{Y}^m)\in\mathbb{A}_\varepsilon^{(m)}(V,\boldsymbol{Y})\}=1 \tag{12.14}$$

即存在 m_0，当 $m>m_0$ 时，有

$$\Pr\{(V^m,\boldsymbol{Y}^m)\in\mathbb{A}_\varepsilon^{(m)}(V,\boldsymbol{Y})\}\geqslant 1-\varepsilon \tag{12.15}$$

（2）根据联合典型序列的定义，有

$$\left|-\frac{1}{m}\log p(v^m,\boldsymbol{y}^m)-h(V,\boldsymbol{Y})\right|<\varepsilon \tag{12.16}$$

展开并取对数后，可得

$$2^{-m[h(V,\boldsymbol{Y})+\varepsilon]}<p(v^m,\boldsymbol{y}^m)<2^{-m[h(V,\boldsymbol{Y})-\varepsilon]} \tag{12.17}$$

（3）由于

$$\begin{aligned}1&=\sum p(v^m,\boldsymbol{y}^m)\\&>\sum_{\boldsymbol{A}_\varepsilon^{(m)}(V;\boldsymbol{Y})}p(v^m,\boldsymbol{y}^m)\\&>\|\mathbb{A}_\varepsilon^{(m)}(V,\boldsymbol{Y})\|2^{-m(h(V,\boldsymbol{Y})+\varepsilon)}\end{aligned} \tag{12.18}$$

因此定理 12.2 中的（3），右边不等式得证。根据定理 12.2 中的（1），有

$$\begin{aligned}1-\varepsilon&<\sum_{(v^m,\boldsymbol{y}^m)\in\boldsymbol{A}_\varepsilon^{(m)}(V,\boldsymbol{Y})}p(v^m,\boldsymbol{y}^m)\\&<\|\mathbb{A}_\varepsilon^{(m)}(V,\boldsymbol{Y})\|2^{-m[h(V,\boldsymbol{Y})-\varepsilon]}\end{aligned} \tag{12.19}$$

定理 12.2 中的（3），左边不等式得证。

定理 12.3　对于任意 $\varepsilon>0$，当 m 足够大时，有

(1) $2^{-m[h(\boldsymbol{Y}|V)+2\varepsilon]}<p(\boldsymbol{y}|v)<2^{-m[h(\boldsymbol{Y}|V)-2\varepsilon]}$，$2^{-m[H(V|\boldsymbol{Y})+2\varepsilon]}<p(v|\boldsymbol{y})<2^{-m[H(V|\boldsymbol{Y})-2\varepsilon]}$。

$$\tag{12.20}$$

式中，$(v,\boldsymbol{y})\in\mathbb{A}_\varepsilon^{(m)}(V,\boldsymbol{Y})$。

(2) 令$\mathbb{A}_\varepsilon^{(m)}(V|\boldsymbol{Y})=\{v:(v,\boldsymbol{y})\in\mathbb{A}_\varepsilon^{(m)}(V,\boldsymbol{Y})\}$是在给定典型序列 $\boldsymbol{Y}^m$ 的条件下，与 $\boldsymbol{Y}^m$ 构成联合典型序列对的所有 V^m 序列的集合，则

$$(1-\varepsilon)2^{m[H(V|\boldsymbol{Y})-2\varepsilon]}<\|\mathbb{A}_\varepsilon^{(m)}(V|\boldsymbol{Y})\|<2^{m[H(V|\boldsymbol{Y})+2\varepsilon]} \tag{12.21}$$

(3) 令$\mathbb{A}_\varepsilon^{(m)}(\boldsymbol{Y}|V)=\{\boldsymbol{y}:(v,\boldsymbol{y})\in\mathbb{A}_\varepsilon^{(m)}(V,\boldsymbol{Y})\}$是在给定典型序列 V^m 条件下，与 V^m 构成联合典型序列对的所有 $\boldsymbol{Y}^m$ 序列的集合，则

$$(1-\varepsilon)2^{m[h(\boldsymbol{Y}|V)-2\varepsilon]}<\|\mathbb{A}_\varepsilon^{(m)}(\boldsymbol{Y}|V)\|<2^{m[h(\boldsymbol{Y}|V)+2\varepsilon]} \tag{12.22}$$

(4) 令 V^m 是给定典型序列 $\boldsymbol{Y}^m$ 的联合典型序列，则

$$\Pr(V^m\in\mathbb{A}_\varepsilon^{(m)}(V|\boldsymbol{Y}))>1-2\varepsilon \tag{12.23}$$

证明：(1) 由于

$$p(\boldsymbol{y}|v)=\frac{p(v,\boldsymbol{y})}{\pi(v)} \tag{12.24}$$

因此根据定理 12.1 中的（2）和定理 12.2 中的（2），有

$$\begin{gathered}2^{-m[h(V,\boldsymbol{Y})+\varepsilon]}/2^{-m[H(V)-\varepsilon]}<p(\boldsymbol{y}|v)<2^{-m[H(V,\boldsymbol{Y})-\varepsilon]}/2^{-m[H(V)+\varepsilon]}\\2^{-m[h(V,\boldsymbol{Y})-H(V)+2\varepsilon]}<p(\boldsymbol{y}|v)<2^{-m[h(V,\boldsymbol{Y})-H(V)-2\varepsilon]}\end{gathered} \tag{12.25}$$

式（12.20）得证。

(2) 由于

$$\begin{aligned}1&=\sum_{V^m}P(v|\boldsymbol{y})=\sum_{V^m}\frac{p(v,\boldsymbol{y})}{p(\boldsymbol{y})}\\&>\sum_{v\in\mathbb{A}_\varepsilon^{(m)}(V|Y)}\frac{p(v,\boldsymbol{y})}{p(\boldsymbol{y})}\end{aligned} \tag{12.26}$$

且 $\boldsymbol{y}\in\mathbb{A}_\varepsilon^{(m)}(\boldsymbol{Y}),(v,\boldsymbol{y})\in\mathbb{A}_\varepsilon^{(m)}(V,\boldsymbol{Y})$，根据定理 12.2 中的（2），有

$$p(v,\boldsymbol{y})<2^{-m[h(\boldsymbol{Y})-\varepsilon]} \tag{12.27}$$

$$p(v,\boldsymbol{y})>2^{-m[h(V,\boldsymbol{Y})+\varepsilon]} \tag{12.28}$$

代入式（12.26），可得

$$1 > \sum_{v \in \mathbb{A}_{\varepsilon}^{(m)}(V|Y)} 2^{-m[h(V,Y)-h(Y)+2\varepsilon]} = 2^{-m[h(V,Y)-h(Y)+2\varepsilon]} \|\mathbb{A}_{\varepsilon}^{(m)}(V|Y)\| \tag{12.29}$$

定理 12.3 中的（2），右边不等式得证，同理可证得左边不等式。

（3）同定理 12.3 中的（2），可证明定理 12.3 中的（3）。

（4）根据定理 12.3 中的（1），有

$$-2\varepsilon < \left| -\frac{1}{m}\log P(v^m|y^m) - H(V|Y) \right| < 2\varepsilon \tag{12.30}$$

根据弱大数定律，定理 12.3 中的（4）得证。

12.4　目标检测定理的证明

这里只对单目标检测定理进行证明[55]，证明的框架可以推广到多目标检测定理。在证明之前，先定义需要用到的概念。

假设已知接收序列为 Y^m，采用检测函数寻找与 Y^m 能够构成联合典型的输入序列。如果序列$\hat{V}^m$与接收序列 Y^m 是联合典型的，就将$\hat{V}^m$作为输入序列 V^m 的判决序列。这种检测方法被称为联合典型检测方法。

判决成功　如果判决序列$\hat{V}^m$属于输入序列所在的条件典型集$\mathbb{A}_{\varepsilon}^{(m)}(V|Y)$，即 $\hat{V}^m \in \mathbb{A}_{\varepsilon}^{(m)}(V|Y)$，则称此次判决成功。

当判决成功时，条件典型集的基数$\|\mathbb{A}_{\varepsilon}^{(m)}(V|Y)\|$越大，表示检测的不确定性越大，检测性能越差。

判决失败　如果判决序列$\hat{V}^m \notin \mathbb{A}_{\varepsilon}^{(m)}(V|Y)$，则称此次判决失败，记判决失败的概率 $P_{\mathrm{f}}^{(m)} = \Pr(\hat{V}^m \notin \mathbb{A}_{\varepsilon}^{(m)}(V|Y))$。

定义一个二元随机变量 E：$E=0$ 表示判决成功的事件；$E=1$ 表示判决失败的事件，即

$$E = \begin{cases} 0, & \hat{V} \in \mathbb{A}_{\varepsilon}^{(m)}(V|Y) \\ 1, & \hat{V} \notin \mathbb{A}_{\varepsilon}^{(m)}(V|Y) \end{cases} \tag{12.31}$$

则 $P_{\mathrm{f}}^{(m)} = \Pr(E=1)$。

即使判决成功，仍然不能唯一确定典型集$\mathbb{A}_{\varepsilon}^{(m)}(V|Y)$中的哪一个是输入序列，为此有如下定义。

经验熵　如果判决成功，即 $E=0$，目标检测的经验熵$\hat{H}(V|\boldsymbol{Y})$被定义为

$$\hat{H}(V|\boldsymbol{Y})=\frac{1}{m}H(V^m|\boldsymbol{Y}^m,E=0) \tag{12.32}$$

经验熵表示判决成功后，输入序列尚存在的不确定性。由最大熵定理，经验熵满足

$$\hat{H}(V|\boldsymbol{Y})\leqslant\frac{1}{m}\log\|\mathbb{A}_{\varepsilon}^{(m)}(V|\boldsymbol{Y})\| \tag{12.33}$$

准确度　如果判决成功，即 $E=0$，目标检测的准确度$\hat{I}(V;\boldsymbol{Y})$被定义为

$$\hat{I}(V;\boldsymbol{Y})=H(V)-\hat{H}(V|\boldsymbol{Y}) \tag{12.34}$$

准确度也被称为经验检测信息，与估计精度的意义类似。

引理 12.3　对于扩展目标检测系统$(\mathbb{V}^m,p(\boldsymbol{y}^m|v^m),\mathbb{Y}^m)$，如果$\hat{v}^m$是后验概率分布$p(v|\boldsymbol{y})$的 m 次抽样估计，则$(\hat{v}^m,\boldsymbol{y}^m)$是关于概率分布$p(\hat{v}^m,\boldsymbol{y}^m)$的联合典型序列。

证明：由于$\hat{v}^m$是后验概率分布$p(v|\boldsymbol{y})$的 m 次抽样估计，扩展后验概率分布$P_{\text{SAP}}(\hat{v}^m|\boldsymbol{y}^m)=P(\hat{v}^m|\boldsymbol{y}^m)$，因此有

$$\begin{aligned}P_{\text{SAP}}(\hat{v}^m,\boldsymbol{y}^m)&=p(\boldsymbol{y}^m)P_{\text{SAP}}(\hat{v}^m|\boldsymbol{y}^m)\\&=p(\boldsymbol{y}^m)p(\hat{v}^m|\boldsymbol{y}^m)\\&=p(\hat{v}^m,\boldsymbol{y}^m)\end{aligned} \tag{12.35}$$

式（12.35）表明，抽样后验估计的联合概率分布与系统联合概率分布相同，有相同的边缘分布，符合联合典型序列的定义。

定理 12.4【目标检测定理】若目标检测系统$(\mathbb{V},\boldsymbol{\pi}(v),p(\boldsymbol{y}|v),\mathbb{Y})$的检测信息为$I(\boldsymbol{Y};V)$，则小于$I(\boldsymbol{Y};V)$的所有准确度$\hat{I}(V;\boldsymbol{Y})$都是可达的。具体来说，只要 m 足够大，对于任意 $\varepsilon>0$，一定存在一种检测方法，其准确度满足

$$\hat{I}(V;\boldsymbol{Y})>I(\boldsymbol{Y};V)-2\varepsilon \tag{12.36}$$

且判决失败的概率 $P_{\text{f}}^{(m)}\to 0$。

证明：输入序列生成　若给定$\boldsymbol{\pi}(v)$，则 m 次扩展目标状态 v^m 的统计特性满足

$$\pi(v^m)=\prod_{i=1}^{m}\pi(v_i) \tag{12.37}$$

根据 $\pi(v^m)$ 生成输入序列 V^m。

接收序列生成 输入序列 V^m 经过 m 次扩展信道

$$p(\boldsymbol{y}^m|v^m)=\prod_{i=1}^{m}p(\boldsymbol{y}_i|v_i) \tag{12.38}$$

生成接收序列 $\boldsymbol{Y}^m$。

后验概率分布 假设已知信道的条件概率分布 $p(\boldsymbol{y}|v)$ 和信源的先验概率分布 $\pi(v)$，通过接收序列 $\boldsymbol{Y}^m$，后验概率分布为

$$P(v|\boldsymbol{y})=\frac{\pi(v)p(\boldsymbol{y}|v)}{\sum\limits_{V}\pi(v)p(\boldsymbol{y}|v)} \tag{12.39}$$

抽样后验检测 在接收端采用抽样后验概率检测方法产生判决序列 $\hat{V}^m$，由引理 12.3，$\hat{V}^m$ 与接收序列 $\boldsymbol{Y}^m$ 是联合典型序列，由定理 12.3 中的（2），$\mathbb{A}_\varepsilon^{(m)}(V|\boldsymbol{Y})$ 典型集的基数满足

$$\|\mathbb{A}_\varepsilon^{(m)}(V|\boldsymbol{Y})\|<2^{m[H(V|\boldsymbol{Y})+2\varepsilon]} \tag{12.40}$$

经验熵 如果判决成功，$E=0$，则由式（12.33）和式（12.40），该次检测的经验熵满足

$$\begin{aligned}\hat{H}(V|\boldsymbol{Y})&\leqslant\frac{1}{m}\log\|\mathbb{A}_\varepsilon^{m}(V|\boldsymbol{Y})\|\\&<H(V|\boldsymbol{Y})+2\varepsilon\end{aligned} \tag{12.41}$$

准确度 对足够大的 m，准确度满足

$$\begin{aligned}\hat{I}(V;\boldsymbol{Y})&=H(V)-\hat{H}(V;\boldsymbol{Y})\\&>I(\boldsymbol{Y};V)-2\varepsilon\end{aligned} \tag{12.42}$$

至此，证明了经验信息对检测信息的可达性。

判决失败的概率 对于接收序列 $\boldsymbol{Y}^m$ 的联合典型译码，存在两种可能导致检测失败的事件：一种是 V^m 和 $\boldsymbol{Y}^m$ 不构成联合典型序列，记为 $\overline{A}_{\mathrm{T}}$；另一种是 $\hat{V}^m$ 和 $\boldsymbol{Y}^m$ 不构成联合典型序列，记为 $\overline{A}_{\mathrm{R}}$。估计失败的概率为

$$\begin{aligned}P_{\mathrm{f}}^{(m)}&=\Pr(\overline{A}_{\mathrm{T}}\cup\overline{A}_{\mathrm{R}})\\&\leqslant\Pr(\overline{A}_{\mathrm{T}})+\Pr(\overline{A}_{\mathrm{R}})\end{aligned} \tag{12.43}$$

由联合典型集的性质，有

$$P_{\mathrm{f}}^{(m)} \leqslant 2\varepsilon \tag{12.44}$$

且随着 m 的增加依概率收敛为 0。

准确度还可以表示为

$$\begin{aligned}\hat{I}(V;\boldsymbol{Y}) &\approx \frac{1}{m}\log\|\mathbb{A}_{\varepsilon}^{(m)}(V)\| - \frac{1}{m}\log\|\mathbb{A}_{\varepsilon}^{(m)}(V|\boldsymbol{Y})\| \\ &= \frac{1}{m}\log\frac{\|\mathbb{A}_{\varepsilon}^{(m)}(V)\|}{\|\mathbb{A}_{\varepsilon}^{(m)}(V|\boldsymbol{Y})\|}\end{aligned} \tag{12.45}$$

根据式（12.45），可以更加直观地理解准确度的物理意义。输入典型集 $\mathbb{A}_{\varepsilon}^{(m)}(V)$ 的基数 $\|\mathbb{A}_{\varepsilon}^{(m)}(V)\| \approx 2^{mH(V)}$，条件典型集 $\mathbb{A}_{\varepsilon}^{(m)}(V|\boldsymbol{Y})$ 的基数 $\|\mathbb{A}_{\varepsilon}^{(m)}(V|\boldsymbol{Y})\| \approx 2^{mH(V|\boldsymbol{Y})}$。$\mathbb{A}_{\varepsilon}^{(m)}(V)$ 被划分为 $mI^{(m)}(V;\boldsymbol{Y})$ 个基数 $\|\mathbb{A}_{\varepsilon}^{(m)}(V|\boldsymbol{Y})\|$ 相等的子集，采用检测函数确定目标位于哪一个子集大约需要 $mI^{(m)}(V;\boldsymbol{Y})$ 的信息。条件典型集 $\mathbb{A}_{\varepsilon}^{(m)}(V|\boldsymbol{Y})$ 越小，意味着子集的数目越大，准确度越高。子集的数目受限于检测信息。

12.5 目标检测定理的逆定理

为了证明目标检测定理的逆定理，首先将 Fano 不等式推广到目标检测领域。

假设 V^m 为输入序列，$\boldsymbol{Y}^m$ 为接收序列，$\hat{V}^m$ 是检测函数的判决序列，$\mathbb{A}_{\varepsilon}^{(m)}(V|\boldsymbol{Y})$ 表示在给定接收序列 $\boldsymbol{Y}^m$ 时的条件典型集。

对于条件熵 $H(V^m,E|\boldsymbol{Y}^m)$，根据熵的链式法则，有

$$H(V^m,E|\boldsymbol{Y}^m) = H(E|\boldsymbol{Y}^m) + H(V^m|E,\boldsymbol{Y}^m) \tag{12.46}$$

由于 E 是二元随机变量，因此 $H(E|\boldsymbol{Y}^m) \leqslant 1$，式（12.46）右边第二项 $H(V^m|E,\boldsymbol{Y}^m)$ 可以表示为

$$H(V^m|E,\boldsymbol{Y}^m) = (1-P_{\mathrm{f}}^{(m)})H(V^m|\boldsymbol{Y}^m,E=0) + P_{\mathrm{f}}^{(m)}H(V^m|\boldsymbol{Y}^m,E=1) \tag{12.47}$$

式中，$H(V^m|\boldsymbol{Y}^m,E=0)$ 表示估计成功时 V^m 的不确定性。

根据典型集的性质和定理 12.3，有

$$\begin{aligned}H(V^m|\boldsymbol{Y}^m,E=0) &\leqslant \log\|\mathbb{A}_{\varepsilon}^{(m)}(V|\boldsymbol{Y})\| \\ &\leqslant \log 2^{m[H(V|\boldsymbol{Y})+2\varepsilon]} \\ &= m(H(V|\boldsymbol{Y})+2\varepsilon)\end{aligned} \tag{12.48}$$

同理，有

$$
\begin{aligned}
H(V^m|\boldsymbol{Y}^m,E=1) &\leqslant \log\left(\|\mathbb{A}_\varepsilon^m(V)\|-\|\mathbb{A}_\varepsilon^m(V|\boldsymbol{Y})\|\right)\\
&\leqslant \log\left(2^{m[H(V)+\varepsilon]}-2^{m[H(V|\boldsymbol{Y})-2\varepsilon]}\right)\\
&\leqslant \log 2^{m[H(V)+\varepsilon]}\\
&=m[H(V)+\varepsilon]
\end{aligned} \tag{12.49}
$$

由此给出如下引理。

引理 12.4【推广的 Fano 不等式】

$$
H(V^m|\boldsymbol{Y}^m)\leqslant 1+(1-P_{\mathrm{f}}^{(m)})H(V^m|\boldsymbol{Y}^m,E=0)+P_{\mathrm{f}}^{(m)}m(H(V)+\varepsilon) \tag{12.50}
$$

证明：由熵与联合熵的性质，有

$$
H(V^m|\boldsymbol{Y}^m)\leqslant H(V^m,E|\boldsymbol{Y}^m) \tag{12.51}
$$

由式（12.46）和式（12.47），可得

$$
H(V^m,E|\boldsymbol{Y}^m)\leqslant 1+(1-P_{\mathrm{f}}^{(m)})H(V^m|\boldsymbol{Y}^m,E=0)+P_{\mathrm{f}}^{(m)}H(V^m|\boldsymbol{Y}^m,E=1) \tag{12.52}
$$

将式（12.49）代入式（12.52），可得

$$
H(V^m,E|\boldsymbol{Y}^m)\leqslant 1+(1-P_{\mathrm{f}}^{(m)})H(V^m|\boldsymbol{Y}^m,E=0)+P_{\mathrm{f}}^{(m)}m(H(V)+\varepsilon) \tag{12.53}
$$

综合式（12.47）和式（12.53），即可证明定理。

将式（12.48）代入 Fano 不等式，可以得到更简洁的形式，有

$$
H(V^m|\boldsymbol{Y}^m)\leqslant 1+m[H(V|\boldsymbol{Y})+2\varepsilon]+P_{\mathrm{f}}^{(m)}m[I(V;\boldsymbol{Y})-\varepsilon] \tag{12.54}
$$

定理 12.5【目标检测定理的逆定理】若目标检测系统$(\mathbb{V},\pi(v),p(\boldsymbol{y}|v),\mathbb{Y})$的检测信息为 $I(V;\boldsymbol{Y})$，对任何满足 $P_{\mathrm{f}}^{(m)}\to 0$ 的检测方法，其准确度满足

$$
\hat{I}(V;\boldsymbol{Y})\leqslant I(V;\boldsymbol{Y}) \tag{12.55}
$$

证明：由熵与互信息的性质，有

$$
H(V^m)=H(V^m|\boldsymbol{Y}^m)+I(V^m;\boldsymbol{Y}^m) \tag{12.56}
$$

由扩展信源的性质 $H(V^m)=mH(V)$ 和扩展信道的性质，有

$$
I(V^m;\boldsymbol{Y}^m)\leqslant mI(V;\boldsymbol{Y}) \tag{12.57}
$$

由引理 12.4，有

$$mH(V) \leqslant 1+(1-P_{\mathrm{f}}^{(m)})H(V^m \mid \boldsymbol{Y}^m, E=0)+P_{\mathrm{f}}^{(m)} m(H(V)+\varepsilon)+mI(V;\boldsymbol{Y}) \tag{12.58}$$

两边同除以 m，移项并整理，可得

$$H(V)-\frac{1}{m}H(V^m \mid \boldsymbol{Y}^m, E=0) \leqslant \frac{1}{m}-\frac{1}{m}P_{\mathrm{f}}^{(m)} H(V^m \mid \boldsymbol{Y}^m, E=0)+ P_{\mathrm{f}}^{(m)}(H(V)+\varepsilon)+I(V;\boldsymbol{Y}) \tag{12.59}$$

不等式的左边就是准确度 $\hat{I}(V;\boldsymbol{Y})$。令 $m\to\infty$, $P_{\mathrm{f}}^{(m)}\to 0$，有

$$\hat{I}(V;\boldsymbol{Y})<I(V;\boldsymbol{Y}) \tag{12.60}$$

证毕。

由于检测信息是所有检测方法的理论极限，因此检测信息也被称为检测容量。

第 13 章 联合目标检测与参数估计

前面已经证明了参数估计定理和目标检测定理。本章将其结论推广到联合目标检测-参数估计（JDE）系统，根据联合信道和先验统计特性，推导联合后验概率分布的理论表达式，提出随机 JDE 感知方法和级联 JDE 感知方法，建立目标状态和时延联合目标检测与参数估计的信息理论框架。本章主要是证明联合目标检测-参数估计定理和级联目标检测-参数估计定理，说明感知信息和感知熵偏差是联合感知性能的理论极限。

13.1 联合目标检测与参数估计概述

联合目标检测-参数估计是雷达感知的常见问题，如在检测主动目标的同时，对目标的位置、速度和方向进行估计。JDE 最原始的处理方式是采用相应的最优方法分别处理各子问题。例如，采用 NP 检测方法进行目标检测；采用贝叶斯估计方法进行参数估计；采用广义似然比检验（GLRT）通过未知参数的最大似然估计来简化复杂的联合目标检测-参数估计问题。Middleton 和 Esposito 于 1968 年通过最小化总体贝叶斯风险提高了 JDE 的整体性能。总体贝叶斯风险指的是在贝叶斯框架中感知错误概率和估计成本的线性组合[99-101]。这种线性组合在实践中几乎没有物理意义，并且总体贝叶斯风险中的线性权重无法确定[102]。Moustakides 提出了一步检测方法和两步检测方法，将类 NP 方法与贝叶斯估计进行结合来处理 JDE 问题[103]。在两步检测方法中，除了虚警概率约束，还引入了漏警概率约束和可靠估计约束。

本章首先建立了联合目标状态和时延的系统模型，根据联合信道和先验统计特性，提出了联合感知信息的概念和定量方法，推导出了联合后验概率分布，给出了感知熵误差的定义及随机 JDE 感知方法和级联 JDE 感知方法，说明了感知信息和感知熵偏差是联合感知性能的理论极限，证明了联合目标检测-参数估计定理和级联目标检测-参数估计定理，确立了联合目标检测-参数估计的信息理论框架[56]。

13.2 感知信息

已建立的联合目标检测与参数估计的系统模型为

$$y=U(x)Vs+w \tag{13.1}$$

式中

$$V=\begin{bmatrix} v_1 & 0 & \cdots & 0 \\ 0 & v_2 & \cdots & 0 \\ \vdots & \vdots & \ddots & \vdots \\ 0 & 0 & \cdots & v_K \end{bmatrix} \tag{13.2}$$

是目标存在状态变量 $\boldsymbol{v}=(v_1,v_2,\cdots,v_K)$ 的对角矩阵；$\boldsymbol{U}(\boldsymbol{x})=[\cdots,\boldsymbol{\psi}(x_k),\cdots]$ 为目标位置矩阵，第 k 列 $\boldsymbol{\psi}(x_k)=(\cdots,\mathrm{sinc}(n-x_k),\cdots)^{\mathrm{T}}$ 是第 k 个目标的采样波形；$x_k=B\tau_k$ 表示归一化时延；$\boldsymbol{w}$ 表示噪声矢量，分量是IID复高斯随机变量，实部和虚部相互独立，功率谱密度均为 $N_0/2$。

式（13.1）被称为联合目标检测-参数估计系统方程，为了简便，将联合目标检测-参数估计简称为感知，则式（13.1）可简称为感知方程。

由感知方程和噪声的统计特性，可得在给定目标存在状态、时延和散射信息时接收信号的条件概率分布为

$$p(\boldsymbol{y}\mid \boldsymbol{v},\boldsymbol{x},\boldsymbol{s})=\frac{1}{(\pi N_0)^N}\exp\left[-\frac{1}{N_0}\|\boldsymbol{y}-\boldsymbol{U}(\boldsymbol{x})\boldsymbol{V}\boldsymbol{s}\|^2\right] \tag{13.3}$$

式（13.3）定义了一个感知信道，由此给出如下定义。

定义 13.1【感知信息】 目标的感知信息被定义为接收信号与目标存在状态、位置和散射之间的联合互信息，即

$$I(\boldsymbol{Y};\boldsymbol{V},\boldsymbol{X},\boldsymbol{S})=E\left[\log\frac{p(\boldsymbol{y}\mid \boldsymbol{v},\boldsymbol{x},\boldsymbol{s})}{p(\boldsymbol{y})}\right] \tag{13.4}$$

式中，$p(\boldsymbol{y})=\sum_{\boldsymbol{v}}\oint p(\boldsymbol{y}\mid \boldsymbol{v},\boldsymbol{x},\boldsymbol{s})\pi(\boldsymbol{v},\boldsymbol{x},\boldsymbol{s})\,\mathrm{d}x\mathrm{d}s$；$\pi(\boldsymbol{v},\boldsymbol{x},\boldsymbol{s})$ 为联合先验分布。

根据互信息的可加性，感知信息还可以表示为

$$I(\boldsymbol{Y};\boldsymbol{V},\boldsymbol{X},\boldsymbol{S})=I(\boldsymbol{Y};\boldsymbol{V})+I(\boldsymbol{Y};\boldsymbol{X},\boldsymbol{S}\mid \boldsymbol{V}) \tag{13.5}$$

式中，$I(\boldsymbol{Y};\boldsymbol{V})$ 表示从接收信号中获得关于目标存在状态的检测信息；$I(\boldsymbol{Y};\boldsymbol{X},\boldsymbol{S}\mid \boldsymbol{V})$

表示在已知目标存在状态下的估计信息。

式（13.5）表明，感知信息是检测信息与已知目标存在状态的估计信息之和。在信息论框架下，检测信息和估计信息可以用比特进行统一定量。

13.3　感知信息的计算

下面将分别针对目标完全匹配和目标非匹配两种场景，介绍复高斯散射目标和恒模散射目标感知信息的计算。

13.3.1　一般复高斯散射目标感知信息的计算

式（11.7）给出了在给定目标存在状态 $\boldsymbol{V}$ 和目标位置 $\boldsymbol{X}$ 时的条件 PDF，由贝叶斯公式，联合后验 PDF 为

$$p(\boldsymbol{v},\boldsymbol{x}|\boldsymbol{y})=\frac{1}{\upsilon}\pi(\boldsymbol{v},\boldsymbol{x})\frac{1}{|\boldsymbol{R}_V(\boldsymbol{x})|}\exp[-\boldsymbol{y}^{\mathrm{H}}\boldsymbol{R}_V^{-1}(\boldsymbol{x})\boldsymbol{y}] \tag{13.6}$$

式中，$\upsilon=\sum_{\boldsymbol{v}}\int_{-N/2}^{N/2}\pi(\boldsymbol{v},\boldsymbol{x})\frac{1}{\pi^N|\boldsymbol{R}_V(\boldsymbol{x})|}\exp[-\boldsymbol{y}^{\mathrm{H}}\boldsymbol{R}_V^{-1}(\boldsymbol{x})\boldsymbol{y}]\mathrm{d}\boldsymbol{x}$ 表示归一化因子。假设目标存在状态和目标位置的先验统计特性相互独立，即 $\pi(\boldsymbol{v},\boldsymbol{x})=\pi(\boldsymbol{v})\pi(\boldsymbol{x})$，则式（13.6）可以改写为

$$p(\boldsymbol{v},\boldsymbol{x}|\boldsymbol{y})=\frac{1}{\upsilon}\pi(\boldsymbol{v})\pi(\boldsymbol{x})\frac{1}{|\boldsymbol{R}_V(\boldsymbol{x})|}\exp[-\boldsymbol{y}^{\mathrm{H}}\boldsymbol{R}_V^{-1}(\boldsymbol{x})\boldsymbol{y}] \tag{13.7}$$

如果目标位置在观测区间内服从均匀分布，且目标之间相互独立，则式（13.7）可以简化为

$$p(\boldsymbol{v},\boldsymbol{x}|\boldsymbol{y})=\frac{1}{\upsilon}\pi(\boldsymbol{v})\frac{1}{|\boldsymbol{R}_V(\boldsymbol{x})|}\exp[-\boldsymbol{y}^{\mathrm{H}}\boldsymbol{R}_V^{-1}(\boldsymbol{x})\boldsymbol{y}] \tag{13.8}$$

根据后验 PDF，目标的感知信息为

$$I(\boldsymbol{Y};\boldsymbol{V},\boldsymbol{X})=h(\boldsymbol{V},\boldsymbol{X})-h(\boldsymbol{V},\boldsymbol{X}|\boldsymbol{Y}) \tag{13.9}$$

式中

$$h(\boldsymbol{V},\boldsymbol{X})=-\sum_{\boldsymbol{v}}\oint\pi(\boldsymbol{v},\boldsymbol{x})\log\pi(\boldsymbol{v},\boldsymbol{x})\mathrm{d}\boldsymbol{x} \tag{13.10}$$

表示目标的联合先验微分熵；

$$h(\boldsymbol{V},\boldsymbol{X}|\boldsymbol{Y}) = E_{\boldsymbol{Y}}\left[-\sum_{\boldsymbol{v}}\oint p(\boldsymbol{v},\boldsymbol{x}|\boldsymbol{y})\log p(\boldsymbol{v},\boldsymbol{x}|\boldsymbol{y})\,\mathrm{d}\boldsymbol{x}\right] \tag{13.11}$$

表示目标的联合后验微分熵。

13.3.2 单个复高斯散射目标感知信息的计算

对于单个复高斯散射目标，条件概率 PDF 见式（11.18），根据贝叶斯公式，后验 PDF 为

$$p(v,x|\boldsymbol{y}) = \frac{1}{\upsilon}\pi(v)\pi(x)\frac{1}{1+v\rho^2}\exp\left(\frac{1}{N_0}\frac{v\rho^2}{1+v\rho^2}|\boldsymbol{y}^{\mathrm{H}}\boldsymbol{\psi}(x)|^2\right) \tag{13.12}$$

式中，归一化因子 $\upsilon = \sum_{v}\pi(v)\dfrac{1}{1+v\rho^2}\dfrac{1}{N}\displaystyle\int_{-N/2}^{N/2}\exp\left(\frac{1}{N_0}\frac{v\rho^2}{1+v\rho^2}|\boldsymbol{y}^{\mathrm{H}}\boldsymbol{\psi}(x)|^2\right)\mathrm{d}x$；$\boldsymbol{y}^{\mathrm{H}}\boldsymbol{\psi}(x)$为匹配滤波器的输出。

13.3.3 恒模散射目标感知信息的计算

恒模散射目标的 JDE 信道由式（11.28）给出，由贝叶斯公式，可得后验 PDF 为

$$p(v,x|\boldsymbol{y}) = \frac{1}{\upsilon}\pi(v,x)\exp(-v\rho^2)I_0(2v\rho^2|\boldsymbol{\psi}^{\mathrm{H}}(x)\boldsymbol{y}|/\alpha) \tag{13.13}$$

式中，$\upsilon = \sum_{v}\pi(v)\exp(-v\rho^2)\dfrac{1}{N}\displaystyle\int_{-N/2}^{N/2}I_0(2v\rho^2|\boldsymbol{\psi}^{\mathrm{H}}(x)\boldsymbol{y}|/\alpha)\,\mathrm{d}x$。对于一次特定快拍，令目标位置和相位分别为 x_0 和 φ_0，接收信号可表示为

$$\boldsymbol{y}(n) = v\alpha\mathrm{e}^{\mathrm{j}\varphi_0}\boldsymbol{\psi}(n-x_0)+\boldsymbol{w}_0(n) \tag{13.14}$$

将式（13.14）代入式（13.13），可得

$$p(v,x|\boldsymbol{y}) = \frac{1}{\upsilon}\pi(v)\pi(x)\exp(-v\rho^2)I_0(2v\rho|\rho\operatorname{sinc}(x-x_0)+\mu(x)|) \tag{13.15}$$

式中，$\mu(x) = \dfrac{1}{\sqrt{N_0}}w_0(x)$是均值为 0、方差为 1 的标准复高斯随机过程。

13.4 感知熵误差和感知熵偏差

除了正向指标，负向指标也有助于衡量系统性能，有利于进行综合评估。根

据后验 PDF，我们给出了感知熵误差和感知熵偏差的定义。

定义 13.2【感知熵误差，感知熵偏差】感知熵误差被定义为后验微分熵的熵幂，即

$$\sigma_{\mathrm{EE}}^{2}(V,X\mid\boldsymbol{Y})=\frac{1}{2\pi\mathrm{e}}2^{2h(V,X\mid\boldsymbol{Y})}\tag{13.16}$$

式中，$h(V,X\mid\boldsymbol{Y})=H(V\mid\boldsymbol{Y})+h(X\mid V,\boldsymbol{Y})$。

感知熵误差的平方根

$$\sigma_{\mathrm{EE}}(V,X\mid\boldsymbol{Y})=\frac{1}{\sqrt{2\pi\mathrm{e}}}2^{h(V,X\mid\boldsymbol{Y})}\tag{13.17}$$

被称为感知熵偏差。

由后验微分熵，可得

$$\sigma_{\mathrm{EE}}^{2}(V,X\mid\boldsymbol{Y})=\sigma_{\mathrm{EE}}^{2}(V\mid\boldsymbol{Y})\cdot\sigma_{\mathrm{EE}}^{2}(X\mid\boldsymbol{Y},V)\tag{13.18}$$

式中，$\sigma_{\mathrm{EE}}^{2}(V\mid\boldsymbol{Y})=2^{2H(V\mid\boldsymbol{Y})}$被称为检测熵误差；$\sigma_{\mathrm{EE}}^{2}(X\mid\boldsymbol{Y},V)=\frac{1}{2\pi\mathrm{e}}2^{2h(X\mid\boldsymbol{Y},V)}$被称为估计熵误差。

可见，雷达感知熵误差是检测熵误差与估计熵误差的乘积。同理，有

$$\sigma_{\mathrm{EE}}(V,X\mid\boldsymbol{Y})=\sigma_{\mathrm{EE}}(V\mid\boldsymbol{Y})\cdot\sigma_{\mathrm{EE}}(X\mid\boldsymbol{Y},V)\tag{13.19}$$

式中，$\sigma_{\mathrm{EE}}(V\mid\boldsymbol{Y})=2^{H(V\mid\boldsymbol{Y})}$和$\sigma_{\mathrm{EE}}(X\mid\boldsymbol{Y},V)=\frac{1}{\sqrt{2\pi\mathrm{e}}}2^{h(X\mid\boldsymbol{Y},V)}$分别被称为检测熵偏差和估计熵偏差。

可见，雷达感知熵偏差是检测熵偏差与估计熵偏差的乘积。

13.5　抽样后验感知

前已述及，若已知后验概率分布，则可以进行抽样后验概率检测或抽样后验概率估计。同理，若已知联合后验概率分布，则可以进行联合抽样后验（SAP）概率感知。

定义 13.3【SAP 感知器】已知联合后验概率分布 $p(v,x\mid\boldsymbol{y})$，则

$$(\hat{v},\hat{x})_{\mathrm{SAP}}=\arg\operatorname*{smp}_{v,x}p(v,x\mid\boldsymbol{y})\tag{13.20}$$

被称为(v,x)的抽样后验概率感知。式中，smp(·)为抽样算子。产生$(\hat{v},\hat{x})_{SAP}$的感知器被称为SAP感知器。

SAP感知既可以通过后验概率分布$p(v,x|\boldsymbol{y})$的联合抽样产生，也可以通过级联SAP检测和SAP估计产生。根据$p(v,x|\boldsymbol{y})=p(v|\boldsymbol{y})p(x|v,\boldsymbol{y})$，第一步通过$p(v|\boldsymbol{y})$抽样产生状态变量样本，第二步通过$p(x|v,\boldsymbol{y})$产生归一化时延样本。

SAP感知器是一种随机感知器，针对一次特定的快拍，感知结果具有不确定性。随着快拍数的增加，SAP感知器的平均性能逐渐逼近理论感知信息或感知熵误差。

假设$p(0,x|\boldsymbol{y})=2/3$和$p(1,x|\boldsymbol{y})=1/3$，SAP感知器与MAP感知器的性能比较如图13.1所示，给出了三次快拍的感知结果。

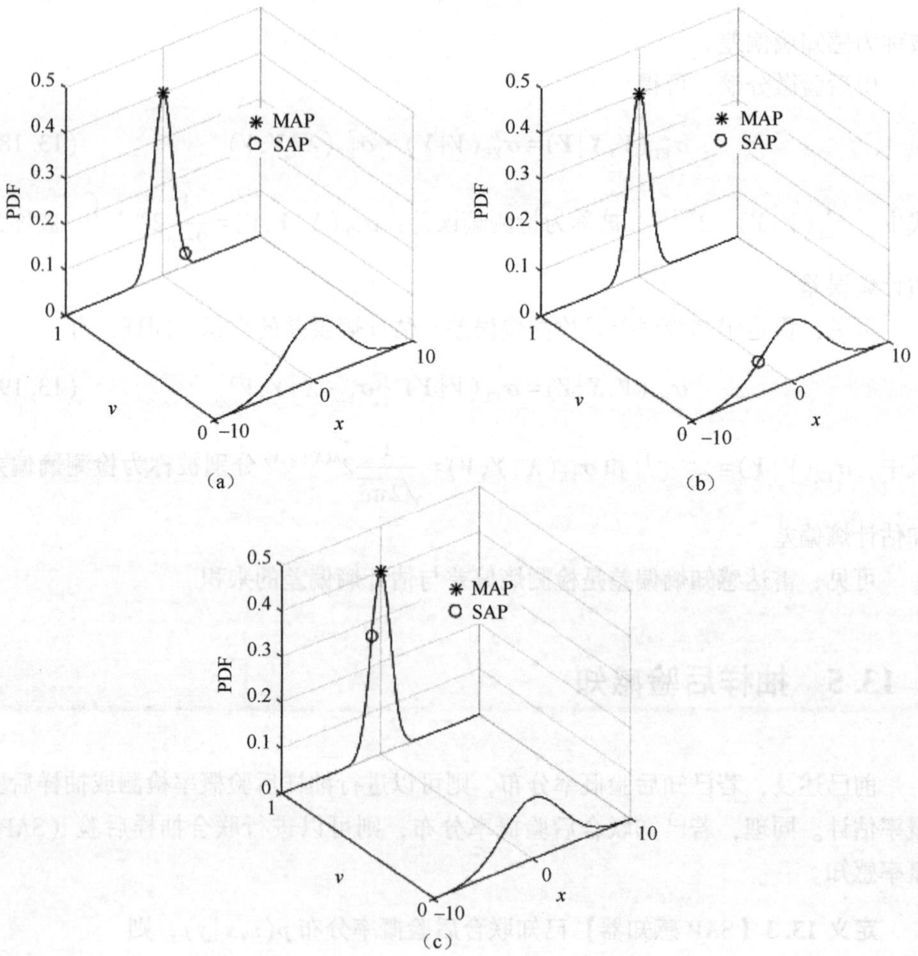

图13.1 SAP感知器与MAP感知器的性能比较

由图 13.1 可知，MAP 感知器的输出对应联合 PDF 的峰值 $p(1,0|\boldsymbol{y})$，SAP 感知器根据 $p(v,x|\boldsymbol{y})$ 随机选择输出结果，即

$$p_{\mathrm{SAP}}(\hat{v},\hat{x}|\boldsymbol{y})=p(\hat{v},\hat{x}|\boldsymbol{y}) \tag{13.21}$$

在三次快拍中，SAP 感知器的输出结果是随机的，意味着 SAP 感知器的性能取决于理论 $p(v,x|\boldsymbol{y})$。

13.6　联合目标检测–参数估计定理

下面将介绍联合目标检测–参数估计定理的相关内容。

13.6.1　联合目标检测–参数估计定理的直观解释

联合目标检测–参数估计定理证明了雷达感知的理论极限。为了方便，联合感知参数记为 $\gamma=(v,x)$，对应的联合随机变量记为 $\Gamma=(V,X)$，m 次扩展感知系统记为 $(\mathbb{V}^m\times\mathbb{X}^m,\pi(\gamma^m),p(\boldsymbol{y}^m|\gamma^m),\mathbb{Y}^m)$，如图 13.2 所示。其中，$\mathbb{V}^m\times\mathbb{X}^m=\{\gamma^m=(v^m,x^m)|v^m\in\mathbb{V}^m,x^m\in\mathbb{X}^m\}$ 为联合输入集，$\mathbb{Y}^m$ 为输出集；$\pi(\gamma^m)$ 为信源 Γ^m 的概率分布；$p(\boldsymbol{y}^m|\gamma^m)$ 为联合目标检测–参数估计信道的条件概率分布。

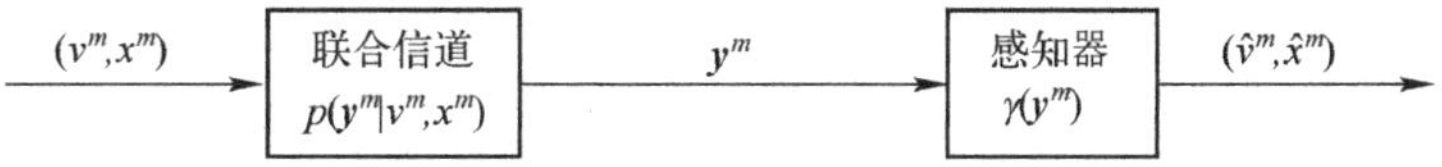

图 13.2　m 次扩展感知系统

输入序列 $\gamma^m\in\mathbb{V}^m\times\mathbb{X}^m$ 经过感知信道 $p(\boldsymbol{y}^m|\gamma^m)$ 产生接收序列 $Y^m=\boldsymbol{y}^m$，感知器通过接收序列获得对输入序列的判决 $\hat{\Gamma}^m=\hat{\gamma}^m$。无记忆扩展信源和信道满足

$$\pi(v^m,x^m)=\prod_{i=1}^{m}\pi(v_i,x_i) \tag{13.22}$$

$$p(\boldsymbol{y}^m|v^m,x^m)=\prod_{i=1}^{m}p(\boldsymbol{y}_i|v_i,x_i) \tag{13.23}$$

首先直观解释为什么通过接收序列 Y^m 能获得 $I(\Gamma;Y)$ 的感知信息。

输入典型集的体积为 $2^{mh(\Gamma)}$。对任一接收序列 Y^m，输入条件典型集的体积大约为 $2^{mh(\Gamma|Y)}$，观测区间被分割为 $2^{mI(\Gamma;Y)}$ 个子集，标记这些子集需要 $mI(\Gamma;Y)$ 的二进制序列。一旦确定了输入序列归属的子集，也就获得了 $mI(\Gamma;Y)$ 的感知信息，折算为单个子集的感知信息为 $I(\Gamma;Y)$。换个角度，输入条件典型集 $A_\varepsilon^{(m)}(\Gamma^m|Y^m)$

序列发送的可能性几乎相同，在已知接收序列 Y^m 后，发送序列的后验微分熵约为 $\frac{1}{m}\log 2^{mh(\Gamma|Y)}=h(\Gamma|Y)$，获得的感知信息 $h(\Gamma)-h(\Gamma|Y)=I(\Gamma;Y)$。

13.6.2 联合典型序列

渐近等分特性对联合目标检测-参数估计定理的证明具有重要意义，在证明过程中，需要将渐近等分特性推广到有限多个随机变量的情形[59-60]。

假设目标存在状态 $V^m\in\mathbb{V}^m$ 是离散随机序列，服从概率分布 $\pi(v^m)$，目标位置 $X^m\in\mathbb{X}^m$ 是连续随机序列，概率密度函数为 $\pi(x^m)$。由于目标存在状态 V^m 和目标位置 X^m 相互独立，因此二者的联合概率分布被定义为 $\pi(v^m,x^m)=\pi(v^m)\pi(x^m)$，根据弱大数定律，可得到有限多个随机变量的渐近等分特性。

引理 13.1【渐近等分特性】假设 $\Gamma_1,\Gamma_2,\cdots,\Gamma_m$ 是概率密度函数为 $\pi(\gamma)$ 的独立同分布随机序列，则极限依概率收敛，有

$$-\frac{1}{m}\log\pi(\Gamma_1,\Gamma_2,\cdots,\Gamma_m)\to E[-\log\pi(\Gamma)]=h(\Gamma)\tag{13.24}$$

定义 13.4【典型集】对于任意 $\varepsilon<0$，m 长序列的 Γ^m 典型集 $\mathbb{A}_\varepsilon^{(m)}(\Gamma)$ 被定义为

$$\mathbb{A}_\varepsilon^{(m)}(\Gamma)=\left\{(\Gamma_1,\Gamma_2,\cdots,\Gamma_m)\in\Gamma^m:\left|-\frac{1}{m}\log\pi(\Gamma_1,\Gamma_2,\cdots,\Gamma_m)-h(\Gamma)\right|<\varepsilon\right\}\tag{13.25}$$

式中，$\pi(\Gamma_1,\Gamma_2,\cdots,\Gamma_m)=\prod_{i=1}^{m}\pi(\Gamma_i)$。

根据式（13.24），联合概率密度函数满足

$$2^{-m[h(\Gamma)+\varepsilon]}<\pi(\Gamma_1,\Gamma_2,\cdots,\Gamma_m)<2^{-m([h(\Gamma)-\varepsilon]}\tag{13.26}$$

也就是说，在典型集中，联合概率分布近似服从均匀分布。

定义 13.5【体积】对于任意 $\varepsilon>0$，m 维典型集 $\mathbb{A}_\varepsilon^{(m)}(\Gamma)$ 的体积被定义为

$$\|\mathbb{A}_\varepsilon^{(m)}(\Gamma)\|=\|\mathbb{A}_\varepsilon^{(m)}(V)\|\times\|\mathbb{A}_\varepsilon^{(m)}(X)\|\tag{13.27}$$

式中，$\|\mathbb{A}_\varepsilon^{(m)}(V)\|$ 为离散随机变量 V 的典型集 $\mathbb{A}_\varepsilon^{(m)}(V)$ 的基数；$\|\mathbb{A}_\varepsilon^{(m)}(X)\|$ 为连续随机变量 X 的典型集 $\mathbb{A}_\varepsilon^{(m)}(X)$ 的体积；记号 $\|\cdot\|$ 的意义由随机变量的性质决定，对离散型随机变量，表示基数，对连续型随机变量，表示体积。

引理 13.2　对于任意 $\varepsilon>0$，当 m 足够大时，有

(1) $\Pr\{\gamma\in\mathbb{A}_{\varepsilon}^{(m)}(\Gamma)\}>1-\varepsilon$；

(2) $2^{-m[h(\Gamma)+\varepsilon]}<\pi(\gamma)<2^{-m[h(\Gamma)-\varepsilon]}$；

(3) $(1-\varepsilon)2^{m[h(\Gamma)-\varepsilon]}<\|\mathbb{A}_{\varepsilon}^{(m)}(\Gamma)\|<2^{m[h(\Gamma)+\varepsilon]}$。

证明：(1) 引理 13.2 中的 (1) 和 (2) 可直接根据弱大数定律和定义 13.4 进行证明。

(2) 由

$$\begin{aligned}
1 &= \int_{X^m}\sum_{V^m}\pi(v^m,x^m)\mathrm{d}x_1\mathrm{d}x_2\cdots\mathrm{d}x_m\\
&\geqslant \int_{\mathbb{A}_{\varepsilon}^{(m)}(X)}\sum_{\mathbb{A}_{\varepsilon}^{(m)}(V)}\pi(v^m,x^m)\mathrm{d}x_1\mathrm{d}x_2\cdots\mathrm{d}x_m\\
&> 2^{-m[h(\Gamma)+\varepsilon]}\int_{\mathbb{A}_{\varepsilon}^{(m)}(X)}\sum_{\mathbb{A}_{\varepsilon}^{(m)}(V)}\mathrm{d}x_1\mathrm{d}x_2\cdots\mathrm{d}x_m\\
&= 2^{-m[h(\Gamma)+\varepsilon]}\|\mathbb{A}_{\varepsilon}^{(m)}(\Gamma)\|
\end{aligned}\tag{13.28}$$

引理 13.2 中的 (3)，右边不等式得证。

$$\begin{aligned}
1-\varepsilon &< \int_{\mathbb{A}_{\varepsilon}^{(m)}(X)}\sum_{\mathbb{A}_{\varepsilon}^{(m)}(V)}\pi(v^m,x^m)\mathrm{d}x_1\mathrm{d}x_2\cdots\mathrm{d}x_m\\
&< 2^{-m[h(\Gamma)-\varepsilon]}\int_{\mathbb{A}_{\varepsilon}^{(m)}(X)}\sum_{\mathbb{A}_{\varepsilon}^{(m)}(V)}\mathrm{d}x_1\mathrm{d}x_2\cdots\mathrm{d}x_m\\
&= 2^{-m[h(\Gamma)-\varepsilon]}\|\mathbb{A}_{\varepsilon}^{(m)}(\Gamma)\|
\end{aligned}\tag{13.29}$$

引理 13.2 中的 (3)，左边不等式得证。

定义 13.6【联合典型序列】 由服从概率分布 $p(\gamma,\boldsymbol{y})$ 的联合典型序列 $(\gamma^m,\boldsymbol{y}^m)$ 构成的集合 $\mathbb{A}_{\varepsilon}^{(m)}(\Gamma,Y)$ 是感知经验熵与真实熵 ε-接近的 m 长序列构成的集合，即

$$\begin{aligned}
\mathbb{A}_{\varepsilon}^{(m)}(\Gamma,Y)=\{&(\gamma^m,y^m)\in V^m\times X^m\times Y^m:\\
&\left|-\frac{1}{m}\log\pi(v^m)-H(V)\right|<\varepsilon,\\
&\left|-\frac{1}{m}\log\pi(x^m)-h(X)\right|<\varepsilon,\\
&\left|-\frac{1}{m}\log\pi(y^m)-h(Y)\right|<\varepsilon,\\
&\left|-\frac{1}{m}\log\pi(v^m,x^m)-h(V,X)\right|<\varepsilon,
\end{aligned}\tag{13.30}$$

$$\left|-\frac{1}{m}\log p(v^m,y^m)-h(V,Y)\right|<\varepsilon,$$

$$\left|-\frac{1}{m}\log p(x^m,y^m)-h(X,Y)\right|<\varepsilon,$$

$$\left|-\frac{1}{m}\log p(v^m,x^m,y^m)-h(V,X,Y)\right|<\varepsilon\}$$

式中

$$p(v^m,x^m,\boldsymbol{y}^m)=\prod_{i=1}^{m}p(v_i,x_i,\boldsymbol{y}_i) \tag{13.31}$$

引理 13.3【联合渐近等分特性】 假设(Γ^m,Y^m)是服从$p(\gamma^m,y^m)=\prod_{i=1}^{m}p(\gamma_i,y_i)$的 IID 的 m 长序列，对于任意 $\varepsilon>0$，当 m 足够大时，有

（1）$\Pr\{(\Gamma^m,Y^m)\in\mathbb{A}_\varepsilon^{(m)}(\Gamma;Y)\}\geqslant 1-\varepsilon$；

（2）$2^{-m[h(\Gamma,Y)+\varepsilon]}<p(\gamma^m,y^m)<2^{-m[h(\Gamma,Y)-\varepsilon]}$；

（3）$(1-\varepsilon)2^{m[h(\Gamma,Y)-\varepsilon]}<\|\mathbb{A}_\varepsilon^{(m)}(\Gamma,Y)\|<2^{m[h(\Gamma,Y)+\varepsilon]}$。

证明：（1）根据联合典型序列的定义，有

$$\left|-\frac{1}{m}\log p(\gamma^m,\boldsymbol{y}^m)-h(\Gamma,\boldsymbol{Y})\right|<\varepsilon \tag{13.32}$$

根据弱大数定律，有

$$-\frac{1}{m}\log p(\gamma^m,\boldsymbol{y}^m)\to E[\log p(\gamma^m,\boldsymbol{y}^m)]=h(\Gamma,\boldsymbol{Y}) \tag{13.33}$$

对于任意 $\varepsilon>0$，有

$$\lim_{m\to\infty}\Pr\{(\Gamma^m,Y^m)\in\mathbb{A}_\varepsilon^{(m)}(\Gamma;Y)\}=1 \tag{13.34}$$

即存在 m_0，当 $m>m_0$ 时，有

$$\Pr\{(\Gamma^m,Y^m)\in\mathbb{A}_\varepsilon^{(m)}(\Gamma;Y)\}\geqslant 1-\varepsilon \tag{13.35}$$

（2）根据联合典型序列的定义，有

$$\left|-\frac{1}{m}\log p(\gamma^m,\boldsymbol{y}^m)-h(\Gamma,\boldsymbol{Y})\right|<\varepsilon \tag{13.36}$$

展开并取对数，可得

$$2^{-m[h(\Gamma,Y)+\varepsilon]}<p(\gamma^m,\boldsymbol{y}^m)<2^{-m[h(\Gamma,Y)-\varepsilon]} \tag{13.37}$$

（3）由于

$$\begin{aligned}1&=\int_{(X^m,Y^m)}\sum_{V^m}\pi(v^m,x^m,\boldsymbol{y}^m)\mathrm{d}x_1\mathrm{d}x_2\cdots\mathrm{d}x_m\\&\geqslant\int_{\mathbb{A}_\varepsilon^{(m)}(X,Y)}\sum_{\mathbb{A}_\varepsilon^{(m)}(V)}\pi(v^m,x^m,\boldsymbol{y}^m)\mathrm{d}x_1\mathrm{d}x_2\cdots\mathrm{d}x_m\\&>2^{-m[h(\Gamma,Y)+\varepsilon]}\|\mathbb{A}_\varepsilon^{(m)}(\Gamma,Y)\|\end{aligned}\tag{13.38}$$

引理13.3中的（3），右边不等式得证。

根据引理13.3中的（1），有

$$\begin{aligned}1-\varepsilon&<\int_{(X^m,Y^m)}\sum_{V^m}\pi(v^m,x^m,\boldsymbol{y}^m)\mathrm{d}x_1\mathrm{d}x_2\cdots\mathrm{d}x_m\\&<\int_{\mathbb{A}_\varepsilon^{(m)}(X,Y)}\sum_{\mathbb{A}_\varepsilon^{(m)}(V)}\pi(v^m,x^m,\boldsymbol{y}^m)\mathrm{d}x_1\mathrm{d}x_2\cdots\mathrm{d}x_m\\&<2^{-m[h(\Gamma,Y)-\varepsilon]}\|\mathbb{A}_\varepsilon^{(m)}(\Gamma,Y)\|\end{aligned}\tag{13.39}$$

引理13.3中的（3），左边不等式得证。

引理13.4【条件渐近等分特性】对于任意$\varepsilon>0$，当m足够大时，有

（1）
$$2^{-m[h(\Gamma\mid Y)+2\varepsilon]}<p(\gamma\mid\boldsymbol{y})<2^{-m[h(\Gamma\mid Y)-2\varepsilon]}$$
$$2^{-m[h(Y\mid\Gamma)+2\varepsilon]}<p(\boldsymbol{y}\mid\gamma)<2^{-m[h(Y\mid\Gamma)-2\varepsilon]}\tag{13.40}$$

式中，$(\gamma,\boldsymbol{y})\in\mathbb{A}_\varepsilon^{(m)}(\Gamma,Y)$。

（2）令$\mathbb{A}_\varepsilon^{(m)}(\Gamma\mid Y)=\{\gamma:(\gamma,\boldsymbol{y})\in\mathbb{A}_\varepsilon^{(m)}(\Gamma,Y)\}$是在给定典型序列$\boldsymbol{y}^m$的条件下，与$\boldsymbol{y}^m$构成联合典型序列对的所有$\Gamma^m$序列的集合，有

$$(1-\varepsilon)2^{m[h(\Gamma\mid Y)-2\varepsilon]}<\|\mathbb{A}_\varepsilon^{(m)}(\Gamma\mid Y)\|<2^{m[h(\Gamma\mid Y)+2\varepsilon]}\tag{13.41}$$

（3）令$\mathbb{A}_\varepsilon^{(m)}(Y\mid\Gamma)=\{\boldsymbol{y}:(\gamma,\boldsymbol{y})\in\mathbb{A}_\varepsilon^{(m)}(\Gamma,Y)\}$是在给定典型序列$\gamma^m$的条件下，与$\gamma^m$构成联合典型序列对的所有$Y^m$序列的集合，有

$$(1-\varepsilon)2^{m[h(Y\mid\Gamma)-2\varepsilon]}<\|\mathbb{A}_\varepsilon^{(m)}(Y\mid\Gamma)\|<2^{m[h(Y\mid\Gamma)+2\varepsilon]}\tag{13.42}$$

（4）令Γ^m是在给定序列$\boldsymbol{y}^m$时的联合典型序列，有

$$\Pr(\Gamma^m\in\mathbb{A}_\varepsilon^{(m)}(\Gamma\mid Y))>1-2\varepsilon\tag{13.43}$$

证明：（1）由于

$$p(\boldsymbol{y}\mid\gamma)=\frac{p(\gamma,\boldsymbol{y})}{\pi(\gamma)}\tag{13.44}$$

根据引理 13.2 中的（2），有

$$2^{-m[h(\Gamma,Y)+\varepsilon]}/2^{-m[h(\Gamma)-\varepsilon]}<p(\boldsymbol{y}\mid\boldsymbol{\gamma})<2^{-m[h(\Gamma,Y)-\varepsilon]}/2^{-m[h(\Gamma)+\varepsilon]} \tag{13.45}$$

得

$$2^{-m[h(\Gamma,Y)-h(\Gamma)+2\varepsilon]}<p(\boldsymbol{y}\mid\boldsymbol{\gamma})<2^{-m[h(\Gamma,Y)-h(\Gamma)-2\varepsilon]} \tag{13.46}$$

（2）由于

$$\begin{aligned}1&=\int_{X^m}\sum_{Y^m}p(\boldsymbol{\gamma}^m\mid\boldsymbol{y}^m)\,\mathrm{d}x_1\mathrm{d}x_2\cdots\mathrm{d}x_m\\&=\int_{X^m}\sum_{Y^m}\frac{p(\boldsymbol{\gamma}^m,\boldsymbol{y}^m)}{p(\boldsymbol{y}^m)}\mathrm{d}x_1\mathrm{d}x_2\cdots\mathrm{d}x_m\\&\geqslant\int_{\mathbb{A}_\varepsilon^{(m)}(X)}\sum_{\mathbb{A}_\varepsilon^{(m)}(V)}\frac{p(\boldsymbol{\gamma}^m,\boldsymbol{y}^m)}{p(\boldsymbol{y}^m)}\mathrm{d}x_1\mathrm{d}x_2\cdots\mathrm{d}x_m\end{aligned} \tag{13.47}$$

且 $\boldsymbol{y}\in\mathbb{A}_\varepsilon^{(m)}(Y)$，$(\boldsymbol{\gamma},\boldsymbol{y})\in\mathbb{A}_\varepsilon^{(m)}(\Gamma,Y)$，根据引理 13.2 中的（2）和引理 13.3 中的（2），有

$$p(\boldsymbol{y})<2^{-m[h(Y)-\varepsilon]} \tag{13.48}$$

$$p(\boldsymbol{\gamma},\boldsymbol{y})>2^{-m[h(\Gamma,Y)+\varepsilon]} \tag{13.49}$$

代入式（13.47），可得

$$\begin{aligned}1&>\int_{\mathbb{A}_\varepsilon^{(m)}(X)}\sum_{\mathbb{A}_\varepsilon^{(m)}(V)}2^{-m[h(\Gamma,Y)-h(Y)+2\varepsilon]}\mathrm{d}x_1\mathrm{d}x_2\cdots\mathrm{d}x_m\\&=2^{-m[h(\Gamma,Y)-h(Y)+2\varepsilon]}\left\|\mathbb{A}_\varepsilon^{(m)}(\Gamma\mid Y)\right\|\end{aligned} \tag{13.50}$$

引理 13.4 中的（2），右边不等式得证，同理可以证明左边不等式。

（3）根据引理 13.4 中（2）的证明过程，可以证明引理 13.4 中的（3）。

（4）由典型序列中的定义，有

$$-2\varepsilon<\left|-\frac{1}{m}\log p(\Gamma^m\mid Y^m)-h(\Gamma\mid Y)\right|<2\varepsilon \tag{13.51}$$

根据弱大数定律，引理 13.4 中的（4）得证。

13.6.3 联合目标检测-参数估计定理的证明

在证明联合目标检测-参数估计定理之前，先定义在证明过程中需要用到的概念。假设已知接收序列为 Y^m，采用感知函数寻找与 Y^m 能够构成联合典型的估

计序列$\hat{\Gamma}^m$。如果估计序列$\hat{\Gamma}^m$与接收序列 Y^m 是联合典型的，就将$\hat{\Gamma}^m$作为发送序列 Γ^m 的估计。这种感知器被称为联合典型感知器。

感知成功　如果估计序列$\hat{\Gamma}^m \in \mathbb{A}_{\varepsilon}^{(m)}(\Gamma|Y)$，则称此次感知为感知成功。当感知成功时，典型集的体积$\|\mathbb{A}_{\varepsilon}^{(m)}(\Gamma|Y)\|$可以反映感知的性能，体积越大，感知的不确定性越大，感知性能越差。

感知失败　如果估计序列$\hat{\Gamma}^m \notin \mathbb{A}_{\varepsilon}^{(m)}(\Gamma|Y)$，则称此次感知为感知失败，感知失败的概率为 $P_{\mathrm{f}}^{(m)}=\Pr(\hat{\Gamma}^m \notin \mathbb{A}_{\varepsilon}^{(m)}(\Gamma|Y))$。

定义一个二元随机变量 E：$E=0$ 表示感知成功的事件；$E=1$ 表示感知失败的事件，有

$$E=\begin{cases}0, & \hat{\Gamma}^m \in \mathbb{A}_{\varepsilon}^{(m)}(\Gamma|Y) \\ 1, & \hat{\Gamma}^m \notin \mathbb{A}_{\varepsilon}^{(m)}(\Gamma|Y)\end{cases} \tag{13.52}$$

那么 $P_{\mathrm{f}}^{(m)}=\Pr(E=1)$。

感知经验熵　如果感知成功，即 $E=0$，则感知经验熵$\hat{h}(\Gamma|Y)$被定义为

$$\hat{h}(\Gamma|Y)=h(\Gamma^m|Y^m,E=0) \tag{13.53}$$

由最大熵定理，感知经验熵满足

$$\hat{h}(\Gamma|Y)\leqslant\frac{1}{m}\log\|\mathbb{A}_{\varepsilon}^{(m)}(\Gamma|Y)\| \tag{13.54}$$

当感知成功时，可以确定发送序列所在的条件典型集。根据条件典型集的渐近等分特性，发送序列的不确定性约为 $\log\|\mathbb{A}_{\varepsilon}^{(m)}(\Gamma|Y)\|$。

感知精度　如果感知成功，即 $E=0$，则感知精度$\hat{I}(\Gamma;Y)$被定义为

$$\hat{I}(\Gamma;Y)=h(\Gamma)-\hat{h}(\Gamma|Y) \tag{13.55}$$

感知精度也被称为经验信息，单位为 bit。

引理 13.5　对于感知系统$(\mathbb{V}^m\times\mathbb{X}^m, p(\boldsymbol{y}^m|\boldsymbol{\gamma}^m), \mathbb{Y}^m)$，如果$\hat{\boldsymbol{\gamma}}^m$是后验概率分布 $p(\boldsymbol{\gamma}|\boldsymbol{y})$的 m 次抽样估计，则$(\hat{\boldsymbol{\gamma}}^m,\boldsymbol{y}^m)$是关于概率分布 $p(\hat{\boldsymbol{\gamma}}^m,\boldsymbol{y}^m)$的联合典型序列。

证明：由于$\hat{\boldsymbol{\gamma}}^m$是后验概率分布 $p(\boldsymbol{\gamma}|\boldsymbol{y})$的 m 次抽样估计，扩展后验概率分布 $p_{\mathrm{SAP}}(\hat{\boldsymbol{\gamma}}^m|\boldsymbol{y}^m)=p(\hat{\boldsymbol{\gamma}}^m|\boldsymbol{y}^m)$，因此有

$$\begin{aligned} p_{\mathrm{SAP}}(\hat{\boldsymbol{\gamma}}^m,\boldsymbol{y}^m) &= p(\boldsymbol{y}^m)p_{\mathrm{SAP}}(\hat{\boldsymbol{\gamma}}^m\,|\,\boldsymbol{y}^m) \\ &= p(\boldsymbol{y}^m)p(\hat{\boldsymbol{\gamma}}^m\,|\,\boldsymbol{y}^m) \\ &= p(\hat{\boldsymbol{\gamma}}^m,\boldsymbol{y}^m) \end{aligned} \tag{13.56}$$

证毕。

定理 13.1【联合目标检测-参数估计定理】若雷达感知系统$(\mathbb{V}^m\times\mathbb{X}^m, p(\boldsymbol{y}^m\,|\,\boldsymbol{\gamma}^m), \mathbb{Y}^m)$的感知信息为$I(Y;\Gamma)$，则小于$I(Y;\Gamma)$的所有感知精度$\hat{I}(\Gamma;Y)$都是可达的。具体来说，对任意$\varepsilon>0$，只要$m$足够大，则一定存在一种感知方法，其感知精度满足

$$\hat{I}(\Gamma;Y)>I(Y;\Gamma)-2\varepsilon \tag{13.57}$$

且感知失败的概率$P_{\mathrm{f}}^{(m)}\to 0$。

证明：(1) **发送序列生成**　假设给定$\boldsymbol{\pi}(\boldsymbol{\gamma})$，则$m$次扩展目标存在状态$\boldsymbol{\gamma}^m$的统计特性满足

$$\boldsymbol{\pi}(\boldsymbol{\gamma}^m)=\prod_{i=1}^{m}\boldsymbol{\pi}(\boldsymbol{\gamma}_i) \tag{13.58}$$

根据$\boldsymbol{\pi}(\boldsymbol{\gamma}^m)$生成发送序列$\Gamma^m$。

(2) **接收序列生成**　发送序列Γ^m经过m次扩展信道后，有

$$p(\boldsymbol{y}^m\,|\,\boldsymbol{\gamma}^m)=\prod_{i=1}^{m}p(\boldsymbol{y}_i\,|\,\boldsymbol{\gamma}_i) \tag{13.59}$$

由此可生成接收序列Y^m。

(3) **后验概率分布**　假设已知信道的条件概率密度函数$p(\boldsymbol{y}\,|\,\boldsymbol{\gamma})$和信源的先验分布$\boldsymbol{\pi}(\boldsymbol{\gamma})$，通过接收序列$Y^m$，后验概率分布为

$$p(v,x\,|\,\boldsymbol{y})=\frac{\boldsymbol{\pi}(v,x)p(\boldsymbol{y}\,|\,v,x)}{\sum_{V}\boldsymbol{\pi}(v)\int_{X}\boldsymbol{\pi}(x)p(\boldsymbol{y}\,|\,v,x)\,\mathrm{d}x} \tag{13.60}$$

(4) **抽样后验感知**　根据引理 13.4，SAP 感知属于一种典型集感知方法。在接收端采用 SAP 感知方法生成估计序列$\hat{\Gamma}^m$，$\hat{\Gamma}^m$与接收序列Y^m是联合典型序列。由引理 13.3 中的 (2)，典型集$\mathbb{A}_{\varepsilon}^{(m)}(\Gamma\,|\,Y)$的体积满足

$$(1-\varepsilon)2^{m[h(\Gamma\,|\,Y)-2\varepsilon]}<\|\mathbb{A}_{\varepsilon}^{(m)}(\Gamma\,|\,Y)\|<2^{m[h(\Gamma\,|\,Y)-2\varepsilon]} \tag{13.61}$$

(5) **感知经验熵**　如果感知成功，即$E=0$，则雷达感知经验熵满足

$$\begin{aligned}\hat{h}(\Gamma|Y) &\leqslant \frac{1}{m}\log\|A_{\varepsilon}^{m}(\Gamma|Y)\| \\ &< h(\Gamma|Y)+2\varepsilon\end{aligned} \tag{13.62}$$

对足够大的 m，感知经验熵 $\hat{h}(\Gamma|Y)$ 逼近条件熵 $h(\Gamma|Y)$。

（6）**感知精度**　对足够大的 m，感知精度满足

$$\begin{aligned}\hat{I}(\Gamma;Y) &= h(\Gamma)-\hat{h}(\Gamma|Y) \\ &> I(\Gamma;Y)-2\varepsilon\end{aligned} \tag{13.63}$$

至此，证明了感知信息的可达性。

（7）**感知失败的概率**　对于接收序列 Y^m 的典型集感知，存在两种可能导致感知失败的事件：一种是 Γ^m 与 Y^m 不构成联合典型序列，记为$\overline{A}_{\mathrm{T}}$；另一种是$\hat{\Gamma}^m$ 与 Y^m 不构成联合典型序列，记为$\overline{A}_{\mathrm{R}}$。

感知失败的概率为

$$\begin{aligned}P_{\mathrm{f}}^{(m)} &= \Pr(\overline{A}_{\mathrm{T}}\cup\overline{A}_{\mathrm{R}}) \\ &\leqslant \Pr(\overline{A}_{\mathrm{T}})+\Pr(\overline{A}_{\mathrm{R}})\end{aligned} \tag{13.64}$$

由联合典型集的性质，有

$$P_{\mathrm{f}}^{(m)} \leqslant 2\varepsilon \tag{13.65}$$

且随着 m 的增加依概率收敛为 0。

证毕。

经验感知信息还可以表示为

$$\begin{aligned}\hat{I}(\Gamma;Y) &\approx \frac{1}{m}\log\|\mathbb{A}_{\varepsilon}^{(m)}(\Gamma)\|-\frac{1}{m}\log\|\mathbb{A}_{\varepsilon}^{(m)}(\Gamma|Y)\| \\ &= \frac{1}{m}\log\frac{\|\mathbb{A}_{\varepsilon}^{(m)}(\Gamma)\|}{\|\mathbb{A}_{\varepsilon}^{(m)}(\Gamma|Y)\|}\end{aligned} \tag{13.66}$$

通过式（13.66）可以更加直观地理解经验感知信息：发送序列 Γ^m 典型集 $\mathbb{A}_{\varepsilon}^{(m)}(\Gamma)$的体积$\|\mathbb{A}_{\varepsilon}^{(m)}(\Gamma)\|$被划分为若干个体积为$\|\mathbb{A}_{\varepsilon}^{(m)}(\Gamma|Y)\|$的子集。为了确定估计序列$\hat{\Gamma}^m$ 属于哪一个子集，大约需要 $mI(\Gamma;Y)$ 的感知信息，转换成单个符号，则需要 $I(\Gamma;Y)$ 的感知信息。

为了证明联合目标检测-参数估计逆定理，下面首先给出一个引理。

假设 Γ^m 为发送序列，$\hat{\Gamma}^m$ 是感知函数在接收序列为 Y^m 时的估计序列，

$\mathbb{A}_{\varepsilon}^{(m)}(\Gamma|Y)$为在给定接收序列$Y^m$时的条件典型集。

针对条件熵$h(\Gamma^m,E|Y^m)$，根据熵的链式法则，有

$$h(\Gamma^m,E|Y^m)=H(E|Y^m)+h(\Gamma^m|E,Y^m) \tag{13.67}$$

由于E是二元随机变量，$H(E|Y^m)<1$，因此式（13.67）的第二项$h(\Gamma^m|E,Y^m)$可以表示为

$$h(\Gamma^m|E,Y^m)=(1-P_{\mathrm{f}}^{(m)})h(\Gamma^m|Y^m,E=0)+P_{\mathrm{f}}^{(m)}h(\Gamma^m|Y^m,E=1) \tag{13.68}$$

根据典型集的性质，有

$$\begin{aligned} h(\Gamma^m|Y^m,E=0) &\overset{(a)}{\leqslant} \log\|\mathbb{A}_{\varepsilon}^{(m)}(\Gamma|Y)\| \\ &\overset{(b)}{\leqslant} \log 2^{m[H(\Gamma|Y)+2\varepsilon]} \\ &= m[H(\Gamma|Y)+2\varepsilon] \end{aligned} \tag{13.69}$$

式中，（a）因为最大熵定理；（b）因为式（13.41）。同理，有

$$\begin{aligned} h(\Gamma^m|Y^m,E=1) &\leqslant \log(\|\mathbb{A}_{\varepsilon}^{(m)}(\Gamma)\|-\|\mathbb{A}_{\varepsilon}^{(m)}(\Gamma|Y)\|) \\ &\leqslant \log(2^{m[h(\Gamma)+\varepsilon]}-2^{m[h(\Gamma|Y)-2\varepsilon]}) \\ &\leqslant \log 2^{m[h(\Gamma)+\varepsilon]} \\ &= m[h(\Gamma)+\varepsilon] \end{aligned} \tag{13.70}$$

因此有如下引理。

引理 13.6【推广的 Fano 不等式】

$$h(\Gamma^m|Y^m)\leqslant 1+(1-P_{\mathrm{f}}^{(m)})h(\Gamma^m|Y^m,E=0)+P_{\mathrm{f}}^{(m)}m[H(\Gamma)+\varepsilon] \tag{13.71}$$

证明：由二元离散熵$h(E|Y^m)\leqslant 1$和熵的可加性，有

$$\begin{aligned} h(\Gamma^m,E|Y^m) &= h(E|Y^m)+h(\Gamma^m|E,Y^m) \\ &\leqslant 1+h(\Gamma^m|E,Y^m) \\ &= 1+(1-P_{\mathrm{f}}^{(m)})h(\Gamma^m|Y^m,E=0)+P_{\mathrm{f}}^{(m)}h(\Gamma^m|Y^m,E=1). \end{aligned} \tag{13.72}$$

由式（13.70）可得

$$h(\Gamma^m,E|Y^m)\leqslant 1+(1-P_{\mathrm{f}}^{(m)})h(\Gamma^m|Y^m,E=0)+P_{\mathrm{f}}^{(m)}m[h(\Gamma)+\varepsilon] \tag{13.73}$$

由熵的性质

$$h(\Gamma^m|Y^m)\leqslant h(\Gamma^m,E|Y^m)$$

得证。

定理 13.2【联合目标检测-参数估计定理的逆定理】若雷达感知系统($\mathbb{V}^m\times\mathbb{X}^m$, $p(\boldsymbol{y}^m|\boldsymbol{\gamma}^m)$, $\mathbb{Y}^m$)的感知信息为 $I(Y;\Gamma)$，对任何满足 $P_{\mathrm{f}}^{(m)}\to 0$ 的感知方法，其感知精度满足

$$\hat{I}(\Gamma;Y)<I(\Gamma;Y) \tag{13.74}$$

证明：由熵与互信息的定义，有

$$h(\Gamma^m)=h(\Gamma^m|Y^m)+I(\Gamma^m;Y^m) \tag{13.75}$$

由扩展信源的性质 $h(\Gamma^m)=mh(\Gamma)$，有

$$I(\Gamma^m;Y^m)\leqslant mI(\Gamma;Y) \tag{13.76}$$

由引理 13.3，有

$$mh(\Gamma)\leqslant 1+(1-P_{\mathrm{f}}^{(m)})h(\Gamma^m|Y^m,E=0)+P_{\mathrm{f}}^{(m)}m[h(\Gamma)+\varepsilon]+mI(\Gamma;Y) \tag{13.77}$$

两边同除以 m，移项并整理，可得

$$\begin{aligned}h(\Gamma)-h(\Gamma^m|Y^m,E=0)\leqslant&\frac{1}{m}-\frac{1}{m}P_{\mathrm{f}}^{(m)}h(\Gamma^m|Y^m,E=0)\\&+P_{\mathrm{f}}^{(m)}[h(\Gamma)+\varepsilon]+I(\Gamma;Y)\end{aligned} \tag{13.78}$$

式（13.78）的左边就是感知精度，令 $m\to\infty$，$P_{\mathrm{f}}^{(m)}\to 0$，有

$$\hat{I}(\Gamma;Y)<I(\Gamma;Y) \tag{13.79}$$

证毕。

联合目标检测-参数估计定理类似于香农联合信源信道编码定理，定理的证明是构造性的，因为通过 SAP 感知器可以逼近感知信息，意味着 SAP 感知器是渐近最优的。

联合目标检测-参数估计定理提供了一个证明框架，虽然在证明过程中针对的是单目标，但可以推广到多目标的场景。

由于感知信息是所有感知方法的理论极限，因此感知信息也被称为感知容量。

13.7 级联目标检测-参数估计定理

前已证明联合目标检测-参数估计是最优的，由于 JED 感知器比较复杂，因

此在很多工程实践中经常采用检测器和估计器级联的两步实现方法。级联 SAP 感知系统模型如图 13.3 所示。第一步，SAP 检测器通过接收数据检测目标是否存在，并将检测结果提交给 SAP 估计器。第二步，SAP 估计器在已知目标存在的条件下，对接收数据进行参数估计。

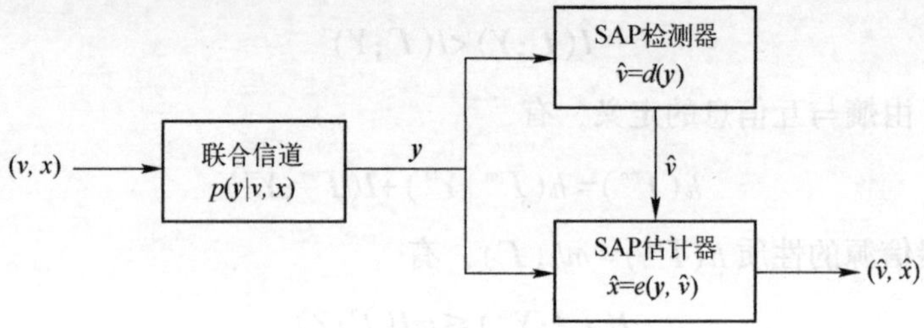

图 13.3　级联 SAP 感知系统模型

下面将证明这种级联感知器是渐近最优的，为了使证明过程更清晰，只提供一种证明的概略性思路，严格的证明可参考 JDE 定理。

定理 13.3【级联目标检测-参数估计定理】随着快拍数的增加，SAP 检测器的经验检测信息与 SAP 估计器的经验估计信息之和逼近感知信息的理论极限。

证明：级联目标检测-参数估计定理的证明仍然需要借助典型集和联合典型集等概念，如图 13.4 所示。图中，左边的大方块代表输入联合典型集$\mathbb{A}_{\varepsilon}^{(m)}(VX)$，右边的大方块代表输出典型集$\mathbb{A}_{\varepsilon}^{(m)}(Y)$，黑点代表接收序列 Y^m。

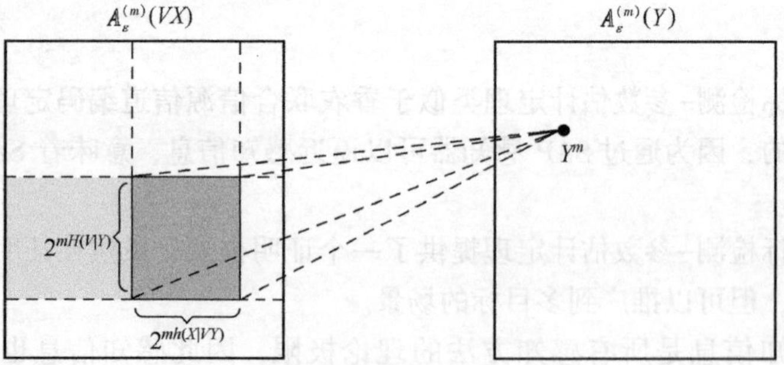

图 13.4　级联感知的典型集

由典型集和联合典型集的性质，输入联合典型集$\mathbb{A}_{\varepsilon}^{(m)}(VX)$的体积$\|\mathbb{A}_{\varepsilon}^{(m)}(VX)\|=2^{mH(V,X)}$，由联合熵的可加性 $h(V,X)=H(V)+h(X|V)$，有

$$\|\mathbb{A}_{\varepsilon}^{(m)}(VX)\|=\|\mathbb{A}_{\varepsilon}^{(m)}(V)\|\|\mathbb{A}_{\varepsilon}^{(m)}(X|V)\| \tag{13.80}$$

式中，$\|\mathbb{A}_{\varepsilon}^{(m)}(V)\|=2^{mH(V)}$，$\|\mathbb{A}_{\varepsilon}^{(m)}(X|V)\|=2^{mH(X|V)}$。

式（13.80）说明，输入联合典型集$\mathbb{A}_{\varepsilon}^{(m)}(VX)$可看成一个矩形，边长分别为$\|\mathbb{A}_{\varepsilon}^{(m)}(V)\|$和$\|\mathbb{A}_{\varepsilon}^{(m)}(X|V)\|$。$\mathbb{A}_{\varepsilon}^{(m)}(VX)$的面积$\|\mathbb{A}_{\varepsilon}^{(m)}(VX)\|$等于两个边长的乘积。

第一步，采用SAP检测器。联合典型集$\mathbb{A}_{\varepsilon}^{(m)}(VX)$的边长从$\|\mathbb{A}_{\varepsilon}^{(m)}(V)\|$缩小到$\|\mathbb{A}_{\varepsilon}^{(m)}(V|Y)\|=2^{mH(V|Y)}$。由目标检测定理，采用SAP检测器，并且检测成功，则已知接收序列Y^m的输入状态条件典型集为$\mathbb{A}_{\varepsilon}^{(m)}(V|Y)$。感知的联合不确定性从大方块缩小到图13.4中的浅灰色区域，通过SAP检测器获得的检测信息为

$$\begin{aligned}\frac{1}{m}\log\frac{\|\mathbb{A}_{\varepsilon}^{(m)}(V)\|}{\|\mathbb{A}_{\varepsilon}^{(m)}(V|Y)\|}&=H(V)-H(V|Y)\\&=I(V;Y)\end{aligned}\tag{13.81}$$

将SAP检测器的检测结果作为SAP估计器的输入，$\mathbb{A}_{\varepsilon}^{(m)}(V|Y)$中任何一个状态变量都有几乎相等的概率分布，均可作为检测结果，不影响整体性能。

由参数估计定理，采用SAP估计器且估计成功，则输入联合典型集$\mathbb{A}_{\varepsilon}^{(m)}(VX)$横边的边长从$\|\mathbb{A}_{\varepsilon}^{(m)}(X|V)\|$缩小到$\|\mathbb{A}_{\varepsilon}^{(m)}(X|VY)\|=2^{mH(X|VY)}$，感知的不确定性进一步由浅灰色区域缩小到深灰色区域，对应的输入联合典型集为$\mathbb{A}_{\varepsilon}^{(m)}(VX|Y)$，获得的估计信息为

$$\begin{aligned}\frac{1}{m}\log\frac{\|\mathbb{A}_{\varepsilon}^{(m)}(X|V)\|}{\|\mathbb{A}_{\varepsilon}^{(m)}(X|VY)\|}&=h(X|V)-H(X|VY)\\&=I(X;Y|V)\end{aligned}\tag{13.82}$$

由此可知，经过级联目标检测–参数估计获得的总感知信息为

$$I(V;Y)+I(X;Y|V)=I(VX;Y)$$

由感知前后输入联合典型集的变化也可以得出相同的结论。已知接收序列的联合条件典型集的边长分别为$\|\mathbb{A}_{\varepsilon}^{(m)}(V|Y)\|=2^{mH(V|Y)}$和$\|\mathbb{A}_{\varepsilon}^{(m)}(X|VY)\|=2^{mH(X|VY)}$，获得的总感知信息为

$$\begin{aligned}\frac{1}{m}\log\frac{\|\mathbb{A}_{\varepsilon}^{(m)}(VX)\|}{\|\mathbb{A}_{\varepsilon}^{(m)}(V|Y)\|\|\mathbb{A}_{\varepsilon}^{(m)}(X|VY)\|}&=h(V,X)-[H(V|Y)+h(X|VY)]\\&=h(V,X)-H(V,X|Y)\\&=I(VX;Y)\end{aligned}\tag{13.83}$$

证毕。

级联目标检测-参数估计定理可以从下面的仿真结果中得到验证。图 13.5 和图 13.6 分别表明，针对复高斯散射目标和恒模散射目标，感知信息等于检测信息与位置信息之和。

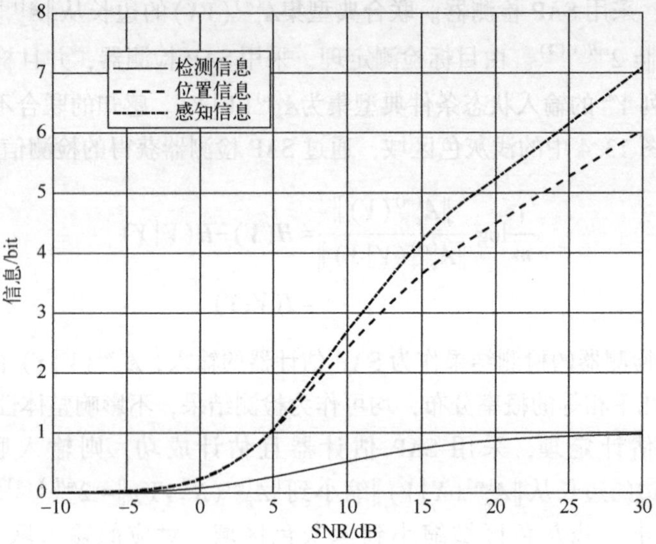

图 13.5　复高斯散射目标的检测信息、位置信息和感知信息与 SNR 的关系

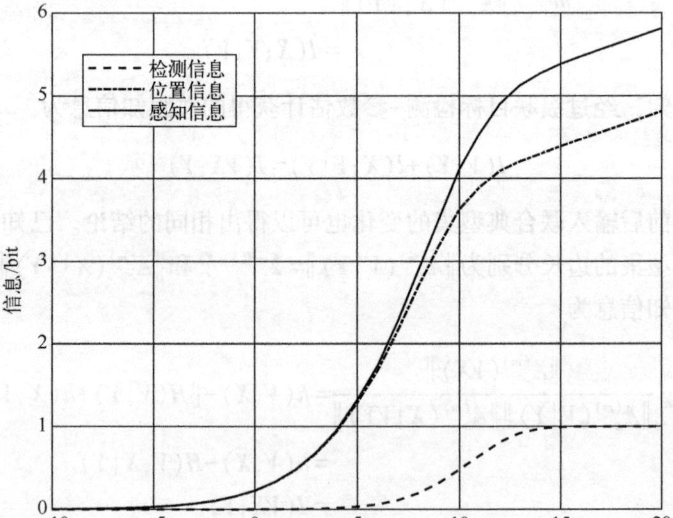

图 13.6　恒模散射目标的检测信息、位置信息和感知信息与 SNR 的关系

图 13.7 和图 13.8 分别表明，针对复高斯散射目标和恒模散射目标，感知熵偏差等于熵数与估计熵偏差的积。

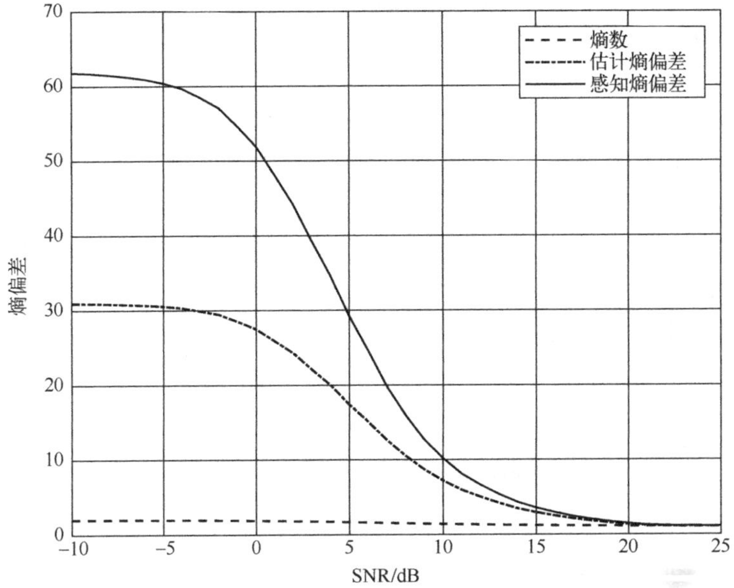

图 13.7　复高斯散射目标的感知熵偏差、熵数、估计熵偏差与 SNR 的关系

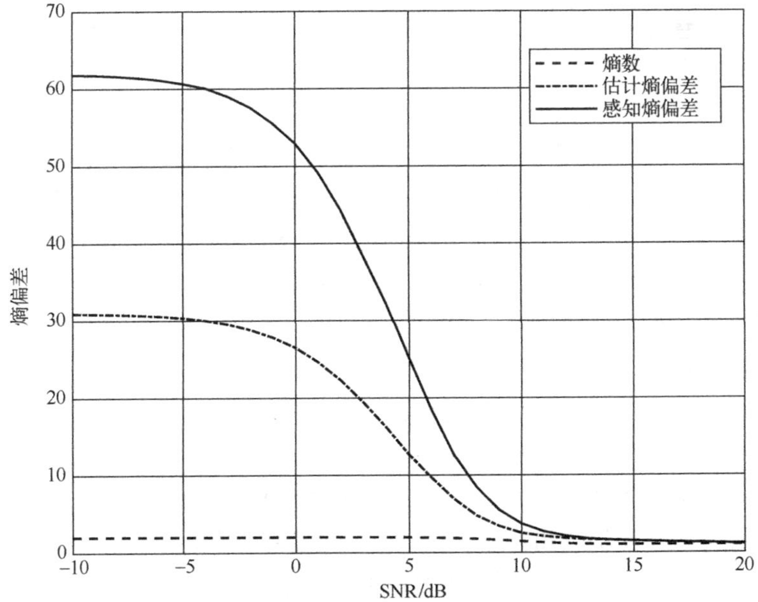

图 13.8　恒模散射目标的感知熵偏差、熵数、估计熵偏差与 SNR 的关系

第 14 章 非合作目标检测的信息理论

主动雷达信号处理建立在合作节点之间匹配滤波基础之上。本章将研究非合作目标检测的信息理论，通过引入目标存在状态变量，构建了非合作目标检测的感知系统模型；从能量累积统计量入手，给出了非合作目标检测的等效信道模型；采用类似于相干目标检测的思想，建立了非合作目标检测的信息理论框架。本章的研究结果表明，信息理论不仅适用于合作目标检测，也适用于非合作目标检测，进一步完善和发展了感知信息论的理论体系。

14.1 非合作目标检测概述

近年来，非合作目标检测系统因具有高隐蔽性、抗干扰能力强、感知距离远等优点，受到了雷达领域学者的广泛关注。非合作目标检测系统本身不发射信号，仅通过被动接收目标的辐射信号，实现对目标的搜索、定位、跟踪和识别，与主动雷达的优势互补，具有广阔的发展前景。经过雷达领域学者的不懈努力，非合作目标检测系统目前已经广泛应用于军事和工业等领域[104-105]。

根据接收信号判决在观测区间是否有目标时，以下两种假设必须有一种成立：假设 H_0，接收信号是干扰信号，判决目标不存在；假设 H_1，接收信号是目标信号和干扰信号之和，判决目标存在。1998 年，Kay 描述了一种解决假设检验问题的一般方法，定义了检测概率、虚警概率、漏检概率等。其中，虚警概率和检测概率是目标检测领域常用的评价指标。确定检测准则是一个非常复杂的问题，难点在于如何从两种假设中选择最优假设。在雷达领域，NP 准则是一种常用的目标检测准则。在虚警概率-检测概率指标体系下，NP 准则是最佳的。NP 准则在目标检测领域一直占有统治地位，特别是在恒虚警条件下，对设计不同应用场景的最优检测器具有重要应用价值。Sangston 提出[91]，在复高斯杂波的干扰下，最优检测器的阈值与匹配滤波器的输出密切相关。此外，NP 准则在 MIMO 雷达和相控阵雷达最优感知器的设计过程中也发挥了重要作用。

自 2017 年以来，我们课题组主要研究了信息论在主动雷达参数估计和目标检测系统中的应用。非合作目标检测系统的任务是根据接收信号判决在观测区间是否存在目标。

14.2　非合作目标检测系统模型

假设在观测区间存在 K 个目标，则接收信号表示为

$$r(t) = \sum_{k=1}^{K} v_k s_k(t) + w_k(t) \tag{14.1}$$

式中，$v_k \in \{0,1\}$ 表示第 k 个目标存在状态的整数变量；$v_k = 1$ 表示目标存在；$v_k = 0$ 表示目标不存在；$s_k(t)$ 表示第 k 个目标的辐射信号，由于是在非合作场景，因此辐射信号的波形对接收者来说是未知的；$w_k(t)$ 是带宽为 $B/2$ 的复加性高斯白噪声，实部和虚部的功率谱密度均为 $N_0/2$。

假设信号能量几乎全部在观测区间，根据 Shannon-Nyquist 采样定理，以速率 B 对接收信号进行采样，则接收信号的离散形式为

$$r(n) = \sum_{k=1}^{K} v_k s_k(n) + w_k(n),\ n = 1,2,\cdots,N \tag{14.2}$$

式中，噪声采样值是相互独立的复高斯噪声，总噪声功率谱密度为 N_0。

不同于主动雷达，非合作目标检测系统无法采用高效的相干检测方法，只能采用更通用的能量检测方法。为了方便描述，针对单目标场景，由式（14.2），接收信号可简化为

$$r(n) = vs(n) + w(n),\ n = 1,2,\cdots,N \tag{14.3}$$

式（14.3）的功率形式可以表示为

$$y(n) = |vs(n) + w(n)|^2,\ n = 1,2,\cdots,N \tag{14.4}$$

进一步，假设目标完全位于观测区间，则观测区间的总能量可以表示为

$$y = \sum_{n=1}^{N} |vs(n) + w(n)|^2,\ n = 1,2,\cdots,N \tag{14.5}$$

14.3　检测信息

我们采用统计观点处理目标检测系统方程，式（14.5）的观测区间总能量 y 服从 $2N$ 自由度的非中心卡方分布。在给定目标存在状态 v 的条件下，总能量 y 的条件 PDF 为

$$p(\gamma|v)=\frac{\gamma^{N-1}\exp\left(-\dfrac{\gamma}{N_0}\right)}{(N_0)^N\Gamma(N)}\exp\left(-\frac{v\lambda}{N_0}\right){}_0F_1\left(;N;\frac{v\lambda\gamma}{N_0^2}\right) \tag{14.6}$$

式中，非中心参数 $\lambda=\sum_{n=1}^{N}|s(n-x)|^2$ 表示观测区间的总能量；${}_0F_1\left(;N;\dfrac{v\lambda\gamma}{N_0^2}\right)$ 为超几何函数。

令 $\lambda=E_s$ 表示信号在观测区间的总能量，则式（14.6）可重写为

$$p(\gamma|v)=\frac{\gamma^{N-1}\exp\left(-\dfrac{\gamma}{N_0}\right)}{(N_0)^N\Gamma(N)}\exp(-v\rho^2){}_0F_1\left(;N;\frac{\gamma}{N_0}v\rho^2\right) \tag{14.7}$$

式中，$\rho^2=E_s/N_0$ 为信噪比。

式（14.7）定义了关于目标检测的等效信道，可得如下目标检测信息的定义。

定义 14.1【检测信息】 假设目标存在状态的先验概率分布为 $\pi(v)$，将目标检测信息定义为接收信号能量与目标存在状态的互信息，有

$$I(Y;V)=E\left[\log\frac{p(\gamma|v)}{p(\gamma)}\right] \tag{14.8}$$

检测信息 $I(Y;V)$ 表示从接收信号能量中获得的关于目标存在状态的信息。

14.4 检测信息的计算

式（14.7）给出了在给定目标存在状态 v 的条件下，总能量 γ 的条件 PDF。当目标不存在时，条件 PDF 为

$$p(\gamma|0)=\frac{\gamma^{N-1}\exp\left(-\dfrac{\gamma}{N_0}\right)}{(N_0)^N\Gamma(N)} \tag{14.9}$$

式（14.9）是 2N 个自由度的中心卡方分布。当目标存在时，条件 PDF 为

$$p(\gamma|1)=\frac{\gamma^{N-1}\exp\left(-\dfrac{\gamma}{N_0}\right)}{(N_0)^N\Gamma(N)}\exp(-\rho^2){}_0F_1\left(;N;\frac{\gamma}{N_0}\rho^2\right) \tag{14.10}$$

式（14.10）是 $2N$ 个自由度的非中心卡方分布。

由贝叶斯公式，已知 y 的后验 PDF 为

$$P(v|y)=\frac{\pi(v)p(y|v)}{\sum_{v}\pi(v)p(y|v)}$$

$$=\frac{\pi(v)\exp(-v\rho^2)\,{}_0F_1\left(;N;\frac{y}{N_0}v\rho^2\right)}{\sum_{v}\pi(v)\exp(-v\rho^2)\,{}_0F_1\left(;N;\frac{y}{N_0}v\rho^2\right)} \tag{14.11}$$

或

$$P(v|y)=\frac{\pi(v)Y(v,y)}{\pi(0)+\pi(1)Y(1,y)} \tag{14.12}$$

式中

$$Y(v,y)=\exp(-v\rho^2)\,{}_0F_1\left(;N;\frac{vy}{N_0}\rho^2\right) \tag{14.13}$$

由后验 PDF 可计算检测信息，有

$$I(Y;V)=H(V)-H(V|Y) \tag{14.14}$$

式中，先验熵为

$$H(V)=-\sum_{v}\pi(v)\log\pi(v) \tag{14.15}$$

后验熵为

$$H(V|Y)=E\left[-\sum_{v}P(v|y)\log P(v|y)\right] \tag{14.16}$$

式中，$E[\cdot]$表示对所有累积信号能量 Y 求期望。

由目标检测定理，式（14.14）代表非合作目标检测所能达到的理论极限，与检测器的具体结构和检测方法无关。

14.5　虚警概率和检测概率

虚警概率和检测概率是评价检测器性能的重要指标，下面将推导理论虚警概率和理论检测概率的表达式。

令 r_0 和 r_1 分别为无目标和有目标时的接收信号，有

$$\begin{cases} r_0 = w(n) \\ r_1 = s(n-x) + w(n) \end{cases} \tag{14.17}$$

在观测区间，接收信号的总能量分别为

$$\begin{cases} y_0 = \sum_0^n |w(n)|^2 \\ y_1 = \sum_0^n |s(n-x) + w(n)|^2 \end{cases} \tag{14.18}$$

当目标不存在时，检测统计量为

$$Y(1, y_0) = \exp(-\rho^2)\,{}_0F_1(;N;\frac{y_0}{N_0}\rho^2) \tag{14.19}$$

虚警概率为

$$P_{\mathrm{FA}} = E_{y_0}\left[\frac{\pi(1)Y(1,y_0)}{\pi(0)+\pi(1)Y(1,y_0)}\right] \tag{14.20}$$

当目标存在时，检测统计量为

$$Y(1, y_1) = \exp(-\rho^2)\,{}_0F_1\left(;N;\frac{y_1}{N_0}\rho^2\right) \tag{14.21}$$

理论检测概率为

$$P_{\mathrm{D}} = E_{y_1}\left[\frac{\pi(1)Y(1,y_1)}{\pi(0)+\pi(1)Y(1,y_1)}\right] \tag{14.22}$$

由式（14.19）至式（14.22）可知，虚警概率和检测概率都依赖累积统计量、SNR、观测区间长度和先验概率。当 ρ^2 等于 0 时，检测统计量 $Y(1,y_0)=Y(1,y_1)=1$，虚警概率和检测概率等于先验概率 $\pi(1)$，即理论检测概率和理论虚警概率是无偏的。

14.6 非合作目标感知的 NP 检测器

在给定虚警概率的条件下，NP 检测器的检测概率可达到最大。下面将推导 NP 检测器虚警概率和检测概率的表达式。

NP 检测器将检测统计量 y 与阈值进行比较，判决规则为

$$\begin{cases} y<T_h \Rightarrow H_0 \\ y>T_h \Rightarrow H_1 \end{cases} \tag{14.23}$$

阈值由给定的虚警概率确定。

由于超几何函数的复杂性，直接用卡方分布推导表达式非常复杂，因此这里采用一种简化方法，即当观测空间足够大（$N>250$）时，式（14.9）的条件 PDF 逼近正态分布，均值为

$$E(y)=vE_s+NN_0 \tag{14.24}$$

方差为

$$D(y)=2vE_sN_0+NN_0^2 \tag{14.25}$$

则给定目标存在状态 v 的条件 PDF 重写为

$$p(y|v)=\frac{1}{\sqrt{2\pi(NN_0^2+2vE_sN_0)}}\exp\left\{-\frac{(y-(NN_0+vE_s))^2}{2(NN_0^2+2vE_sN_0)}\right\} \tag{14.26}$$

当目标不存在时，有

$$p(y|0)=\frac{1}{\sqrt{2\pi NN_0^2}}\exp\left\{-\frac{(y-NN_0)^2}{2NN_0^2}\right\} \tag{14.27}$$

则虚警概率为

$$\begin{aligned} P_{FA} &= \int_{T_h}^{+\infty} p(y|0)\,\mathrm{d}y \\ &= \int_{T_h}^{+\infty} \frac{1}{\sqrt{2\pi NN_0^2}}\exp\left\{-\frac{(y-NN_0)^2}{2NN_0^2}\right\}\mathrm{d}y \\ &= Q\left(\frac{T_h-NN_0}{\sqrt{NN_0^2}}\right) \end{aligned} \tag{14.28}$$

式中

$$Q(x)=\frac{1}{\sqrt{2\pi}}\int_x^{\infty}\exp\left\{-\frac{t^2}{2}\right\}\mathrm{d}t \tag{14.29}$$

在已知虚警概率时，阈值 T_h 为

$$T_h=\sqrt{NN_0^2}\,Q^{-1}(P_{FA})+NN_0 \tag{14.30}$$

当目标存在时，有

$$p(y|1)=\frac{1}{\sqrt{2\pi(NN_0^2+2E_sN_0)}}\exp\left\{-\frac{(y-(NN_0+E_s))^2}{2(NN_0^2+2E_sN_0)}\right\} \tag{14.31}$$

则检测概率为

$$\begin{aligned}P_D&=\int_{T_h}^{+\infty}p(y|1)\,dy\\&=\int_{T_h}^{+\infty}\frac{1}{\sqrt{2\pi(NN_0^2+2E_sN_0)}}\exp\left\{-\frac{(y-(NN_0+E_s))^2}{2(NN_0^2+2E_sN_0)}\right\}dy\end{aligned} \tag{14.32}$$

将式（14.30）代入式（14.32），可以得到检测概率与虚警概率之间的关系，即

$$P_D=Q\left(\frac{\sqrt{N}Q^{-1}(P_{FA})-\rho^2}{\sqrt{N+2\rho^2}}\right) \tag{14.33}$$

由虚警概率和检测概率可计算 NP 检测器的检测信息。

14.7 非合作目标感知的 MAP 检测器

最大后验概率准则不常用的主要原因在于，难以得到 MAP 检测器需要的先验概率分布。这里采用一种迂回方法，即用虚警概率替代先验概率 $\pi(1)$，也就是根据应用需求确定先验概率。这与 NP 准则的思路是一致的。

MAP 检测器与 NP 检测器存在显著差异。对于 NP 检测器，无论 SNR 如何变化，虚警概率始终不变。对于 MAP 检测器，由于先验概率 $\pi(1)$ 始终不变，因此虚警概率随着 SNR 的增大而降低。

前面已给出目标存在状态的后验概率分布，在给定接收信号的条件下，目标存在状态的似然比为

$$\begin{aligned}\frac{p(1|y)}{p(0|y)}&=\frac{\pi(1)\frac{1}{\sqrt{2\pi(NN_0^2+2E_sN_0)}}\exp\left\{-\frac{(y-(NN_0+E_s))^2}{2(NN_0^2+2E_sN_0)}\right\}}{\pi(0)\frac{1}{\sqrt{2\pi NN_0^2}}\exp\left\{-\frac{(y-NN_0)^2}{2NN_0^2}\right\}}\\&=\frac{\pi(1)}{\pi(0)}\sqrt{\frac{N}{N+2\rho^2}}\exp\left\{\frac{\rho^2}{N(N+2\rho^2)}(y/N_0-N/2)^2\right\}\exp\left\{-\frac{1}{4}\rho^2\right\}\end{aligned} \tag{14.34}$$

令$\frac{p(1|y)}{p(0|y)}=1$，有

$$\frac{\pi(1)}{\pi(0)}\sqrt{\frac{N}{N+2\rho^2}}\exp\left\{\frac{\rho^2}{N(N+2\rho^2)}(y/N_0-N/2)^2\right\}\exp\left\{-\frac{1}{4}\rho^2\right\}=1 \tag{14.35}$$

将两边求对数并求解，可得到两个阈值，即

$$T_{\pm}=\frac{1}{2}NN_0\pm N_0\sqrt{(N+2\rho^2)\left\{\frac{1}{4}N-\frac{N}{\rho^2}\ln\left[\frac{\pi(1)}{\pi(0)}\sqrt{\frac{N}{N+2\rho^2}}\right]\right\}} \tag{14.36}$$

MAP 检测器的判决规则为

$$\begin{cases}H_0\Leftarrow T_-<y<T_+\\H_1\Leftarrow \text{else}\end{cases} \tag{14.37}$$

虚警概率为

$$\begin{aligned}P_{\text{FA}}&=\int_{-\infty}^{T_-}p(y|0)\,\mathrm{d}y+\int_{T_+}^{\infty}p(y|0)\,\mathrm{d}r\\&=\int_{-\infty}^{T_-}\frac{1}{\sqrt{2\pi NN_0^2}}\exp\left\{-\frac{(y-NN_0)^2}{2NN_0^2}\right\}\mathrm{d}y+\int_{T_+}^{\infty}\frac{1}{\sqrt{2\pi NN_0^2}}\exp\left\{-\frac{(y-NN_0)^2}{2NN_0^2}\right\}\mathrm{d}y\\&=Q\left(-\frac{\sqrt{N}}{2}\sqrt{(1+2\rho^2/N)\left\{1-\frac{4}{\rho^2}\ln\left[\frac{\pi(1)}{\pi(0)\sqrt{1+2\rho^2/N}}\right]\right\}}-\frac{\sqrt{N}}{2}\right)+\\&\quad Q\left(\frac{\sqrt{N}}{2}\sqrt{(1+2\rho^2/N)\left\{1-\frac{4}{\rho^2}\ln\left[\frac{\pi(1)}{\pi(0)\sqrt{1+2\rho^2/N}}\right]\right\}}-\frac{\sqrt{N}}{2}\right)\end{aligned} \tag{14.38}$$

检测概率为

$$\begin{aligned}P_{\text{D}}&=\int_{-\infty}^{T_-}p(y|1)\,\mathrm{d}y+\int_{T_+}^{+\infty}p(y|1)\,\mathrm{d}y\\&=\int_{-\infty}^{T_-}\frac{1}{\sqrt{2\pi(NN_0^2+2E_sN_0)}}\exp\left\{-\frac{(y-(NN_0+E_s))^2}{2(NN_0^2+2E_sN_0)}\right\}\mathrm{d}y+\\&\quad\int_{T_+}^{+\infty}\frac{1}{\sqrt{2\pi(NN_0^2+2E_sN_0)}}\exp\left\{-\frac{(y-(NN_0+E_s))^2}{2(NN_0^2+2E_sN_0)}\right\}\mathrm{d}y\\&=Q\left(\frac{\sqrt{N}}{2}\sqrt{1-\frac{4}{\rho^2}\ln\left[\frac{\pi(1)}{\pi(0)\sqrt{1+2\rho^2/N}}\right]}-\frac{\sqrt{N}}{2}\sqrt{1+2\rho^2/N}\right)+\end{aligned}$$

$$Q\left(\frac{\sqrt{N}}{2}\sqrt{1-\frac{4}{\rho^2}\ln\left[\frac{\pi(1)}{\pi(0)\sqrt{1+2\rho^2/N}}\right]}+\frac{\sqrt{N}}{2}\sqrt{1+2\rho^2/N}\right) \quad (14.39)$$

由虚警概率和检测概率可计算 MAP 检测器的检测信息。

14.8 数值仿真结果

下面将对 NP 检测器和 MAP 检测器的性能进行数值仿真，并将数值仿真结果与理论性能进行比较，仿真次数为 10000。

14.8.1 虚警概率和检测概率与信噪比的关系

在给定先验概率的条件下，虚警概率和检测概率与信噪比之间的关系如图 14.1 所示。由图可知，当信噪比很低时，虚警概率和检测概率都等于先验概率，随着信噪比的增大，检测概率逐渐升高，虚警概率逐渐降低。

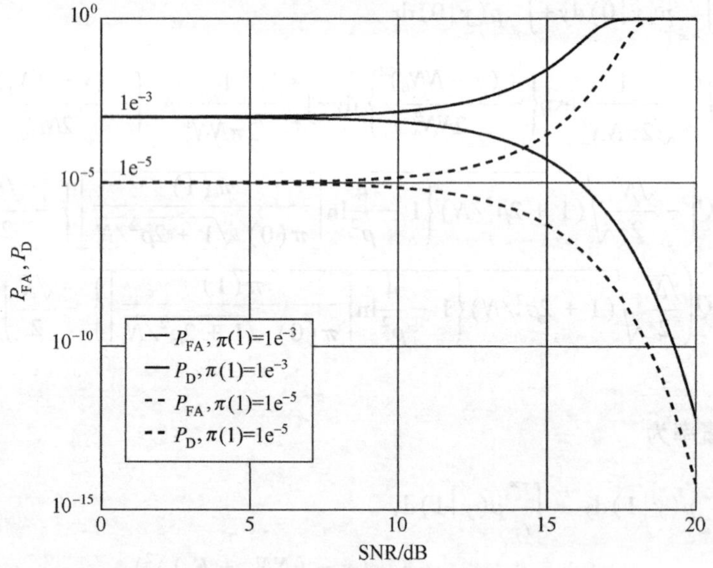

图 14.1 虚警概率和检测概率与信噪比之间的关系

14.8.2 检测信息与先验概率的关系

检测信息与先验概率之间的关系如图 14.2 所示。由于 NP 检测器的检测信息与虚警概率有关，因此图 14.2 中的虚线是在给定先验概率条件下，对所有虚警概率搜索达到的最大值，换句话说，就是虚线以下的部分为 NP 检测器的可达区域。由图可知，在所有条件下，检测信息准则的可达区域均大于 NP 准则的可达区域。这是可以预料的，因为检测信息是由信息论方法给出的理论值。在整个先验概率区间，NP 检测器和 MAP 检测器的检测信息均小于理论值。

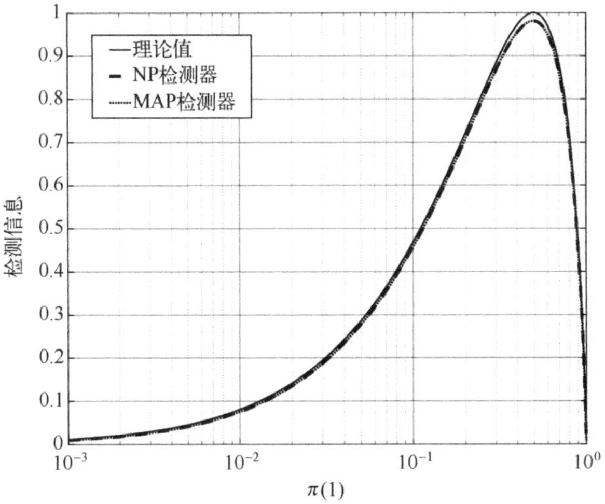

图 14.2　检测信息与先验概率之间的关系

14.8.3　检测信息与信噪比的关系

检测信息与信噪比之间的关系如图 14.3 所示：图 14.3（a）的先验概率为 $1e^{-3}$；图 14.3（b）的先验概率为 $1e^{-5}$。由于检测信息的绝对数值太小，因此为了便于比较，纵坐标用先验微分熵进行归一化处理。仿真结果表明，在整个信噪比区间，NP 检测器和 MAP 检测器的检测信息均小于理论值。

14.8.4　接收机工作特性比较

接收机工作特性曲线如图 14.4 所示。由于 MAP 检测器和 NP 检测器具有相同的虚警概率-检测概率指标体系，因此在图 14.4 中只给出了非合作目标检测系统的检测信息理论值与 NP 检测器工作特性曲线。由图可知，在 SNR=0dB 和 SNR=5dB 的情形下，当虚警概率相同时，NP 检测器的检测信息高于非合作目标检测系统的理论值。这个结果是可以预料的，因为在虚警概率-检测概率指标体系下，NP 检测器是最优的。

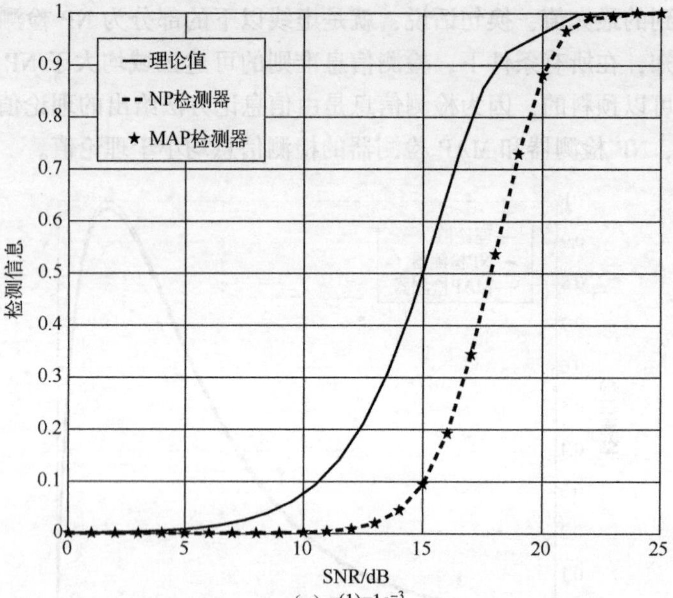

(a) $\pi(1)=1e^{-3}$

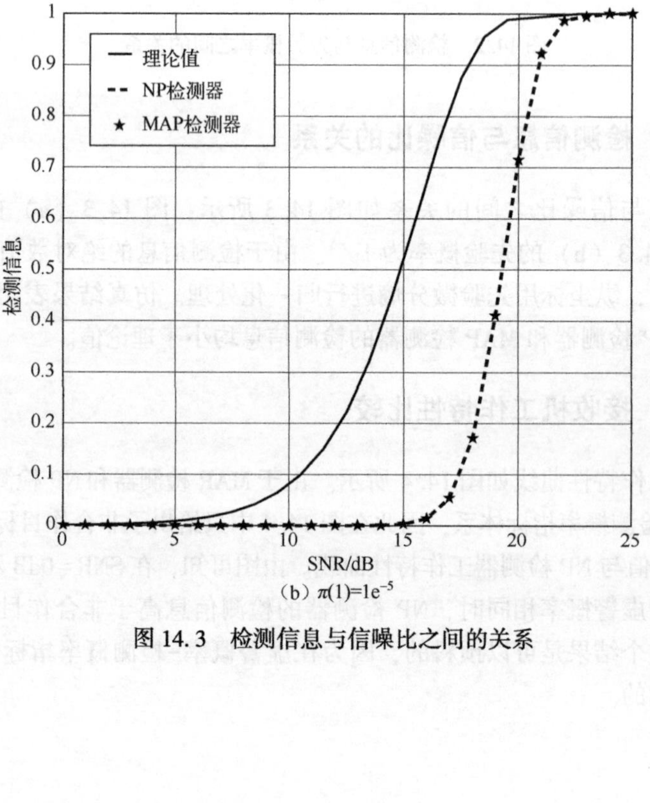

(b) $\pi(1)=1e^{-5}$

图 14.3　检测信息与信噪比之间的关系

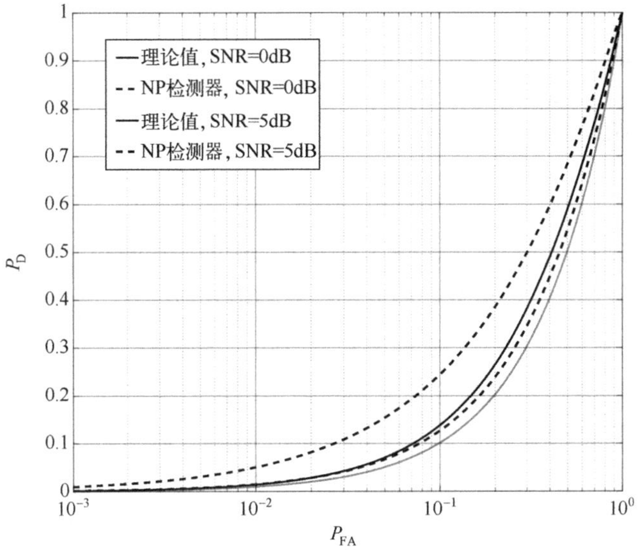

图 14.4　接收机工作特性曲线

第 15 章 信息融合

本章将研究多个感知节点之间的信息融合问题。所谓信息融合，就是多个感知节点进行信息共享，以提高感知精度。根据多个感知节点的信息共享程度，我们提出了数据融合（DF）、概率融合（PF）、参数融合（PAF）和判决融合（DEF）等四种方法。数据融合是复杂度最高、没有信息损失的融合方法，在高 SNR 情形下，等效 SNR 等于各感知节点 SNR 的和。概率融合将其他节点的估计信息作为融合中心的先验信息，充分发挥贝叶斯估计的特点，性能仅次于数据融合。参数融合在复杂度与性能之间进行了良好的折中，是具有广阔应用前景的融合方法。判决融合是由参数融合推导出来的融合方法，具有最低的复杂度。虽然信息融合的研究工作针对的是测距雷达，但融合方法也适用于其他应用场景。

15.1 信息融合技术现状

单个雷达在低信噪比的情形下，目标参数估计性能往往达不到精度要求，采用多个雷达来提高性能受到了广泛关注[106]。在获取目标位置的过程中，多个雷达数据融合可被看作均匀时间序列数据融合[107]。多个传感器信息融合是指将多个传感器的数据融合，产生更可靠、更准确的信息[108-110]。

目前，大多数的融合方法都具有决策融合的背景，需要确定相应的权重。对于数据融合过程中的权重分配问题，学者虽已进行了一定的研究，但相关算法仍有待进一步优化。传统的自适应加权融合虽基于最小均方误差，但无法有效剔除异常数据。由于卡尔曼滤波利用系统模型的统计特性，通过递归运算确定估计值，对具体的系统模型比较挑剔，要求有准确的系统状态方程、检测方程、系统统计特性及噪声先验知识等，因此应用场景受到了限制[111-113]。

传统多个雷达的信号检测方法大多是对估计数据进行融合，如加权最小均方误差（WMMSE）算法[114]、联合检测/估计滤波器（JDEF）算法等。这些算法先由各雷达估计目标状态，再对估计数据进行融合，其结果是丢失了原有信号中的大部分信息，没有充分利用原有的回波信号，融合的数据有一定的信息损失。将每个传感器的信息传输到融合中心的方法被称为集中式融合。集中式融合虽然可以获得较高的估计性能，但能耗高，一旦出现链路故障，就会使估计性能显著降低[115]。分布式融合的后验概率密度函数依赖信息论标准，比集中式融合具有更高的稳定性[116]。

本章将采用贝叶斯原理和香农信息论的思想研究信息融合问题。数据融合是没有信息损失、复杂度最高的融合方法，只适用于传感器之间存在宽带有线连接的应用场景。数据融合虽然在实际应用中并不多见，但却是其他各种融合方法的基础。概率融合将多个传感器的后验分布传输到融合中心，融合中心将其他传感器的信息作为先验信息，通过贝叶斯原理进行融合，是性能仅次于数据融合的融合方法。参数融合是将各估计数据传输到融合中心，融合中心先根据测距分布构造先验分布，再进行数据融合。参数融合在复杂度和性能之间取得了较好的折中。判决融合是通过融合中心将各传感器的判决结果按照特定的规则进行融合的方法。本章将通过参数融合推导最大比合并判决融合方法。这种融合方法的复杂度最低，应用也最普遍。

15.2 系统模型

具有 M 个传感器的信息融合系统模型如图 15.1 所示。图中，融合中心左侧的虚线表示目标信号到各传感器的无线信道；融合中心左侧的实线表示各传感器将数据信息传输到融合中心的路径。假设传感器到融合中心之间进行数据传输是没有失真的，不失一般性，第一个传感器就是融合中心。为了简化分析，假设所有的传感器与目标均在一条直线上。由于传感器之间的距离是已知的，因此在分析时，可以认为目标到各传感器的距离相同。

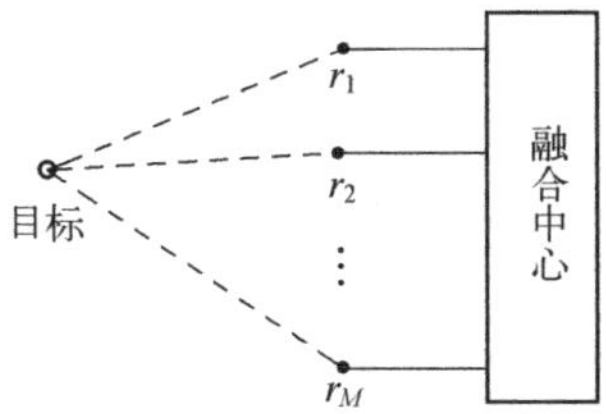

图 15.1 具有 M 个传感器的信息融合系统模型

进一步假设信息融合系统工作在一发多收模式下，各传感器的工作时钟完全同步。针对测距雷达，第 m 个传感器的接收信号可以表示为

$$y_m(t)=s_m\psi(t-\tau)+w_m(t),\ m=0,1,\cdots,M \tag{15.1}$$

式中，$\psi(t)=\mathrm{sinc}(Bt)$是由雷达发射的带宽为 $B/2$ 的理想低通信号；τ 是信号到雷达的时延；$s_m=\alpha_m e^{j\varphi_m}$是第 m 个雷达接收信号时的复散射系数；因为下面主要

研究恒模散射信号，因此 α_m 为常数，φ_m 在 $[0,2\pi]$ 区间内服从均匀分布；$w_m(t)$ 是带宽为 $B/2$、均值为 0 的复高斯噪声随机过程，实部和虚部的功率谱密度均为 $N_0/2$。

假设接收信号的能量几乎全部在观测区间，根据香农-奈奎斯特采样定理，以速率 B 对接收信号 $y_m(t)$ 进行采样，则接收信号的离散形式为

$$y_m(n)=s_m\psi(n-x)+w_m(n),\ n=-\frac{N}{2},-\frac{N}{2}+1,\cdots,\frac{N}{2} \tag{15.2}$$

式中，$x=B\tau$ 表示归一化时延；$N=TB$ 表示时间带宽积；T 为检测时长；对于 $n=-\frac{N}{2},-\frac{N}{2}+1,\cdots,\frac{N}{2}$ 和 $m=1,2,\cdots,M$，$w_m(n)$ 是独立同分布的，均值为 0、方差为 N_0 的高斯噪声。

将式（15.2）改写为矢量形式，第 m 个传感器的系统方程为

$$\boldsymbol{Y}_m=s_m\boldsymbol{\psi}(x)+\boldsymbol{W}_m \tag{15.3}$$

式中，$\boldsymbol{Y}_m=\left[y_m\left(-\frac{N}{2}\right),y_m\left(-\frac{N}{2}+1\right),\cdots,y_m\left(\frac{N}{2}-1\right)\right]^{\mathrm{T}}$ 为第 m 个传感器的接收信号采样序列；$\boldsymbol{\psi}(x)=\left[\operatorname{sinc}\left(-\frac{N}{2}-x\right),\operatorname{sinc}\left(-\frac{N}{2}+1-x\right),\cdots,\operatorname{sinc}\left(\frac{N}{2}-1-x\right)\right]^{\mathrm{T}}$ 为基带信号采样序列；$\boldsymbol{W}_m=\left[w_m\left(-\frac{N}{2}\right),w_m\left(-\frac{N}{2}+1\right),\cdots,w_m\left(\frac{N}{2}-1\right)\right]^{\mathrm{T}}$ 为第 m 个传感器的噪声信号采样序列。

15.3 数据融合

假设融合中心拥有所有节点的采样数据，则可以采用数据融合进行融合，在融合过程中没有信息损失。

已知 N 维噪声矢量的 PDF 为

$$p(\boldsymbol{w}_m)=\left(\frac{1}{\pi N_0}\right)^N\exp\left\{-\frac{1}{N_0}\|\boldsymbol{w}_m\|^2\right\} \tag{15.4}$$

在给定 X 和 S 的条件下，接收序列的多维条件 PDF 为

$$p(\boldsymbol{y}_m\mid s_m,x)=\left(\frac{1}{\pi N_0}\right)^N\exp\left\{-\frac{1}{N_0}\|\boldsymbol{y}_m-s_m\boldsymbol{\psi}(x)\|^2\right\} \tag{15.5}$$

令 $\boldsymbol{Y}=(\boldsymbol{y}_1,\cdots,\boldsymbol{y}_M)$ 和 $\boldsymbol{\varphi}=(\varphi_1,\cdots,\varphi_M)$，由于不同节点之间的噪声序列相互独立，

因此 M 个节点的联合条件分布为

$$p_{\mathrm{PF}}(\boldsymbol{Y}|x,\varphi)=\prod_{m=1}^{M}\left(\frac{1}{\pi N_0}\right)^{N}\exp\left\{-\frac{1}{N_0}\|\boldsymbol{y}_m-s_m\boldsymbol{\psi}(x)\|^2\right\}\tag{15.6}$$

对随机相位进行平均，可得

$$p_{\mathrm{PF}}(\boldsymbol{Y}|x)=\left(\frac{1}{\pi N_0}\right)^{MN}\exp\left[-\frac{1}{N_0}\sum_{m=1}^{M}(\|\boldsymbol{y}_m\|^2+\alpha_m^2)\right]\prod_{m=1}^{M}I_0\left[\frac{2\alpha_m}{N_0}|\boldsymbol{\psi}^{\mathrm{H}}(x)\boldsymbol{y}_m|\right]\tag{15.7}$$

式中，$I_0\left\{\frac{2\alpha_m}{N_0}|\boldsymbol{\psi}^{\mathrm{H}}(x)\boldsymbol{y}_m|\right\}=\frac{1}{2\pi}\int_0^{2\pi}\exp\left\{\frac{2}{N_0}\mathrm{Re}[\alpha_m\mathrm{e}^{\mathrm{j}\varphi_m}\boldsymbol{\psi}^{\mathrm{H}}(x)\boldsymbol{y}_m]\right\}\mathrm{d}\varphi_m$ 为零阶修正贝塞尔函数。

假设时延在观测区间$[-N/2,N/2]$内服从均匀分布，则由贝叶斯公式，可得时延的后验 PDF 为

$$p_{\mathrm{PF}}(x|\boldsymbol{y})=\frac{1}{\nu}\prod_{m=1}^{M}I_0\left[\frac{2\alpha_m}{N_0}|\boldsymbol{\psi}^{\mathrm{H}}(x)|\boldsymbol{y}_m|\right]\tag{15.8}$$

式中，ν 为归一化常数。

式（15.8）就是融合 M 个节点数据的后验 PDF。每个节点对应一个贝塞尔函数。每个贝塞尔函数均代表 $\boldsymbol{\psi}^{\mathrm{H}}(x)\boldsymbol{y}_m$ 匹配滤波。

为了进一步分析数据融合的估计性能，下面将推导更简便的后验分布表达式。

令一次快拍的数据 $y_m(n)=\alpha_m\mathrm{e}^{\mathrm{j}\varphi_m}\mathrm{sinc}(n-x_0)+w_m(n)$。这里 x_0 代表目标的实际位置，代入式（15.8），经整理，可得

$$p_{\mathrm{PF}}(x|\boldsymbol{y})=\frac{1}{\nu}\prod_{m=1}^{M}I_0[2\rho_m|\rho_m\mathrm{sinc}(x-x_0)+\mu_m(x)|]\tag{15.9}$$

式中，$\rho_m^2=\alpha^2/N_0$ 为信噪比；$\mu_m(x)=\frac{1}{\sqrt{N_0}}w_m(x)$ 是均值为 0、方差为 1 的标准高斯白噪声过程。

由后验分布可计算数据融合后的距离信息为

$$I(\boldsymbol{Y};X)=\log TB-E_w\left[\int_{-TB/2}^{TB/2}p_{\mathrm{PF}}(x|\boldsymbol{w})\log\frac{1}{p_{\mathrm{PF}}(x|\boldsymbol{y})}\mathrm{d}x\right]\tag{15.10}$$

一般来说，式（15.10）没有闭合表达式，在高信噪比的情形下，可以得到距离信息的渐近上界。

忽略复杂的推导过程，可得在高信噪比的情形下，后验 PDF 的近似表达式为

$$p_{\mathrm{PF}}(x \mid \boldsymbol{Y}) \approx \frac{1}{\nu} \exp\{-(\beta^2 \rho_{\mathrm{PF}}^2)(x-x_0)^2\} \tag{15.11}$$

式中，等效信噪比 $\rho_{\mathrm{PF}}^2=\sum_{m=1}^{M}\rho_m^2$；$\beta=\frac{\pi}{\sqrt{3}}B$ 为均方根带宽。

式（15.11）是均值为 x_0、方差为 $\sigma_{\mathrm{PF}}^2=\frac{1}{2\beta^2\rho_{\mathrm{PF}}^2}$ 的高斯分布，可得距离信息的上界为

$$I_{\mathrm{PF}}(\boldsymbol{Y};X) \leqslant \log \frac{T\beta\rho_{\mathrm{PF}}}{\sqrt{\pi \mathrm{e}}} \tag{15.12}$$

由上述分析表明，在高信噪比的情形下，经数据融合后的后验分布是以目标位置为中心的高斯分布，等效信噪比等于各节点信噪比的和。

15.4 概率融合

假设有 M 个感知节点，第 M 个感知节点为融合中心。概率融合的基本思想是，前 $M-1$ 个感知节点通过各自数据产生目标位置的后验分布，将后验分布数据以某种方式传输到融合中心，融合中心将后验分布数据作为先验分布进行贝叶斯估计。

根据分析，假设第 m 个感知节点的后验分布为

$$p_m(x \mid \boldsymbol{y}_m) \propto I_0\left[\frac{2\alpha_m}{N_0}\left|\boldsymbol{\psi}^{\mathrm{H}}(x)\,\boldsymbol{y}_m\right|\right] \tag{15.13}$$

则第 M 个感知节点的先验分布为

$$\pi_M(x) \propto \prod_{m=1}^{M-1} I_0\left[\frac{2\alpha_m}{N_0}\left|\boldsymbol{\psi}^{\mathrm{H}}(x)\,\boldsymbol{y}_m\right|\right] \tag{15.14}$$

由此可得概率融合的后验分布为

$$p_{\mathrm{PF}}(x \mid \boldsymbol{y}) \propto \prod_{m=1}^{M} I_0\left[\frac{2\alpha_m}{N_0}\left|\boldsymbol{\psi}^{\mathrm{H}}(x)\,\boldsymbol{y}_m\right|\right] \tag{15.15}$$

式（15.15）表明，概率融合的性能与数据融合的性能相同，也具有相同的感知信息上界和熵误差下界。在实际应用过程中，由于数据压缩和信道噪声的影

响，由感知节点到融合中心传送的后验分布数据传输会产生失真，因此实际性能会略有下降。

15.5 参数融合

参数融合的基本思想是，将各感知节点的参数估计数据传输到融合中心，融合中心根据测距分布函数构造先验分布，继而进行贝叶斯估计。

假设第 m 个感知节点对目标位置的估计为$\hat{x}_m$，将估计结果和 SNR 等数据传输到融合中心，融合中心根据这些数据构造先验分布，有

$$\pi_M(x) \propto \prod_{m=1}^{M-1} I_0[2\rho_m|\rho_m \text{sinc}(x-\hat{x}_m)+\hat{\mu}_m(x)|] \tag{15.16}$$

式中，标准复数正态过程$\hat{\mu}_m(x)$是融合中心随机产生的，参数融合的后验分布为

$$\begin{aligned} p_{\text{PAF}}(x|\boldsymbol{y}_M) = \frac{1}{\nu}\prod_{m=1}^{M-1} I_0[2\rho_m|\rho_m \text{sinc}(x-\hat{x}_m)+\hat{\mu}_m(x)|] \\ I_0[2\rho_M|\rho_M \text{sinc}(x-x_0)+\mu_M(x)|] \end{aligned} \tag{15.17}$$

由式（15.17）可知，参数融合充分利用了以下几种信息：

- 当前感知节点的数据；
- 其他感知节点的参数；
- 测距分布函数。

由于参数融合只需要由感知节点传输到融合中心的少量信息，因此融合的复杂度较低。

在高 SNR 的情形下，式（15.17）可以简化为

$$\begin{aligned} p_{\text{PAF}}(x|\boldsymbol{y}_M) &\propto \exp\left\{-\beta^2\left[\rho_m^2(x-x_0)^2+\sum_{m=1}^{M-1}\rho_m^2(x-\hat{x}_m)^2\right]\right\} \\ &\propto \exp\left\{-\beta^2\left[\left(\sum_{m=1}^{M}\rho_m^2\right)x^2-2\left(\sum_{m=1}^{M-1}\rho_m^2\hat{x}_m+\rho_M^2x_0\right)x\right]\right\} \\ &\propto \exp\{-\beta^2\rho_{\text{PAF}}^2(x-\hat{x})^2\} \\ &= \frac{1}{\sqrt{2\pi\sigma_{\text{PAF}}^2}}\exp\left\{-\frac{1}{2\sigma_{\text{PAF}}^2}(x-\hat{x})^2\right\} \end{aligned} \tag{15.18}$$

式中，$\rho_{\text{PAF}}^2=\sum_{m=1}^{M}\rho_m^2$；$\sigma_{\text{PAF}}^2=\dfrac{1}{2\beta^2\rho_{\text{PAF}}^2}$。

后验分布的均值为

$$\hat{x} = \sum_{m=1}^{M-1} \lambda_m \hat{x}_m + \lambda_m x_0 \tag{15.19}$$

式中，加权因子 $\lambda_m = \dfrac{\rho_m^2}{\rho_{\mathrm{PAF}}^2}$。

由以上分析表明，在高 SNR 的情形下，参数融合后验分布服从均值为$\hat{x}$、方差为 σ_{PAF}^2 的高斯分布。这里的均值$\hat{x}$是各感知节点位置估计$\hat{x}_m$ 的加权和。由于只有融合中心使用真实数据，因此融合中心的位置估计$\hat{x}_M$ 就是目标的实际位置 x_0。参数融合的等效 SNR 是各感知节点 SNR 的和。

通过比较参数融合和数据融合的后验分布知：数据融合后验分布的均值就是目标的实际位置；参数融合后验分布的均值是有偏差的（这种偏差来自各感知节点的估计误差）。

值得注意的是，$\hat{x}$是高 SNR 条件下后验分布的均值，不是参数融合的估计结果。参数融合的估计结果由后验分布和采用的估计方法共同决定。

15.6 判决融合

判决融合的基本思想是，各感知节点独自判决，并将判决结果传送到融合中心，融合中心按照一定的准则对判决结果进行合并处理。

参数融合在高 SNR 情形下的分析结果启发我们采用如下融合准则，即

$$\hat{x} = \sum_{m=1}^{M} \lambda_m \hat{x}_m \tag{15.20}$$

式中，$\hat{x}_m$ 是各感知节点的估计结果；加权因子 $\lambda_m = \dfrac{\rho_m^2}{\sum_{m=1}^{M} \rho_m^2}$ 是各感知节点的 SNR 占总信噪比的比例。这种形式的融合方法被称为最大比合并[61]。当各感知节点的 SNR 相同或未知时，最大比合并退化为最简单的算术平均融合。

15.7 仿真结果

下面通过仿真对由多个测距雷达组成的信息融合系统进行性能分析，并将距

离信息的理论值和熵误差进行比较。

图 15.2 是数据融合和参数融合的 PDF。由图可知，参与融合的节点越多，PDF 曲线越尖锐，目标位置估计精度越高；数据融合的峰值总是高于参数融合的峰值，也就是说，数据融合的估计精度比参数融合的估计精度高。

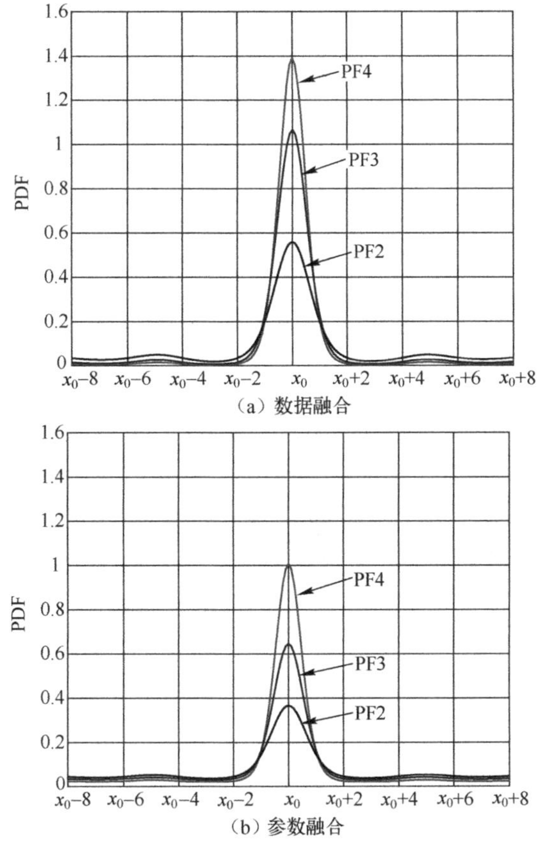

图 15.2 数据融合和参数融合的 PDF

图 15.3 是数据融合和参数融合的距离信息及其上界。由图可知，数据融合的性能优于参数融合；在高 SNR 的情形下，两个节点的性能优于单个节点 3dB，三个节点的性能优于单个节点 4.77dB，与理论分析的结论完全吻合。

数据融合和参数融合的熵误差、均方误差和 CRB 的比较如图 15.4 所示。由图可知，数据融合的熵误差和均方误差均低于参数融合的熵误差和均方误差。这与前面的结果是一致的。在同一种融合方法中，熵误差低于均方误差。随着 SNR 的增大，两种误差均逼近 CRB，说明 CRB 是熵误差在高 SNR 情形时的特例。

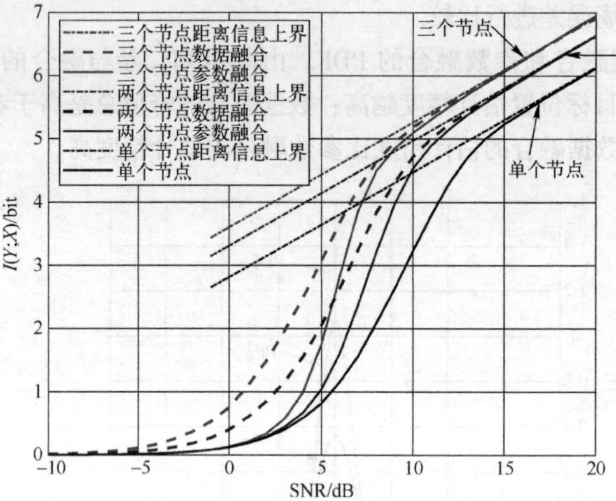

图 15.3　数据融合和参数融合的距离信息及其上界

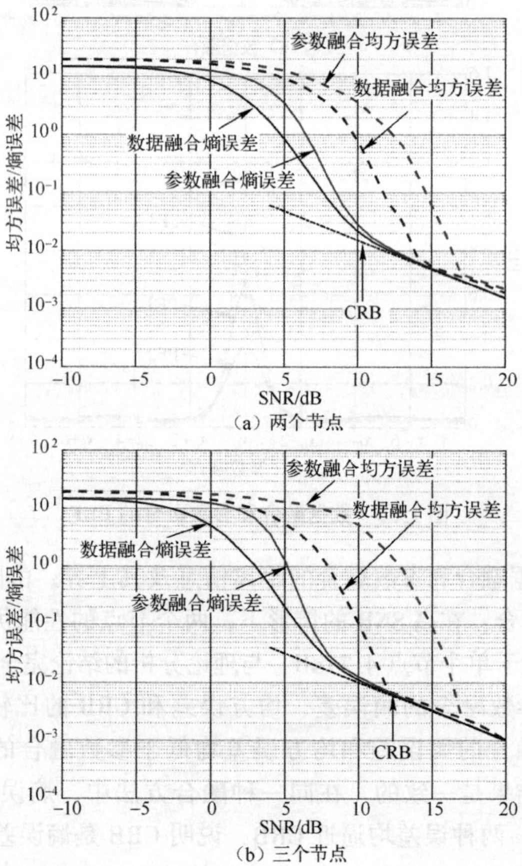

（a）两个节点

（b）三个节点

图 15.4　数据融合和参数融合的熵误差、均方误差和 CRB 的比较

数据融合、参数融合和判决融合等三种融合方法的距离信息及其上界如图 15.5 所示。由图可知，数据融合的距离信息最大，参数融合次之，判决融合最低。究其原因：数据融合直接利用接收信号进行融合，没有信息损失；参数融合仅有一个节点保留了接收信号，其他节点因判决会损失部分信息；判决融合是所有节点都需要进行判决，信息损失最大。值得注意的是，在高 SNR 区间，三种融合方法的距离信息都能逼近相同上界。

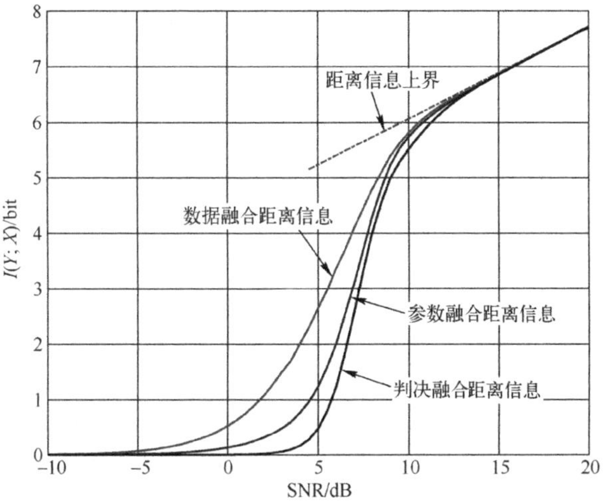

图 15.5　三种融合方法的距离信息及其上界

数据融合、参数融合和判决融合等三种融合方法的熵误差、均方误差和 CRB 如图 15.6 所示。由图可知，仿真结果与前面的结论完全一致。

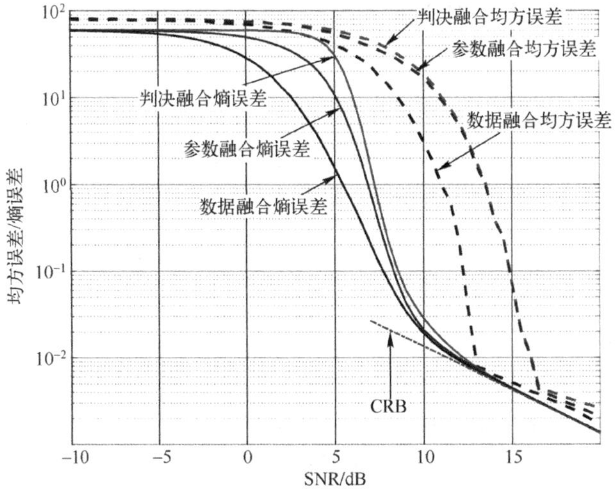

图 15.6　三种融合方法的熵误差、均方误差和 CRB 的比较

参考文献

[1] LIU F, MASOUROS C, LI A, et al. MU-MIMO communications with MIMO radar: from co-existence to joint transmission [J]. IEEE Trans. on Wireless Communications, 2017, 17 (4): 2755-2770.

[2] LI B, PETROPULU A P. Joint transmit designs for coexistence of MIMO wireless communications and sparse sensing radars in clutter [J]. IEEE Trans. on Aerospace and Electronic Systems, 2017, 53 (6): 2846-2864.

[3] LIU F, MASOUROS C, LI A, et al. MIMO radar and cellular coexistence: a power-efficient approach enabled by interference exploitation [J]. IEEE Trans. on Signal Processing, 2018, 66 (14): 3681-3695.

[4] CHENG Z, LIAO B, HE Z, et al. Spectrally compatible waveform design for MIMO radar in the presence of multiple targets [J]. IEEE Trans. on Signal Processing, 2018, 66 (13): 3543-3555.

[5] QIAN J, HE Z, HUANG N, et al. Transmit designs for spectral coexistence of MIMO radar and MIMO communication systems [J]. IEEE Trans. on Circuits and Systems II: Express Briefs, 2018, 65 (12): 2072-2076.

[6] LIU Y, LIAO G, XU J, et al. Adaptive OFDM integrated radar and communications waveform design based on information theory [J]. IEEE Communications Letters, 2017, 21 (10): 2174-2177.

[7] HUANG K W, BICE M, MITRA U, et al. Radar waveform design in spectrum sharing environment: coexistence and cognition [C]//2015 IEEE Radar Conference (RadarCon). Arlington: IEEE, 2015.

[8] BICA M, KOIVUNEN V. Generalized multicarrier radar: models and performance [J]. IEEE Trans. Signal Processing, 2016, 64 (17): 4389-4402.

[9] LIU F, ZHOU L, MASOUROS C, et al. Toward dual-functional radar-communication systems: Optimal waveform design [J]. IEEE Trans. on Signal Processing, 2018, 66 (16): 4264-4279.

[10] HASSANIEN A, AMIN M G, ZHANG Y D, et al. Signaling strategies for dual-function radar communications: an overview [J]. IEEE Aerospace & Electronic Systems Magazine, 2016, 31 (10): 36-45.

[11] HASSANIEN A, AMIN M G, ZHANG Y D, et al. Dual-function radar-communications: information embedding using sidelobe control and waveform diversity [J]. IEEE Trans. on Signal Processing, 2016, 64 (8): 2168-2181.

[12] PAUL B, CHIRIYATH A R, BLISS D W. Survey of RF communications and sensing convergence Research [J]. IEEE Access, 2017, 5 (99): 252-270.

[13] CHIRIYATH A R, PAUL B, JACYNA G M, et al. Inner bounds on performance of radar and communications co-existence [J]. IEEE Trans. on Signal Processing, 2015, 64 (2): 464-474.

[14] CHIRIYATH A R, PAUL B, BLISS D W. Radar-communications convergence: coexistence, cooperation, and co-design [J]. IEEE Trans. on Cognitive Communications & Networking, 2017, 3 (1): 1-12.

[15] XIONG Y F, LIU F, CUI Y H, et al. On the fundamental tradeoff of integrated sensing and communications under gaussian channels [J]. IEEE Inf. Theory, 2023, 69 (9), 5723-5751.

[16] WOODWARD P M, DAVIES I L. A theory of radar information [J]. The London, Edinburgh, and Dublin Philosophical Magazine and Journal of Science, 1950, 41 (321): 1001-1017.

[17] WOODWARD P. Theory of radar information [J]. Transactions of the IRE Professional Group on Information Theory, 1953, 1 (1): 108-113.

[18] WOODWARD P M, DAVIES I L. Information theory and inverse probability in telecommunication [J]. Proceedings of the IEE-Part III: Radio and Communication Engineering, 1952, 99 (58): 37-44.

[19] BELL M R. Information theory and radar: mutual information and the design and analysis of radar waveforms and systems [D]. California: California Institute of Technology, 1988.

[20] BELL M R. Information theory and radar waveform design [J]. IEEE Trans. on Information Theory, 1993, 39 (5): 1578-1597.

[21] LESHEM A, NAPARSTEK O, NEHORAI A. Information theoretic adaptive radar waveform design for multiple extended targets [J]. Selected Topics in Signal Processing IEEE Journal of, 2007, 1 (1): 42-55.

[22] LESHEM A, NAPARSTEK O, NEHORAI A. Information theoretic radar waveform design for multiple targets [C]//2007 International Waveform Diversity and Design Conference. Pisa: IEEE, 2006.

[23] SETLUR P, DEVROYE N. Adaptive waveform scheduling in radar: an information theoretic approach [J]. Proceedings of SPIE-The International Society for Optical Engineering, 2012, 8361 (3): 166.

[24] WANG B, YANG W, WANG J. Adaptive waveform design for multiple radar tasks based on constant modulus constraint [J]. Journal of Applied Mathematics, 2013 (7): 1-6.

[25] KAY S. Waveform design for multistatic radar Detection [J]. IEEE Trans. on Aerospace and Electronic Systems, 2009, 45 (3): 1153-1166.

[26] SOWELAM S M, TEWFIK A H. Waveform selection in radar target classification [J]. IEEE Trans. on Information Theory, 2000, 46 (3): 1014-1029.

[27] ZHU Z, KAY S, RAGHAVAN R S. Information-theoretic optimal radar waveform design [J]. IEEE Signal Processing Letters, 2017, 24 (3): 274-278.

[28] XIN F, WANG J, WANG B, et al. Waveform design for extended target recognition based on relative entropy [J]. Journal of Computational Information Systems, 2012, 8 (19): 8111-8118.

[29] SEN S, NEHORAI A. Adaptive OFDM radar for target detection in multipath scenarios [J]. IEEE Trans. on Signal Processing, 2010, 59 (1): 78-90.

[30] SEN S, NEHORAI A. OFDM MIMO radar with mutual-information waveform design for low-grazing angle tracking [J]. IEEE Trans. on Signal Processing, 2010, 58 (6): 3152-3162.

[31] YANG Y, BLUM R S. Radar waveform design using minimum mean-square error and mutual information [C]//Fourth IEEE Workshop on Sensor Array and Multichannel Processing. Waltham: IEEE, 2006.

[32] YANG Y, BLUM R S. MIMO radar waveform design based on mutual information and minimum mean-square error estimation [J]. IEEE Trans. on Aerospace and Electronic Systems, 2007, 43 (1): 330-343.

[33] TANG B, LI J. Spectrally constrained MIMO radar waveform design based on mutual information [J]. IEEE Trans. on Signal Processing, 2019, 67 (3): 821-834.

[34] TANG B, NAGHSH M M, TANG J. Relative entropy-based waveform design for MIMO radar detection in the presence of clutter and interference [J]. IEEE Trans. on Signal Processing, IEEE, 2015, 63 (14): 3783-3796.

[35] BO T, JUN T, YINGNING P. MIMO radar waveform design in colored noise based on information theory [J]. IEEE Trans. on Signal Processing, 2010, 58 (9): 4684-4697.

[36] CHEN Y, NIJSURE Y, YUEN C, et al. Adaptive distributed MIMO radar waveform optimization based on mutual information [J]. IEEE Trans. on Aerospace, and Electronic Systems, 2013, 49 (2): 1374-1385.

[37] PAUL B, BLISS D W. The constant information radar [J]. Entropy, 2016, 18 (9): 1-23.

[38] TALANTZIS, CONSTANTINIDES A G, POLYMENAKOS L C. Estimation of direction of arrival using information theory [J]. IEEE Signal Processing Letters, 2005, 12 (8): 561-564.

[39] MOSTAFA A, SINAN S, HARALD H. The information theoretic approach to signal anomaly detection for cognitive radio [C]//IEEE Globecom 2008-2008 IEEE Global Telecommunications Conference. New Orleans: IEEE, 2008.

[40] SRIVASTAV A, RAY A, GUPTA S. An information-theoretic measure for anomaly detection in complex dynamical systems [J]. Mechanical Systems & Signal Processing, 2009, 23 (2): 358-371.

[41] LEE W, XIANG D. Information-theoretic measures for anomaly detection [C]// 2001 Proceedings of The IEEE Symposium on Security and Privacy, Oakland: IEEE, 2001.

[42] 徐大专，张小飞. 空间信息论 [M]. 北京：科学出版社，2021.

[43] XU S, XU D, LUO H. Information theory of detection in radar systems [C]//2017 IEEE International Symposium on Signal Processing and Information Technology (ISSPIT). Xiamen: IEEE, 2017.

[44] XU D, YAN X, XU S, et al. Spatial information theory of sensor array and its application in performance evaluation [J]. IET Communications, 2019, 13 (15): 2304-2312.

[45] XU D, SHI C, ZHOU Y, et al. Spatial information in phased-array radar [J]. IET Communi-

cations, 2020, 14 (13): 2141-2150.

[46] LUO H, XU D, TU W, et al. Closed - form asymptotic approximation of target's range information in radar detection systems [J]. IEEE Access, 2020, 8: 105561-105570.

[47] XU D Z, TU W, LUO H, et al. Closed expression of source signal's DOA information in sensor array [J]. IET communications, 2020, 14 (14): 2303-2308.

[48] TU W, XU D, ZHOU Y, et al. The upper bound of multi-source DOA information in sensor array and its application in performance evaluation [J]. EURASIP Journal on Advances in Signal Processing. 2020 (9): 42-48.

[49] ZHOU Y, XU D, TU W, et al. Spatial information and angular resolution of sensor array [J]. Signal Processing, 2020, 174: 107635.

[50] ZHANG H, XU D Z. Joint range-Doppler resolution limit for multi-pulse radar based on scattering information [J]. Signal Processing, 2022, 201: 108724.

[51] ZHANG H, XU D Z, WANG N. Explicit performance limit for joint range and direction of arrival estimation in phased-array radar sensors [J]. IEEE Trans. Vehicular Technology, 2023, 72 (11): 14289-14304.

[52] ZHANG H, XU D Z, WANG N. Explicit bounds for Joint range and direction-of-arrival estimation in MIMO radar [J]. Signal Processing, 2023 (211): 109-123.

[53] ZHANG H, XU D Z, WANG N. Explicit joint resolution limit of range and direction of arrival estimation for phased-array radar [J]. IEEE Transactions On Aerospace And Electronic Systems, 2023 (61): 1-10.

[54] 徐大专，屠伟林，施超，等．参数估计定理 [J]. 数据采集与处理, 2020, 35 (4): 591-602.

[55] 徐大专，胡超，潘登，等．目标检测定理 [J]. 数据采集与处理, 2020, 35 (05): 791-806.

[56] 徐大专，张晗，胡超，等．雷达探测的理论极限 [J]. 数据采集与处理, 2021, 36 (02): 199-213.

[57] 张小飞，刘敏，朱秋明，等．信息论基础 [M]. 北京：科学出版社，2015.

[58] 张小飞，邵汉钦，吴启晖，等．信息论与编码 [M]. 北京：电子工业出版社，2018

[59] 傅祖芸．信息论——基础理论与应用（第二版）[M]. 北京：电子工业出版社，2007.

[60] COVER T M, THOMAS J A. Elements of information theory [M]. New York: John Wiley & sons, 2004.

[61] JOHN G PROAKIS, MASOUD SALEHI. 数字通信（第五版）（英文版）[M]. 北京：电子工业出版社，2019.

[62] MARICHARDS. 雷达信号处理基础（第二版）[M]. 北京：电子工业出版社，2019.

[63] KAY S M. Fundamentals of statistical signal processing, volume II: detection theory [M]. New Jersey: Prentice Hall, 1998: 350-358.

[64] 吴顺君，梅晓春．雷达信号处理和数据处理技术 [M]. 北京：电子工业出版社，2008.

[65] LEE P M. Bayesian statistics [M]. London: Oxford University Press, 1989.

[66] BERRY D A, BERRY D A. Statistics: a bayesian perspective [M]. Belmont: Duxbury Press, 1996.

[67] SHANNON C E. A mathematical theory of communication [J]. Bell System Technical Journal, 1948, 27 (3): 379-423.

[68] DAVID JC MACKAY. 信息论、推理与学习算法 [M]. 北京：高等教育出版社, 2006.

[69] 奚定平. 贝塞尔函数 [M]. 北京：高等教育出版社, 1998.

[70] 张贤达. 矩阵分析与应用 [M]. 北京：清华大学出版社, 2013.

[71] 张贤达, 保铮. 通信信号处理 [M]. 北京：国防工业出版社, 2000.

[72] 张小飞, 汪飞, 徐大专. 阵列信号处理的理论和应用 [M]. 北京：国防工业出版社, 2010.

[73] 王永良, 陈辉, 彭应宁, 等. 空间谱估计理论与算法 [M]. 北京：清华大学出版社, 2004.

[74] STOICA P, NEHORAI A. MUSIC, maximum likelihood, and cramér-rao bound [J]. IEEE Trans. on Acoustics Speech, and Signal Processing, 1989, 37 (5): 720-741.

[75] STOICA P, NEHORAI A. MUSIC, maximum likelihood, and cramér-rao bound: further results and comparisons [J]. IEEE Trans. on Acoustics Speech. and Signal Processing, 1990, 38 (12): 2140-2150.

[76] LIU Z, NEHORAI A. Statistical angular resolution limit for point sources [J]. IEEE Trans. on Signal Processing, 2007, 55 (11): 5521-5527.

[77] ZRNIC D S. Simulation of weatherlike doppler spectra and signals [J]. J. Appl. Meteor., 1975, 14: 619-620.

[78] ZAVOROTNY V U, VORONOVICH A G. Two-scale model and ocean radar doppler spectra at moderate-and low-grazing angles [J]. IEEETrans. Antennas and Propagation, 1998, 46 (1): 84-92.

[79] ZRNI D, BURGESS D W, HENNINGTON L. Doppler spectra and estimated windspeed of a violent tornado [J]. Journal of Applied Meteorology and Climatology, 1985, 24 (10): 1068-1081.

[80] BACHMANN S, ZRNIC D. Spectral density of polarimetric variables separating biological scatterers in the VAD display [J]. Journal of atmospheric and oceanic technology, 2007, 24 (7): 1186-1198.

[81] DOGANDZIC A, ZHANG B. Estimating jakes' doppler power spectrum parameters using the whittle approximation [J]. IEEE Transactions on Signal Processing, 2005, 53 (3): 987-1005.

[82] KAVEH M, BARABELL A J. The statistical performance of the MUSIC and the minimum-norm algorithms in resolving plane wavesin noise [J]. IEEE Trans. Acoustics, Speech, and Signal Processing, 1986, 34 (2): 331-341.

[83] MHAIMOVICH A. MIMO radar with widely separated antennas [J]. IEEE Signal Processing Magazines, 2008, 25 (1): 116-129.

[84] LI J, STOICA P. MIMO radar signal processing [M]. New York: John Wiley & Sons, Inc., 2009.

[85] 张小飞，张弓，徐大专．MIMO雷达目标定位［M］. 北京：国防工业出版社，2014.

[86] RABIDEAU D J, PARKER P. Ubiquitous MIMO multifunction digital array radar [C]// 2003 Conference Record of the Thirty-Seventh Asilomar Conference on Signals, Systems and Computers. New York: IEEE, 2003.

[87] CAO Y H, XIA X J. IRCI-free MIMO-OFDM SAR using circularly shifted zadoff-chu sequences [J]. IEEE Geoscience and Remote Sensing Letters, 2015, 12 (5): 1126-30.

[88] LIU H, ZHOU S, LIU H, et al. Radar detection during tracking with constant track false alarm rate [C]//Proceedings of 2014 International Radar Conference. Lille: IEEE, 2014.

[89] BIANCHI P, DEBBAH M, MAIDA M, et al. Performance of statistical tests for single-source detection using random matrix theory [J]. IEEE Trans. Inf. Theory, 2011, 57 (4): 2400-2419.

[90] SEVGI L. Hypothesis testing and decision making: constant-false-alarm-rate detection [J]. IEEE Antennas Propag. Mag., 2009, 51 (3): 2113-224.

[91] SANGSTON K J, GINI F, GRECO M S. Coherent radar target detection in heavy-tailed compound-gaussian clutter [J]. IEEE Trans. Aerosp. Electron. Syst., 2012, 48 (1): 64-77.

[92] LIU J, LI J. False alarm rate of the GLRT for subspace signals in subspace interference plus gaussian noise [J]. IEEE Trans. Signal Process., 2019, 67 (11): 3058-3069.

[93] HAIMOVICH A M, BLUM R S, CIMINI L J. MIMO radar with widely separated antennas [J]. IEEE Signal Process. Mag., 2007, 25 (1): 116-129.

[94] FISHLER E, HAIMOVICH A, BLUM R S, et al. Spatial diversity in radars—models and detection performance [J]. IEEE Trans. Signal Process., 2006, 54 (3): 823-838.

[95] TANG J, WU Y, PENG Y. Diversity order and detection performance of MIMO radar: a relative entropy based study [C]//2008 IEEE Radar Conference. Piscataway: IEEE, 2008.

[96] HE Q, BLUM R S. Diversity gain for MIMO neyman-pearson signal detection [J]. IEEE Trans. Signal Process., 2010, 59 (3): 869-881.

[97] 徐大专，罗浩．空间信息论的新研究进展［J］. 数据采集与处理，2019，34（6）：941-961.

[98] KONDO M. An evaluation and the optimum threshold for radar return signal applied for a mutual information [C]//Record of the IEEE 2000 International Radar Conference [Cat. No. 00CH37037]. Alexandria: IEEE, 2000.

[99] MIDDLETON D, ESPOSITO R. Simultaneous optimum detection and estimation of signals in noise [J]. IEEE Trans. Inf. Theory, 1968, 15 (3): 434-444.

[100] MIDDLETON D, ESPOSITO R. New results in the theory of simultaneous optimum detection and estimation of signals in noise [J]. ProblemyPeredachiInformatsii, 1970, 6 (2): 3-20.

[101] FREDRIKSEN A, MIDDLETON D, VANDELINDE V. Simultaneous signal detection and estimation under multiple hypotheses [J]. IEEE Trans. Inf. Theory, 1972, 18 (5): 607-615.

[102] LI X R. Optimal bayes joint decision and estimation [C]//2007 10th International Conference on Information Fusion. Quebec: IEEE, 2007.

[103] MOUSTAKIDES G V, JAJAMOVICH G H, TAJER A, et al. Joint detection and estimation:

optimum tests and applications [J]. IEEE Trans. Information Theory, 2012, 58 (7): 4215–4229.

[104] BLASONE G P, COLONE F, LOMBARDO P, et al. Passive radar DPCA schemes with adaptive channel calibration [J]. IEEE Trans. on Aerospace, and Electronic Systems, 2020, 56 (5): 4014–4034.

[105] PASTINA D, SANTI F, PIERALICE F, et al. Passive radar imaging of ship targets with GNSS signals of opportunity [J]. IEEE Trans. on Geoscience, and Remote Sensing, 2021, 59 (3): 2627–2642.

[106] DASH D, VJAYARAMAN. A probabilistic model for sensor fusion using range-only measurements in multistatic radar [J]. IEEE Sensors Letter, 2020, 4 (6): 1–4.

[107] REN M, HE P, ZHOU J. Improved shape-based distance method for correlation analysis of multi-radar data fusion in self-driving vehicle [J]. IEEE Sensors Journal, 2021, 21 (21): 24771–24781.

[108] WANG H, ZHANG Q. Dynamic identification of coal-rock interface based on adaptive weight optimization and multi-sensor information fusion [J]. Inform. Fusion, 2019, 51: 114–128.

[109] ZOU L, WANG Z, HU J, et al. Moving horizon estimation meets multi-sensor information fusion: Development, opportunities and challenges [J]. Information Fusion, 2020, 60: 1–10.

[110] MI X, LV T, TIAN Y, et al. Multi-sensor data fusion based on soft likelihood functions and OWA aggregation and its application in target recognition system [J]. ISA Transactions, 2021, 112: 137–149.

[111] SUN Z, HU Z, CHIONG R, et al. An adaptive weighted fusion model with two subspaces for facial expression recognition [J]. Signal Image Video Processing, 2018, 12 (5): 835–843.

[112] DING W, WANG J, RIZOS C, et al. Improving Adaptive Kalman Estimation in GPS/INS Integration [J]. Journal of Navigation, 2007, 60 (3): 517–529.

[113] LUO R C, YIH C C, SU K L. Multisensor fusion and integration approaches applications and future research directions [J]. IEEE Sensors Journal, 2002, 2: 107–119.

[114] SHI Q, RAZAVIYAYN M, LUO Z Q, et al. An iteratively weighted MMSE approach to distributed sum-utility maximization for a MIMO interfering broadcast channel [J]. IEEE Trans. on Signal Processing, 2011, 59 (9): 4331–4340.

[115] NOWAK R D. Distributed EM algorithms for density estimation and clustering in sensor networks [J]. IEEE Trans. on Signal Processing, 2003, 51 (8): 2245–2253.

[116] GAN Q, HARRIS C J. Comparison of two measurement fusion methods for kalman-filter-based multisensor data fusion [J]. IEEE Trans. Aerospace, and Electronic Systems, 2001, 37: 273–279.